国家出版基金项目
NATIONAL PUBLICATION FOUNDATION

国家出版基金项目
“十二五”国家重点出版物出版规划项目

现代兵器火力系统丛书

火炮与自动武器动力学

王亚平　徐　诚　王永娟　姚养无　编著

北京理工大学出版社
BEIJING INSTITUTE OF TECHNOLOGY PRESS

内容简介

本书应用现代力学方法描述火炮与自动武器发射的物理过程，重点论述火炮与自动武器动力学新理论和方法，突出“概念”“问题简化方法”及“模型与建模方法”，并且将动力学仿真分析的实例融入全书当中，使读者掌握分析、研究火炮与自动武器动力学问题的基本方法与过程，具有自主解决火炮与自动武器动力学问题的能力。

全书共6章。第1章论述了火炮与自动武器发射过程，火炮与自动武器动力学研究采用的主要研究手段、方法及应用范围。第2章论述了动力学分析基础理论，包括质点系统动力学基本方程、多体系统动力学基本理论及有限元基本理论等内容。第3章结合武器自动机工作过程的特点，论述了常规自动机运动特性估算、常规自动机动力学理论与方法及浮动自动机建模与求解方法，并给出了应用实例。第4章以火炮与自动武器多体系统为对象，论述了动力学模型建立中的基本原则、建模方法、模型参数获取方法和武器系统的优化方法，并给出了火炮与自动武器多体动力学仿真的应用实例。第5章论述了有限元基本知识、一般过程与方法，火炮与自动武器发射动力学有限元模型、方法及实例。第6章论述了武器发射时的射击稳定性和射击密集度分析方法，包括稳定性描述和判定、影响密集度因素分析、射击精度仿真方法等内容。

本书可作为从事武器科研与生产的工程技术人员的参考书，也可供火炮与自动武器专业的本科生和研究生使用。

图书在版编目（CIP）数据

火炮与自动武器动力学/王亚平等编著. —北京：北京理工大学出版社，2014.2
（现代兵器火力系统丛书）
国家出版基金项目及“十二五”国家重点出版物出版规划项目
ISBN 978-7-5640-8776-0

Ⅰ.①火…　Ⅱ.①王…　Ⅲ.①火炮-动力学②自动武器-动力学　Ⅳ.①TJ301②TJ201

中国版本图书馆CIP数据核字（2014）第020656号

出版发行／北京理工大学出版社有限责任公司
社　　址／北京市海淀区中关村南大街5号
邮　　编／100081
电　　话／（010）68914775（总编室）
　　　　　82562903（教材售后服务热线）
　　　　　68948351（其他图书服务热线）
网　　址／http：//www.bitpress.com.cn
经　　销／全国各地新华书店
印　　刷／北京地大天成印务有限公司
开　　本／787毫米×1092毫米　1/16
印　　张／17.75
字　　数／327千字
版　　次／2014年2月第1版　2014年2月第1次印刷
定　　价／68.00元

责任编辑／蔡婷婷
　　　　　莫　莉
文案编辑／莫　莉
责任校对／周瑞红
责任印制／马振武

图书出现印装质量问题，请拨打售后服务热线，本社负责调换

现代兵器火力系统丛书
编　委　会

总　序

国防科技工业是国家战略性产业，是先进制造业的重要组成部分，是国家创新体系的一支重要力量。为适应不同历史时期的国际形势对我国国防力量提出的要求，国防科技工业秉承自主创新、与时俱进的发展理念，建立了多学科交叉，多技术融合，科研、实验、生产等多部门协作的现代化国防科研生产体系。兵器科学与技术作为国防科学与技术的一个重要分支，直接关系到我国国防科技总体发展水平，并在很大程度上决定着国防科技诸多领域的成果向国防军事硬实力的转化。

进入21世纪以来，随着兵器发射技术、推进增程技术、精确制导技术、高效毁伤技术的不断发展，以及新概念、新原理兵器的出现，火力系统的射程、威力和命中精度均大幅提升。火力系统的技术进步将推动兵器系统的其他分支发生相应的革新，乃至促使军队的作战方式发生变化。然而，我国现有的国防科技类图书落后于相关领域的发展水平，难以适应信息时代科技人才的培养需求，更无法满足国防科技高层次人才的培养要求。因此，构建系统性、完整性和实用性兼备的国防科技类专业图书体系十分必要。

为了解决新形势下兵器科学所面临的理论、技术和工程应用等问题，王兴治院士、王泽山院士、朵英贤院士带领北京理工大学、南京理工大学、中北大学的学者编写了《现代兵器火力系统》丛书。本丛书以兵器火力系统相关学科为主线，运用系统工程的理论和方法，结合现代化战争对兵器科学技术的发展需求和科学技术进步对其发展的推动，在总结兵器火力系统相关学科专家学者取得主要成果的基础上，较全面地论述了现代兵器火力系统的学科内涵、技术领域、研制程序和运用工程，并按照兵器发射理论与技术的研究方法，分述了枪炮发射技术、火炮设计技术、弹药制造技术、引信技术、火炸药安全技术、火力控制技术等内容。

本丛书围绕“高初速、高射频、远程化、精确化和高效毁伤”的主题，梳理了近年来我国在兵器火力系统相关学科取得的重要学术理论、技术创新和工程转化等方面的成果。这些成果优化了弹药工程与爆炸技术、特种能源工程与烟火技术、武器系统与发射技术等专业体系，缩短了我国兵器火力系统与国外的差距，提升了我国在常规兵器装备研制领域的理论水平和技术水平，为我国兵器火力系统的研发提供了技术保障和智力支持。本丛书旨在总结该领域的先进成果和发展经验，适应现代化高层次国防科技人才的培养需求，助力国防科学技术研发，形成具有我国特色的“兵器火力系统”理论与实践相结合的知识体系。

本丛书入选“十二五”国家重点出版物出版规划项目，并得到国家出版基金资助，体现了国家对兵器科学与技术，以及对《现代兵器火力系统》出版项目的高度重视。本丛书凝结了兵器领域诸多专家、学者的智慧，承载了弘扬兵器科学技术领域技术成就、创新和发展兵工科技的历史使命，对于推进我国国防科技工业的发展具有举足轻重的作用。期望这套丛书能有益于兵器科学技术领域的人才培养，有益于国防科技工业的发展。同时，希望本丛书能吸引更多的读者关心兵器科学技术发展，并积极投身于中国国防建设。

丛书编委会

前　言

火炮与自动武器动力学是一门理论性和工程性很强的应用学科。传统的火炮与自动武器动力学分析方法，主要是基于等效质量的自动机动力学理论和武器发射稳定性的静态分析。近年来，随着科学研究的方法日趋先进，多体系统动力学、有限元、机械振动、模态理论、优化技术以及试验等新技术逐渐被引入火炮与自动武器动力学领域，现代火炮与自动武器动力学分析已可以全面预测与解决火炮与自动武器研制中最关心的"系统动态特性""动态响应"等问题。火炮与自动武器动力学的理论基础、分析方法及软件工具已经发生了根本性变化，有必要将这些新的理论、方法与工具进行归纳与总结，为火炮与自动武器设计人员提供新的理论依据与技术手段。

本书重点论述了基于质点动力学和机构传动的自动机动力学、基于多体系统动力学的火炮与自动武器系统动力学及火炮与自动武器有限元分析方法，全面介绍了火炮与自动武器动力学的最新理论与方法。此外，还将作者在科研当中总结的应用实例融入书的主要章节中，为读者提供了运用火炮与自动武器动力学理论解决实际问题的方法。

全书共 6 章。第 1 章由王亚平编写，论述了火炮与自动武器发射过程，火炮与自动武器动力学研究采用的主要研究手段与方法及应用范围。第 2 章由王永娟编写，论述了动力学分析基础理论，包括质点系统动力学基本方程、多体系统动力学基本理论及应用、有限元基本理论等内容。第 3 章第 1 节由王亚平编写，第 2 节和第 3 节由姚养无编写，结合武器自动机工作过程中的特点，论述了常规自动机运动特性估算、常规自动机动力学理论与方法及浮动自动机动力学建模与求解方法，并给出了应用实例。第 4 章由王亚平编写，以火炮与自动武器多体系统为对象，论述了多体动力学模型建立的基本原则、建模方法、模型参数获取和武器系统的优化方法，给出了火炮与自动武器系统多体动力学的应用实例。第 5 章由管小荣编写，论述了有限元基本知识、一般过程与方法，火炮与自动武器发射动力学有限元建模与方法，并给出了应用实例。第 6 章由徐诚编写，论述了武器发射时的射击稳定性和射击精度，包括稳定性描述和判定、影响密集度因素分析、射击精度仿真方法等内容。本书的撰写，还要感谢顾克秋、卢其辉、顾新华、姚建军、刘一鸣等同志提供的部分研究成果和应用实例。

由于编者的水平有限，书中疏漏之处在所难免，恳请读者批评指正。

编著者

目　录

第1章　概　　述

1.1　火炮与自动武器发射过程

火炮与自动武器是以发射药作为能源，用身管发射弹丸的武器，包括火炮（口径20 mm及以上）与枪械（口径20 mm以下）。自动武器是指在一发弹射击之后能自动完成重新装填和发射下一发弹动作的火炮和枪械。自动武器分为内能源式和外能源式，外能源式自动武器由外部辅助能源来完成动作；内能源式自动武器借助火药燃烧产生的高温、高压气体做功，推动弹头及其他动力装置完成动作。

火炮与自动武器的发射过程如下：弹丸与火药被装入身管内，经击发，火药燃烧，瞬时产生大量高温、高压的火药燃气，火药燃气推动弹丸沿身管运动，弹丸获得巨大的动能而飞向目标；同时，火药燃气或外部辅助能源推动身管或自动机向弹丸行进的反方向运动，此后完成一系列动作——开膛、抛壳、后坐、复进、推弹、闭锁等。发射过程时间很短，但是组成发射过程的各环节严格按次序进行。

根据发射的自动化程度，自动武器又分为能连续发射的全自动武器和只能单发发射的半自动武器。

按自动方式来分，自动武器一般分为5类：

（1）身管后坐式：利用发射时身管所获得的后坐运动能量进行工作的武器。根据身管后坐距离，又有身管长后坐武器和身管短后坐武器。

（2）导气式：利用身管侧孔导出的部分膛内火药燃气能量推动自动机原动件进行工作的武器。

（3）枪机或炮闩后坐式：利用枪机或炮闩的后坐能量进行工作的武器，又分自由枪机式武器和半自由枪机式武器。这种自动方式在火炮中已很少采用，在枪械中应用较多。

（4）转管式：身管组在外能源或火药气体的驱动下做定轴转动，带动自动机进行自动发射的武器。

（5）链式：通过链条的周向转动，驱动枪机或炮闩后坐、复进的自动武器。

这里以某导气式枪械为例，介绍自动机工作过程。其分解动作如下：

（1）击发：扣压扳机，击锤转动打击击针，击针打击底火，引燃火药，推动弹丸向前运动。

（2）开锁：在导气室燃气压力作用下，导气室活塞推动枪机框后退，带动枪机转动。

（3）后坐：枪机框带动枪机一起后退，并压缩复进簧。

（4）退壳：枪机后退过程中，抽出膛内弹壳，并抛出武器之外。

（5）复进：枪机框后坐到位，运动方向反转，在压缩的复进簧力作用下枪机框向前运动。

（6）进弹：枪机在复进过程中推动弹匣中下一发弹入膛。

（7）闭锁：枪机复进到位后，枪机框迫使枪机转动并重新与枪管连接。

每发射一发枪弹，都要经过上述动作过程，这一系列动作称为自动武器的循环动作。

并非所有自动武器的自动工作程序都包括上述动作。有的武器不需要开锁、闭锁，有的则没有解脱击锤（或击针）动作；另外，并非所有武器的全部工作步骤都由自动机主动件利用火药燃气能量来完成，外能源式自动武器由外部辅助能源来完成。例如，有不少步兵轻武器用弹簧势能来输弹；而某些航炮和舰载炮则用电机作辅助能源驱动输弹机构，甚至重新击发也用外部电源来点火。

火炮与自动武器发射过程具有如下特点：

（1）受到高温、高压及强动载作用。

火药在身管内燃烧时的爆发温度一般可达 3 000～4 000 K，膛内最大压力一般为 280～800 MPa，内弹道时期和后效期时间延续只有几毫秒至几十毫秒，高温、高压瞬变的火药燃气压力在作用于弹丸的同时，也作用于身管膛底，使武器产生后坐及振动。

（2）系统复杂、工作环境恶劣。

现代火炮与自动武器是非常复杂的机械系统，如现代火炮由身管、膛口装置、反后坐装置、高低机、方向机、供输弹机、平衡机及车体等部分组成。而且，武器在酷暑严寒、雷雨风沙等各种环境和复杂地形条件下工作，同时地面土壤、人枪耦合等非线性边界条件及自身的间隙、大位移等非线性因素的存在，也使火炮与自动武器动力学问题非常复杂。

（3）多体接触、多构件撞击特性。

火炮与自动武器的自动机工作过程中，存在着多体接触和多构件撞击的复杂现象。自动机主动件在工作中所受的力非常复杂，有随时间变化的、带脉冲性质的火药燃气压力，有零部件间撞击产生的冲击力，有随零件位移变化的弹簧力，还有由这些力产生的摩擦力等。自动机的所有机构都分别依序高速运动，且各机构工作时机各不相同，机构在启动、停止或改变运动方向时，往往各主要零件间又要发生剧烈撞击，这是自动机工作的显著特性。

1.2 火炮与自动武器动力学的分析方法

火炮与自动武器动力学是一门理论性和工程性很强的应用学科。

传统的火炮与自动武器动力学分析采用质点动力学等经典力学方法，对结构和边界条件进行大量简化，并利用替换质量、传动比和传动效率等方法来进行机构动力学分析，这种方法可获得武器的一些宏观动力学特性，适合于武器系统运动和动力学特性估算。

在计算机技术飞速发展的今天，科学研究的方法日趋先进，人们将多体系统动力学、有限元、机械振动、模态理论、优化技术以及试验新技术引入火炮与自动武器动力学领域，形成了火炮与自动武器动力学分析的新方法。

1.2.1　质点动力学及质量替换方法

动力学普遍定理为解决质点系动力学问题提供了一种普遍的方法。动力学普遍定理包括质点和质点系的动量定理、动量矩定理和动能定理。动量定理和动量矩定理为矢量形式，动能定理为标量形式，都可用于机械运动的研究，而动能定理还可用于研究运动能量的转化问题。

达朗伯原理为解决非自由质点系动力学问题提供了方法。其中运用静力学研究平衡问题的方法来研究动力学不平衡问题的方法，称为动静法。由于静力学研究平衡问题的方法比较简单，容易掌握，因此动静法在工程中被广泛使用。

虚位移原理适用于研究任意质点系的平衡问题。从位移和功的概念出发，得出任意质点系的平衡条件。虚位移原理是研究平衡问题的一般原理，将其与达朗伯原理相结合，可得到解决动力学问题的动力学普遍方程。动力学普遍方程是研究动力学问题的有效手段，在解决非自由质点系的动力学问题时，十分简捷、规范。

火炮与自动武器的大多数构件形状复杂，质量分布不均，按照实际结构研究传动问题很不方便。采用质量替换理论可使问题简化，即用集中于若干点的替换质量代替原构件，使替换点的质量总和在动力学上与构件等效，替换点的运动相当于构件的运动。

在自动武器的一个射击循环中，普遍存在的一种运动形式就是一个构件运动的同时带动其他构件进行运动，以完成一定的工作，这就是所谓的机构传动。通常采用传动比和传动效率等概念来进行质量替换。

质点动力学及质量替换方法为快速进行火炮与自动武器运动学和动力学特性分析的预估提供了方法，特别是在武器初始方案设计阶段，使问题大大简化。但是质点动力学及质量替换方法仍存在一些缺点，如由于模型的大量简化，武器的许多重要特性无法得到较精确的定量分析，特别是武器内部复杂结构之间的作用和“人—机—环”系统的相互作用无法精确描述；很难给出一个通用的动力学模型，结构类型不同或结构稍有改变时，必须重新建模；同时，经典力学方程表述形式也不易实现计算机自动建模。

1.2.2　多体系统动力学分析方法

已知武器系统各部件和构件的质量、几何构造、连接关系和作用在构件上的主动力，求系统的运动诸元（运动时间、位移和速度等），从而获得武器系统的运动规律，以便研究武器系统的工作性能，如发射动态响应、射击频率、动作可靠性和密集度等。这是多体系统动力学方法在火炮与自动武器动力学方面的典型应用。

多体系统理论是20世纪60年代初发展起来，研究多体系统运动规律的理论，是建立于经典力学基础之上，与运动生物力学、航天器控制、机器人学、车辆设计、武器设计、机械动力学等领域密切相关且起着重要作用的学科分支。

多体系统动力学包括多刚体系统动力学和多柔体系统动力学。

多刚体系统动力学是古典的刚体力学、分析力学与现代电子计算机相结合的力学分支，其研究对象是由多个刚体组成的系统。多刚体系统中最简单的情况——自由质点和少数多个刚体，是经典力学的研究内容。对于由多个刚体组成的复杂系统，理论上可以采用经典力学的方法，即以牛顿-欧拉法为代表的矢量力学方法和以拉格朗日方程法为代表的分析力学方法。这种方法对于单刚体或者少数几个刚体组成的系统是可行的，但随着刚体数目的增加，方程复杂度成倍增长，寻求其解析解往往是不可能的。

多刚体系统动力学就是为多个刚体组成的复杂系统的运动学和动力学分析建立适宜于计算机程序求解的数学模型，并寻求高效、稳定的数值求解方法。由经典力学逐步发展形成的多刚体系统动力学，在发展过程中形成了各具特色的多个流派。目前，已经形成了比较系统的理论方法，主要有牛顿-欧拉法、拉格朗日方程法、图论（R-W）方法、凯恩方法、变分方法。

多柔体系统动力学是分析力学、连续介质力学、多刚体动力学、结构动力学交叉发展的必然。多柔体系统动力学研究物体的变形和整体刚性运动的耦合问题，区别于多刚体系统动力学，多柔体系统含有柔性部件，变形不可忽略，逆运动学也是不确定的；与传统的结构力学不同，柔体部件在自身变形运动的同时，在空间中也经历着大的刚性移动和转动。多柔体系统是一个时变、高度耦合和高度非线性的复杂系统。

火炮与自动武器系统是一个复杂的多体系统，采用多体动力学分析方法进行火炮与自动武器动力学建模与仿真，可以较全面地描述武器发射全过程，特别是后坐部分的大位移运动、自动机系统大位移及身管的弹性振动，预测武器发射过程中膛口的动态响应及整个系统的瞬态大位移运动情况，预测出各部分及构件的作用载荷，从而全面分析武器系统的总体性能。

20世纪60年代之前，火炮与自动武器动力学的研究一直停留在传统理论上，从70年代到80年代初，多体系统动力学方法逐步引入火炮与自动武器动力学分析。90年代初期开始，多体系统动力学技术发展迅速，许多武器生产商和研究机构在其设计系统中开始采用多体系统仿真分析手段，并与有限元、模态分析、优化设计等方法一起构成一个有机的整体，在火炮与自动武器设计开发中发挥重要的作用。

1.2.3 有限元分析方法

在研究火炮与自动武器构件弹性对发射动态响应的影响和研究系统结构振动问题

时，需要引入连续介质假设，对结构进行离散化，以结构动力学理论为基础，采用数值方法进行求解。

已经发展的数值分析方法可以分为两大类。一类以有限差分法为代表。其特点是直接求解基本方程和相应定解条件的近似解。用有限差分法求解时，首先将求解域划分为网格，然后在网格的结点上用差分方程近似微分方程。当结点足够多时，近似解的精度可以满足分析要求。有限差分法对于具有规则的几何特性和均匀的材料特性的问题，程序设计比较简单，收敛性好。有限差分法能够求解某些相当复杂的问题，特别是求解建立于空间坐标系的流体流动问题。但对于几何形状复杂的问题，其精度将降低，甚至发生求解困难。另一类数值分析方法是有限元方法，有限元方法把一个连续体系统离散成有限个单元，每个单元采用近似函数表示，采用“有限个单元”组成的系统近似连续体系统。有限元方法具有如下的优点：物理概念清晰，对于力学问题，有限元方法一开始就从力学角度进行简化，易于掌握和应用；良好的灵活性与通用性，有限元方法对于各种复杂的因素（例如复杂的几何形状，任意的边界条件，不均匀的材料特性，结构中包含杆件、板、壳等不同类型的构件）都能灵活地加以考虑，而不会发生处理上的困难。

有限元方法也是求解物理场（位移场、热场、流场、电场、磁场）问题的有效数值计算方法，自从其问世以来就得到了工程界的高度重视和广泛应用。有限元方法最初用来求解复杂结构的应力分布，直至20世纪70年代，随着计算机技术的发展和有限元理论的成熟才开始广泛应用于动力学问题的求解中。目前，有限元方法在动力学问题中的应用可以考虑各种非线性因素影响，进行建模和数值分析，主要表现在：

（1）考虑材料非线性影响，引入材料非线性本构关系。

（2）考虑几何非线性，考虑大形变及大位移运动影响。

（3）考虑刚度、阻尼、摩擦及间隙碰撞影响。

（4）考虑多物理场耦合，进行精细化建模。

有限元方法在火炮与自动武器中的应用，国外早在20世纪70年代就已经得到了应用，国内在20世纪80年代后期到90年代才开始应用。采用有限元方法分析火炮与自动武器系统的固有动态特性，计算武器发射过程的振动特性、主要部件的动态应力与应变结果，已成为火炮与自动武器设计分析的常用手段。采用有限元方法有利于深入了解武器发射过程中结构内部的应力、应变特性及系统振动响应特性。

1.3 火炮与自动武器动力学的应用范围

火炮与自动武器在发射过程中，受到不同性质力的作用，各组成部分在不同的工作阶段表现出不同的运动特性。这种特定的运动规律，对于武器的工作可靠性、使用寿命、射击稳定性与射击精度，都会产生十分重要的影响，是武器设计过程中必须考虑的主要因素，同时也是评价一个武器品质与性能的标准。火炮与自动武器动力学理论，主要研究武器系统在发射过程中的运动规律和动态响应，从而能够预测武器的动态特性和动力响应，优化系统总体结构，有助于寻求有效的方法和技术手段，能动地控制武器发射过程，以提高武器的设计质量，缩短研制时间，减少科研投入。火炮与自动武器动力学是火炮与自动武器设计的理论基础和重要的学科方向，主要可以完成下面几项基本任务：

（1）在现代战争中，减少武器系统射击散布已成为提高武器系统命中概率的一个突出问题，弹丸起始扰动是造成射弹散布的一个主要因素，弹丸起始扰动与武器系统发射过程中膛口动态响应密切相关，因此，火炮与自动武器动力学将为提高射击精度奠定理论基础。

（2）进行火炮与自动武器多体系统动力学建模和仿真，全面预测发射过程中武器系统的动力学特性，并预测各构件承受的载荷，为评价武器工作特性及进一步开展关重件强度寿命分析奠定基础。

（3）考虑武器构件弹性，研究武器系统固有振动特性，分析武器系统刚度匹配情况和发射过程动态应力应变情况，为火炮与自动武器系统减重提供科学依据。

（4）研究自动机在自动循环过程中机构的运动和撞击现象，分析自动机各构件的运动变化影响规律和撞击引起的运动变化，预测射击频率和运动、动作的可靠性。

（5）在火炮与自动武器系统动力学建模与仿真的基础上，进行武器系统动态性能优化设计，为总体结构布局、参数选取和结构修改提供依据。

第 2 章　动力学基础

2.1　质点系统动力学

2.1.1　基本概念

1. 约束及其分类

1）约束和约束方程

在力学中，限制非自由质点系中各质点的位置和运动的各种条件称为约束。不受约束作用的系统称为自由系统。如果把太阳系中各星体简化为质点，则太阳系可视为自由质点系统。与此相反，受到约束作用的系统，则称为非自由系统。工程中所有的机器和机构都是非自由质点系统。

对于非自由质点系统来说，约束对系统中质点的运动提供了限制条件。这些限制条件可以用数学方程表示出来，用数学方程所表示的约束关系称为约束方程。

2）约束的分类

根据约束性质的不同，约束分为以下几种类型。

（1）稳定约束和非稳定约束。根据约束是否与时间参数有关，可把约束分为稳定约束和非稳定约束，又称为定常约束和非定常约束。稳定约束是指约束的性质不随时间变化，即在这种约束的约束方程中，不显含时间参数 t。稳定约束的约束方程一般形式为

$$f_j(x_1,y_1,z_1;\cdots;x_n,y_n,z_n;\dot{x}_1,\dot{y}_1,\dot{z}_1;\cdots;\dot{x}_n,\dot{y}_n,\dot{z}_n)=0 \qquad (j=1,2,\cdots,s) \tag{2-1}$$

式中　n——质点系中质点的数目；

s——约束方程的数目。

非稳定约束指约束随着时间参数的改变而改变，反映在约束方程中即显含时间参数 t，非稳定约束的约束方程一般形式为

$$f_j(x_1,y_1,z_1;\cdots;x_n,y_n,z_n;\dot{x}_1,\dot{y}_1,\dot{z}_1;\cdots;\dot{x}_n,\dot{y}_n,\dot{z}_n;t)=0 \qquad (j=1,2,\cdots,s) \tag{2-2}$$

如被限制在空间球面上运动的质点 M，在选取了图 2-1 所示的空间直角坐标系后，质点的位置坐标（x，y，z）必须满足空间曲面方程：

$$x^2+y^2+z^2=l^2$$

这就是约束方程。由于方程中不显含时间变量 t，所以是稳定约束。

被限制在铅直面内摆动的单摆（如图 2-2 所示），设单摆的原长为 l_0，若另一端拉

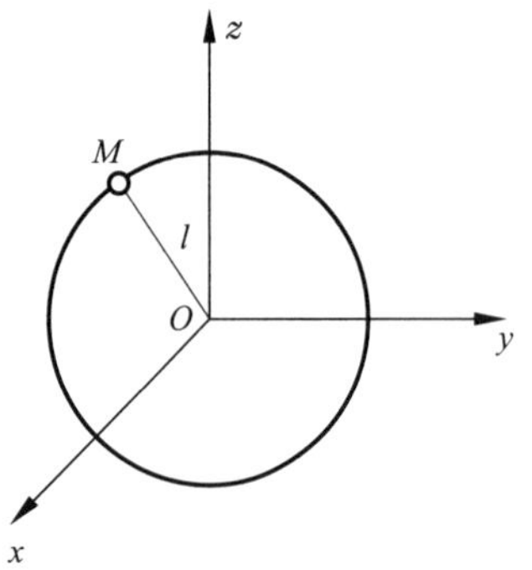

图 2-1　空间球面运动的质点

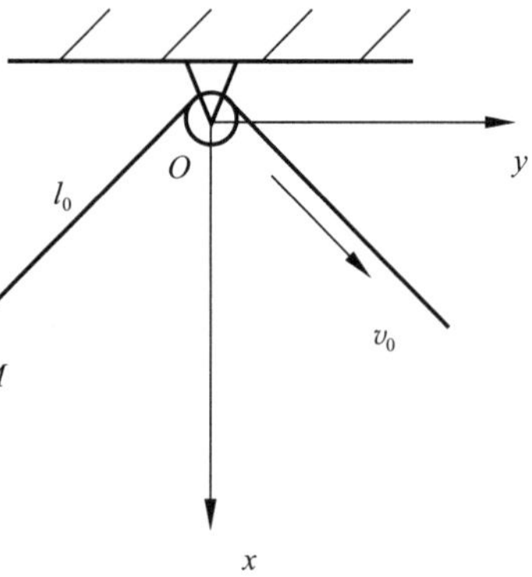

图 2-2　单摆

动绳子的速度 v_0 为常数。在选取了图示的坐标系后，单摆中质点 M 的约束方程应为

$$x^2+y^2=(l_0-v_0t)^2$$

由于约束方程中明显包含了时间变量 t，所以是非稳定约束。

（2）几何约束和运动约束。根据约束方程中是否含有坐标的导数，约束可分为几何约束和运动约束。几何约束是指约束只限制系统中各质点在空间的位置，即在约束方程中不显含质点坐标的导数。几何约束方程的一般形式为

$$f_j(x_1,y_1,z_1;\cdots;x_n,y_n,z_n;t)=0 \qquad (j=1,2,\cdots,s) \tag{2-3}$$

运动约束指约束对质点的运动参数（如速度、加速度等）进行限制，即在约束方程中显含质点坐标的导数。运动约束的约束方程一般形式为

$$f_j(x_1,y_1,z_1;\cdots;x_n,y_n,z_n;\dot{x}_1,\dot{y}_1,\dot{z}_1;\cdots;\dot{x}_n,\dot{y}_n,\dot{z}_n;t)=0 \qquad (j=1,2,\cdots,s) \tag{2-4}$$

图 2-3 所示的质点 M 由刚性杆连接，仅能在铅直平面内绕固定点 O 摆动，杆长 l 不变。取如图所示的平面直角坐标系，约束条件可以用下式表示，这就是几何约束方程。

$$x^2+y^2=l^2$$

半径为 R 的车轮沿固定直线轨道做纯滚动，取如图 2-4 所示的坐标系后，其限制

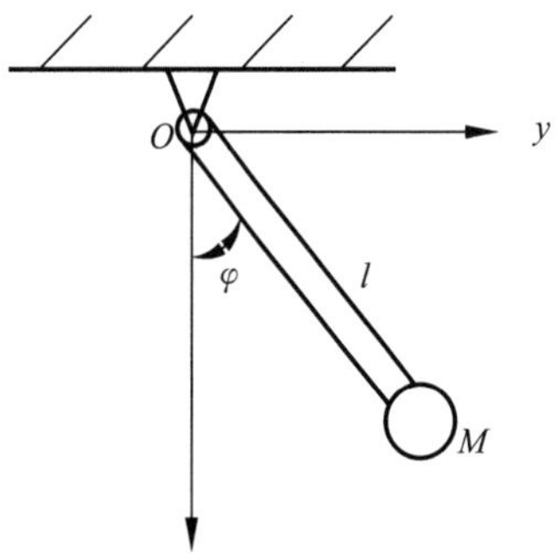

图 2-3　刚性单摆

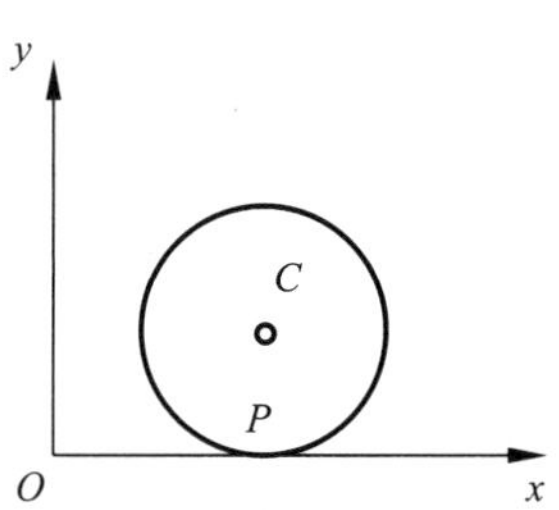

图 2-4　纯滚动直线运动车轮

条件可以表示为：轮心 C 在 xOy 平面内且与直线轨道的距离保持不变，即

$$y_C = R$$

每一瞬时，车轮与地面的接触点 P 必为图形的速度瞬心，即

$$v_C - R\omega = 0$$

或

$$\dot{x}_C - R\dot{\varphi} = 0$$

上述第一个限制条件是几何约束，第二个限制条件是运动约束。如果运动约束可积分，则可通过积分转化为几何约束方程。

（3）完整约束和非完整约束。几何约束和可积分为有限形式的运动约束（这两种约束的数学形式不显含质点坐标对时间的导数），统称为完整约束。完整约束的约束方程一般形式如式（2-3）所示。如前述的刚性单摆和纯滚动车轮均属于完整约束。非完整约束就是指不可积分的运动约束。非完整约束的约束方程一般形式如式（2-4）所示。

典型非完整约束如半径为 r 的圆盘沿着水平面内某一曲线做铅垂滚动（如图 2-5 所示），作如图所示直角坐标系 $Oxyz$。设 xOy 平面为水平面，圆盘在运动过程中，由于盘面保持铅直，因此，圆盘中心 $C(x_C，y_C，z_C)$ 到水平面 xOy 的距离保持常数，即有一个约束方程为

$$z_C = r$$

因圆盘做滚动，所以圆盘的瞬时转动轴恒通过圆盘和地面相接触的 A 点，而瞬时角速度 $\boldsymbol{\omega}$ 有两个分量，其中一个分量为 $\dot{\boldsymbol{\varphi}}$，其方向和圆盘平面垂直，且永远处于 xOy 平面内，表明圆盘滚动的快慢程度；另一个分量 $\dot{\boldsymbol{\theta}}$，其方向沿着通过 A 点的直径，表明圆盘滚动方向随时间的变化率，则有

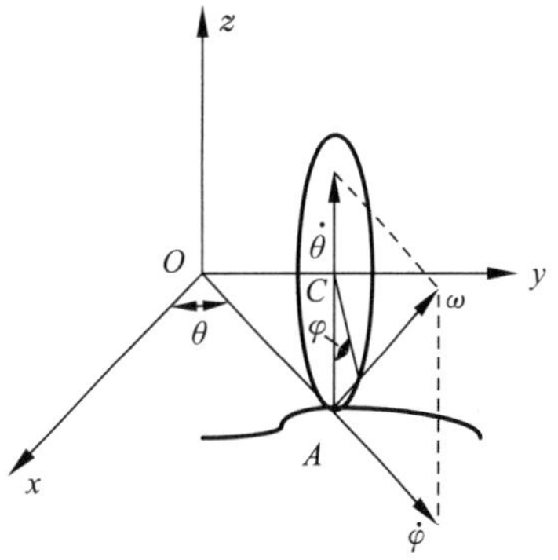

图 2-5　沿平面内曲线做铅垂滚动的圆盘

$$\boldsymbol{\omega} = \dot{\boldsymbol{\varphi}} + \dot{\boldsymbol{\theta}} = \dot{\varphi}\cos\theta \boldsymbol{i} + \dot{\varphi}\sin\theta \boldsymbol{j} + \dot{\theta}\boldsymbol{k}$$

由于圆盘做纯滚动，根据圆盘上 A 点速度为 0 的条件，可得方程

$$\boldsymbol{v}_A = \boldsymbol{v}_C + \boldsymbol{\omega} \times r_{CA} = 0$$

或

$$\boldsymbol{v}_C - r\omega \times \boldsymbol{k} = 0$$

式中　$\boldsymbol{i}$，$\boldsymbol{j}$，$\boldsymbol{k}$——分别为沿 x，y，z 轴正向的单位矢量；

　r——圆盘半径。

将上式向 xOy 平面投影，可得

$$\begin{aligned} \dot{x}_C &= r\dot{\varphi}\sin\theta \\ \dot{y}_C &= -r\dot{\varphi}\cos\theta \end{aligned} \tag{2-5}$$

式中，φ、θ 角都是变量，故不能写成可积分的形式。因此这是非完整约束。非完整约束的约束方程实际上是一个常微分方程（或组）。

非完整约束按速度的幂次可分为线性非完整约束和非线性非完整约束。线性非完整约束指该非完整约束的约束方程可展开为速度分量的线性函数。其一般形式为

$$\sum_{i=1}^{n}(a_{ij}\dot{x}_i+b_{ij}\dot{y}_i+c_{ij}\dot{z}_i)+d_j=0 \qquad (j=1,2,\cdots,s) \tag{2-6}$$

式中　a_{ij}，b_{ij}，c_{ij}，d_j——坐标和时间的函数。

工程中经常遇到的非完整约束，大多数都是线性非完整约束。线性非完整约束的约束方程还可以写成微分形式，即

$$\sum_{i=1}^{n}(a_{ij}\,\mathrm{d}x_i+b_{ij}\,\mathrm{d}y_i+c_{ij}\,\mathrm{d}z_i)+d_j\,\mathrm{d}t=0 \tag{2-7}$$

非线性非完整约束指该非完整约束的约束方程不能展开为速度分量的线性函数。非线性非完整约束在工程中并不常见。

非完整约束也可以按坐标求导的次数分为 1 阶非完整约束和高阶非完整约束。1 阶非完整约束指方程式中只含有质点坐标对时间的 1 阶导数，而不含 2 阶或高阶导数，例如方程式（2-5）所表示的约束，就是 1 阶非完整约束。若方程式中含有 2 阶或高阶导数，那么这种约束称为高阶非完整约束。工程中经常遇到的非完整约束，大多数是 1 阶非完整约束。

一个力学系统，如果仅受到完整约束的作用，那么，这个系统称为完整系统。如果受到的约束有非完整约束，则这个系统称为非完整系统。求解完整系统和非完整系统的力学问题，两者在方法上是不一样的，后者要困难得多。

（4）单面约束和双面约束。若质点系虽然受到约束，但在某些方向可以脱离约束的限制，则这类约束称为单面约束（又称可解约束、非固执约束）。单面约束方程的一般形式为

$$f_j(x_1,y_1,z_1;\cdots;x_n,y_n,z_n;\dot{x}_1,\dot{y}_1,\dot{z}_1;\cdots;\dot{x}_n,\dot{y}_n,\dot{z}_n;t)\geqslant 0 \qquad (\text{或}\leqslant 0) \tag{2-8}$$

若质点系受到在任何方向都不能脱离的约束，则这种约束称为双面约束（又称不可解约束、固执约束）。双面约束方程的一般形式如式（2-4）所示，其约束方程是等式。

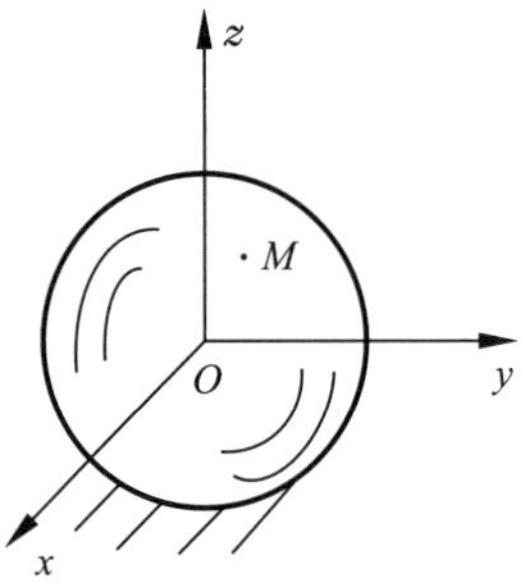

图 2-6　在固定球壳中运动的质点

如图 2-6 所示，一质点 M 被限制在半径为 R 的固定球壳内运动，在选取如图 2-6 所示的坐标系后，约束方程为

$$x^2+y^2+z^2\leqslant R^2$$

上式为不等式，所以是单面约束。

若图 2-6 所示的质点 M 被限制在固定球壳曲面上运动，但不能沿任何方向脱离曲面，则质点受到双面约束的限制。其约束方程为

$$x^2+y^2+z^2=R^2$$

单面约束的力学问题，一般都可以分为双面约束和自由系统两种情况来处理。当系统在约束面上运动时，按双面约束情况进行研究；一旦系统脱离了约束的界面，则把脱离约束界面以后的运动当作自由运动处理。

2. 广义坐标和自由度

1）广义坐标

系统的几何位置即位形，可以用坐标参数来描述，坐标参数的选取有多种形式。如图 2-7 所示，做平面运动的动点 M 的几何位置可以用直角坐标（x，y）来描述，也可以用极坐标（φ，r）来描述，还可以用参数（A，φ）来表示，其中 A 为图中阴影部分的面积。为此，引入广义坐标的概念。

广义坐标，就是一组相互独立的参数（$q_1,q_2,\cdots,q_n$），只要求它们能够确定系统的位形，而不管这些参数的几何意义如何。这种用来确定系统位形的独立参数称为广义坐标。因此，上述（x，y），（φ，r），（A，φ）等都可以作为描述 M 点位形的广义坐标。可见，广义坐标对于某一系统来讲不是唯一的，或者说可以任意选取。

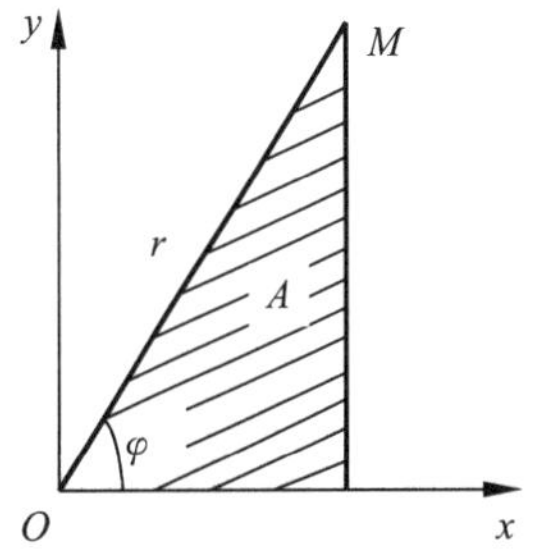

图 2-7　平面运动动点的几何位置

广义坐标可以用下面的通式表示

$$\boldsymbol{r}_i=\boldsymbol{r}_i(q_1,q_2,\cdots,q_n,t) \tag{2-9}$$

式中　$\boldsymbol{r}_i$——系统中第 i 个质点的位形；

q_j——广义坐标，$j=1$，2，…，n；

t——时间变量。

2）用广义坐标表示的非完整约束方程

（1）速度的广义坐标。设 N 个质点组成的系统有 n 个广义坐标 q_j（$j=1$，2，…，n），且 $q_j=q_j(t)$，则系统中第 i 个质点的速度 $\boldsymbol{v}_i$ 是

$$\boldsymbol{v}_i=\dot{\boldsymbol{r}}_i=\sum_{j=1}^{n}\frac{\partial \boldsymbol{r}_i}{\partial q_j}\dot{\boldsymbol{q}}_j+\frac{\partial \boldsymbol{r}_i}{\partial t} \tag{2-10}$$

式中　$\dot{\boldsymbol{q}}_j$——广义速度。

若系统为定常，由于

$$\frac{\partial \boldsymbol{r}_i}{\partial t}=0 \tag{2-11}$$

故有

$$\boldsymbol{v}_i=\sum_{j=1}^{n}\frac{\partial \boldsymbol{r}_i}{\partial q_j}\dot{\boldsymbol{q}}_j \tag{2-12}$$

（2）用广义坐标表示的非完整约束方程。把第 i 个质点的速度广义坐标表示代入 1 阶线性非完整约束方程式（2-6）可得到

$$\sum_{i=1}^{N}\left[a_{ij}\left(\sum_{k=1}^{n}\frac{\partial x_i}{\partial q_k}\dot{q}_k+\frac{\partial x_i}{\partial t}\right)+b_{ij}\left(\sum_{k=1}^{n}\frac{\partial y_i}{\partial q_k}\dot{q}_k+\frac{\partial y_i}{\partial t}\right)+c_{ij}\left(\sum_{k=1}^{n}\frac{\partial z_i}{\partial q_k}\dot{q}_k+\frac{\partial z_i}{\partial t}\right)\right]+d_j=0$$

$$(j=1,2,\cdots,s) \tag{2-13}$$

整理后可得

$$\sum_{k=1}^{n}\sum_{i=1}^{N}\left(a_{ij}\frac{\partial x_i}{\partial q_k}+b_{ij}\frac{\partial y_i}{\partial q_k}+c_{ij}\frac{\partial z_i}{\partial q_k}\right)\dot{q}_k+\sum_{i=1}^{N}\left(a_{ij}\frac{\partial x_i}{\partial t}+b_{ij}\frac{\partial y_i}{\partial t}+c_{ij}\frac{\partial z_i}{\partial t}\right)+d_j=0$$

$$(j=1,2,\cdots,s) \tag{2-14}$$

若令

$$A_{jk}=\sum_{i=1}^{N}\left(a_{ij}\frac{\partial x_i}{\partial q_k}+b_{ij}\frac{\partial y_i}{\partial q_k}+c_{ij}\frac{\partial z_i}{\partial q_k}\right)$$

$$B_j=\sum_{i=1}^{N}\left(a_{ij}\frac{\partial x_i}{\partial t}+b_{ij}\frac{\partial y_i}{\partial t}+c_{ij}\frac{\partial z_i}{\partial t}\right)+d_j \tag{2-15}$$

于是式（2-13）可以记为

$$\sum_{k=1}^{n}A_{jk}\dot{q}_k+B_j=0 \quad (j=1,2,\cdots,s) \tag{2-16}$$

3）坐标变换和自由度

坐标的变分与微分是两个不同的概念。设某系统运动的微分方程的解为

$$q_1=q_1(t),\cdots,q_n=q_n(t) \tag{2-17}$$

坐标的微分是指在上式所描述的真实运动中（图 2-8 中的实线部分）坐标的无限小变化，即经过 dt 时间之后发生的坐标变化 dq_j；而坐标的变分则是指在某一时刻 t，q_j 本身在约束许可条件下的任意无限小增量，也就是系统的可能运动（图 2-8 中的虚线所示）与真实运动在某时刻的差，记作 δq_j。由于都是坐标的无限小变化，故变分也表现出微分的形式，并且和微分具有相同的运算规则。

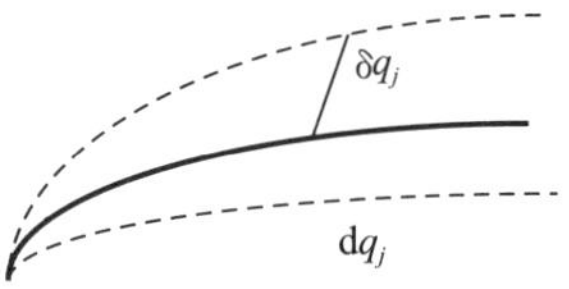

图 2-8　微分与变分

系统的自由度是指系统独立的坐标变分数。对于由 N 个质点组成的力学系统，如果系统是自由的，则其位形的确定需要 $3N$ 个坐标，这些坐标相互独立，变分也相互独立，故其自由度为 $3N$ 个。如果系统受到 l 个完整约束，则在 $3N$ 个坐标中，只有（$3N-l$）个坐标相互独立，且其变分也相互独立，故其自由度为（$3N-l$）个。如果系统为非完整系统，除了受到 l 个完整约束外，还有 k 个非完整约束，则独立的坐标数为（$3N-l$）个，但由于 k 个微分形式约束的存在，其独立的坐标变分数只有（$3N-l-k$）个，故系统的自由度为（$3N-l-k$）个。

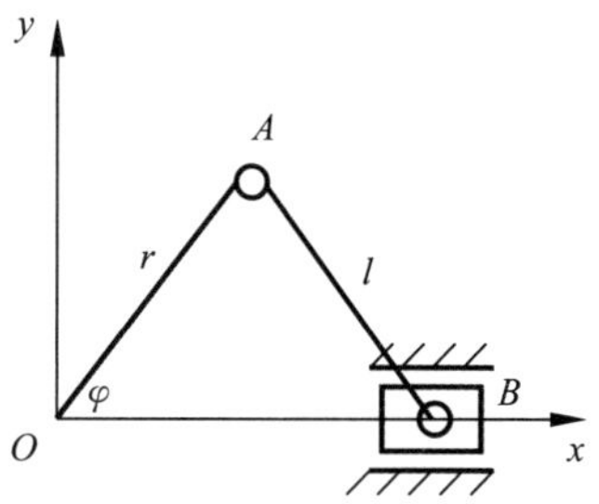

图 2-9　平面曲柄连杆机构

如一平面曲柄连杆机构（如图 2-9 所示），A、B 共有 $2N=4$ 个坐标，系统满足 3 个完整约束。

$$x_A^2 + y_A^2 = r^2$$
$$(x_B - x_A)^2 + (y_B - y_A)^2 = l^2$$
$$y_B = 0$$

因系统没有非完整约束，因此是一个完整系统，其自由度数为 4－3＝1，独立的坐标数也是 1。因此，系统只要给定一个广义坐标，即可确定整个系统的位形。

3. 坐标变换方程

一般情况下，对于 N 个质点组成的力学系统，若有 l 个完整约束，则其自由度数和广义坐标数均为 $k=3N-l$。这时，可用 k 个广义坐标 q_1，q_2，…，q_k 来确定系统的位形。于是，系统中每一质点 M_i 的直角坐标都可以表示为广义坐标的函数，即

$$\begin{aligned} x_i &= x_i(q_1, q_2, \cdots, q_k; t) \\ y_i &= y_i(q_1, q_2, \cdots, q_k; t) \qquad (i = 1,2,\cdots,N; k = 3N - l) \\ z_i &= z_i(q_1, q_2, \cdots, q_k; t) \end{aligned} \tag{2-18}$$

或写成

$$\boldsymbol{r}_i = \boldsymbol{r}_i(q_1, q_2, \cdots, q_k; t) \tag{2-19}$$

式（2-18）和式（2-19）称为坐标变换方程。

如一端被约束在水平面上运动的细杆（如图 2-10 所示），已知杆长为 l，取图示空间直角坐标系，细杆的位置由杆的两端坐标（x_A，y_A，z_A）和（x_B，y_B，z_B）确定，其存在着两个约束方程

$$z_A = 0$$
$$(x_B - x_A)^2 + (y_B - y_A)^2 + (z_B - z_A)^2 = l^2$$

故 6 个坐标中只有 4 个是独立的，即自由度数为 $k=6-2=4$。用变量 x_A、y_A 确定杆的一端 A 点在平面上的位置，以杆在平面上的投影与 x 轴之间的夹角 φ，以及杆与 z 轴之间的夹角 θ 确定杆的方位。选 x_A、y_A、φ 和 θ 为广义坐标，则两端点 A、B 的坐标可以通过广义坐标表示为

$$(x_A, y_A, z_A = 0)$$
$$(x_B = x_A + l\sin\theta\cos\varphi, y_B = y_A + l\sin\theta\sin\varphi,$$
$$z_B = l\cos\theta)$$

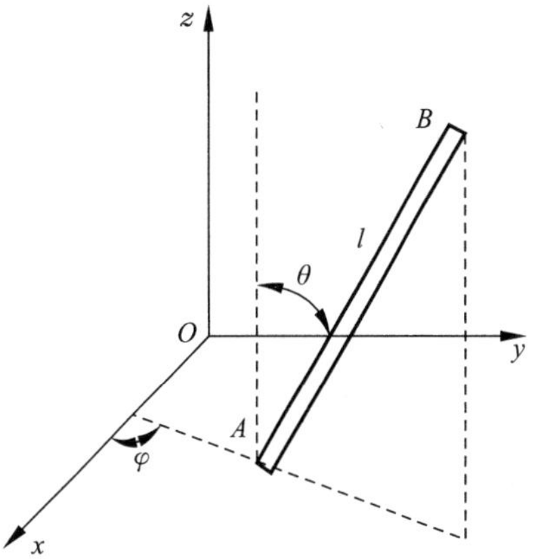

图 2-10　约束在水平面上运动的细杆

2.1.2　质点系统动力学基础方程

分析动力学的基础是达朗伯原理和虚位移原理。达朗伯原理引入惯性力的概念，用解决静力平衡问题的方法来处理动力学问题。虚位移原理引入虚位移和虚功的概念，给出了处理非自由质点系平衡问题的最普遍方法。将这两个原理结合起来，可以推导出质

点系动力学普遍方程和拉格朗日方程，在解决非自由质点系的动力学问题中有着非常广泛的应用。

1. **动力学普遍方程**

设具有理想约束的质点系由 n 个质点组成，由达朗伯原理知，在每一瞬时，作用在质点系内每个质点的主动力 $\boldsymbol{F}_i$、约束反力 $\boldsymbol{F}_{Ni}$ 以及该质点的惯性力 $\boldsymbol{F}_{gi}$（$\boldsymbol{F}_{gi}=-m_i\boldsymbol{a}_i$）组成一平衡力系，即

$$\boldsymbol{F}_i+\boldsymbol{F}_{Ni}+\boldsymbol{F}_{gi}=0 \qquad (i=1,2,\cdots,n)$$

引入虚功的概念，给质点系以虚位移，设质点 M_i 的虚位移为 $\delta\boldsymbol{r}_i$，应用虚位移原理，有

$$(F_i+F_{Ni}+F_{gi})\cdot\delta r_i=0 \qquad (i=1,2,\cdots,n)$$

将 n 个式子相加，得

$$\sum_{i=1}^{n}(F_i+F_{Ni}+F_{gi})\cdot\delta r_i=0$$

根据理想约束的条件，有 $\sum_{i=1}^{n}F_{Ni}\cdot\delta r_i=0$，最后得

$$\sum_{i=1}^{n}(F_i-m_ia_i)\cdot\delta r_i=0 \tag{2-20}$$

式（2-20）也可写成解析表达式：

$$\sum_{i=1}^{n}[(F_{ix}-m_i\ddot{x}_i)\delta x_i+(F_{iy}-m_i\ddot{y}_i)\delta y_i+(F_{iz}-m_i\ddot{z}_i)\delta z_i]=0 \tag{2-21}$$

式（2-21）表明，在任意瞬时，具有理想约束的质点系所受的主动力和惯性力在任意一组虚位移中所做的虚功之和等于0。该方程称为动力学普遍方程（又称为达朗伯-拉格朗日方程）。它可以用来解决动力学的各种问题。式（2-21）是一个有广泛用途的基础理论公式，动力学中许多重要的基本原理和基本方程都可以它为基础通过数学演绎方法推导出来。

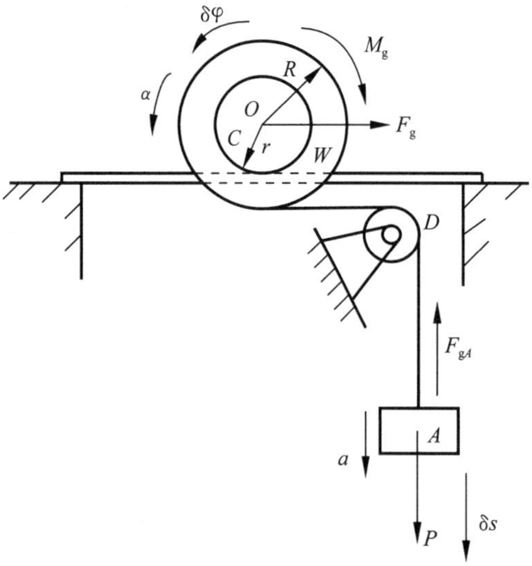

图 2-11　重物作用下滚动的动滑轮系统

下面举例说明动力学普遍方程的应用。如物体 A 的重力为 P，当下降时借一无重且不可伸长的绳使一轮轴 C 沿水平轨道滚动而不滑动，绳子跨过定滑轮 D 并绕在半径为 R 的动滑轮上，动滑轮固结在半径为 r 的 C 轴上，两者共重 W，对中心轴 O 的惯性半径为 ρ，如图 2-11 所示，则其重物 A 的加速度求解过程如下。

取整个系统为研究对象，作用在系统上的主动力为重力 P 和 W，加在轮 C 上

的惯性力系可以简化为一个通过质心的惯性力 $F_{g}=\frac{W}{g}a_{0}=\frac{W}{g}r\alpha$ 及一个惯性力偶，其力矩$M_{g}=\frac{W}{g}\rho^{2}\alpha$；因重物 A 做平动，其惯性力系简化为一个力 $F_{gA}=\frac{P}{g}a$。

设重物 A 的虚位移为 δs，则轮 C 相应有转动虚位移 $\delta\varphi$，由动力学普遍方程可得

$$(P-F_{gA})\delta s-F_{g}r\delta\varphi-M_{g}\delta\varphi=0$$

或

$$\left(P-\frac{P}{g}a\right)\delta s-\frac{W}{g}(\rho^{2}+r^{2})\alpha\delta\varphi=0$$

这是一个自由度系统，因为轮 C 在轨道上做纯滚动，故重物 A 的位移 s 与轮 C 的转角间的关系为

$$s=(R-r)\varphi$$

于是有

$$\delta s=(R-r)\delta\varphi$$

$$a=(R-r)\alpha$$

将 δs 和 a 表达式代入动力学普遍方程，得

$$\left(P-\frac{P}{g}a\right)(R-r)\delta\varphi-\frac{W}{g}(\rho^{2}+r^{2})\frac{a}{R-r}\delta\varphi=0$$

因为 $\delta\varphi\neq0$，于是有

$$a=\frac{P(R-r)^{2}g}{P(R-r)^{2}+W(\rho^{2}+r^{2})}$$

需要指出以下两点：

(1) 动力学普遍方程只要求约束是理想的，而对约束性质是否稳定、是否完整没有任何限制。

(2) 主动力系中除包含外力外，还包含内力。因为在动能定理中已经指出，一般情况下，内力做功之和不一定为 0，同样内力在虚位移中所做的虚功之和也不一定为 0。

2. 拉格朗日方程

动力学普遍方程式 (2-21) 是以直角坐标系表示的方程，由于系统约束的存在，所以在这个方程中各质点的虚位移一般不全是独立的，这样解题时需要找出各虚位移之间的关系。如果从动力学普遍方程式 (2-20) 出发，加上约束条件，就可以将动力学普遍方程转化为用广义坐标系表示的形式，得到拉格朗日方程。根据所加约束条件的不同，可形成第一类和第二类拉格朗日方程。

1) 第一类拉格朗日方程

第一类拉格朗日方程是应用数学分析中的拉格朗日乘子法，将直角坐标投影形式的动力学普遍方程和约束方程相结合而形成的一组动力学方程式。

设由 n 个质点组成的力学系统，作用在质点 i 上的主动力为 F_{i}，该系统受到 s 个完

整约束

$$f_\alpha(x_1,y_1,z_1;\cdots;x_n,y_n,z_n;t)=0 \qquad (\alpha=1,2,\cdots,s) \tag{2-22}$$

以及 l 个非完整约束

$$\sum_{i=1}^{n}(a_{\beta i}\dot{x}_i+b_{\beta i}\dot{y}_i+c_{\beta i}\dot{z}_i)+d_\beta=0 \qquad (\beta=1,2,\cdots,l) \tag{2-23}$$

由上两式得到系统中各质点坐标的变分应满足的条件为

$$\sum_{i=1}^{n}\left(\frac{\partial f_\alpha}{\partial x_i}\delta x_i+\frac{\partial f_\alpha}{\partial y_i}\delta y_i+\frac{\partial f_\alpha}{\partial z_i}\delta z_i\right)=0 \qquad (\alpha=1,2,\cdots,l) \tag{2-24}$$

$$\sum_{i=1}^{n}(a_{\beta i}\delta x_i+b_{\beta i}\delta y_i+c_{\beta i}\delta z_i)=0 \qquad (\beta=1,2,\cdots,l) \tag{2-25}$$

设约束都是理想的，系统的运动必须满足动力学普通方程（2-21）。在上述方程中的 $3n$ 个坐标变分中，由于条件式（2-24）和（2-25）的存在，故只有 $\varepsilon=3n-s-l$ 个独立的坐标变分，因此式（2-21）中各坐标变分 δx_i、δy_i、δz_i 前的系数并不都等于 0。为了解决其中（$s+l$）个坐标变分不独立的问题，应用拉格朗日待定乘子法，即将式（2-24）的 s 个方程分别乘以待定乘子 λ_α（$\alpha=1$，2，…，s），将式（2-25）的 l 个方程分别乘以待定乘子 μ_β（$\beta=1$，2，…，l），然后与式（2-21）相加，经整理，得

$$\begin{aligned}\sum_{i=1}^{n}\Bigg[&\left(F_{ix}-m_i\ddot{x}_i+\sum_{\alpha=1}^{s}\lambda_\alpha\frac{\partial f_\alpha}{\partial x_i}+\sum_{\beta=1}^{l}\mu_\beta a_{\beta i}\right)\delta x_i+\\&\left(F_{iy}-m_i\ddot{y}_i+\sum_{\alpha=1}^{s}\lambda_\alpha\frac{\partial f_\alpha}{\partial y_i}+\sum_{\beta=1}^{l}\mu_\beta b_{\beta i}\right)\delta y_i+\\&\left(F_{iz}-m_i\ddot{z}_i+\sum_{\alpha=1}^{s}\lambda_\alpha\frac{\partial f_\alpha}{\partial z_i}+\sum_{\beta=1}^{l}\mu_\beta c_{\beta i}\right)\delta z_i\Bigg]=0\end{aligned} \tag{2-26}$$

选取（$s+l$）个待定乘子 λ_α 和 μ_β 使式（2-26）中某（$s+l$）个不独立的坐标变分。前面系数全部等于 0，从而只剩下 $\varepsilon=3n-s-l$ 个独立的坐标变分，这些变分可任意取值，那么，它们前的系数必然等于 0。这样，可得到 $3n$ 个方程，即

$$\begin{aligned}m_i\ddot{x}_i&=F_{ix}+\sum_{\alpha=1}^{s}\lambda_\alpha\frac{\partial f_\alpha}{\partial x_i}+\sum_{\beta=1}^{l}\mu_\beta a_{\beta i}\\m_i\ddot{y}_i&=F_{iy}+\sum_{\alpha=1}^{s}\lambda_\alpha\frac{\partial f_\alpha}{\partial y_i}+\sum_{\beta=1}^{l}\mu_\beta b_{\beta i} \qquad (i=1,2,\cdots,n)\\m_i\ddot{z}_i&=F_{iz}+\sum_{\alpha=1}^{s}\lambda_\alpha\frac{\partial f_\alpha}{\partial z_i}+\sum_{\beta=1}^{l}\mu_\beta c_{\beta i}\end{aligned} \tag{2-27}$$

式（2-27）称为第一类拉格朗日方程。它共有 $3n$ 个方程，连同（$s+l$）个约束方程，组成（$3n+s+l$）个方程组，可以确定（$3n+s+l$）个未知量，即质点系中 n 个质点的 $3n$ 个坐标，以及 s 个待定乘子 λ_α 和 l 个待定乘子 μ_β，所解得到的 $x_i=x_i(t)$、$y_i=y_i(t)$、$z_i=z_i(t)$（$i=1$，2，…，n）即系统中各质点的运动规律。待定乘子 λ_α 和 μ_β 都是与相应的约束反力 F_N 成正比的标量。

将第一类拉格朗日方程与牛顿第二定律运动微分方程

$$m_i\ddot{x}_i = F_{ix} + F_{Nix}$$
$$m_i\ddot{y}_i = F_{iy} + F_{Niy} \qquad (i = 1,2,\cdots,n)$$
$$m_i\ddot{z}_i = F_{iz} + F_{Niz}$$

相比较，可得到约束反力 F_{Ni} 的解析表达式：

$$F_{Nix} = \sum_{\alpha=1}^{s}\lambda_\alpha \frac{\partial f_\alpha}{\partial x_i} + \sum_{\beta=1}^{l}\mu_\beta a_{\beta i}$$
$$F_{Niy} = \sum_{\alpha=1}^{s}\lambda_\alpha \frac{\partial f_\alpha}{\partial y_i} + \sum_{\beta=1}^{l}\mu_\beta b_{\beta i} \qquad (i = 1,2,\cdots,n) \tag{2-28}$$
$$F_{Niz} = \sum_{\alpha=1}^{s}\lambda_\alpha \frac{\partial f_\alpha}{\partial z_i} + \sum_{\beta=1}^{l}\mu_\beta c_{\beta i}$$

通过以上的分析和讨论可以看出，用第一类拉格朗日方程，不仅可以求出系统的运动，而且可以求出约束反力。但是，待定乘子 λ_α 和 μ_β 的引入，使得未知理想约束的约束反力出现在运动方程中，从而使未知量和方程式的数目都增加。要解这么庞大的微分方程组是十分困难的，因此，第一类拉格朗日方程应用不广。第一类拉格朗日方程同牛顿第二定律运动微分方程一样，是描述单个质点的运动微分方程。

2）第二类拉格朗日方程

（1）基本方程。设某理想、完整的力学系统由 N 个质点组成，自由度为 n，广义坐标为 q_j（$j=1$，2，…，n）。由上一节已知，第 i 个质点的位形可写作

$$\boldsymbol{r}_i = \boldsymbol{r}_i(q_1,q_2,\cdots,q_n,t) \qquad (i = 1,2,\cdots,N)$$

其变分为

$$\delta\boldsymbol{r}_i = \sum_{j=1}^{n}\frac{\partial \boldsymbol{r}_i}{\partial q_j}\delta q_j$$

将上式代入式（2-20），可得

$$\sum_{i=1}^{N}(F_i - m_i a_i)\cdot\sum_{j=1}^{n}\frac{\partial \boldsymbol{r}_i}{\partial q_j}\delta q_j = 0 \tag{2-29}$$

改变求和顺序，将 a_i 写成 $\ddot{\boldsymbol{r}}_i$，于是上式可改写为

$$\sum_{j=1}^{n}\left(\sum_{i=1}^{N}F_i\cdot\frac{\partial \boldsymbol{r}_i}{\partial q_j} - \sum_{i=1}^{N}m_i\ddot{\boldsymbol{r}}_i\cdot\frac{\partial \boldsymbol{r}_i}{\partial q_j}\right)\delta q_j = 0 \tag{2-30}$$

上式左边括号内第 1 项为广义力，令

$$Q_j = \sum_{i=1}^{N}F_i\cdot\frac{\partial \boldsymbol{r}_i}{\partial q_j} \tag{2-31}$$

括号内第 2 项中的 $\ddot{\boldsymbol{r}}_i\cdot\dfrac{\partial \boldsymbol{r}_i}{\partial q_j}$ 可写作如下变式

$$\ddot{\boldsymbol{r}}_i\cdot\frac{\partial \boldsymbol{r}_i}{\partial q_j} = \frac{\mathrm{d}}{\mathrm{d}t}\left(\dot{\boldsymbol{r}}_i\cdot\frac{\partial \boldsymbol{r}_i}{\partial q_j}\right) - \dot{\boldsymbol{r}}_i\cdot\frac{\mathrm{d}}{\mathrm{d}t}\left(\frac{\partial \boldsymbol{r}_i}{\partial q_j}\right)$$

$$=\frac{\mathrm{d}}{\mathrm{d}t}\left(\dot{\boldsymbol{r}}_i\cdot\frac{\partial\dot{\boldsymbol{r}}_i}{\partial q_j}\right)-\dot{\boldsymbol{r}}_i\cdot\frac{\partial\dot{\boldsymbol{r}}_i}{\partial q_j} \tag{2-32}$$

将式（2-10）两边对 $\dot{q}$ 求偏导，有

$$\frac{\partial\dot{\boldsymbol{r}}_i}{\partial\dot{q}_j}=\frac{\partial\boldsymbol{r}_i}{\partial q_j} \tag{2-33}$$

代入式（2-32）得到

$$\ddot{\boldsymbol{r}}_i\cdot\frac{\partial\boldsymbol{r}_i}{\partial q_j}=\frac{\mathrm{d}}{\mathrm{d}t}\left(\dot{\boldsymbol{r}}\cdot\frac{\partial\dot{\boldsymbol{r}}_i}{\partial\dot{q}_j}\right)-\dot{\boldsymbol{r}}_i\cdot\frac{\partial\dot{\boldsymbol{r}}_i}{\partial q_j} \tag{2-34}$$

于是，式（2-30）左边括号内的第 2 项为

$$\begin{aligned}-\sum_{i=1}^{N}\left(m_i\ddot{\boldsymbol{r}}_i\cdot\frac{\partial\boldsymbol{r}_i}{\partial q_j}\right)&=-\left(\frac{\mathrm{d}}{\mathrm{d}t}\sum_{i=1}^{N}m_i\dot{\boldsymbol{r}}_i\frac{\partial\dot{\boldsymbol{r}}_i}{\partial\dot{q}_j}-\sum_{i=1}^{N}m_i\dot{\boldsymbol{r}}_i\frac{\partial\dot{\boldsymbol{r}}_i}{\partial q_j}\right)\\&=-\left[\frac{\mathrm{d}}{\mathrm{d}t}\frac{\partial}{\partial\dot{q}_j}\left(\sum_{i=1}^{N}\frac{1}{2}m_i\dot{\boldsymbol{r}}_i\cdot\dot{\boldsymbol{r}}_i\right)-\frac{\partial}{\partial q_j}\left(\sum_{i=1}^{N}\frac{1}{2}m_i\dot{\boldsymbol{r}}_i\cdot\dot{\boldsymbol{r}}_i\right)\right]\\&=-\left[\frac{\mathrm{d}}{\mathrm{d}t}\left(\frac{\partial T}{\partial\dot{q}_j}\right)-\frac{\partial T}{\partial q_j}\right]\end{aligned} \tag{2-35}$$

式中　$T=\sum_{i=1}^{N}\frac{1}{2}m_i\dot{\boldsymbol{r}}_i\cdot\dot{\boldsymbol{r}}_i$——系统的动能。

将式（2-31）和式（2-35）代入式（2-30）得到

$$\sum_{j=1}^{n}\left[Q_j-\left(\frac{\mathrm{d}}{\mathrm{d}t}\frac{\partial T}{\partial\dot{q}_j}-\frac{\partial T}{\partial q_j}\right)\right]\delta q_j=0 \tag{2-36}$$

这就是以广义坐标表示的动力学普遍方程。其中 $\sum_{j=1}^{n}Q_j\delta q_j$ 表示作用于系统上的主动力虚功之和；$-\sum_{j=1}^{n}\left(\frac{\mathrm{d}}{\mathrm{d}t}\frac{\partial T}{\partial\dot{q}_j}-\frac{\partial T}{\partial q_j}\right)\delta q_j$ 表示系统中所有惯性力虚功之和。

对于完整的力学系统，坐标的变分相互独立且具有任意性。因此，可以在方程式（2-36）中取某一虚位移不等于 0，从而得到 n 个方程

$$Q_j-\left(\frac{\mathrm{d}}{\mathrm{d}t}\frac{\partial T}{\partial\dot{q}_j}-\frac{\partial T}{\partial q_j}\right)=0\qquad(j=1,2,\cdots,n) \tag{2-37}$$

或

$$\frac{\mathrm{d}}{\mathrm{d}t}\frac{\partial T}{\partial\dot{q}_j}-\frac{\partial T}{\partial q_j}=Q_j\qquad(j=1,2,\cdots,n) \tag{2-38}$$

式（2-38）称为第二类拉格朗日方程。这是以 n 个广义坐标为变量的 2 阶常微分方程组，方程数等于自由度数，t 为参变量。

（2）系统动能。第二类拉格朗日方程的建立和求解的关键在于确定以广义坐标表示的系统动能函数 T，以及与广义坐标相对应的广义力 Q_j。

N 个质点各力学系统的动能为

$$T=\frac{1}{2}\sum_{i=1}^{N}m_iv_i^2=\frac{1}{2}\sum_{i=1}^{N}m_i\dot{\boldsymbol{r}}_i\cdot\dot{\boldsymbol{r}}_i \tag{2-39}$$

将速度 $\dot{\boldsymbol{r}}_i$ 用广义坐标表示后代入式（2-39）得

$$\begin{aligned}T&=\frac{1}{2}\sum_{i=1}^{N}m_i\left(\sum_{j=1}^{n}\frac{\partial\boldsymbol{r}_i}{\partial q_j}\dot{q}_j+\frac{\partial\boldsymbol{r}_i}{\partial t}\right)\left(\sum_{k=1}^{n}\frac{\partial\boldsymbol{r}_i}{\partial q_k}\dot{q}_k+\frac{\partial\boldsymbol{r}_i}{\partial t}\right)\\&=\frac{1}{2}\left[\sum_{j=1}^{n}\sum_{k=1}^{N}\left(\sum_{i=1}^{N}m_i\frac{\partial\boldsymbol{r}_i}{\partial q_j}\cdot\frac{\partial\boldsymbol{r}_i}{\partial q_k}\right)\dot{q}_j\dot{q}_k+2\sum_{j=1}^{n}\left(\sum_{i=1}^{N}m_i\frac{\partial\boldsymbol{r}_i}{\partial q_j}\cdot\frac{\partial\boldsymbol{r}_i}{\partial t}\right)\dot{q}_j+\sum_{i=1}^{N}m_i\left(\frac{\partial\boldsymbol{r}_i}{\partial t}\right)^2\right]\end{aligned} \tag{2-40}$$

令

$$\begin{cases}A_{jk}=A_{kj}=\displaystyle\sum_{i=1}^{N}m_i\frac{\partial\boldsymbol{r}_i}{\partial q_j}\cdot\frac{\partial\boldsymbol{r}_i}{\partial q_k}\\B_j=\displaystyle\sum_{i=1}^{N}m_i\frac{\partial\boldsymbol{r}_i}{\partial q_j}\cdot\frac{\partial\boldsymbol{r}_i}{\partial t}\end{cases} \tag{2-41}$$

$$\begin{cases}T_2=\dfrac{1}{2}\displaystyle\sum_{j=1}^{n}\sum_{k=1}^{n}A_{jk}\dot{q}\dot{q}_k\\T_1=\displaystyle\sum_{j=1}^{n}B_j\dot{q}_j\\T_0=\dfrac{1}{2}\displaystyle\sum_{i=1}^{N}m_i\left(\frac{\partial\boldsymbol{r}_i}{\partial t}\right)^2\end{cases} \tag{2-42}$$

则系统的动能可简记为

$$T=T_2+T_1+T_0 \tag{2-43}$$

即系统的动能可分为三部分：广义速度的 2 次齐式（T_2）、广义速度的 1 次齐式（T_1）和广义速度的 0 次齐式（T_0）之和。

（3）广义力的计算。广义力的计算通常采用以下几种方法。

① 按广义力定义计算，即

$$Q_j=\sum_{i=1}^{N}\left(F_{ix}\frac{\partial x_i}{\partial q_j}+F_{iy}\frac{\partial y_i}{\partial q_j}+F_{iz}\frac{\partial z_i}{\partial q_j}\right)\qquad(j=1,2,\cdots,n) \tag{2-44}$$

对于多质点或多自由度系统，这种方法将比较烦琐。

② 利用系统的虚功计算。由于完整系统广义坐标的变分（虚位移）δq_1，…，δq_n 彼此独立，所以可以给定某一个虚位移 δq_j，而令其余（$n-1$）个虚位移为 0。这样，作用于系统上的所有主动力（设共有 m 个）对应于该虚位移上的元功之和 $\sum\limits_{k=1}^{m}\delta A_{kj}$ 应满足

$$\sum_{k=1}^{m}\delta A_{kj}=Q_j\delta q_j\qquad(j=1,2,\cdots,n) \tag{2-45}$$

于是可求得广义力

$$Q_j = \frac{\sum_{k=1}^{m} \delta A_{kj}}{\delta q_j} \quad (j = 1,2,\cdots,n) \tag{2-46}$$

③ 保守力的广义力。若作用于系统上的主动力为保守力，可通过势能函数 V 求得保守力的广义力 Q_j。此时的势能函数应用广义坐标表示，即 $V=V(q_j, t)$，于是有

$$Q_j = -\frac{\partial V}{\partial q_j} \quad (j = 1,2,\cdots,n) \tag{2-47}$$

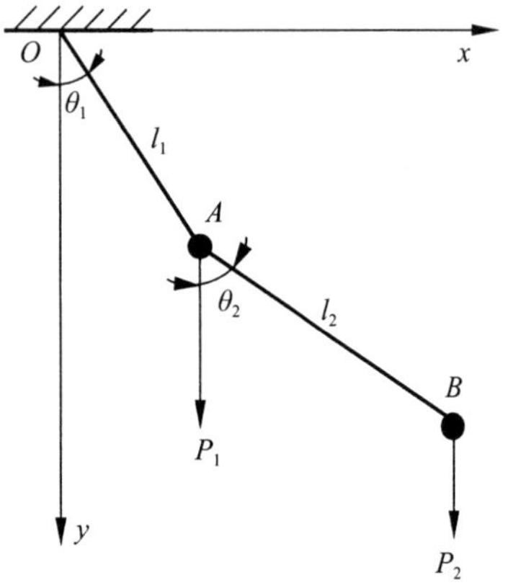

图 2-12　平面双摆机构

下面举例说明系统动能与广义力计算方法。如一平面双摆机构（如图 2-12 所示），摆锤 A、B 重力分别为 P_1、P_2，杆长为 l_1、l_2。若杆重不计，取 θ_1、θ_2 为广义坐标，设系统的动能为 T，A、B 锤的动能分别为 T_A、T_B，则

$$T = T_A + T_B = \frac{1}{2}m_1(\dot{x}_1^2 + \dot{y}_1^2) + \frac{1}{2}m_2(\dot{x}_2^2 + \dot{y}_2^2) \tag{2-48a}$$

将广义坐标代入，因

$$\begin{cases} x_1 = l_1 \sin\theta_1 \\ x_2 = l_1 \sin\theta_1 + l_2 \sin\theta_2 \end{cases}, \quad \begin{cases} y_1 = l_1 \cos\theta_1 \\ y_2 = l_1 \cos\theta_1 + l_2 \cos\theta_2 \end{cases} \tag{2-48b}$$

故

$$\begin{cases} \dot{x}_1 = l_1 \dot{\theta}_1 \cos\theta_1 \\ \dot{x}_2 = l_1 \dot{\theta}_1 \cos\theta_1 + l_2 \dot{\theta}_2 \cos\theta_2 \end{cases}, \quad \begin{cases} \dot{y}_1 = -l_1 \dot{\theta}_1 \sin\theta_1 \\ \dot{y}_2 = -l_1 \dot{\theta}_1 \sin\theta_1 - l_2 \dot{\theta}_2 \sin\theta_2 \end{cases} \tag{2-48c}$$

将式（2-48c）代入式（2-48a）可得

$$T = \frac{1}{2}(m_1 + m_2) l_1^2 \dot{\theta}_1^2 + \frac{1}{2} m_2 l_2^2 \dot{\theta}_2^2 + m_2 l_1 l_2 \dot{\theta}_1 \dot{\theta}_2 \cos(\theta_2 - \theta_1) \tag{2-48d}$$

采用广义力定义方法计算广义力过程如下。

$$F_{1x} = 0 \qquad F_{1y} = P_1 \qquad F_{2x} = 0 \qquad F_{2y} = P_2 \tag{2-48e}$$

广义坐标表示的 A、B 两点的位形由式（2-48b）给出，所以有

$$\begin{aligned} &\frac{\partial x_1}{\partial \theta_1} = l_1 \cos\theta_1 \qquad \frac{\partial y_1}{\partial \theta_1} = -l_1 \sin\theta_1 \qquad \frac{\partial x_2}{\partial \theta_1} = l_1 \cos\theta_1 \qquad \frac{\partial y_2}{\partial \theta_1} = -l_1 \sin\theta_1 \\ &\frac{\partial x_1}{\partial \theta_2} = 0 \qquad \frac{\partial y_1}{\partial \theta_2} = 0 \qquad \frac{\partial x_2}{\partial \theta_2} = l_2 \cos\theta_2 \qquad \frac{\partial y_2}{\partial \theta_2} = -l_2 \sin\theta_2 \end{aligned} \tag{2-48f}$$

将式（2-48e）和式（2-48f）代入式（2-44）可得广义力

$$\begin{aligned} Q(\theta_1) &= -l_1(P_1 + P_2)\sin\theta_1 \\ Q(\theta_2) &= -l_2 P_1 \sin\theta_2 \end{aligned} \tag{2-48g}$$

2.2　多体系统动力学基本理论

2.2.1　多刚体系统动力学

多刚体系统动力学是研究多刚体系统运动规律的科学，是一般力学面向工程实践的学科，它是从经典力学基础上发展起来的新学科分支，其根本点在于建立适宜于计算机程序求解的数学模型，并寻求高效、稳定的数值求解方法。

多刚体系统动力学的研究对象是由任意有限个刚体组成的系统，刚体之间以某种形式的约束连接，这些约束可以是理想完整约束、非完整约束、定常或非定常约束。已经形成了比较系统和成熟的研究方法，主要有牛顿-欧拉法、拉格朗日方程法、图论方法(Roberson-Wittenburg，R-W 方法)、凯恩方法和变分方法等。

1. 多刚体系统研究方法

1）牛顿-欧拉法

牛顿-欧拉法是矢量力学的研究方法。它将刚体在空间的一般运动分解为随其上某点的平动和绕此点的转动，分别用牛顿定律和欧拉方程处理，故称为牛顿-欧拉法。

牛顿-欧拉法要求写出每个刚体的动力学方程，刚体之间约束力的存在，使得导出的动力学方程含有大量的、不需要的未知理想约束反力，这就必须提出便于计算机识别的刚体联系情况和约束形式的程序化方法，并自动消除约束反力。德国斯图加特大学力学 B 研究所的学者 Wenner Schiehlen 在列写系统的牛顿-欧拉方程以后，将笛卡儿广义坐标变换成独立变量，对完整约束系统用 D′Alembert 原理消除约束反力，对非完整约束系统用 Jourdain 原理消除约束反力，最后得到与系统自由度数目相同的动力学方程。Schiehlen 还用 FORTRAN 语言编制了符号推导的计算机程序 NEWEUL，可以在计算机上获得运动微分方程的显式表达式。完整约束系统消除约束反力的动力学方程为

$$\boldsymbol{M}^{*}(q,t)\ddot{q}(t)+\boldsymbol{K}^{*}(q,\dot{q},t)=\boldsymbol{Q}^{*}(q,\dot{q},t) \tag{2-49}$$

式中　$\boldsymbol{M}^{*}$——$N\times N$ 对称正定的广义质量矩阵，$\boldsymbol{M}^{*}=\boldsymbol{J}^{\mathrm{T}}\boldsymbol{M}\boldsymbol{J}>0$，$\boldsymbol{M}$ 为质量对称矩阵，$\boldsymbol{J}$ 为几何雅可比矩阵；

$\boldsymbol{K}^{*}$——$N\times 1$ 广义陀螺力和离心力，$\boldsymbol{K}^{*}=\boldsymbol{J}^{\mathrm{T}}\boldsymbol{K}$；

$\boldsymbol{Q}^{*}$——$N\times 1$ 广义主动力，$\boldsymbol{Q}^{*}=\boldsymbol{J}^{\mathrm{T}}\boldsymbol{Q}^{a}$。

非完整约束系统消除约束反力的动力学方程为

$$\boldsymbol{M}^{**}(q,t)\dot{u}+\boldsymbol{K}^{**}(q,u,t)=\boldsymbol{Q}^{**}(q,u,t) \tag{2-50}$$

式中　$\boldsymbol{M}^{**}$——$k\times k$ 对称正定的广义质量矩阵，$\boldsymbol{M}^{**}=\boldsymbol{L}^{\mathrm{T}}\boldsymbol{M}\boldsymbol{L}>0$；

$\boldsymbol{L}$——运动学雅可比矩阵；

$\boldsymbol{K}^{**}$——$k\times 1$ 广义陀螺力和离心力，$\boldsymbol{K}^{**}=\boldsymbol{L}^{\mathrm{T}}\boldsymbol{K}$；

$\boldsymbol{Q}^{**}$——$k\times 1$ 广义主动力，$\boldsymbol{Q}^{**}=\boldsymbol{L}^{\mathrm{T}}\boldsymbol{Q}^{a}$。

2）拉格朗日方程法

拉格朗日方程是关于约束力学系统的动力学方程，它有两种形式：一种是第一类拉格朗日方程，用直角坐标表示带有不定乘子的微分方程，既适用于完整系统，又适用于线性非完整系统；另一种是第二类拉格朗日方程，用广义坐标表示的微分方程，只适用于完整系统。由于多刚体系统十分复杂，在建立系统的动力学方程时，采用独立的拉格朗日广义坐标将十分困难，而采用不独立的笛卡儿广义坐标则比较方便。

对于具有多余坐标的完整约束系统或非完整约束系统，用带乘子的拉格朗日方程处理是一种规格化的方法。导出的以笛卡儿广义坐标为变量的动力学方程是与广义坐标数目相同，且带乘子的微分方程，同时需要补充广义坐标的代数约束方程才能封闭。

用拉格朗日方程法建立的多刚体系统的动力学模型是混合的微分-代数方程组（DAE），其特点是方程组数目相当大，而且微分方程常常是刚性的。求微分-代数方程组的数值解算法研究是多刚体系统动力学的一个重要问题。

蔡斯（Chace）等人选取系统内每个刚体质心在惯性参考系中的 3 个直角坐标和确定刚体方位的 3 个欧拉角作为笛卡儿广义坐标，应用吉尔（Gear）的刚性积分算法并采用稀疏矩阵技术提高计算效率，编制了计算机程序 ADAMS（Automatic Dynamic Analysis of Mechanical Systems）。

豪格（Haug）等人选取的笛卡儿广义坐标，研究了广义坐标分类、奇异值分解等算法，编制了计算机程序 DADS（Dynamic Analysis and Design System）。

3）图论方法

R-W 方法是由罗伯逊（Roberson）和维登伯格（Wittenburg）提出的，他们利用图论的一些基本概念和数学工具成功地描绘系统内各刚体之间的联系情况，即系统的结构。R-W 方法以相邻刚体之间的相对位移作广义坐标，对复杂的树结构动力学关系给出了统一的数学模式，得到了系统的非线性运动微分方程。对于非树系统，则利用铰切割或刚体分割的方法将其转变成树系统处理。

有根树形多刚体系统的动力学方程为

$$\begin{gathered}
(\boldsymbol{\alpha}^{\mathrm{T}} \cdot \boldsymbol{m\alpha} + \boldsymbol{\beta}^{\mathrm{T}} \cdot \boldsymbol{J} \cdot \boldsymbol{\beta})\ddot{q} = \boldsymbol{\alpha}^{\mathrm{T}} \cdot (\boldsymbol{F} - \boldsymbol{mu}) + \boldsymbol{\beta}^{\mathrm{T}}(\boldsymbol{L} - \boldsymbol{J} \cdot \boldsymbol{v} - \boldsymbol{V}) + \boldsymbol{Q} \\
\boldsymbol{\alpha} = (\boldsymbol{pT} \times \boldsymbol{CT} - \boldsymbol{KT})^{\mathrm{T}} \\
\boldsymbol{u} = (\boldsymbol{CT})^{\mathrm{T}} \times \boldsymbol{v} - \boldsymbol{T}^{\mathrm{T}}(\boldsymbol{g} + \boldsymbol{h}) + [\ddot{r}_0 + \dot{\omega}_0 \times c_{01} + \omega_0 \times (\omega_0 \times c_{01}) + 2\omega_0 \times \dot{c}_{01}]\boldsymbol{1}_n \\
\boldsymbol{\beta} = -(\boldsymbol{pT})^{\mathrm{T}} \\
\boldsymbol{v} = -\boldsymbol{T}^{\mathrm{T}}(\boldsymbol{\omega} + \boldsymbol{\omega} \times \boldsymbol{\Omega}) + \dot{\omega}_0 \boldsymbol{1}_n \\
\boldsymbol{V} = [\omega_1 \times J_1 \cdot \omega_1 \quad \cdots \quad \omega_n \times J_n \cdot \omega_n]
\end{gathered} \tag{2-51}$$

式中 $\boldsymbol{J}$——惯性张量矩阵；

$\boldsymbol{m}$——质量矩阵；

$\boldsymbol{1}_n$——1 的 n 阶列阵；

$\boldsymbol{\Omega}$——相对角速度；

$\boldsymbol{F}$——外力阵；

$\boldsymbol{L}$——外力矩阵；

ω_n——刚体 n 的角速度；

J_n——刚体 n 的惯性张量；

$\boldsymbol{g}$——元素 g_a 的列阵，$g_a=\omega_{i+(a)}\times(\omega_{i+(a)}\times c_{i+(a)a})-\omega_{i-(a)}\times(\omega_{i-(a)}\times c_{i-(a)a})$，$a=1,2,\cdots,n$；

$\boldsymbol{h}$——元素 h_a 的列阵，$h_a=s_a+2\omega_{i+(a)}\times\dot{c}_{i+(a)a},a=1,2,\cdots,n$；

$i+(a)$ ——整数函数，表示弧 u_a 与之关联且箭头所背离的顶点的编号；

$i-(a)$ ——整数函数，表示弧 u_a 与之关联且箭头所指向的顶点的编号；

c——两刚体之间的连体矢量；

$\dot{c}$——两刚体之间的相对速度；

$\boldsymbol{p}$——转轴矩阵；

$\boldsymbol{T}$——通路矩阵；

$\boldsymbol{C}$——铰链位置矢量矩阵；

$\boldsymbol{K}$——滑移轴矩阵；

$\boldsymbol{Q}$——广义内力列阵；

$\boldsymbol{\omega}$——角速度矩阵；

$\dot{\omega}_0$——0 刚体角加速度；

$\ddot{r}_0$——0 刚体质心加速度；

c_{01}——1 刚体相对 0 刚体的速度。

令

$$\boldsymbol{A}=(\boldsymbol{\alpha}^{\mathrm{T}}\cdot\boldsymbol{m\alpha}+\boldsymbol{\beta}^{\mathrm{T}}\cdot\boldsymbol{J}\cdot\boldsymbol{\beta}),\ \boldsymbol{B}=\boldsymbol{\alpha}^{\mathrm{T}}\cdot(\boldsymbol{F}-\boldsymbol{mu})+\boldsymbol{\beta}^{\mathrm{T}}(\boldsymbol{L}-\boldsymbol{J}\cdot\boldsymbol{v}-\boldsymbol{V})+\boldsymbol{Q}$$

则方程式（2-51）可写为

$$\boldsymbol{A}\ddot{q}=\boldsymbol{B} \tag{2-52}$$

4）凯恩方法

凯恩方法是建立一般多自由度离散系统动力学方程的一种普遍方法，其特点是以伪速度作为独立变量来描述系统的运动，既适合于完整系统，也适合于非完整系统，在建立动力学方程中不出现理想约束反力，也不必计算动能等动力学函数及其导数，只需要进行矢量点积、叉积等运算，推导计算规格化，得到 1 阶微分方程组。但凯恩方法并没有给出一个适合于任意多刚体系统的动力学方程，广义速度的选择也需要一定的经验和技巧。

对于完整约束系统，凯恩方程为

$$\begin{aligned}&\boldsymbol{F}^{(r)}+\boldsymbol{F}^{*(r)}=0\\&\boldsymbol{F}^{(r)}=\sum_{i=1}^{n}\boldsymbol{v}_{P_i}^{(r)}\boldsymbol{R}_i\qquad(r=1,2,\cdots,N)\\&\boldsymbol{F}^{*(r)}=\sum_{i=1}^{n}\boldsymbol{v}_{P_i}^{(r)}\boldsymbol{R}_i^{*}\end{aligned} \tag{2-53}$$

式中 $\boldsymbol{v}_{P_i}^{(r)}$——质点 P_i 在惯性参考基 $e^{(0)}$ 中的第 r 个完整偏速度；

$\boldsymbol{R}_i$——作用在质点 P_i 上所有作用力的合力；

$\boldsymbol{R}_i^*$——作用在质点 P_i 上的惯性力；

$\boldsymbol{F}^{(r)}$——系统在惯性参考基 $e^{(0)}$ 中的完整广义主动力；

$\boldsymbol{F}^{*(r)}$——系统在惯性参考基 $e^{(0)}$ 中的完整广义惯性力。

对于非完整约束系统：

$$\begin{aligned}&\widetilde{\boldsymbol{F}}^{(r)}+\widetilde{\boldsymbol{F}}^{*(r)}=0\\&\widetilde{\boldsymbol{F}}^{(r)}=\sum_{i=1}^{n}\widetilde{\boldsymbol{v}}_{P_i}^{(r)}\boldsymbol{R}_i\qquad(r=1,2,\cdots,k)\\&\widetilde{\boldsymbol{F}}^{*(r)}=\sum_{i=1}^{n}\widetilde{\boldsymbol{v}}_{P_i}^{(r)}\boldsymbol{R}_i^*\end{aligned}\tag{2-54}$$

式中 $\widetilde{\boldsymbol{v}}_{P_i}^{(r)}$——质点 P_i 在惯性参考基 $e^{(0)}$ 中的第 r 个非完整偏速度；

$\widetilde{\boldsymbol{F}}^{(r)}$——系统在惯性参考基 $e^{(0)}$ 中的非完整广义主动力；

$\widetilde{\boldsymbol{F}}^{*(r)}$——系统在惯性参考基 $e^{(0)}$ 中的非完整广义惯性力。

5）变分方法

变分的力学原理并不直接描述机械运动的客观规律，而是把真实发生的运动和可能发生的运动加以比较，在相同条件下可能发生的运动中指出真实运动所应满足的条件，揭示真实运动所具有的性质和规律。用变分方法研究多刚体动力学问题，不需要列出运动微分方程，而是根据某个泛函的极值条件，直接利用系统在每个时刻的坐标及速度值解出加速度，从而确定系统的运动规律，利用各种有效的数学规律寻求泛函极值，对于带控制系统的多刚体系统，动力学分析可与系统的优化结合进行，对于树形或非树形系统都可用同样的方法处理。变分方法对于系统内包含的封闭链数目不加限制，因而变分方法是解决工程实际问题的一种重要方法。

高斯提出了最小拘束原理：一个力学系统的真实运动与位置及速度相同但加速度不同的可能运动相比较，其拘束度具有最小值。将高斯最小拘束原理应用于多刚体系统的研究方法就是变分法。多刚体系统的拘束度为

$$\boldsymbol{Z}=\sum_{i=1}^{n}\frac{1}{2}\mathrm{tr}\{\ddot{\boldsymbol{T}}_i\boldsymbol{H}_i\ddot{\boldsymbol{T}}_i^{\mathrm{T}}\}-\sum_{i=1}^{n}\mathrm{tr}\{\boldsymbol{\phi}_i\ddot{\boldsymbol{T}}_i^{\mathrm{T}}\}+\cdots\tag{2-55}$$

式中 $\boldsymbol{H}_i$——刚体 B_i 的广义惯量矩阵，$\boldsymbol{H}_i=\sum\limits_{v}{}^{v}m_i{}^{v}\boldsymbol{\rho}_i^i({}^{v}\boldsymbol{\rho}_i^i)^{\mathrm{T}}$；

${}^{v}m_i$——刚体 B_i 上任意质点 ${}^{v}P_i$ 的质量；

${}^{v}\boldsymbol{\rho}_i^i$——刚体 B_i 对连体基 $\boldsymbol{e}^{(i)}$ 的位置矢径；

$\boldsymbol{T}_i$——连体基在参考基中的位置矩阵；

$\boldsymbol{\phi}_i$——刚体 B_i 的主动力矩阵，$\boldsymbol{\phi}_i=\sum\limits_{v}{}^{v}f_i^0({}^{v}\boldsymbol{\rho}_i^i)^{\mathrm{T}}$；

${}^{v}f_i^0$——作用在质点${}^{v}P_i$ 上的主动力在参考基 $\boldsymbol{e}^{(0)}$ 中的齐次表达。

2. **笛卡儿广义坐标**

本书重点介绍基于笛卡儿坐标的多体系统运动学和动力学数学模型。

研究刚体在惯性空间中的一般运动时，可以用其质心坐标系确定位置，用质心坐标系相对于地面坐标系的方向余弦矩阵确定方位。为了解析描述的方位，必须规定一组转动广义坐标表示方向余弦矩阵。通常用刚体的质心笛卡儿坐标和反映刚体方位的欧拉角作为广义坐标，由于采用了不独立的广义坐标，系统动力学方程虽然数量最多，但是高度稀疏耦合的微分代数方程，适用于稀疏矩阵方法的高效求解。

在多刚体系统动力学中，研究刚体在惯性空间中的运动时，系统常定义一个惯性基（Ground），即 $\boldsymbol{e}^0=[\boldsymbol{e}_1^0\quad \boldsymbol{e}_2^0\quad \boldsymbol{e}_3^0]^{\mathrm{T}}$，在刚体 B_i（$i=1$，2，…，N）的质心 C_i 建立一个连体基 $\boldsymbol{e}^i=[\boldsymbol{e}_1^i\quad \boldsymbol{e}_2^i\quad \boldsymbol{e}_3^i]^{\mathrm{T}}$，连体基 $\boldsymbol{e}^i$ 的运动就是刚体 B_i 的运动，用刚体连体基在惯性基中的位置和方向来描述刚体在惯性基中的位置和方向。刚体的一般运动可分解成随连体基原点的平动和绕原点的转动。

刚体的姿态由连体基 $\boldsymbol{e}^i$ 关于惯性基 $\boldsymbol{e}^0$ 的方向余弦阵 $\boldsymbol{A}^{i0}$完全确定。

$$\boldsymbol{e}^i=\boldsymbol{A}^{i0}\boldsymbol{e}^0 \tag{2-56}$$

式中　$\boldsymbol{A}^{i0}$——3×3 的方向余弦矩阵。

刚体连体基在某个时刻的姿态可以认为是一个刚体的连体基起始方向与惯性基平行，绕自身的坐标轴按照右手定则 3—1—3 顺序连续 3 次转动（如图 2-13 所示）的结果。

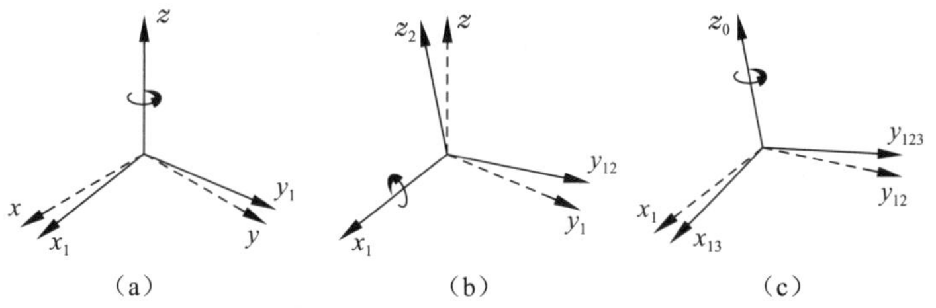

图 2-13　连体基的 3—1—3 旋转规则

连体基的起始方向与惯性基平行，第一次转动是 $\boldsymbol{e}^i$ 绕自身的基矢量 $\boldsymbol{e}_3^i$ 转动角度 ψ 后形成基 $\boldsymbol{e}^u$，ψ 称为进动角，则有 $\boldsymbol{e}^u=\boldsymbol{A}^{u0}\boldsymbol{e}^0$；第二次转动是 $\boldsymbol{e}^u$ 绕自身的基矢量 $\boldsymbol{e}_1^u$ 转动角度 θ 后形成基 $\boldsymbol{e}^v$，θ 称为章动角，则有 $\boldsymbol{e}^v=\boldsymbol{A}^{vu}\boldsymbol{e}^u$；第三次转动是 $\boldsymbol{e}^v$ 绕自身的基矢量 $\boldsymbol{e}_3^v$ 转动角度 φ 后形成最后的连体基 $\boldsymbol{e}^i$，φ 称为自转角，则有 $\boldsymbol{e}^i=\boldsymbol{A}^{iv}\boldsymbol{e}^v$。这三个可以描述刚体姿态的角坐标 ψ、θ、φ 称为欧拉角坐标。由计算机图形学中的坐标变换知识可以得到有关基之间的方向余弦阵分别为

$$\boldsymbol{A}^{u0}=\begin{bmatrix}\cos\psi & \sin\psi & 0\\ -\sin\psi & \cos\psi & 0\\ 0 & 0 & 1\end{bmatrix} \tag{2-57}$$

$$\boldsymbol{A}^{vu}=\begin{bmatrix}1 & 0 & 0\\ 0 & \cos\theta & \sin\theta\\ 0 & -\sin\theta & \cos\theta\end{bmatrix} \tag{2-58}$$

$$\boldsymbol{A}^{iv}=\begin{bmatrix}\cos\varphi & \sin\varphi & 0\\ -\sin\varphi & \cos\varphi & 0\\ 0 & 0 & 1\end{bmatrix} \tag{2-59}$$

则有

$$\boldsymbol{A}^{i0}=\boldsymbol{A}^{iv}\boldsymbol{A}^{vu}\boldsymbol{A}^{u0} \tag{2-60}$$

将式（2-57）~式(2-59)代入式（2-60），则可得到方向余弦阵 $\boldsymbol{A}^{i0}$：

$$\boldsymbol{A}^{i0}=\begin{bmatrix}\cos\psi\cos\varphi-\sin\psi\cos\theta\sin\varphi & \sin\psi\cos\varphi+\cos\psi\cos\theta\sin\varphi & \sin\theta\sin\varphi\\ -\cos\psi\sin\varphi-\sin\psi\cos\theta\cos\varphi & -\sin\psi\sin\varphi+\cos\psi\cos\theta\cos\varphi & \sin\theta\cos\varphi\\ \sin\psi\sin\theta & -\cos\psi\sin\theta & \cos\theta\end{bmatrix} \tag{2-61}$$

刚体的位置通常用其质心的 3 个笛卡儿坐标 x、y、z 来表示：

$$\boldsymbol{r}=\begin{bmatrix}x\\ y\\ z\end{bmatrix} \tag{2-62}$$

刚体的方向用 3 个欧拉角 ψ、θ、φ 来表示：

$$\boldsymbol{p}=\begin{bmatrix}\psi\\ \theta\\ \varphi\end{bmatrix} \tag{2-63}$$

刚体的整体坐标用表示刚体位置和方向的变量进行组合，就得到描述刚体的笛卡儿广义坐标，即

$$\boldsymbol{q}_i=[\boldsymbol{r}_i^{\mathrm{T}}\quad \boldsymbol{p}_i^{\mathrm{T}}]^{\mathrm{T}}=[x\quad y\quad z\quad \psi\quad \theta\quad \varphi]_i^{\mathrm{T}} \tag{2-64}$$

基于这种整体坐标的选择，物体的线速度和角速度可表达为

$$\boldsymbol{u}=\dot{\boldsymbol{r}} \tag{2-65}$$

$$\boldsymbol{\omega}=\boldsymbol{K}\dot{\boldsymbol{p}} \tag{2-66}$$

式中 $\boldsymbol{K}=\begin{bmatrix}\sin\theta\sin\varphi & \cos\varphi & 0\\ \sin\theta\cos\varphi & -\sin\varphi & 0\\ \cos\theta & 0 & 1\end{bmatrix}$；

$\boldsymbol{u}$——在刚体的局部坐标系中的线速度；

$\boldsymbol{\omega}$——在刚体的局部坐标系中的角速度。

3. 系统约束方程

由于系统中一些刚体间存在铰（运动副），所以铰限制了刚体之间的相对运动。一般情况下，描述系统位形的笛卡儿坐标并不完全独立，在运动过程中，它们存在某些关

系，这些关系的解析表达式就是约束方程。约束方程的建立通常有局部方法和总体方法两种。局部方法统一由铰的偶对刚体出发，对同一类铰，约束方程有共性。系统的约束方程是各铰约束方程的组集。而总体方法缺乏这种共性，方程的建立更多地依赖于用户的经验和分析能力。局部方法得到的约束方程个数虽然可能远大于总体方法，但它是一种程式化的方法，在计算多体动力学中被普遍使用。系统受到的约束包括所有铰链的运动约束和驱动器产生的驱动约束。

1）运动约束

不同的铰链对它所连接的两个邻接刚体产生不同的约束，但是所有这些不同的约束方程都是由几个基本代数关系作为基础的。在力学研究中有 4 种最基本的约束：垂直（Perpendicular）约束、共点（Atpoint）/球铰约束、点面（Inplane）约束和角度（Angular）约束。其他所有约束都可以从这 4 种最基本的约束导出。这里仅介绍垂直约束和共点约束。

图 2-14 所示为两个邻接刚体 B_i 和 B_j，它们的连体基分别为 $\boldsymbol{e}^i$ 和 $\boldsymbol{e}^j$，连体基原点 O_i 和 O_j 通常分别与其质心重合，在 B_i 和 B_j 上分别取参考点 P_i 和 P_j，以及连体矢量 $\vec{a}_i$ 和 $\vec{a}_j$。

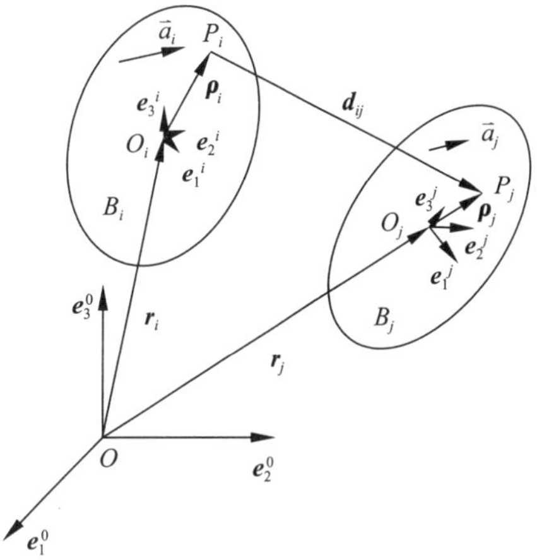

图 2-14　刚体 B_i 和 B_j 的连体矢量 $\vec{a}_i$ 和 $\vec{a}_j$ 以及相对位置矢量 $\vec{d}_{ij}$

（1）垂直约束。

矢量 $\vec{a}_i$ 和 $\vec{a}_j$ 相互垂直的充分和必要条件是它们的点积为 0，即 $\vec{a}_i \cdot \vec{a}_j=0$，可表示为

$$\Phi^i(\vec{a}_i \perp \vec{a}_j) = \boldsymbol{a}_i^{\mathrm{T}}\boldsymbol{a}_j = \boldsymbol{a}_i'^{\mathrm{T}}\boldsymbol{A}_i^{\mathrm{T}}\boldsymbol{A}_j\boldsymbol{a}_j' = 0 \tag{2-67}$$

式中，$\boldsymbol{A}_i$ 和 $\boldsymbol{A}_j$ 是用欧拉参数表示的连体基 $\boldsymbol{e}^i$ 和 $\boldsymbol{e}^j$ 对惯性参考基 $\boldsymbol{e}^0$ 的变换矩阵；$\boldsymbol{a}_i$、$\boldsymbol{a}_j$ 和 $\boldsymbol{a}_i'$、$\boldsymbol{a}_j'$是连体矢量 $\vec{a}_i$ 和 $\vec{a}_j$ 分别在惯性基和各自连体基中的分量列阵；上标 i 表示两个连体矢量垂直。这种约束称为垂直约束，限制了两个邻接刚体的相对方位。

（2）共点约束。

用矢量 $\boldsymbol{d}_{ij}$ 连接两个刚体上的参考点 P_i 和 P_j，则刚体 B_j 相对 B_i 的位置可由 $\boldsymbol{d}_{ij}$ 确定，根据封闭矢量环原理得

$$\boldsymbol{d}_{ij} = \boldsymbol{r}_j + \boldsymbol{\rho}_j - \boldsymbol{r}_i - \boldsymbol{\rho}_i \tag{2-68}$$

式中　$\boldsymbol{r}_i$，$\boldsymbol{r}_j$——连体基 $\boldsymbol{e}^i$ 和 $\boldsymbol{e}^j$ 的原点在惯性基中的位置矢量；

$\boldsymbol{\rho}_i$，$\boldsymbol{\rho}_j$——参考点 P_i 和 P_j 分别在连体基 $\boldsymbol{e}^i$ 和 $\boldsymbol{e}^j$ 中的位置矢量。

将式（2-68）在惯性基中分解成坐标矩阵形式：

$$\boldsymbol{d}_{ij} = \boldsymbol{r}_j + \boldsymbol{A}_j\boldsymbol{\rho}_j' - \boldsymbol{r}_i - \boldsymbol{A}_i\boldsymbol{\rho}_i' \tag{2-69}$$

共点约束表示两个邻接刚体上有一对点重合，如图 2-14 中的参考点 P_i 和 P_j 重合

的充分和必要条件是 $\boldsymbol{d}_{ij}=0$，则由式（2-69）可得

$$\boldsymbol{\Phi}^{a}(P_i=P_j)=\boldsymbol{r}_j+\boldsymbol{A}_j\boldsymbol{\rho}'_j-\boldsymbol{r}_i-\boldsymbol{A}_i\boldsymbol{\rho}'_i=0 \tag{2-70}$$

式中，上标 a 表示这种约束可用来描述点面约束。

系统铰链运动约束一般只是与位置坐标有关的定常约束，采用式（2-64）的广义坐标，约束方程的矩阵形式可写成：

$$\boldsymbol{\Phi}^{k}(q)=[\boldsymbol{\Phi}_1^{k}(q)\quad \boldsymbol{\Phi}_2^{k}(q)\quad \cdots\quad \boldsymbol{\Phi}_h^{k}(q)]^{\mathrm{T}}=0 \tag{2-71}$$

式中，上标 k 表示约束性质为铰链运动约束。

2）驱动约束

系统驱动约束的数目应等于系统的自由度数目 m，是与时间有关的非定常约束，可用下式表示：

$$\boldsymbol{\Phi}^{d}(q,t)=[\boldsymbol{\Phi}_1^{d}(q,t)\quad \boldsymbol{\Phi}_2^{d}(q,t)\quad \cdots\quad \boldsymbol{\Phi}_m^{d}(q,t)]^{\mathrm{T}}=0 \tag{2-72}$$

式中，上标 d 表示约束性质为驱动约束。

3）系统约束方程

将铰链运动约束方程（2-71）和驱动约束方程（2-72）组集起来，得到整个系统的约束方程。

$$\boldsymbol{\Phi}(q,t)=\begin{pmatrix}\boldsymbol{\Phi}^{k}(q)\\ \boldsymbol{\Phi}^{d}(q,t)\end{pmatrix}=0 \tag{2-73}$$

4. 多刚体系统运动学方程

对式（2-73）运用链式微分法则求导，得到多刚体系统的速度方程：

$$\dot{\boldsymbol{\Phi}}(q,\dot{q},t)=\boldsymbol{\Phi}_q(q,t)\dot{\boldsymbol{q}}+\boldsymbol{\Phi}_t(q,t)=0 \tag{2-74}$$

若令 $\boldsymbol{v}=-\boldsymbol{\Phi}_t(q,\ t)$，则速度方程为

$$\dot{\boldsymbol{\Phi}}(q,\dot{q},t)=\boldsymbol{\Phi}_q(q,t)\dot{\boldsymbol{q}}-\boldsymbol{v}=0 \tag{2-75}$$

如果 $\boldsymbol{\Phi}_q$ 是非奇异的，可以求解式（2-75）得到各离散时刻的广义坐标速度 $\dot{\boldsymbol{q}}$。

对式（2-74）运用链式微分法则求导，可得多刚体系统的加速度方程：

$$\ddot{\boldsymbol{\Phi}}(q,\dot{q},\ddot{q},t)=\boldsymbol{\Phi}_q(q,t)\ddot{\boldsymbol{q}}+(\boldsymbol{\Phi}_q(q,t)\dot{\boldsymbol{q}})_q\dot{\boldsymbol{q}}+2\boldsymbol{\Phi}_{qt}(q,t)\dot{\boldsymbol{q}}+\boldsymbol{\Phi}_{tt}(q,t)=0 \tag{2-76}$$

若令 $\boldsymbol{\eta}=-(\boldsymbol{\Phi}_q\dot{q})_q\dot{\boldsymbol{q}}-2\boldsymbol{\Phi}_{qt}\dot{\boldsymbol{q}}-\boldsymbol{\Phi}_{tt}$，则加速度方程为

$$\ddot{\boldsymbol{\Phi}}(q,\dot{q},\ddot{q},t)=\boldsymbol{\Phi}_q(q,t)\ddot{\boldsymbol{q}}-\boldsymbol{\eta}(q,\dot{q},t)=0 \tag{2-77}$$

如果 $\boldsymbol{\Phi}_q$ 是非奇异的，可以求解式（2-77）得到各离散时刻的广义坐标加速度 $\ddot{\boldsymbol{q}}$。

在速度方程（2-75）和加速度方程（2-77）中出现的矩阵 $\boldsymbol{\Phi}_q$ 为雅可比矩阵，雅可比矩阵是约束多体系统运动学和动力学分析中最重要的矩阵。如果 $\boldsymbol{\Phi}$ 的维数为 m，$\boldsymbol{q}$ 的维数为 n，那么 $\boldsymbol{\Phi}_q$ 为 $m\times n$ 矩阵，其定义为（$\boldsymbol{\Phi}_q$）$_{(i,j)}=\partial\boldsymbol{\Phi}_i/\partial q_j$。其中，$\boldsymbol{\Phi}_q$ 为$n\times n$的方阵。

对式（2-75）中的 $\boldsymbol{v}$ 和式（2-77）中的 $\boldsymbol{\eta}$ 进行计算时，会涉及 2 阶导数，在实际的数值求解中，并不是实时地调用求导算法来进行计算，而是先根据具体的约束类型，

导出 2 阶导数以及雅可比矩阵的表示式，在计算中只需代入基本的数据即可。

5. 多刚体系统动力学方程

在惯性空间做一般运动的刚体上，某一点 P 对惯性基 $\boldsymbol{e}^0$ 的矢径为 $\boldsymbol{r}_P$，对质心的矢径为 $\boldsymbol{\rho}$，质心对惯性基的矢径为 $\boldsymbol{r}$，它们之间的关系为 $\boldsymbol{r}_P=\boldsymbol{r}+\boldsymbol{\rho}$。

根据刚体动能的定义，刚体的动能 $\boldsymbol{T}$ 为

$$\boldsymbol{T}=\frac{1}{2}\int_m \dot{\boldsymbol{r}}_P^2\,\mathrm{d}m=\frac{1}{2}\int_m(\dot{\boldsymbol{r}}+\boldsymbol{\omega}\times\boldsymbol{\rho})\,\mathrm{d}m=\frac{1}{2}m\,\dot{\boldsymbol{r}}^2+\frac{1}{2}\boldsymbol{\omega J\omega} \tag{2-78}$$

其标量形式为

$$\boldsymbol{T}=\frac{1}{2}\dot{\boldsymbol{r}}^{\mathrm{T}}\boldsymbol{m}\dot{\boldsymbol{r}}+\frac{1}{2}\boldsymbol{\omega}^{\mathrm{T}}\boldsymbol{J\omega} \tag{2-79}$$

式中　$\dot{\boldsymbol{r}}$——刚体质心速度 $\dot{\boldsymbol{r}}$（矢量）在惯性基中的坐标列阵；

$\boldsymbol{\omega}$——刚体角速度 $\boldsymbol{\omega}$（矢量）在连体基中的坐标列阵；

$\boldsymbol{m}$——刚体的 3×3 的质量对角阵；

$\boldsymbol{J}$——刚体相对质心的惯性张量 $\boldsymbol{J}$（矢量）在其连体基中的惯量矩阵。

将式（2-66）代入，得到刚体动能的欧拉角表达式：

$$\boldsymbol{T}=\frac{1}{2}\dot{\boldsymbol{r}}^{\mathrm{T}}\boldsymbol{m}\dot{\boldsymbol{r}}+\frac{1}{2}\dot{\boldsymbol{p}}^{\mathrm{T}}\boldsymbol{K}^{\mathrm{T}}\boldsymbol{JK}\dot{\boldsymbol{p}} \tag{2-80}$$

对每个刚体 B_i 都可以写出对应于 6 个广义坐标$[\boldsymbol{r}_i^{\mathrm{T}}\quad \boldsymbol{p}_i^{\mathrm{T}}]^{\mathrm{T}}$ 的 6 个带乘子的拉格朗日方程

$$\begin{aligned}&\frac{\mathrm{d}}{\mathrm{d}t}\frac{\partial \boldsymbol{T}_i}{\partial \dot{\boldsymbol{r}}_i}-\frac{\partial \boldsymbol{T}_i}{\partial \boldsymbol{r}_i}+\boldsymbol{\Phi}_{r_i}^{\mathrm{T}}\boldsymbol{\lambda}=\boldsymbol{Q}_i(r_i)\\&\frac{\mathrm{d}}{\mathrm{d}t}\frac{\partial \boldsymbol{T}_i}{\partial \dot{\boldsymbol{p}}_i}-\frac{\partial \boldsymbol{T}_i}{\partial \boldsymbol{p}_i}+\boldsymbol{\Phi}_{p_i}^{\mathrm{T}}\boldsymbol{\lambda}=\boldsymbol{Q}_i(p_i)\end{aligned} \tag{2-81}$$

式中　$\boldsymbol{\lambda}$——与 $6n$ 个完整约束相匹配的 $6n\times 1$ 拉格朗日乘子列阵，$\boldsymbol{\lambda}=[\lambda_1\quad \lambda_2\quad \cdots\quad \lambda_{6n}]^{\mathrm{T}}$；

$\boldsymbol{T}_i$——刚体 B_i 的动能。

将整个系统的刚体方程和所有约束条件组集起来得到系统动力学方程为

$$\frac{\mathrm{d}}{\mathrm{d}t}\left(\frac{\partial \boldsymbol{T}}{\partial \dot{\boldsymbol{q}}}\right)^{\mathrm{T}}-\left(\frac{\partial \boldsymbol{T}}{\partial \boldsymbol{q}}\right)^{\mathrm{T}}+\boldsymbol{\Phi}_q^{\mathrm{T}}\boldsymbol{\lambda}+\boldsymbol{\Theta}_q^{\mathrm{T}}\boldsymbol{\mu}=\boldsymbol{Q} \tag{2-82}$$

完整约束方程：$\boldsymbol{\Phi}(q,\ t)=0$

非完整约束方程：$\boldsymbol{\Theta}(q,\ \dot{q},\ t)=0$

式中　$\boldsymbol{T}$——系统动能；

$\boldsymbol{q}$——系统广义坐标列阵；

$\boldsymbol{Q}$——广义力列阵；

$\boldsymbol{\lambda}$——对应于完整约束的拉格朗日乘子列阵；

$\boldsymbol{\mu}$——对应于非完整约束的拉格朗日乘子列阵。

6. **静力学和运动学方程**

1）静力学分析

在静力学、准静力学分析时，分别设速度、加速度为0，则动力学的方程演变为

$$\begin{bmatrix} \dfrac{\partial \boldsymbol{F}}{\partial \boldsymbol{q}} & \left(\dfrac{\partial \boldsymbol{\Phi}}{\partial \boldsymbol{q}}\right)^{\mathrm{T}} \\ \dfrac{\partial \boldsymbol{\Phi}}{\partial \boldsymbol{q}} & \boldsymbol{0} \end{bmatrix}_j \begin{pmatrix} \Delta \boldsymbol{q} \\ \Delta \boldsymbol{\lambda} \end{pmatrix}_j = \begin{pmatrix} -\boldsymbol{F} \\ -\boldsymbol{\Phi} \end{pmatrix}_j \tag{2-83}$$

2）运动学分析

运动学分析研究0自由度系统的位置、速度、加速度和约束反力，因此只需要求解系统的约束方程：

$$\boldsymbol{\Phi}(q, t) = 0 \tag{2-84}$$

t_n 时刻的位置可由约束方程的牛顿-拉夫森（Newton-Raphson）迭代公式得

$$\left.\frac{\partial \boldsymbol{\Phi}}{\partial \boldsymbol{q}}\right|_j \Delta q_j = -\boldsymbol{\Phi}(q_j, t_n) \tag{2-85}$$

式中，j 表示第 j 次迭代。$\Delta q_j = q_{j+1} - q_j$。

t_n时刻的速度、加速度可由约束方程的1阶、2阶时间导数得到：

$$\left(\frac{\partial \boldsymbol{\Phi}}{\partial \boldsymbol{q}}\right)\dot{\boldsymbol{q}} = -\frac{\partial \boldsymbol{\Phi}}{\partial t} \tag{2-86}$$

$$\left(\frac{\partial \boldsymbol{\Phi}}{\partial \boldsymbol{q}}\right)\ddot{\boldsymbol{q}} = -\left[\frac{\partial^2 \boldsymbol{\Phi}}{\partial t^2} + \sum_{k=1}^{n}\sum_{l=1}^{n} \frac{\partial^2 \boldsymbol{\Phi}}{\partial q_k \partial q_l}\dot{q}_k \dot{q}_l + \frac{\partial}{\partial t}\left(\frac{\partial \boldsymbol{\Phi}}{\partial \boldsymbol{q}}\right)\dot{\boldsymbol{q}} + \frac{\partial}{\partial \boldsymbol{q}}\left(\frac{\partial \boldsymbol{\Phi}}{\partial t}\right)\dot{\boldsymbol{q}}\right] \tag{2-87}$$

t_n 时刻的约束反力可由带乘子的拉格朗日方程得到：

$$\left(\frac{\partial \boldsymbol{\Phi}}{\partial \boldsymbol{q}}\right)^{\mathrm{T}} \boldsymbol{\lambda} = -\frac{\mathrm{d}}{\mathrm{d}t}\left(\frac{\partial \boldsymbol{T}}{\partial \dot{\boldsymbol{q}}}\right)^{\mathrm{T}} + \left(\frac{\partial \boldsymbol{T}}{\partial \boldsymbol{q}}\right)^{\mathrm{T}} + \boldsymbol{Q} \tag{2-88}$$

3）初始条件分析

在进行动力学、静力学分析之前，为了让初始系统模型中各物体的坐标与各运动学约束之间达成协调，保证满足系统所有的约束条件，需要进行初始条件分析，通过求解相应的位置、速度、加速度目标函数的最小值得到。

（1）初始位置。

定义位置目标函数 L_0：

$$L_0 = \frac{1}{2}\sum_{i=1}^{n} W_i (q_i - q_{0i})^2 + \sum_{j=1}^{m} \lambda_j^0 \Phi_j \tag{2-89}$$

式中 n——系统总的广义坐标数；

m——系统约束方程数；

Φ_j，λ_j^0——分别是约束方程及对应的拉格朗日乘子；

q_{0i}——用户设定的准确或近似的初始坐标值或程序设定的缺省坐标值；

W_i——对应 q_{0i} 的加权系数，如果指定的 q_{0i} 是准确坐标值，W_i 取大值，如果 q_{0i} 是近似坐标值，W_i 取小值，如果是程序设定的 q_{0i} 坐标值，则 W_i 取0。

若 L_0 取最小值，则需要：

$$\frac{\partial L_0}{\partial q_j}=0$$
$$\frac{\partial L_0}{\partial \lambda_j^0}=0 \tag{2-90}$$

从而得

$$W_i(q_i-q_{0i})+\sum_{j=1}^{m}\lambda_j^0\frac{\partial \Phi_j}{\partial q_i}=0 \qquad (i=1,2,\cdots,n;j=1,2,\cdots,m) \tag{2-91}$$
$$\Phi_j=0$$

对应的函数形式为

$$f_i(q_k,\lambda_l^0)=0 \qquad (k=1,2,\cdots,n;l=1,2,\cdots,m) \tag{2-92}$$
$$g_j(q_k)=0$$

其 Newton-Raphson 迭代公式为

$$\begin{bmatrix}\left(W_i+\sum_{k=1}^{n}\sum_{j=1}^{m}\lambda_j^0\frac{\partial^2\Phi_j}{\partial q_k\partial q_i}\right) & \sum_{j=1}^{m}\frac{\partial\Phi_j}{\partial q_j}\\ \sum_{k=1}^{n}\frac{\partial\Phi_j}{\partial q_k} & 0\end{bmatrix}_p\begin{pmatrix}\Delta q_k\\ \Delta\lambda_l^0\end{pmatrix}_p=\begin{pmatrix}-W_i(q_{ip}-q_{0i})-\sum_{j=1}^{m}\lambda_{j,p}^0\left.\frac{\partial\Phi_j}{\partial q_i}\right|_p\\ -\Phi_j(q_{k,p})\end{pmatrix} \tag{2-93}$$

式中　$\Delta q_{k,p}=q_{k,p+1}-q_{k,p}$；

$\Delta\lambda_{l,p}^0=\lambda_{l,p+1}^0-\lambda_{l,p}^0$；

p——第 p 次迭代。

（2）初始速度。

定义速度目标函数为

$$L_1=\frac{1}{2}\sum_{i=1}^{n}W'_i(\dot{q}_i-\dot{q}_{0i})^2+\sum_{j=1}^{m}\lambda'_j\frac{\mathrm{d}\Phi_j}{\mathrm{d}t} \tag{2-94}$$

式中　$\dot{q}_{0i}$——用户设定的准确或近似速度坐标值或程序设定的缺省速度值；

W'_i——对应 $\dot{q}_{0i}$ 的加权系数；

$\frac{\mathrm{d}\Phi_j}{\mathrm{d}t}$——速度约束方程，$\frac{\mathrm{d}\Phi_j}{\mathrm{d}t}=\sum_{k=1}^{n}\frac{\partial\Phi_j}{\partial q_k}\dot{q}_k+\frac{\partial\Phi_j}{\partial t}=0$；

λ'_j——对应速度约束方程的拉格朗日乘子。

L_1 取最小值，则需要：

$$\frac{\partial L_1}{\partial \dot{q}_i}=0$$
$$\frac{\partial L_1}{\partial \lambda'_j}=0 \tag{2-95}$$

从而得到：

$$
\left.\begin{aligned}
&W'_i(\dot{q}_i-\dot{q}_{0i})+\sum_{j=1}^{m}\lambda'_j\frac{\partial\Phi_j}{\partial q_i}=0\\
&\sum_{k=1}^{n}\frac{\partial\Phi_j}{\partial q_k}\dot{q}_k+\frac{\partial\Phi_j}{\partial t}=0
\end{aligned}\right.\quad(i=1,2,\cdots,n;j=1,2,\cdots,m)\tag{2-96}
$$

写成矩阵形式：

$$
\begin{bmatrix}W'_k & \displaystyle\sum_{j=1}^{m}\frac{\partial\Phi_j}{\partial q_k}\\ \displaystyle\sum_{k=1}^{n}\frac{\partial\Phi_j}{\partial q_k} & 0\end{bmatrix}\begin{pmatrix}\dot{q}_k\\ \lambda'_j\end{pmatrix}=\begin{pmatrix}W'_k\dot{q}_{0k}\\ -\dfrac{\partial\Phi_j}{\partial t}\end{pmatrix}\quad(k=1,2,\cdots,n;j=1,2,\cdots,m)\tag{2-97}
$$

上式是关于 $\dot{q}_k$、λ'_j 的线性方程，系数矩阵只与位置有关，且非零项已经分解，可以直接求解 $\dot{q}_k$ 和 λ'_j。

（3）初始加速度、初始拉格朗日乘子。

可以直接由系统动力学方程和系统约束方程的 2 阶导数确定，将矩阵形式的系统动力学方程写成分量形式：

$$
\left.\begin{aligned}
&\sum_{k=1}^{n}[m_{ik}(q_k)]\ddot{q}_k+\sum_{j=1}^{m}\lambda_j\frac{\partial\Phi_j}{\partial q_i}=Q_i(q_k,\dot{q}_k,t)\\
&\frac{\mathrm{d}^2\Phi_j}{\mathrm{d}t^2}=\sum_{i=1}^{n}\left(\frac{\partial\Phi_j}{\partial q_i}\right)\ddot{q}_i-h_j(q_k,\dot{q}_k,t)
\end{aligned}\right.\quad(i=1,2,\cdots,n;j=1,2,\cdots,m)\tag{2-98}
$$

$$
h_j=-\left[\frac{\partial^2\Phi_j}{\partial t^2}+\sum_{i=1}^{n}\frac{\partial}{\partial t}\left(\frac{\partial\Phi_j}{\partial q_i}\right)\dot{q}_i+\sum_{i=1}^{n}\frac{\partial}{\partial q_i}\left(\frac{\partial\Phi_j}{\partial t}\right)\dot{q}_i+\sum_{i=1}^{n}\sum_{k=1}^{n}\left(\frac{\partial^2\Phi_j}{\partial q_k\partial q_i}\right)\dot{q}_k\dot{q}_i\right]\tag{2-99}
$$

将其写成矩阵形式，即

$$
\begin{bmatrix}\displaystyle\sum_{k=1}^{n}m_{ik}(q_k) & \displaystyle\sum_{j=1}^{m}\frac{\partial\Phi_j}{\partial q_i}\\ \displaystyle\sum_{k=1}^{n}\frac{\partial\Phi_j}{\partial q_k} & 0\end{bmatrix}\begin{pmatrix}\ddot{q}_k\\ \lambda_j\end{pmatrix}=\begin{pmatrix}Q_i\\ h_j\end{pmatrix}\quad(i=1,2,\cdots,n;j=1,2,\cdots,m)\tag{2-100}
$$

上式的非零项已经分解，可以求解 $\ddot{q}_k$ 和 λ_j。

2.2.2 多柔体系统动力学

多柔体系统动力学，也称柔性多体系统动力学。多柔体系统动力学主要研究“柔性效应”，即研究物体变形与其整体刚性运动的相互作用或耦合，以及这种耦合所导致的动力学效应。它是多刚体系统动力学的延伸和发展，是分析力学、连续介质力学、多刚体动力学、结构动力学学科发展交叉的必然。虽然柔性多体系统动力学模型可以退化为多刚体系统动力学模型和结构动力学模型，但并非是二者的简单结合。当系统不经历大范围空间运动时，即为结构动力学方程；当各部件的变形可以忽略时，则变为多刚体系统动力学方程。多柔体动力学区别于多刚体系统动力学，它含有柔性部件，变形不可忽略，其逆运动学是不确定的；与传统的结构动力学不同，部件在自身变形运动的同时，在空间中经历着大的刚性移动和转动。多柔体系统动力学是一个时变、高度耦合、高度非线性的复杂系统。

多柔体系统动力学的研究已经取得了一些成果，在建立多柔体系统动力学方程时，主要考虑以下方面：

（1）坐标的选择。坐标的选择对动力学方程的建立很关键，相对坐标的优点在于处理物理变形方便，缺点是在各加速度项中出现整体刚性运动和变形的耦合。因此，质量阵中会出现与变形坐标有关的项，增加了动力学方程数值求解的难度，而且容易出现数值病态现象。绝对坐标的优点是无须区分物体的刚性运动和变形，均按连续介质力学的方式统一处理，绝对坐标适合描述大变形问题，主要缺点是动力学方程高度形式化繁复。实际上，对小变形的多柔体系统，通常将物体的运动分解为整体刚性运动和相对变形两部分，将描述变形的变量和描述刚性运动的变量合在一起作为系统的广义坐标，通过拉格朗日方程建立系统的运动方程。大变形的多柔体系统，则采用绝对坐标，其中动力学的表述、方程的离散化及自由度的缩减还有待优化。

（2）变形的描述方式。柔体变形描述方式的数学模型，对建模和求解的难易程度影响很大，尤其是在采用空间模型或有限元方法的情况下，描述变形的弹性坐标数目的增加远远超过了参考系坐标数目的增加。通常的描述方法有：有限段方法和模态综合法。有限段方法将柔体典型化为具有一般横截面特征的三维柔体梁模型，各柔性梁可以离散化为有限个梁段，各段之间用 3 个扭簧、3 个线簧和 6 个阻尼器连接，用离散的梁段描述柔体的惯性特征，用段间的弹簧和阻尼器代表柔体的弹性和阻尼特征，建立由段间相对角速率和体间相对（角）速度的广义速率的动力学方程，这种方法建模简单，概念清晰，但各单元被视为刚体，无法得到其本身变形，且只适合细长体；模态综合法将柔体看作是有限元模型的节点的集合，其变形视为模态振型的线性叠加，相对于局部坐标系有小的线性变形，而此局部坐标做大的非线性整体平动和转动。每个节点的线性局部运动近似作为振型和振型向量的线性叠加，这种方法使得弹性广义坐标大大减少，方程阶数也大大降低，适合大规模多体系统分析。

（3）动力学方程的建立。目前多柔体动力学方程形式很多，有拉格朗日方程、牛顿-欧拉方程、Appell 方程、采用凯恩方程的休斯敦方法等。

1. 部件模态综合方法

部件模态综合方法是动态子结构方法中的主要内容之一，其实质是一类动力缩聚技术，可以求解多自由度（多达几十万阶）系统的特征值问题，已广泛应用于求解特大型结构的动力学问题。其基本思想是：在结构的有限元模型的基础上，把系统看成子结构的组合体，先逐个分析规模小得多的子结构，得到各子结构的主要模态，然后借助于结构交界面上的对接条件，把它们装配成综合系统优势模态的特征方程。具体实施步骤为：首先将所研究的系统分割为若干部件，即子结构；接着建立各部件的模态集及模态坐标；然后利用部件界面上的连接条件将各部件独立的模态坐标耦联起来，组装成系统的运动方程；最后将系统运动方程的模态坐标解通过相应的变换返回到物理坐标上，得出位移、速度、加速度及应力应变等动态响应。

目前部件模态综合的方法繁多，主要有固定界面模态综合法、自由界面模态综合法、对接加载主模态法等。各种模态综合方法的不同之处主要是在第一次坐标变换中，模态矩阵所含模态集的内容不同，以及由于部件界面约束形式或界面连接条件不同，第二次坐标变换中 S 阶矩阵的内容不同。

对柔体的处理常采用固定界面模态综合法，是 1968 年由 Craig 和 Bampton 率先提出的，又称为 Craig-Bampton 方法。其主要特点是：固定界面主模态和约束模态一起构成完备的模态集，以此作为系统的假设模态。各子结构的主模态一般由有限元分析计算或试验得到，而约束模态中包含了刚体模态。求解时需假设各子结构的交界面全部为固定约束，分析子结构的动态特性，略去高阶模态，使系统的自由度大大缩减。最后通过界面坐标使各子结构之间的位移协调，装配系统特征方程并求出特征解。该方法计算程序简单，具有较高的计算精度。由于这种结构动力学的模态分析方法，是假设结构部件没有大范围刚体运动的线性动力学问题，在取约束模态的时候，包含子结构的刚体位移，而在多体系统动力学中，部件相对于惯性系有大范围运动，属于非线性问题。这样就必须消除子结构方法中的刚体运动模态。此外，由于结构没有大范围刚体运动，子结构分析的约束模态是静力缩聚的结果，其特征值（频率）、特征向量（模态）区别于大范围相对运动的情况，而且其模态不能与频率相对应，难于进行结构动力学分析。因此要对 Craig-Bampton 子结构方法进行修正，得出一种应用于多体系统动力学的近似方法。

1）固定界面模态综合法——Craig-Bampton 方法

Craig-Bampton 方法将弹性结构分为若干个子结构，其假设分支模态集分为两个，即固定界面的分支保留主模态和全部界面坐标的约束模态集：

$$\boldsymbol{\phi} = [\boldsymbol{\phi}_k \quad \boldsymbol{\phi}_c] = \begin{bmatrix} \boldsymbol{\phi}_{ik} & \boldsymbol{\phi}_{ic} \\ \mathbf{0}_{jk} & \boldsymbol{I}_{jc} \end{bmatrix} \tag{2-101}$$

$$\boldsymbol{\phi}_k = \begin{bmatrix} \boldsymbol{\phi}_{ik} \\ \mathbf{0}_{jk} \end{bmatrix}$$

式中 $\boldsymbol{\phi}_k$——假设子结构界面坐标固定得到的分支保留模态；

i——内部自由度数；

j——界面自由度数；

k——保留的主模态数。

将子结构进行有限元离散后，求解界面固定情况下的特征值问题。

$$(\boldsymbol{K}-\boldsymbol{p}^2\boldsymbol{M})\boldsymbol{\phi}=\boldsymbol{0} \tag{2-102}$$

式中　$\boldsymbol{K}$——刚度矩阵；

$\boldsymbol{M}$——质量矩阵；

$\boldsymbol{p}$——模态坐标。

可得到正则化的固定界面分支主模态 $\boldsymbol{\phi}_{ik}$，即

$$(\boldsymbol{\phi}_{ik})^{\mathrm{T}}\boldsymbol{M}\boldsymbol{\phi}_{ik}=\boldsymbol{I}_{kk}$$

$$(\boldsymbol{\phi}_{ik})^{\mathrm{T}}\boldsymbol{K}\boldsymbol{\phi}_{ik}=\boldsymbol{\Lambda}_{kk}=\mathrm{diag}(p_k^2) \tag{2-103}$$

$$\boldsymbol{\phi}_c=\begin{bmatrix}\boldsymbol{\phi}_{ic}\\ \boldsymbol{I}_{jc}\end{bmatrix}$$

式中　$\boldsymbol{\phi}_c$——子结构对全部界面坐标的约束模态；

c——子结构附加约束的自由度数，$c=j$；

$\boldsymbol{I}_{jc}$——界面坐标依次产生的单位位移。

解静力平衡方程：

$$\begin{bmatrix}k_{ii} & k_{ij}\\ k_{ji} & k_{jj}\end{bmatrix}\begin{bmatrix}\boldsymbol{\phi}_{ic}\\ \boldsymbol{I}_{jc}\end{bmatrix}=\begin{bmatrix}\boldsymbol{0}_{ic}\\ \boldsymbol{R}_{jc}\end{bmatrix} \tag{2-104}$$

可得到：

$$\boldsymbol{\phi}_c=\begin{bmatrix}\boldsymbol{\phi}_{ic}\\ \boldsymbol{I}_{jc}\end{bmatrix}=\begin{bmatrix}-k_{ii}^{-1}k_{ij}\\ \boldsymbol{I}_{jc}\end{bmatrix}$$

子结构的模态坐标和物理坐标变换关系：

$$\boldsymbol{\mu}=\boldsymbol{\phi}\cdot\boldsymbol{p} \tag{2-105}$$

即

$$\begin{bmatrix}\mu_i\\ \mu_j\end{bmatrix}=\begin{bmatrix}\boldsymbol{\phi}_{ik} & \boldsymbol{\phi}_{ic}\\ \boldsymbol{0}_{jk} & \boldsymbol{I}_{jc}\end{bmatrix}\begin{bmatrix}p_k\\ p_c\end{bmatrix} \tag{2-106}$$

通过 Craig-Bampton 子结构固定边界模态综合法，可将弹性结构的变形用模态坐标的形式表述出来。

2）修正的 Craig-Bampton 方法

将每个柔体都视为一个子结构，按照原始的 Craig-Bampton 方法进行求解。子结构（单个柔体）的结构动力学方程为

$$\boldsymbol{m}\ddot{\boldsymbol{\mu}}+\boldsymbol{c}\dot{\boldsymbol{\mu}}+\boldsymbol{k}\boldsymbol{\mu}=\boldsymbol{R} \tag{2-107}$$

式中　$\boldsymbol{m}$，$\boldsymbol{c}$，$\boldsymbol{k}$，$\boldsymbol{R}$——分别为子结构的质量、阻尼、刚度和外力矩阵。

将式（2-105）代入上式并左乘 $\boldsymbol{\phi}^{\mathrm{T}}$，得结构动力学方程：

$$\overline{\boldsymbol{M}}\ddot{P}+\overline{\boldsymbol{C}}\dot{P}+\overline{\boldsymbol{K}}P=\overline{\boldsymbol{R}} \tag{2-108}$$

式中 $\overline{\boldsymbol{M}}=\boldsymbol{\phi}^{\mathrm{T}}\boldsymbol{M}\boldsymbol{\phi}=\begin{bmatrix}\boldsymbol{\phi}_{ik}^{\mathrm{T}} & \boldsymbol{0}_{ck}\\ \boldsymbol{\varphi}_{ic}^{\mathrm{T}} & \boldsymbol{I}_{jc}\end{bmatrix}\begin{bmatrix}m_{ii} & m_{ij}\\ m_{ji} & m_{jj}\end{bmatrix}\begin{bmatrix}\boldsymbol{\phi}_{ik} & \boldsymbol{\phi}_{ic}\\ \boldsymbol{0}_{ck} & \boldsymbol{I}_{jc}\end{bmatrix}=\begin{bmatrix}\overline{m}_{kk} & \overline{m}_{kc}\\ \overline{m}_{ck} & \overline{m}_{cc}\end{bmatrix}=\begin{bmatrix}I_{kk} & \overline{m}_{kc}\\ \overline{m}_{ck} & \overline{m}_{cc}\end{bmatrix}$

$$\overline{\boldsymbol{K}}=\boldsymbol{\phi}^{\mathrm{T}}\boldsymbol{K}\boldsymbol{\phi}=\begin{bmatrix}\boldsymbol{\varphi}_{ik}^{\mathrm{T}} & \boldsymbol{0}_{ck}\\ \boldsymbol{\varphi}_{ic}^{\mathrm{T}} & \boldsymbol{I}_{jc}\end{bmatrix}\begin{bmatrix}K_{ii} & K_{ij}\\ K_{ji} & K_{jj}\end{bmatrix}\begin{bmatrix}\boldsymbol{\phi}_{ik} & \boldsymbol{\phi}_{ic}\\ \boldsymbol{0}_{ck} & \boldsymbol{I}_{jc}\end{bmatrix}=\begin{bmatrix}\boldsymbol{\Lambda}_{kk} & \boldsymbol{0}\\ \boldsymbol{0} & \overline{\boldsymbol{K}}_{cc}\end{bmatrix}$$

对于无阻尼自由振动，其方程形式为

$$\overline{\boldsymbol{M}}\ddot{P}+\overline{\boldsymbol{K}}P=0 \tag{2-109}$$

设其解的形式为 $\boldsymbol{P}=\overline{\boldsymbol{P}}\sin(\omega t)$，求解广义特征值问题：

$$(\overline{\boldsymbol{K}}-\overline{\boldsymbol{M}}\omega^2)\overline{\boldsymbol{P}}=0 \tag{2-110}$$

可得所需的前 S 阶频率和对应的正则化模态 $\boldsymbol{N}_S$：

$$\begin{aligned}\boldsymbol{N}_S^{\mathrm{T}}\overline{\boldsymbol{M}}\boldsymbol{N}_S&=\boldsymbol{I}_{SS}\\ \boldsymbol{N}_S^{\mathrm{T}}\overline{\boldsymbol{K}}\boldsymbol{N}_S&=\boldsymbol{\Omega}=\mathrm{diag}(\omega_S^2)\end{aligned} \tag{2-111}$$

式中 $\boldsymbol{N}_S=[n_1\quad n_2\quad\cdots\quad n_S]$。

则原来的模态坐标用新的 Craig-Bampton 模态坐标 $\boldsymbol{q}$ 表示为

$$\boldsymbol{P}=\boldsymbol{N}\cdot\boldsymbol{q} \tag{2-112}$$

物理坐标表示为

$$\boldsymbol{\mu}=\boldsymbol{\phi}\boldsymbol{P}=\boldsymbol{\phi}\boldsymbol{N}\boldsymbol{q}=\boldsymbol{\phi}[n_1\quad n_2\quad\cdots\quad n_S]\begin{bmatrix}q_1\\ \vdots\\ q_s\end{bmatrix}=[\phi^1\quad\cdots\quad\phi^S]\begin{bmatrix}q_1\\ \vdots\\ q_S\end{bmatrix}=\boldsymbol{\phi}\boldsymbol{q} \tag{2-113}$$

通常称 ϕ^i（$i=1,2,\cdots,S$）为正交 Craig-Bampton 模态，$\boldsymbol{q}$ 为 Craig-Bampton 模态坐标。n_i（$i=1,2,\cdots,S$）代表与频率 ω_i 对应的一组原来的可能模态坐标，其线性组合即为式（2-112)，构成了所选全部频率叠加后的模态坐标。因此，每一个新的 Craig-Bampton 模态 ϕ^i 表示与频率 ω_i 对应的变形模式。对界面坐标依次固定时产生的模态，被无约束的模态近似代替；约束模态被界面特征向量所取代。从而可以除去 0 频率对应的 6 个刚体运动模态。由于所有模态都与频率对应，所以，可对高频产生的模态进行预测，并可根据需要截取低频段模态，分析与频率对应的模态。

2. 柔性体系统运动方程

在软件 ADAMS 中的柔性体是用离散化的若干个单元的有限个结点自由度来表示物体的无限个自由度。这些单元结点的弹性变形可近似地用少量模态的线性组合表示。如果物体坐标系的位置用惯性参考系中的笛卡尔坐标 $\boldsymbol{x}=(x,y,z)$ 和反映刚体方位的欧拉角 $\boldsymbol{\psi}=(\psi,\theta,\varphi)$ 来表示，模态坐标用 $\boldsymbol{q}=[q_1\quad q_2\quad\cdots\quad q_M]^{\mathrm{T}}$（$M$ 为模态坐标数）表示，则柔性体的广义坐标可选为

$$\boldsymbol{\xi}=[\boldsymbol{r}\quad\boldsymbol{\psi}\quad\boldsymbol{q}]^{\mathrm{T}}=[x\quad y\quad z\quad\psi\quad\theta\quad\varphi\quad q_{i(i=1,\cdots,M)}]^{\mathrm{T}} \tag{2-114}$$

那么柔性体上任一结点 i 的位置向量可表示为

$$\boldsymbol{r}_i = \boldsymbol{x} + \boldsymbol{A}(\boldsymbol{s}_i + \boldsymbol{\varphi}_i \boldsymbol{q}) \tag{2-115}$$

式中　$\boldsymbol{A}$——局部坐标系相对于全局坐标系的转换矩阵；

$\boldsymbol{s}_i$——结点 i 在局部坐标系中未变形时的位置；

$\boldsymbol{\varphi}_i$——对应于结点 i 的移动自由度的模态矩阵子块。

对式（2-115）求导，得到该结点的移动速度为

$$\begin{aligned}\boldsymbol{v}_i &= \frac{\mathrm{d}\boldsymbol{r}_i}{\mathrm{d}t} = \frac{\mathrm{d}\boldsymbol{x}}{\mathrm{d}t} + \frac{\mathrm{d}\boldsymbol{A}}{\mathrm{d}t}(\boldsymbol{s}_i + \boldsymbol{\varphi}_i\boldsymbol{q}) + \boldsymbol{A}\frac{\mathrm{d}(\boldsymbol{s}_i + \boldsymbol{\varphi}_i\boldsymbol{q})}{\mathrm{d}t} \\ &= \dot{\boldsymbol{x}} - \boldsymbol{A}(\tilde{\boldsymbol{s}}_i + \tilde{\boldsymbol{\varphi}}_i\boldsymbol{q})\boldsymbol{\omega} + \boldsymbol{A}\boldsymbol{\varphi}_i\dot{\boldsymbol{q}} = |\ \boldsymbol{E} - \boldsymbol{A}(\tilde{\boldsymbol{s}}_i + \tilde{\boldsymbol{\varphi}}_i\boldsymbol{q})\boldsymbol{B} + \boldsymbol{A}\boldsymbol{\varphi}_i\ |\ \boldsymbol{\xi}\end{aligned} \tag{2-116}$$

式中　$\boldsymbol{\omega}$——局部坐标系的角速度向量；

$\boldsymbol{B}$——欧拉角的时间导数与角速度向量之间的转换矩阵；

$\tilde{\boldsymbol{s}}_i$，$\tilde{\boldsymbol{\varphi}}_i$——向量对应的对称矩阵。

结点 i 的角速度可以用物体的刚体角速度与变形角速度之和表示：

$$\boldsymbol{\omega}_i = \boldsymbol{\omega} + \boldsymbol{\varphi}'\dot{\boldsymbol{q}} \tag{2-117}$$

式中　$\boldsymbol{\varphi}'$——对应于结点 i 的转动自由度的模态矩阵子块。

3. 多柔体系统能量方程

1）动能和质量矩阵

柔性体的动能为

$$\boldsymbol{T} = \frac{1}{2}\int \boldsymbol{\rho}\boldsymbol{v}^{\mathrm{T}}\boldsymbol{v}\,\mathrm{d}\boldsymbol{V} \approx \frac{1}{2}\sum_{i=1}^{N}(\boldsymbol{m}_i\boldsymbol{v}_i^{\mathrm{T}}\boldsymbol{v}_i + \boldsymbol{\omega}_i^{\mathrm{T}}\boldsymbol{I}_i\boldsymbol{\omega}_i) = \frac{1}{2}\dot{\boldsymbol{\xi}}^{\mathrm{T}}\boldsymbol{M}(\xi)\dot{\boldsymbol{\xi}} \tag{2-118}$$

式中　$\boldsymbol{m}_i$——结点 i 的模态质量；

$\boldsymbol{I}_i$——结点 i 的模态惯量。

质量矩阵 $\boldsymbol{M}(\xi)$ 按照移动坐标、转动坐标和模态坐标可分块为

$$\boldsymbol{M}(\xi) = \begin{bmatrix} M_{tt} & M_{tr} & M_{tm} \\ M_{tr} & M_{rr} & M_{rm} \\ M_{tm} & M_{rm} & M_{mm} \end{bmatrix} \tag{2-119}$$

其中

$$\begin{aligned}\boldsymbol{M}_{tt} &= \boldsymbol{I}^1\boldsymbol{E} \\ \boldsymbol{M}_{tr} &= -\boldsymbol{A}[\boldsymbol{I}^2 + \boldsymbol{I}_j^3 q_j]\boldsymbol{B} \\ \boldsymbol{M}_{tm} &= \boldsymbol{A}\boldsymbol{I}^3 \\ \boldsymbol{M}_{rr} &= \boldsymbol{B}^{\mathrm{T}}[\boldsymbol{I}^7 - (\boldsymbol{I}_j^8 + \boldsymbol{I}_j^{8\mathrm{T}})q_j - \boldsymbol{I}_{ij}^9 q_i q_j]\boldsymbol{B} \\ \boldsymbol{M}_{rm} &= \boldsymbol{B}^{\mathrm{T}}[\boldsymbol{I}^4 + \boldsymbol{I}_j^5 q_j] \\ \boldsymbol{M}_{mm} &= \boldsymbol{I}^6\end{aligned} \tag{2-120}$$

各子块均用模态坐标、欧拉角和 9 个惯性时不变矩阵 $\boldsymbol{I}^1 \sim \boldsymbol{I}^9$ 表示，并可通过有限元模型的 N 个节点信息在预处理过程中一次性得该 9 个惯性时不变矩阵，从而简化了运动微分方程的求解。

2）势能和刚度矩阵

势能一般分为重力势能和弹性势能两部分，用 2 项式表示为

$$\boldsymbol{W}=\boldsymbol{W}_g(\xi)+\frac{1}{2}\boldsymbol{\xi}^{\mathrm{T}}\boldsymbol{K}\boldsymbol{\xi} \tag{2-121}$$

重力势能 $\boldsymbol{W}_g$ 表示为

$$\boldsymbol{W}_g=\int\boldsymbol{\rho}\boldsymbol{r}_i\cdot\boldsymbol{g}\mathrm{d}\boldsymbol{W}=\int\boldsymbol{\rho}[\boldsymbol{x}+\boldsymbol{A}(\boldsymbol{s}_i+\boldsymbol{\varphi}_i\boldsymbol{q})]^{\mathrm{T}}\boldsymbol{g}\mathrm{d}\boldsymbol{W} \tag{2-122}$$

式中　$\boldsymbol{g}$——重力加速度矢量，对 $\boldsymbol{W}_g$ 进行求导，便可求得重力 $\boldsymbol{f}_g$。

在弹性势能中，$\boldsymbol{K}$ 是对应于模态坐标 $\boldsymbol{q}$ 的结构部件的广义刚度矩阵，通常为常量。

3）能量损失和阻尼矩阵

阻尼力依赖于广义模态速度，能量损耗函数 $\boldsymbol{\Gamma}$ 为

$$\boldsymbol{\Gamma}=\frac{1}{2}\dot{\boldsymbol{q}}^{\mathrm{T}}\boldsymbol{D}\dot{\boldsymbol{q}} \tag{2-123}$$

上式称为 Rayleigh 能量损耗函数。$\boldsymbol{D}$ 是常值对称阵，包含了阻尼系数 d_{ij}。当引入正交模态振型时，阻尼矩阵可用对角线为模态阻尼率 $\boldsymbol{c}_i$ 的对角阵表示。对于每一个正交模态，阻尼率可以取不同的值，而且还能以该模态的临界阻尼 $\boldsymbol{c}_i^{\mathrm{cr}}$ 的比值形式给出。

4. 多柔体动力学方程

柔性体的运动方程可以从下列拉格朗日方程中导出：

$$\frac{\mathrm{d}}{\mathrm{d}t}\left(\frac{\partial\boldsymbol{L}}{\partial\dot{\boldsymbol{\xi}}}\right)-\frac{\partial\boldsymbol{L}}{\partial\boldsymbol{\xi}}+\frac{\partial\boldsymbol{\Gamma}}{\partial\boldsymbol{\xi}}+\left(\frac{\partial\boldsymbol{\psi}}{\partial\boldsymbol{\xi}}\right)^{\mathrm{T}}\boldsymbol{\lambda}-\boldsymbol{Q}=0 \tag{2-124}$$

$$\boldsymbol{\psi}=0$$

式中　$\boldsymbol{\psi}$——代数约束方程；

$\boldsymbol{\lambda}$——对应于约束方程的拉格朗日乘子；

$\boldsymbol{\xi}$——式（2-114）所定义的广义坐标；

$\boldsymbol{Q}$——对应于外力的广义力；

$\boldsymbol{L}$——拉格朗日项，$\boldsymbol{L}=\boldsymbol{T}-\boldsymbol{W}$，$\boldsymbol{T}$ 和 $\boldsymbol{W}$ 分别表示动能和势能；

$\boldsymbol{\Gamma}$——能量损耗函数。

将求得的 $\boldsymbol{T}$，$\boldsymbol{W}$，$\boldsymbol{\Gamma}$ 代入式（2-124），可得到用拉格朗日乘子法建立的柔性体的运动微分方程为

$$\boldsymbol{M}\ddot{\boldsymbol{\xi}}+\dot{\boldsymbol{M}}\dot{\boldsymbol{\xi}}-\frac{1}{2}\left(\frac{\partial\boldsymbol{M}}{\partial\boldsymbol{\xi}}\dot{\boldsymbol{\xi}}\right)^{\mathrm{T}}\dot{\boldsymbol{\xi}}+\boldsymbol{K}\boldsymbol{\xi}+\boldsymbol{f}_g+\boldsymbol{D}\dot{\boldsymbol{\xi}}+\left[\frac{\partial\boldsymbol{\psi}}{\partial\boldsymbol{\xi}}\right]^{\mathrm{T}}\boldsymbol{\lambda}=\boldsymbol{Q} \tag{2-125}$$

式中　$\boldsymbol{\xi}$，$\dot{\boldsymbol{\xi}}$，$\ddot{\boldsymbol{\xi}}$——柔性体广义坐标及其对时间的 1 阶、2 阶导数；

$\boldsymbol{M}$，$\dot{\boldsymbol{M}}$——柔性体的质量矩阵及其对时间的导数；

$\frac{\partial\boldsymbol{M}}{\partial\boldsymbol{\xi}}$——质量矩阵对柔性体广义坐标的偏导数。

2.2.3　碰撞与接触的处理方法

碰撞建模问题是目前机械系统动力学分析与仿真的一个研究重点。多刚体中的碰撞问题具有普遍性，在火炮自动武器中碰撞现象也普遍存在。自动武器机构的传动大部分靠碰撞接触来实现，碰撞问题是实现武器动力学仿真的关键问题之一。

对于碰撞过程，普遍关心的问题有两个：一是碰撞前后碰撞体速度的变化规律，另一个是碰撞力的变化规律。对于碰撞问题，研究者们进行了长期的研究，并出现了不同的处理方法和碰撞模型。下面首先对碰撞动力学的各种处理模型进行介绍。

1. 碰撞动力学基础

1）经典力学方法

经典力学是利用动量守恒定律研究碰撞问题的，因此，动量守恒定律是经典碰撞理论的基础。该理论假设碰撞物体是完全刚性，碰撞持续时间为 0，可以用来解决完全弹性碰撞和完全非弹性碰撞问题，但大多数碰撞是处于二者之间的。为此，牛顿引入恢复系数来研究碰撞过程中能量的损失及碰撞前后物体速度的变化，认为碰撞前后相对速度的比为常数，且该常数与碰撞物体的材料性质有关，与物体的形状、大小与碰撞前的速度无关。

经典力学不能用来解决碰撞过程中碰撞力大小的变化规律，在不关心碰撞力变化的情况下这种方法还是有效的。泊松模型方法是采用经典力学来解决碰撞问题常用的模型处理方法。该方法认为，碰撞在瞬间完成，通过求解一系列线性代数方程确定碰撞前后系统广义速度的变化。在求解过程中，不用积分，计算效率高，但是碰撞力计算不够精确，容易出现较大偏差。此外，恢复系数取值是否准确也是碰撞问题求解的关键，实际上，恢复系数不仅与碰撞体材料有关，还与两物体的运动和动力参数有关。

武器领域广泛采用恢复系数法研究武器自动机撞击。根据武器自动机测速试验研究的结果，在计算钢制零件的碰撞时，恢复系数一般取 0.4，在接触面硬度很高的情况下，可取 0.6。对于撞击力的计算，近似认为其变化规律呈正弦曲线，撞击力 $F(t)$ 可以表示为

$$F(t)=F_{\mathrm{m}}\sin\left(\frac{\pi}{\Delta t}t\right) \tag{2-126}$$

式中　F_{m}——撞击力的最大值；

Δt——撞击时间。

若自动机的质量为 m，撞击前后速度分别为 v_1、v_2，由动量定理得：

$$\int_0^{\Delta t}F(t)\mathrm{d}t=m(v_2-v_1) \tag{2-127}$$

可得

$$F_{\mathrm{m}}=\frac{\pi m(\boldsymbol{v}_2-\boldsymbol{v}_1)}{2\Delta t} \tag{2-128}$$

用上述方法估算撞击力，是一种比较近似的方法。

2）碰撞力学方法

碰撞力学方法将碰撞过程看作是一个随时间连续变化的动力学过程，分为压缩和释放两个阶段，考虑了碰撞体的弹性和塑性变形，提出并完善了一系列碰撞力与穿透距离、穿透速度变化关系的数学模型。对于低速碰撞，能量损失主要是通过考虑材料阻尼特性来计算，然而高速碰撞时，塑性变形成为能量损失的主要因素。在这里主要讨论低速碰撞问题。

（1）赫兹模型。

最早关于碰撞问题的理论，是1882年由赫兹在其发表的《论弹性固体的接触》一文中提出的。他在研究透镜在接触力作用下产生的弹性变形是否对干涉条纹有显著影响时，提出了椭圆接触面的假设，并计算了在此假设基础上的弹性位移。赫兹认为碰撞过程是一个非线性弹性过程，不考虑碰撞过程的能量损失，其碰撞力模型为

$$F = K\delta^n \tag{2-129}$$

式中 F——接触面法向碰撞力；

δ——碰撞过程中的穿透距离；

n——非线性指数，对于球面碰撞，$n=1.5$；

K——依赖于碰撞体材料及碰撞点曲率半径的常数，也称为刚度，该常数可由式（2-130）估算。

$$K = \left(\frac{16RE^2}{9}\right)^{\frac{1}{2}} \tag{2-130}$$

式中 R——$\frac{1}{R}=\frac{1}{R_1}+\frac{1}{R_2}$，$R_1$ 和 R_2 为两碰撞体接触点处的曲率半径；

E——$\frac{1}{E}=\frac{1-\upsilon_1^2}{E_1}+\frac{1-\upsilon_2^2}{E_2}$，$\upsilon_1$ 和 υ_2 为材料的泊松比，E_1 和 E_2 为材料的杨氏弹性模量。

（2）沃伊特-开尔文模型。

1895年，沃伊特-开尔文将碰撞过程抽象成一线性弹簧-阻尼系统，数学模型为

$$F = K\delta + c\dot{\delta} \tag{2-131}$$

式中 K——刚度系数；

c——阻尼系数。

（3）Brach模型。

Brach也是将碰撞过程抽象成线性弹簧-阻尼系统，并采用经典的弹簧-阻尼质量振动系统对模型进行求解。模型方程为

$$m\ddot{x} + c\dot{x} + kx = 0 \tag{2-132}$$

(4) Hunt-Crossley 模型。

1975 年，Hunt 和 Crossley 指出碰撞过程的线性模型不能代表实际物理过程中的能量传递过程。他们采用赫兹的非线性弹簧，并引入滞后阻尼系数描述碰撞过程，得到：

$$F = K\delta^{\gamma} + \beta\delta^{\gamma}\dot{\delta} \tag{2-133}$$

碰撞力与穿透距离关系曲线如图 2-15 所示，图中阴影部分表示碰撞过程中的能量损失。

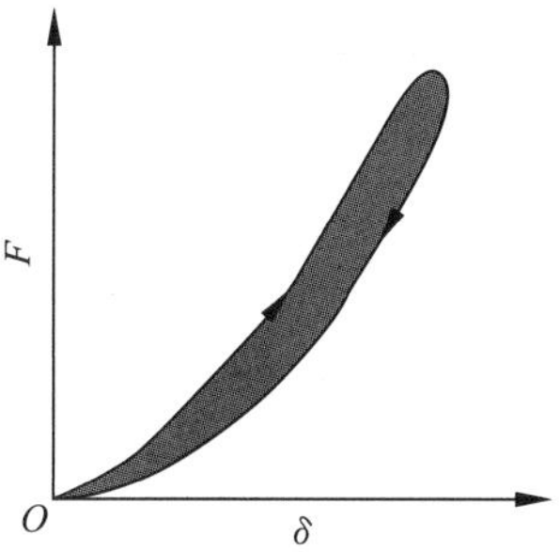

图 2-15　碰撞力-穿透距离曲线

(5) Lankarani-Nikravesh 模型。

Lankarani 和 Nikravesh 以 Hunt-Crossley 模型为基础，研究了球体碰撞时恢复系数与式（2-133）中系数之间的关系，根据碰撞过程中能量损失方程，推导出滞后阻尼系数 β 与刚度 K、恢复系数 e 及碰撞前相对速度 Δv 之间的关系：

$$\beta = \frac{3K(1-e^2)}{4\Delta v} \tag{2-134}$$

2. **碰撞检测**

碰撞问题包括碰撞检测和碰撞响应两部分。碰撞检测的目标是发现碰撞并报告，碰撞响应是在碰撞发生后，根据碰撞点和其他参数促使发生碰撞的对象做出正确的动作，以反映真实的动态效果。

碰撞检测问题广泛存在于计算机辅助设计与制造、工程分析、机器人和自动化、虚拟现实等领域，甚至成为其中的关键问题。在不同的领域中出现了很多碰撞检测算法，很多算法已经应用到实际中。进行碰撞检测的目的是检测模型之间是否发生碰撞，报告发生或即将发生碰撞的部位，动态查询模型之间的距离。在求解系统动力学方程时，求解器将碰撞力并入广义力矩阵中求解。未发生碰撞前，每一次迭代都将预先判定碰撞是否发生，一旦碰撞发生，为了更精确计算碰撞力，求解器动态地将迭代步长调整到比用户设定值小很多的值，并且在这些小步长迭代的过程中仍然继续判断是否有其他接触发生。碰撞检测算法的选择对求解速度及精度有着重要作用。

常采用的处理形式有二维和三维碰撞，通过几何引擎检测。碰撞检测引擎的作用是当检测到一个新的碰撞时，预估一个更加精确的碰撞时间，用更精确的步长来判断出碰撞点及碰撞力方向，计算两个物体之间的穿透距离和速度，作为生成碰撞力的参数。

1) Parasolid 几何引擎

Parasolid 引擎计算碰撞物体相互穿透区域的质心，以此作为作用力施加点，施加大小相等、方向相反的碰撞力。穿透距离及作用力方向的计算有以下两种方法：

(1) 最近点方法。

首先确定每个物体上离碰撞物体相互穿透区域的质心 O 最近的两个点 C_1、C_2，则

作用力方向分别为 OC_1、OC_2，这两个方向是相反的。穿透距离即为 C_1C_2，并可得到其对时间的导数，即穿透速度。最后用计算的相关数据来施加碰撞力。

（2）Joe 方法。

首先对碰撞区域进行网格划分，计算每个三角面的法线方向，然后对网格区域的每个法线方向进行规格化处理，得到作用力方向。穿透量 g 为

$$g = \frac{2V}{A} \tag{2-135}$$

式中 V——碰撞区域体积，认为此区域为平行六面体；

A——相交区域的面积。

式（2-135）对时间的导数为穿透速度。最后可用计算的相关数据来施加碰撞力。

2）RAPID 碰撞检测引擎

RAPID（Robust and Accurate Polygon Interference Detection）碰撞检测，即精确的鲁棒多边形相交检测，是北卡罗来纳大学推出的基于多边形的碰撞检查工具包。它采用层次包围盒碰撞检测算法中的方向包围盒 OBB（Oriented Bounding Box）类型。一个给定对象的 OBB 被定义为包含该对象，且相对于坐标轴方向的任意最小正六面体。OBB 最大的特点是方向的任意性，根据被包围对象的形状特点尽可能紧密地包围对象，可以成倍地减少参与相交测试的包围盒的数目和基本几何元素的数目。RAPID 系统在 1996 年首先推出时，被称为是最快的碰撞检测系统，曾一度作为评价碰撞检测算法的标准。虽然其检测精度不如 Parasolid 的高，但对于一般的碰撞问题，精度可以满足，同时检测速度大大提高。

3. 碰撞响应

碰撞响应一般采用两种碰撞模型，即泊松模型和碰撞函数模型，分别处理两类碰撞：瞬间非持续碰撞和持续碰撞。这两类模型的主要区别在于法向碰撞力的计算，而其碰撞约束方程、碰撞检测和碰撞摩擦力的计算都是相同的。

1）泊松模型

泊松模型中有两个参数：恢复系数 δ 和罚因子 p。恢复系数用于考虑碰撞过程中的能量损失和物体碰撞前后速度的变化，罚因子 p 是一个与物体刚度有关的因数，用于施加碰撞力。

恢复系数 e 定义为相互碰撞的两物体碰撞后相对速度与碰撞前相对速度的比值，是一个物理常数。

$$e = \frac{(\boldsymbol{v}_A^1 - \boldsymbol{v}_B^1) \cdot \boldsymbol{n}_c}{(\boldsymbol{v}_A^0 - \boldsymbol{v}_B^0) \cdot \boldsymbol{n}_c} \tag{2-136}$$

式中 $\boldsymbol{n}_c$——碰撞点处的公法线单位矢量；

$\boldsymbol{v}_A^0$，$\boldsymbol{v}_B^0$——刚体 A 和刚体 B 碰撞前的速度；

$\boldsymbol{v}_A^1$，$\boldsymbol{v}_B^1$——刚体 A 和刚体 B 碰撞后的速度。

泊松模型的法向接触力为

$$F_n = p \cdot \left[\left(\frac{\mathrm{d}g}{\mathrm{d}t}\right)_+ - \left(\frac{\mathrm{d}g}{\mathrm{d}t}\right)_- \right] = p\left(\frac{\mathrm{d}g}{\mathrm{d}t}\right)_+ (1-e) \tag{2-137}$$

式中　$\left(\frac{\mathrm{d}g}{\mathrm{d}t}\right)_+$，$\left(\frac{\mathrm{d}g}{\mathrm{d}t}\right)_-$——分别为碰撞开始和结束时的穿透速度。

当罚因子 p 过大时，会引起运动方程的病态，主要表现在解算过程中求解精度下降，收敛速度变慢，甚至导致不收敛。为此，在采用增广拉格朗日时，在迭代计算中引入拉格朗日乘子 λ，在计算未知的碰撞力时，增加了一个迭代过程，使罚因子取值无须太大。增广拉格朗日迭代公式为

$$F_n^k = \lambda^k + p \cdot \left(\frac{\mathrm{d}g}{\mathrm{d}t}\right)_+^k (1-\delta) \tag{2-138}$$

式中　k——迭代次数，$k=1$，2，…，$k_{\max}$；

$$\lambda^k = \begin{cases} 0 & k=1 \\ F_n^{k-1} & k>1 \end{cases}$$。

2）碰撞函数模型

碰撞函数模型将碰撞体的变形等效为弹簧-阻尼效应。假设变形只发生在弹性碰撞区域内，碰撞力按照 Hertz 碰撞理论计算，则碰撞过程的能量损失可由一个与弹簧并联的阻尼器模拟。碰撞函数模型为

$$F_n = k \cdot g^e + c \cdot \frac{\mathrm{d}g}{\mathrm{d}t} \tag{2-139}$$

式中　k——碰撞刚度；

e——非线性作用力指数；

$\frac{\mathrm{d}g}{\mathrm{d}t}$——瞬时穿透速度。

该模型在数学上便于处理，但可以看出在碰撞开始时，会出现非零阻尼力的突变。为了避免这种现象，可通过修正阻尼系数对模型进行修正。定义的阻尼系数为

$$c = \mathrm{step}(g, 0, 0, D_{\max}, C_{\max}) \tag{2-140}$$

式中　$C_{\max}$——最大阻尼系数；

$D_{\max}$——最大穿透距离。

当设定的穿透距离达到 $D_{\max}$ 以后，阻尼系数变为 $C_{\max}$，但 $D_{\max}$ 指开始使用阻尼 $C_{\max}$ 的距离，而不是阻尼 $C_{\max}$ 能达到的最大穿透量，最大穿透量是在计算中得到的。

step(x，x_0，h_0，x_1，h_1）函数用一个3次多项式来逼近海维赛（Heaviside）阶梯函数，其定义为

$$\mathrm{step} = \begin{cases} h_0 & x \leqslant x_0 \\ h_0 + (h_1 - h_0) \cdot \left(\frac{x-x_0}{x_1-x_0}\right)^2 \cdot \left(3 - 2\frac{x-x_0}{x_1-x_0}\right) & x_0 < x < x_1 \\ h_1 & x \geqslant x_1 \end{cases} \tag{2-141}$$

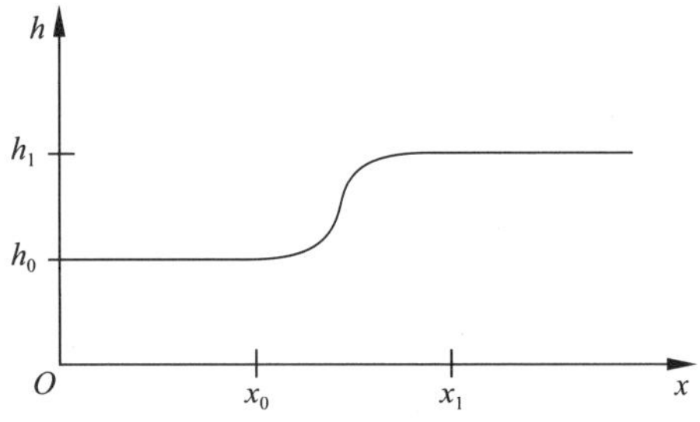

图 2-16 step 函数的图示表达

可以用图 2-16 表示该函数所表达的含义。

式（2-141）表明：阻尼系数随两物体之间碰撞穿透量的增大而增大。碰撞开始时，阻尼为 0，当穿透量达到设定值 $D_{\max}$ 以后，阻尼系数变为 $C_{\max}$，这就可以修正碰撞模型的偏差，避免碰撞开始即出现非零阻尼力，计算出符合实际的碰撞力。因此式（2-139）可以表示为：

$$F_n = k \cdot g^e + \text{step}(g,0,0,D_{\max},C_{\max}) \cdot \frac{\mathrm{d}g}{\mathrm{d}t} \tag{2-142}$$

上式表明：当 $k\to+\infty$ 时，碰撞体间能充分满足非穿透条件，但 k 值太大会引起动力学方程病态，无法求解。通常应根据碰撞体的材料特性和几何形状等因素来确定碰撞刚度。

3）碰撞摩擦力

一般碰撞力不但有法向力，而且还有切向摩擦力。通常碰撞摩擦力 F_f 用库仑摩擦定律计算获得：

$$F_f = \mu F_n \tag{2-143}$$

式中 F_n——法向碰撞力；

μ——摩擦系数，由式（2-144）确定。

$$\mu = \begin{cases} -\text{sign}(1,v)\cdot\mu_d & |v|>v_d \\ \text{step}(v,-v_s,\mu_s,v_s,-\mu_s) & |v|<v_s \\ \text{step}(v,v_s,-\mu_s,v_d,-\mu_d) & v_s\leqslant v\leqslant v_d \\ \text{step}(v,-v_d,\mu_d,-v_s,\mu_s) & -v_d\leqslant v\leqslant -v_s \end{cases} \tag{2-144}$$

式中 v——碰撞点切向速度；

μ_d——动摩擦系数；

μ_s——静摩擦系数；

v_d——发生动摩擦的最小切向速度；

v_s——发生静摩擦的最大切向速度；

$\text{sign}(x_1,\ x_2)$——符号函数，表示为

$$\text{sign}(x_1,x_2) = \begin{cases} |x_1| & x_2\geqslant 0 \\ -|x_1| & x_2<0 \end{cases}$$

$\text{sign}(x_1,\ x_2)$ 一方面表明碰撞摩擦力的方向始终与切向速度方向相反，另一方面实现从静摩擦到动摩擦的摩擦系数转换。μ-v 关系如图 2-17 所示。

4. 碰撞动力学的算法

通常两物体之间的碰撞可看作一个单面约束，接触约束方程为

$$
\begin{aligned}
&\boldsymbol{g} \geqslant 0 \\
&\boldsymbol{F}_{\mathrm{n}} > 0 \\
&\boldsymbol{F}_{\mathrm{n}} \cdot \boldsymbol{g} = 0 \\
&\boldsymbol{F}_{\mathrm{n}} \cdot \frac{\mathrm{d}\boldsymbol{g}}{\mathrm{d}t} = 0
\end{aligned} \tag{2-145}
$$

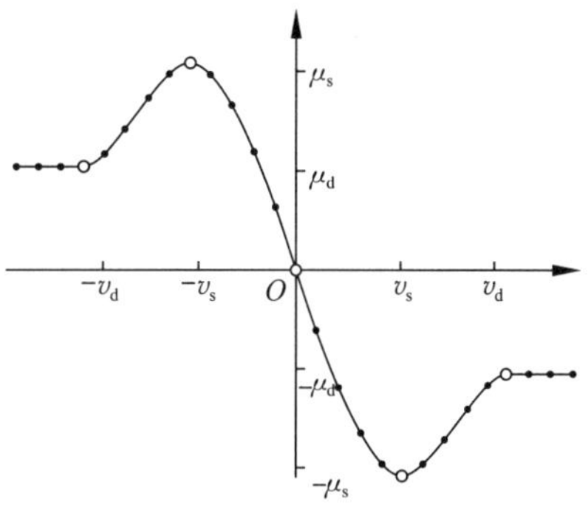

图 2-17　μ-v 关系图

在进行系统动力学分析时，将法向碰撞力和摩擦力并入系统动力学方程组的广义力矩阵中，将接触约束方程并入约束代数方程，进行微分-代数方程求解。在进行迭代计算的过程中，为避免发生明显的穿透现象，可根据碰撞检测的判别调整迭代步长。当一个新的碰撞发生时，解算器将会计算碰撞体的瞬时穿透量和穿透速度，根据缩小的迭代时间步长重新计算。

2.2.4 数值求解算法

微分-代数方程（Differential-Algebraic Equations，DAEs）问题的求解方法是计算多体系统动力学领域的一个热点问题。根据相对坐标阵和拉格朗日乘子处理技术的不同，微分-代数方程的求解方法可以分为增广法和缩并法。

增广法将全部的广义坐标与拉格朗日乘子作为未知变量同时求解，此时方程组变为较大变量数的封闭方程，再对加速度进行积分求出广义坐标速度和广义坐标位置。增广法包括直接积分法和约束稳定法。直接法的基本思想是利用解代数方程的数值方法（如高斯消去法），解得加速度和拉氏乘子，然后利用数值积分方法求出速度及位置，但积分过程中误差累积严重，容易发散；约束稳定法将控制反馈理论引入微分-代数方程的数值积分过程，以控制违约现象，该方法稳定性好，响应快。从表面上看，增广法所解的方程个数比较多，但是方程的系数矩阵呈稀疏状，可以利用稀疏矩阵的特点，采用数值方法减小计算机内存占用，加快解算速度。

缩并法是通过数值方法，利用计算机自动寻找独立变量个数，选择独立变量，将方程缩并成个数与自由度数相接近的常微分方程组，再进行数值积分。典型的缩并法有 LU 分解缩并法、奇异值分解（SVD）缩并法、QR 分解缩并法等。

1. 刚性问题

微分-代数方程的求解，无论是缩并法还是增广法，最终都归结为常微分方程初值问题的求解。在可以用常微分方程描述的许多物理、力学过程中，常常包含许多复杂的子过程及它们之间的相互作用，其中有的子过程表现为快变化，另一些相对来说是慢变化，并且变化速度可以相差非常大的量级。相应地，描述这些过程的常微分方程的解中也包含快变分量和慢变分量。如果在一个过程中，快、慢子过程变化的速度差别达到一

定量级，在数学上称这种系统具有刚性性质，描述这类变化过程的常微分方程系统则称为刚性系统。刚性方程也称为病态方程或坏条件方程。刚性问题存在于多刚体系统动力学的某些情形，更普遍存在于多柔体系统动力学中。比如在多刚体系统运动过程中，可能会由于系统中构件之间的差异过大，导致系统中构件运动速度差别很大，从而使描述系统运动的微分-代数方程呈现出刚性特征。

对于刚性问题的求解，目前最常用的是隐式方法，隐式方法不仅用于求解刚性问题，而且相比于显式方法具有更好的稳定性和计算精度。为了使求解的数值方法具有普遍性，既可用于求解良性问题，又可用于求解刚性问题，对微分-代数方程的求解常采用吉尔的预估-校正刚性积分方法。

2. 动力学求解算法

1）微分-代数方程的求解算法

采用吉尔的刚性积分方法求解微分-代数方程。吉尔的刚性积分方法是自动变阶、变步长的预估-校正法，并提供了 4 种求解器及 3 种积分格式。1968 年吉尔提出，向后差分的数值积分公式（Backwards Differential Formulation，BDF）在无穷远处具有良好的刚性稳定性，并用从 1 阶到 5 阶的向后微分公式 BDF 和从 1 阶到 12 阶的公式 AMF（Adams-Moulton Formulation）构成了求解刚性与非刚性的算法，实现了变阶、变步长的自动积分程序 DIFSUB。以下为其步骤。

将系统运动方程改写为如下形式：

$$\begin{aligned} \boldsymbol{F}(q,u,\dot{u},\lambda,t) &= 0 \\ \boldsymbol{G}(u,\dot{q}) &= \boldsymbol{u}-\dot{\boldsymbol{q}} = 0 \\ \boldsymbol{\Phi}(q,t) &= 0 \end{aligned} \tag{2-146}$$

定义系统的状态矢量 $\boldsymbol{y}=[\boldsymbol{q}^{\mathrm{T}} \quad \boldsymbol{u}^{\mathrm{T}} \quad \boldsymbol{\lambda}^{\mathrm{T}}]^{\mathrm{T}}$，可进一步写成单一矩阵方程：

$$\boldsymbol{g}(y,\dot{y},t) = 0 \tag{2-147}$$

首先，根据当前时刻的系统状态矢量值，预估下一个时刻系统的状态矢量值，可以采用泰勒级数或牛顿差分公式来进行预估。以泰勒级数为例，下一时刻系统状态矢量值为

$$\boldsymbol{y}_{n+1} = \boldsymbol{y}_n + \frac{\partial \boldsymbol{y}_n}{\partial t}h + \frac{1}{2!}\frac{\partial^2 \boldsymbol{y}_n}{\partial^2 t}h^2 + \cdots \tag{2-148}$$

这种预估算法得到的新时刻系统状态矢量值通常不准确，可以由吉尔（$K+1$）阶积分求解程序（或其他向后差分积分程序）校正：

$$\boldsymbol{y}_{n+1} = -h\beta_0 \boldsymbol{y}_{n+1} + \sum_{i=1}^{k} a_i \boldsymbol{y}_{n-i+1} \tag{2-149}$$

式中　$\boldsymbol{y}_{n+1}$——$y(t)$ 在 $t=t_{n+1}$时的近似值；

β_0，a_i——吉尔积分程序的系数值。

整理式（2-149）得

$$\dot{\boldsymbol{y}}_{n+1} = \frac{-1}{h\beta_0}\left(\boldsymbol{y}_{n+1} - \sum_{i=1}^{k} a_i \boldsymbol{y}_{n-i+1}\right) \tag{2-150}$$

将式（2-146）在 $t=t_{n+1}$ 时刻展开得

$$\begin{aligned}
&\boldsymbol{F}(q_{n+1},u_{n+1},\dot{u}_{n+1},\lambda_{n+1},t_{n+1})=0\\
&\boldsymbol{G}(u_{n+1},q_{n+1})=\boldsymbol{u}_{n+1}-\dot{\boldsymbol{q}}_{n+1}=\boldsymbol{u}_{n+1}-\left(\frac{-1}{h\beta_0}\right)\left(\boldsymbol{q}_{n+1}-\sum_{i=1}^{k}\alpha_i\boldsymbol{q}_{n-i+1}\right)=0\\
&\boldsymbol{\Phi}(q_{n+1},t_{n+1})=0
\end{aligned}\tag{2-151}$$

使用修正的 Newton-Raphson 求解上面的非线性方程，其迭代校正公式为

$$\begin{aligned}
&\boldsymbol{F}_j+\frac{\partial\boldsymbol{F}}{\partial\boldsymbol{q}}\Delta q_j+\frac{\partial\boldsymbol{F}}{\partial\boldsymbol{u}}\Delta u_j+\frac{\partial\boldsymbol{F}}{\partial\dot{\boldsymbol{u}}}\Delta\dot{u}_j+\frac{\partial\boldsymbol{F}}{\partial\boldsymbol{\lambda}}\Delta\lambda_j=0\\
&\boldsymbol{G}_j+\frac{\partial\boldsymbol{G}}{\partial\boldsymbol{q}}\Delta q_j+\frac{\partial\boldsymbol{G}}{\partial\boldsymbol{u}}\Delta u_j=0\\
&\boldsymbol{\Phi}_j+\frac{\partial\boldsymbol{\Phi}}{\partial\boldsymbol{q}}\Delta q_j=0
\end{aligned}\tag{2-152}$$

式中　j——第 j 次迭代；

$\Delta q_j=q_{j+1}-q_j$；

$\Delta u_j=u_{j+1}-u_j$；

$\Delta\lambda_j=\lambda_{j+1}-\lambda_j$。

由式（2-150）和式（2-151）可得：

$$\begin{aligned}
&\Delta\dot{u}_j=-\left(\frac{1}{h\beta_0}\right)\Delta u_j\\
&\frac{\partial\boldsymbol{G}}{\partial\boldsymbol{q}}=\left(\frac{1}{h\beta_0}\right)\boldsymbol{I}\\
&\frac{\partial\boldsymbol{G}}{\partial\boldsymbol{u}}=\boldsymbol{I}
\end{aligned}\tag{2-153}$$

将式（2-153）代入式（2-151），进行整理写成矩阵形式：

$$\begin{bmatrix}
\dfrac{\partial\boldsymbol{F}}{\partial\boldsymbol{q}} & \left(\dfrac{\partial\boldsymbol{F}}{\partial\boldsymbol{u}}-\dfrac{1}{h\beta_0}\dfrac{\partial\boldsymbol{F}}{\partial\dot{\boldsymbol{u}}}\right) & \left(\dfrac{\partial\boldsymbol{\Phi}}{\partial\boldsymbol{q}}\right)^{\mathrm{T}}\\
\left(\dfrac{1}{h\beta_0}\right)\boldsymbol{I} & \boldsymbol{I} & \boldsymbol{0}\\
\dfrac{\partial\boldsymbol{\Phi}}{\partial\boldsymbol{q}} & \boldsymbol{0} & \boldsymbol{0}
\end{bmatrix}_j
\begin{pmatrix}\Delta q\\ \Delta u\\ \Delta\lambda\end{pmatrix}_j=\begin{pmatrix}-F\\ -G\\ -\Phi\end{pmatrix}_j\tag{2-154}$$

左边的系数矩阵称为系统的雅可比矩阵，其中，$\dfrac{\partial\boldsymbol{F}}{\partial\boldsymbol{q}}$为系统刚度矩阵；$\dfrac{\partial\boldsymbol{F}}{\partial\boldsymbol{u}}$为系统阻尼矩阵；$\dfrac{\partial\boldsymbol{F}}{\partial\dot{\boldsymbol{u}}}$为系统质量矩阵。

求解 Δq_j、Δu_j、$\Delta\lambda_j$，计算出 Δq_{j+1}、Δu_{j+1}、$\Delta\lambda_{j+1}$、$\Delta\dot{q}_{j+1}$、$\Delta\dot{u}_{j+1}$、$\Delta\dot{\lambda}_{j+1}$，重复上述迭代校正步骤，直到满足收敛条件，最后到积分误差控制步骤。如果预估值与校正值的差值小于规定的积分误差，接受该解，进行下一时刻的求解。否则拒绝该解，并减小积分步长，重新进行预估-校正过程。

微分-代数方程的求解算法是重复预估、校正、误差控制的过程，直到求解时间到达规定的模拟时间。

2）坐标缩减的微分方程求解算法

在模拟特征值经历突变的系统或高频系统时，采用坐标分离算法将微分-代数方程缩减为用独立广义坐标表示的纯微分方程，然后用 ABAM（Adams-Bashforth and Adams-Moulton）或 RKF45［Runge-Kutta-Fehlberg（4，5）］积分程序进行数值积分。ABAM 和 RKF45 积分程序皆为非刚性稳定算法。

ABAM 的坐标缩减微分方程的确定及数值积分过程的步骤为：

（1）坐标分离：将系统的约束方程进行矩阵的满秩分解，可将系统的广义坐标矩阵 $\boldsymbol{q}$ 分解成独立坐标矩阵 $\boldsymbol{q}^i$ 和非独立坐标矩阵 $\boldsymbol{q}^d$，即 $\boldsymbol{q}=[\boldsymbol{q}^i \quad \boldsymbol{q}^d]^{\mathrm{T}}$。

（2）预估：用 Adams-Bashforth 显式公式，根据独立坐标前几个时间步长的值，预估 t_{n+1}时刻的独立坐标 $\boldsymbol{q}^{ip}$，p 表示预估值。

（3）校正：用 Adams-Moulton 隐式公式对上面的预估值，根据给定的收敛误差限进行校正，以得到独立坐标的校正值 $\boldsymbol{q}^{ic}$，c 表示校正值。

（4）确定相关坐标：确定独立坐标的校正值之后，可由相应公式计算出非独立坐标和其他系统状态变量。

（5）积分误差控制：如果预估值与校正值的差值小于给定的积分误差限，接受该值，进行下一时刻的求解。否则减小积分步长，重新开始预估—校正的过程。

2.3 有限元方法基本理论

2.3.1 有限元方法的基本原理

在研究结构动力学问题时，经常会遇到机械在工作状态下，自身惯性与周围介质或结构的动力载荷相互作用，介质边界或内部的载荷引起位移、速度和应力变化等，如何保证它们运行的平稳性和结构的安全性，是极为重要的研究课题。正确分析和设计这类结构，在理论和实践中都具有重要意义。

对于结构动力学问题处理的方法，可以把系统简化成几个单个或多个质点系来建立系统运动方程，也可以利用变分法把这个系统当成连续介质体来处理。

1. 弹性体动力学基本方程

先对弹性体动力学问题的基本方程进行简要介绍。

三维弹性体动力学基本方程如下。

平衡方程

$$\sigma_{ij,j} + f_i = \rho u_{i,tt} + \mu u_{i,t} \qquad (\text{在 } V \text{ 域内}) \tag{2-155}$$

几何方程

$$\varepsilon_{ij} = \frac{1}{2}(u_{i,j} + u_{j,i}) \qquad (\text{在}\ V\ \text{域内}) \tag{2-156}$$

物理方程

$$\sigma_{ij} = D_{ijkl}\varepsilon_{kl} \qquad (\text{在}\ V\ \text{域内}) \tag{2-157}$$

边界条件

$$\begin{aligned} u_i &= \bar{u}_i \qquad (\text{在}\ S_u\ \text{边界上}) \\ \sigma_{ij}n_j &= \overline{T_i} \qquad (\text{在}\ S_\sigma\ \text{边界上}) \end{aligned} \tag{2-158}$$

初始条件

$$\begin{aligned} u_i(x,y,z,0) &= u_i(x,y,z) \\ u_{i,t}(x,y,z,0) &= u_{i,t}(x,y,z) \end{aligned} \tag{2-159}$$

式中　ρ——质量密度；

μ——阻尼系数；

$u_{i,tt}$，$u_{i,t}$——u_i 对 t 的二次导数和一次导数，即分别为 i 方向的加速度和速度；

$\rho u_{i,tt}$，$\mu u_{i,t}$——惯性力和阻尼力（取负值）。

平衡方程中出现惯性力和阻尼力是弹性动力学和静力学相区别的基本特征之一。

其余各式与弹性静力学方程相同，只是由于在目前情况下，载荷是时间的函数，因此位移、应变、应力也是时间的函数。也正因为如此，动力学问题定解条件中还应包括初始条件式（2-159）。

2. 有限元方法的基本步骤

有限元方法是处理弹性连续体的方法，以三维实体为例，用有限元方法处理弹性体动力学问题的基本步骤如下。

1）结构离散化

将一个受外力作用的连续弹性体离散成一定数量的有限小单元集合体。单元之间只在结点上相互联系，亦即有结点才能传递力。在动力分析中，因为引入了时间坐标，所处理的是 4 维（x，y，z，t）问题。在有限元分析中一般采用部分离散的方法，即只对空间域进行离散，这一步骤和静力分析相同。

2）构造插值函数

从广义坐标有限元方法出发，首先将场函数表示为多项式的函数形式，然后利用节点关系，将多项式中的待定参数表示成场函数的节点值和单元几何函数，从而将场函数表示成由其他节点值插值形式组成的表达式。

一般说来，单元类型和形状的选择依赖于结构或总体求解域的几何特点、方程类型以及求解所希望的精度等因素，而有限元的插值函数则取决于单元形状、节点类型和数目等因素。一般对空间域进行离散，单元内位移 μ、υ、ω 的插值可表示为

$$\mu(x,y,z,t)=\sum_{i=1}^{n}N_i(x,y,z)\mu_i(t)$$
$$\upsilon(x,y,z,t)=\sum_{i=1}^{n}N_i(x,y,z)\upsilon_i(t) \tag{2-160}$$
$$\omega(x,y,z,t)=\sum_{i=1}^{n}N_i(x,y,z)\omega_i(t)$$

或

$$\boldsymbol{u}=\boldsymbol{N\delta}^e \tag{2-161}$$

式中

$$\boldsymbol{u}=\begin{pmatrix}\mu(x,y,z,t)\\ \upsilon(x,y,z,t)\\ \omega(x,y,z,t)\end{pmatrix} \qquad \boldsymbol{N}=[N_1 \quad N_2 \quad \cdots \quad N_n]$$

$$\boldsymbol{N}=N_i\boldsymbol{I}_{3\times3} \qquad (i=1,2,\cdots,n)$$

$$\boldsymbol{\delta}^e=\begin{pmatrix}a_1\\ a_2\\ \vdots\\ a_n\end{pmatrix} \qquad \boldsymbol{\delta}_i=\begin{pmatrix}\mu_i(t)\\ \upsilon_i(t)\\ \omega_i(t)\end{pmatrix} \qquad (i=1,2,\cdots,n)$$

节点参数 $\boldsymbol{\delta}^e$ 和 $\boldsymbol{\delta}_i$ 是时间的函数。

3）形成系统的求解方程

根据弹性力学基本方程的变分原理建立单元结点力和结点位移之间的关系，得到系统的求解方程（在动力学问题中，又称为运动方程）：

$$\boldsymbol{M}\ddot{\boldsymbol{\delta}}+\boldsymbol{C}\dot{\boldsymbol{\delta}}+\boldsymbol{K\delta}=\boldsymbol{f} \tag{2-162}$$

式中 $\ddot{\boldsymbol{\delta}}$，$\dot{\boldsymbol{\delta}}$——分别是系统的结点加速度和速度；

$\boldsymbol{f}$——外力。

矩阵表达式为

$$[\boldsymbol{M}][\ddot{\boldsymbol{\delta}}]+[\boldsymbol{C}][\dot{\boldsymbol{\delta}}]+[\boldsymbol{K}][\boldsymbol{\delta}]=[\boldsymbol{R}] \tag{2-163}$$

式中 $[\boldsymbol{M}]$，$[\boldsymbol{C}]$，$[\boldsymbol{K}]$——分别为系统整体质量矩阵、整体阻尼矩阵和整体刚度矩阵；

$[\ddot{\boldsymbol{\delta}}]$，$[\dot{\boldsymbol{\delta}}]$，$[\boldsymbol{\delta}]$——分别为系统广义加速度向量列阵、广义速度向量列阵和广义位移向量列阵；

$[\boldsymbol{R}]$——载荷矩阵，又叫外激励。

对于静力学问题，$[\boldsymbol{\delta}]$ 和 $[\boldsymbol{R}]$ 与时间无关；对于动力学问题，$[\boldsymbol{\delta}]$ 和 $[\boldsymbol{R}]$ 是时间的函数。

4）求解运动方程

目前，求解系统运动方程的方法主要有两种：直接积分法和振型叠加法。

（1）直接积分法。

直接积分是指对运动方程不进行方程形式的变换而直接进行逐步数值积分。通常的直接积分法基于两个概念：一是将在求解时间域 $0<t<T$ 内的任意时刻，t 都应满足运动方程的要求，代之仅在一定条件下近似地满足运动方程，例如可以仅在间隔 Δt 的离散时间点满足运动方程；二是有一定数目的 Δt 区域内，假设位移 $\boldsymbol{\delta}$、速度 $\dot{\boldsymbol{\delta}}$ 和加速度 $\ddot{\boldsymbol{\delta}}$ 的函数形式相似。

现假定时间 $t=0$ 的位移 $\boldsymbol{\delta}_0$、速度 $\dot{\boldsymbol{\delta}}_0$、加速度 $\ddot{\boldsymbol{\delta}}_0$ 已知；时间求解域 $0\sim T$ 被等分为 n 个时间间隔 Δt（$\Delta t=T/n$）；0，Δt，$2\Delta t$，…，t 时刻的解已经求得，计算的目的在于求（$t+\Delta t$）时刻的解，并由此建立起求解所有离散时间点解的一般算法步骤。

① 中心差分法。

在中心差分法中，加速度和速度可以用位移表示为

$$\ddot{\boldsymbol{\delta}}_t=\frac{1}{\Delta t^2}(\boldsymbol{\delta}_{t-\Delta t}-2\boldsymbol{\delta}_t+\boldsymbol{\delta}_{t+\Delta t}) \tag{2-164}$$

$$\dot{\boldsymbol{\delta}}_t=\frac{1}{2\Delta t}(-\boldsymbol{\delta}_{t-\Delta t}+\boldsymbol{\delta}_{t+\Delta t}) \tag{2-165}$$

（$t+\Delta t$）时刻的位移 $\boldsymbol{\delta}_{t+\Delta t}$ 可由时间 t 的运动方程应得到满足而建立，即由

$$\boldsymbol{M}\ddot{\boldsymbol{\delta}}_t+\boldsymbol{C}\dot{\boldsymbol{\delta}}_t+\boldsymbol{K}\boldsymbol{\delta}_t=\boldsymbol{f}_t \tag{2-166}$$

而得到。将式（2-164）和式（2-165）代入式（2-166）中，经整理可得

$$\boldsymbol{\delta}_{t+\Delta t}=\frac{\boldsymbol{f}_t-\left(\boldsymbol{K}-\frac{2}{\Delta t^2}\boldsymbol{M}\right)\boldsymbol{\delta}_t-\left(\frac{1}{\Delta t^2}\boldsymbol{M}-\frac{1}{2\Delta t}\boldsymbol{C}\right)\boldsymbol{\delta}_{t-\Delta t}}{\frac{1}{\Delta t^2}\boldsymbol{M}+\frac{1}{2\Delta t}\boldsymbol{C}} \tag{2-167}$$

在 $\boldsymbol{\delta}_t$ 和 $\boldsymbol{\delta}_{t-\Delta t}$ 已知的情况下，根据式（2-167）即可求解出 $\boldsymbol{\delta}_{t+\Delta t}$。由此可见，式（2-167）即为求解各个离散时间点的递推公式，这种数值积分方法又称为逐步积分法。这种方法存在一个起步问题，因为当 $t=0$ 时，为计算 $\boldsymbol{\delta}_{\Delta t}$，除了初始条件给出的 $\boldsymbol{\delta}_0$ 外，还需要知道 $\boldsymbol{\delta}_{-\Delta t}$，所以必须使用一种专门的起步方法。为此，利用式（2-164）和式（2-165）可以得到：

$$\boldsymbol{\delta}_{-\Delta t}=\boldsymbol{\delta}_0-\Delta t\dot{\boldsymbol{\delta}}_0+\frac{\Delta t^2}{2}\ddot{\boldsymbol{\delta}}_0 \tag{2-168}$$

其中 $\boldsymbol{\delta}_0$ 和 $\dot{\boldsymbol{\delta}}_0$ 可以从给定的初始条件获得，而 $\ddot{\boldsymbol{\delta}}_0$ 则可以利用 $t=0$ 时的式（2-166）得到：

$$\ddot{\boldsymbol{\delta}}_0=\boldsymbol{M}^{-1}(\boldsymbol{f}_0-\boldsymbol{C}\dot{\boldsymbol{\delta}}_0-\boldsymbol{K}\boldsymbol{\delta}_0) \tag{2-169}$$

至此，可将利用中心差分法逐步求解运动方程的步骤归纳如下。

a. 初步计算。

a）形成刚度矩阵 $\boldsymbol{K}$、质量矩阵 $\boldsymbol{M}$ 和阻尼矩阵 $\boldsymbol{C}$；

b）给定 $\boldsymbol{\delta}_0$、$\dot{\boldsymbol{\delta}}_0$ 和 $\ddot{\boldsymbol{\delta}}_0$；

c）选择时间步长 Δt，并计算积分常数 $c_0=\dfrac{1}{\Delta t^2}$、$c_1=\dfrac{1}{2\Delta t}$、$c_2=2c_0$、$c_3=\dfrac{1}{c_2}$；

d）计算 $\boldsymbol{\delta}_{-\Delta t}=\boldsymbol{\delta}_0-\Delta t\dot{\boldsymbol{\delta}}_0+c_3\ddot{\boldsymbol{\delta}}_0$；

e）形成有效质量矩阵 $\hat{\boldsymbol{M}}=c_0\boldsymbol{M}+c_1\boldsymbol{C}$；

f）三角分解 $\hat{\boldsymbol{M}}$：$\hat{\boldsymbol{M}}=\boldsymbol{LDL}^{\mathrm{T}}$。

b. 对于每一时间步长 Δt（$t=0$，Δt，$2\Delta t$，…）。

a）计算时间 t 的有效载荷

$$\hat{\boldsymbol{f}}_t=\boldsymbol{f}_t-(\boldsymbol{K}-c_2\boldsymbol{M})\boldsymbol{\delta}_t-(c_0\boldsymbol{M}-c_1\boldsymbol{C})\boldsymbol{\delta}_{t-\Delta t}$$

b）求解时间（$t+\Delta t$）的位移

$$\boldsymbol{LDL}^{\mathrm{T}}\boldsymbol{\delta}_{t+\Delta t}=\hat{\boldsymbol{f}}_t$$

c）如果需要，计算时间 t 的加速度和速度

$$\ddot{\boldsymbol{\delta}}_t=c_0(\boldsymbol{\delta}_{t-\Delta t}-2\boldsymbol{\delta}_t+\boldsymbol{\delta}_{t+\Delta t})$$

$$\dot{\boldsymbol{\delta}}_t=c_1(-\boldsymbol{\delta}_{t-\Delta t}+\boldsymbol{\delta}_{t+\Delta t})$$

由于递推公式是从时间 t 的运动方程导出的，$\boldsymbol{K}$ 不会出现在递推公式（2-167）左端，故中心差分法是显式算法。应用显式算法对运动方程进行求解时，不需要对矩阵求逆，因而在非线性问题分析方面具有很大优越性。

显式中心差分法是条件稳定的，只有当时间步长 Δt 不大于临界步长 Δt_{cr} 时才稳定，即显式中心差分法的稳定性条件为

$$\Delta t\leqslant\Delta t_{\mathrm{cr}}=\frac{2}{\omega_{\max}}=\frac{T_{\min}}{\pi}\tag{2-170}$$

式中　$\omega_{\max}$——系统最高阶固有振动频率，$\omega_{\max}=\dfrac{2l}{c}$，特征长度 l 和波速 c 取决于单元类型；

$T_{\min}$——系统最小固有振动周期，$T_{\min}=\dfrac{2\pi}{\omega_{\max}}$。

显式中心差分法比较适用于求解由冲击、爆炸类型载荷所引起的波传播问题，这是因为当介质的边界或内部的某个小区域受到初始扰动后，是按一定波速逐步向介质内部和周围传播的。而显式中心差分法不太适合于求解结构动力学问题，这是因为结构的动态响应通常以低频为主，从计算精度考虑，允许采用较大 Δt，不必因为 Δt_{cr} 的限制而采用过小的 Δt。另外，动力响应问题中时间域的尺度通常远远大于波传播问题中时间域的尺度，如果 Δt 过小，计算工作量将非常庞大。因此，对于结构动力学问题，通常采用无条件稳定的隐式算法，此时 Δt 大小主要取决于计算精度要求。

② Newmark 方法。

在 $t\sim(t+\Delta t)$ 的时间域内，Newmark 方法采用如下假设，即

$$\dot{\boldsymbol{\delta}}_{t+\Delta t}=\dot{\boldsymbol{\delta}}_t+[(1-\beta)\ddot{\boldsymbol{\delta}}_t+\beta\ddot{\boldsymbol{\delta}}_{t+\Delta t}]\Delta t\tag{2-171}$$

$$\boldsymbol{\delta}_{t+\Delta t}=\boldsymbol{\delta}_t+\dot{\boldsymbol{\delta}}_t\Delta t+\left[\left(\frac{1}{2}-\alpha\right)\ddot{\boldsymbol{\delta}}_t+\alpha\ddot{\boldsymbol{\delta}}_{t+\Delta t}\right]\Delta t^2 \tag{2-172}$$

式中，α 和 β 是按积分精度和稳定性要求决定的参数。此外，α 和 β 取不同数值也代表了不同的数值积分方案。当 $\alpha=1/6$ 和 $\beta=1/2$ 时，式（2-171）和式（2-172）相当于线性加速度法，因为这时它们可以由下式，即时间间隔 Δt 内线性假设的加速度表达式的积分得到。

$$\ddot{\boldsymbol{\delta}}_{t+\tau}=\ddot{\boldsymbol{\delta}}_t+(\ddot{\boldsymbol{\delta}}_{t+\Delta t}-\ddot{\boldsymbol{\delta}}_t)\tau/\Delta t \qquad (0\leqslant\tau\leqslant\Delta t) \tag{2-173}$$

当 $\alpha=1/4$ 和 $\beta=1/2$，Newmark 方法相应于常平均加速度法这样一种无条件稳定的积分方案。此时，Δt 内的加速度为

$$\ddot{\boldsymbol{\delta}}_{t+\tau}=\frac{1}{2}(\ddot{\boldsymbol{\delta}}_t+\ddot{\boldsymbol{\delta}}_{t+\Delta t}) \tag{2-174}$$

和中心差分法不同，Newmark 方法中时间（$t+\Delta t$）的位移 $\boldsymbol{\delta}_{t+\Delta t}$ 是通过满足时间（$t+\Delta t$）的运动方程得到的，即由式（2-175）得到。

$$\boldsymbol{M}\ddot{\boldsymbol{\delta}}_{t+\Delta t}+\boldsymbol{C}\dot{\boldsymbol{\delta}}_{t+\Delta t}+\boldsymbol{K}\boldsymbol{\delta}_{t+\Delta t}=\boldsymbol{f}_{t+\Delta t} \tag{2-175}$$

为此，首先从式（2-172）解得

$$\ddot{\boldsymbol{\delta}}_{t+\Delta t}=\frac{1}{\alpha\Delta t^2}(\boldsymbol{\delta}_{t+\Delta t}-\boldsymbol{\delta}_t)-\frac{1}{\alpha\Delta t}\dot{\boldsymbol{\delta}}_t-\left(\frac{1}{2\alpha}-1\right)\ddot{\boldsymbol{\delta}}_t \tag{2-176}$$

将式（2-176）代入式（2-171），然后再一并代入式（2-175），则得到从 $\boldsymbol{\delta}_t$、$\dot{\boldsymbol{\delta}}_t$、$\ddot{\boldsymbol{\delta}}_t$ 计算 $\boldsymbol{\delta}_{t+\Delta t}$ 的两步递推公式：

$$\boldsymbol{\delta}_{t+\Delta t}=\frac{\boldsymbol{f}_{t+\Delta t}+\boldsymbol{M}\left[\frac{1}{\alpha\Delta t^2}\boldsymbol{\delta}_t+\frac{1}{\alpha\Delta t}\dot{\boldsymbol{\delta}}_t+\left(\frac{1}{2\alpha}-1\right)\ddot{\boldsymbol{\delta}}_t\right]+\boldsymbol{C}\left[\frac{\beta}{\alpha\Delta t}\boldsymbol{\delta}_t+\left(\frac{\beta}{\alpha}-1\right)\dot{\boldsymbol{\delta}}_t+\left(\frac{\beta}{2\alpha}-1\right)\Delta t\ddot{\boldsymbol{\delta}}_t\right]}{\boldsymbol{K}+\frac{1}{\alpha\Delta t^2}\boldsymbol{M}+\frac{\beta}{\alpha\Delta t}\boldsymbol{C}} \tag{2-177}$$

至此，可将利用 Newmark 方法逐步求解运动方程的步骤归纳如下。

a. 初始计算。

a）形成刚度矩阵 $\boldsymbol{K}$、质量矩阵 $\boldsymbol{M}$ 和阻尼矩阵 $\boldsymbol{C}$；

b）给定 $\boldsymbol{\delta}_0$、$\dot{\boldsymbol{\delta}}_0$ 和 $\ddot{\boldsymbol{\delta}}_0$ [$\ddot{\boldsymbol{\delta}}_0$ 由式（2-169）得到]；

c）选择时间步长 Δt 及参数 α 和 β，并计算积分常数 [要求：$\beta\geqslant0.5$，$\alpha\geqslant0.25(0.5+\beta)^2$]

$$c_0=\frac{1}{\alpha\Delta t^2},\quad c_1=\frac{\beta}{\alpha\Delta t},\quad c_2=\frac{1}{\alpha\Delta t},\quad c_3=\frac{1}{2\alpha}-1,$$

$$c_4=\frac{\beta}{\alpha}-1,\quad c_5=\frac{\Delta t}{2}\left(\frac{\beta}{\alpha}-2\right),\quad c_6=\Delta t(1-\beta),\quad c_7=\beta\Delta t$$

d）形成有效刚度矩阵 $\hat{\boldsymbol{K}}$：$\hat{\boldsymbol{K}}=\boldsymbol{K}+c_0\boldsymbol{M}+c_1\boldsymbol{C}$；

e）三角分解 $\hat{\boldsymbol{K}}$：$\hat{\boldsymbol{K}}=\boldsymbol{LDL}^{\mathrm{T}}$。

b. 对于每一时间步长 Δt（$t=0$，Δt，$2\Delta t$，…）。

a）计算时间（$t+\Delta t$）的有效载荷

$$\hat{\boldsymbol{f}}_{t+\Delta t}=\boldsymbol{f}_{t+\Delta t}+\boldsymbol{M}(c_0\boldsymbol{\delta}_t+c_2\dot{\boldsymbol{\delta}}_t+c_3\ddot{\boldsymbol{\delta}}_t)+\boldsymbol{C}(c_1\boldsymbol{\delta}_t+c_4\dot{\boldsymbol{\delta}}_t+c_5\ddot{\boldsymbol{\delta}}_t)$$

b）求解时间（$t+\Delta t$）的位移

$$\boldsymbol{LDL}^{\mathrm{T}}\boldsymbol{\delta}_{t+\Delta t}=\hat{\boldsymbol{f}}_{t+\Delta t}$$

c）计算时间（$t+\Delta t$）的加速度和速度

$$\ddot{\boldsymbol{\delta}}_{t+\Delta t}=c_0(\boldsymbol{\delta}_{t+\Delta t}-\boldsymbol{\delta}_t)-c_2\dot{\boldsymbol{\delta}}_t-c_3\ddot{\boldsymbol{\delta}}_t$$

$$\dot{\boldsymbol{\delta}}_{t+\Delta t}=\dot{\boldsymbol{\delta}}_t+c_6\ddot{\boldsymbol{\delta}}_t+c_7\ddot{\boldsymbol{\delta}}_{t+\Delta t}$$

从循环求解公式（2-177）可以看出，在求解 $\boldsymbol{\delta}_{t+\Delta t}$时，有效刚度矩阵 $\hat{\boldsymbol{K}}$ 的求逆是必需的，故 Newmark 方法是隐式算法。在 $\beta\geqslant0.5$ 和 $\alpha\geqslant0.25(0.5+\beta)^2$ 时，Newmark 算法无条件稳定，即时间步长 Δt 的大小不影响解的稳定性，此时 Δt 的选择主要依据解的精度要求确定，具体地，可以根据对结构响应有主要贡献的若干固有振型的周期来确定。由此可见，无条件稳定的 Newmark 方法可以比有条件稳定的显式算法采用大得多的时间步长 Δt，这就使得 Newmark 方法特别适合于时间较长的系统瞬态响应分析。此外，采用较大的 Δt 还可以滤掉高阶不精确特征解对系统响应的影响。

（2）振型叠加法。

系统的固有频率和固有振型是动力系统的基本特征量，取决于系统整体的质量分布、刚度分布和阻尼分布，而与外部载荷情况无关，因此称之为“固有特性”。系统的动力响应是系统在外载荷激励下所做出的动态响应，它不仅取决于外部载荷，还取决于系统的固有特性。

由式（2-162）可以得到不考虑阻尼影响（$\boldsymbol{C}=0$）的系统自由振动（$\boldsymbol{f}=0$）方程为

$$\boldsymbol{M}\ddot{\boldsymbol{\delta}}+\boldsymbol{K}\boldsymbol{\delta}=0 \tag{2-178}$$

该式的特征值和特征向量就是系统的固有频率和固有振型。根据特征向量正交性，用特征向量对运动方程进行变换，变换后运动方程的各自由度不耦合。对各个自由度运动方程进行积分，然后叠加，即可得到问题的解答。有了固有频率和振型，可以通过振型叠加的方法在计及 $\boldsymbol{f}$ 的情况下求解式（2-162），从而得到系统的响应。

利用振型叠加法求解运动方程时，各自由度运动方程可以采取各自不同的时间步长进行数值求解，即对于低阶振型，可以采用较大的时间步长。这相对于直接积分法有很大的优点，因此，当实际分析的时间历程较长，同时只需要少数较低阶振型的结果时，采用振型叠加法将是十分有利的。

5）计算系统的应力、应变与响应

根据结点力平衡条件建立有限元方程，在给定边界条件下求解线性方程组，计算单元应力、应变，再通过协调原理推至这个连续体上。系统在静力平衡条件下求得的应力、应变是静应力、静应变。系统在外激励下内部产生的应力、应变是动应力、动应变，加之其位移，都是系统的响应。由此可见，只需求得式（2-162）中的未知解，即可得到响应。与静力学问题相比，动力学分析会有惯性力和阻尼力出现在平衡方程中，因此引入质量矩阵和阻尼矩阵，最后得到的求解方程不是代数方程组，而是常微分方程组，除此之外，其他过程都与静力学问题完全相同。

2.3.2　非线性结构动力学有限元基本理论

1. 概述

非线性有限元方法是在线性有限元基础上计算非线性结构问题的一种数值方法。

从弹性力学角度来描述线性问题，具有如下特点：

（1）表征材料应力应变关系的本构方程是线性的。

（2）描述应变和位移之间关系的几何方程是线性的。

（3）建立于变形前状态的有限元方法平衡方程是线性的。

（4）结构的边值条件是线性的。

实际工程问题，4 条往往不能同时满足，条件（1）不满足时称为材料非线性；条件（2）、（3）不满足时称为几何非线性；条件（4）不满足时称为边界非线性。

1）材料非线性

当结构的形状具有不连续变化，如缺口、裂纹、突变等，且外载荷达到一定量值时，这些部位将进入塑性状态。这时线性弹性的本构关系不再适用，应采用非线性本构方程。$\boldsymbol{\sigma}=\boldsymbol{D}\boldsymbol{\varepsilon}$ 中的 $\boldsymbol{D}$ 不再是常数矩阵，而是一个包含节点位移矢量 $\boldsymbol{\mu}$ 的函数矩阵。即 $\boldsymbol{\sigma}=\boldsymbol{D}(\mu)\boldsymbol{\varepsilon}$。此类问题表现为非线性弹性和弹塑性。

非线性弹性与弹塑性材料中的塑性阶段均呈现非线性物理性质，按加载过程考察，这两类问题的非线性性质相同，只要给出其非线性本构关系，其计算方法是一样的。其不同点表现在：一是弹塑性材料的转折点出现在从弹性进入塑性的阶段；二是卸载过程会出现不同的物理现象。非线性弹性问题是可逆的，卸载后结构应变会恢复到加载前的水平。而弹塑性材料却会出现不可逆应变，即弹性阶段是可逆的，塑性阶段是不可逆的，且其卸载时的载荷-应变曲线呈线性关系。再加载时会出现残余应变和大于初始弹性极限的弹性区域。因此，导致应力-应变关系的不唯一，且与加载历史有关。

另外，某些材料在常应力条件下，其变形与时间有关，往往随着载荷作用时间的延长，其蠕变应变增大，这种蠕变的非线性主要由材料物理性态引起。材料的应变随时间变化的特性称为黏性，可分为线性黏性材料和非线性黏性材料。具有黏性的材料可以采用一些简单的力学模型，如黏性元件、弹性元件、塑性元件等，如图 2-18 所示。

将弹性元件与黏性元件组合，可得黏弹性材料模型。将其并联，称为开尔文（Kelvin）黏弹性模型；将其串联，称为麦克斯韦尔（Maxwell）黏弹性模型。将弹性、塑性和黏性三类元件以不同的形式加以组合，可以获得更为复杂的材料模型，如广义开尔文模型、Burgers 模型等，如图 2-19 所示。

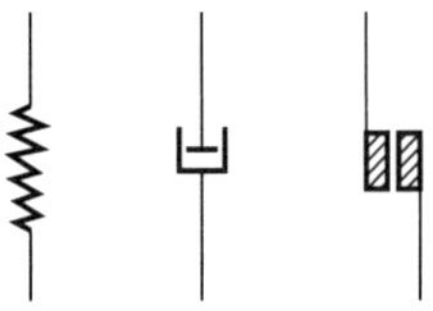

(a)　(b)　(c)

图 2-18　力学模型元件

(a) 弹性元件；(b) 黏性元件；(c) 塑性元件

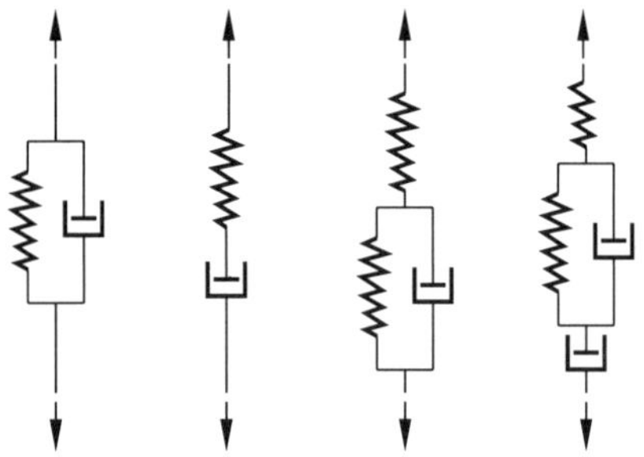

(a)　(b)　(c)　(d)

图 2-19　黏弹性材料模型

(a) 开尔文模型；(b) 麦克斯韦尔模型；(c) 广义开尔文模型；(d) Burgers 模型

2）几何非线性

线性弹性力学的一个基本假设是：结构在外载荷作用下产生的位移及应变都是很小的。建立结构或微元体的平衡条件时，可以不考虑物体位置和形态的变化，用变形前的状态建立平衡条件，应变与变形之间存在线性关系，即假定结构加载过程中单元的几何形态基本不变。这实质上包含了两个方面的线性近似：一是应变与位移的线性化处理，忽略高阶应变的小量，即 $\boldsymbol{\varepsilon}=\boldsymbol{B\mu}$，其中 $\boldsymbol{B}$ 为线性应变矩阵；二是把平衡方程的坐标系建立在平衡前初始坐标系上，即用变形前初始结构平衡状态来描述结构变形后的平衡状态，即小变形假设近似处理。

几何非线性将上述两个近似处理取消，将 $\boldsymbol{B}$ 矩阵由线性矩阵转变为包含高阶微量的非线性矩阵 $\bar{\boldsymbol{B}}$，即几何小变形非线性问题。

另一类几何非线性问题是指有限变形（或大应变）问题，如一些非金属材料即使在弹性状态下，也可能产生很大的变形和位移。其变形过程已经不可能直接用初始状态（未受力的状态）加以描述，平衡状态的几何位置未知，其应力、应变定义和度量准则也与线性问题不同，因此给几何大变形非线性问题的方程建立和求解带来困难。此外，还有小应变、小转动，但是应变与转动相比为高阶小量的几何非线性问题，结构稳定性分析中的许多初始屈曲问题都属于这种情况。

3）边界非线性

边界非线性包括两个结构物的接触边界随加载和变形而改变引起的接触非线性（包含有摩擦接触和无摩擦接触）、非线性弹性地基的非线性边界条件和可动边界问题等。

两个物体相互接触后，随着两个物体间接触合力的变化，其接触面大小和接触处的应力均会发生变化。这些变化不仅与接触合力的大小有关，而且与两个物体的材料性质有关。即使材料性质是线性弹性的，接触问题仍然表现出强非线性性质。如果材料性质是非线性的，接触非线性性质表现更为强烈与复杂。碰撞问题是一类与边界质点速度有关的边界非线性问题。边界非线性中有相当一部分问题不再遵循最小势能原理，而呈现耗散特性，比如摩擦边界问题。

在非线性问题求解中，不管是属于哪一类问题，对于一般非线性方程或方程组，到目前为止，均采用近似解法，其中数值解法是近似解法之一，也是采用最多、应用最广的一种。数值近似解法具有以下特点：

（1）非线性问题的解不一定是唯一的。

（2）不一定能保证解的收敛性，可能出现不稳定状态，如振荡现象，甚至发散。

（3）非线性问题的求解过程和结果的处理比线性问题更为复杂和困难。

2. 非线性有限元动力学分析方法

武器发射过程中，发射系统结构的应力、应变和位移瞬态响应分析是一个高度非线性的结构动力学问题。应用非线性有限元方法进行结构动力学仿真研究，有隐式时间积分和显式时间积分两种方法。非线性动力学分析方法的选择，需要综合考虑计算工作量、分析问题规模、单元限制等多方面因素。

如果计算中存在高速碰撞现象，也存在大量的非线性问题，求解动态响应过程宜采用显式动力学方法。显式方法特别适用于求解高速动力学方程，其需要小的时间增量来获得高精度的结果，如果持续时间非常短，则可能得到高效率的解答。如弹丸膛内时期的动力学过程，其含大位移滑动接触等非线性因素。但显式方法采用低阶单元，且单元尺寸差异不能太大，因此不能很好地模拟结构的应力、应变响应。另外，由于该方法是有条件稳定的，需要非常小的时间步长，不适合武器全发射过程的分析计算。

隐式方法虽然单步求解代价较昂贵，但由于是无条件稳定算法，计算时间步长远大于显式方法，尤其是可采用高阶单元以及灵活的单元网格密度布局。比如分析火炮结构含大位移滑动接触的后坐-复进过程。隐式动力学方法求解武器结构瞬态响应的两个关键问题是：大位移滑动接触的模拟和非线性方程的收敛，这两个问题是互相关联的。

1）隐式时间积分法

隐式时间积分法是依据动力学方程，建立由 t 时刻结构状态矢量 $\boldsymbol{u}_t$、$\dot{\boldsymbol{u}}_t$ 和 $\ddot{\boldsymbol{u}}_t$ 到（$t+\Delta t$）时刻结构状态矢量 $\boldsymbol{u}_{t+\Delta t}$、$\dot{\boldsymbol{u}}_{t+\Delta t}$ 和 $\ddot{\boldsymbol{u}}_{t+\Delta t}$ 的递推关系，从而可从 $t=0$ 时刻的初始结构状态矢量 $\boldsymbol{u}_0$、$\dot{\boldsymbol{u}}_0$ 和 $\ddot{\boldsymbol{u}}_0$ 出发，依次逐步求出各时刻的结构状态矢量。根据不同的假设条件，隐式时间积分法又有 Newmark 法、Wilson-θ 法、Houbolt 法、Hilber-Hughes-Taylor 法等。

Newmark 法已在工程上得到了广泛应用，Newmark 法的关键是建立由 t 到（$t+\Delta t$）时刻的状态矢量递推关系。（$t+\Delta t$）时刻有 3 个未知矢量 $\boldsymbol{u}_{(t+\Delta t)}$、$\dot{\boldsymbol{u}}_{(t+\Delta t)}$ 和 $\ddot{\boldsymbol{u}}_{(t+\Delta t)}$，即

$$\boldsymbol{M}\ddot{\boldsymbol{u}}_{t+\Delta t}+\boldsymbol{C}\dot{\boldsymbol{u}}_{t+\Delta t}+\boldsymbol{K}\boldsymbol{u}_{t+\Delta t}=\boldsymbol{F}(t+\Delta t) \tag{2-179}$$

要求解上述 3 个未知矢量还需补充两组方程。所补充的方程可由速度和位移的泰勒公式展开，采用某种近似得到。取速度的一次展开式

$$\dot{\boldsymbol{u}}_{t+\Delta t}=\dot{\boldsymbol{u}}_t+\ddot{\boldsymbol{u}}_{t+\tau}\Delta t \tag{2-180}$$

式中，$\boldsymbol{u}_{t+\tau}$是$\boldsymbol{u}$ 在 $[t, t+\Delta t]$ 中某点的值。对 $\ddot{\boldsymbol{u}}_{t+\tau}$取近似假设

$$\ddot{\boldsymbol{u}}_{t+\tau} = (1-\alpha)\ddot{\boldsymbol{u}}_t + \alpha\ddot{\boldsymbol{u}}_{t+\Delta t} \qquad 0 \leqslant \alpha \leqslant 1 \tag{2-181}$$

将式（2-181）代入式（2-180）中，则有

$$\dot{\boldsymbol{u}}_{t+\Delta t} = \dot{\boldsymbol{u}}_t + (1-\alpha)\ddot{\boldsymbol{u}}_t \Delta t + \alpha\ddot{\boldsymbol{u}}_{t+\Delta t}\Delta t \tag{2-182}$$

取位移的 2 次展开式

$$\boldsymbol{u}_{t+\Delta t} = \boldsymbol{u}_t \Delta t + \dot{\boldsymbol{u}}_t \Delta t + \frac{1}{2}\ddot{\boldsymbol{u}}_{t+\tau}\Delta t^2 \tag{2-183}$$

对 $\ddot{\boldsymbol{u}}_{t+\tau}$取类似假设

$$\ddot{\boldsymbol{u}}_{t+\tau} = (1-2\beta)\ddot{\boldsymbol{u}}_t + 2\beta\ddot{\boldsymbol{u}}_{t+\Delta t} \tag{2-184}$$

将式（2-184）代入式（2-183）中，则有

$$\boldsymbol{u}_{t+\Delta t} = \boldsymbol{u}_t \Delta t + \dot{\boldsymbol{u}}_t \Delta t + \left[\left(\frac{1}{2}-\beta\right)\ddot{\boldsymbol{u}}_t + \beta\ddot{\boldsymbol{u}}_{t+\Delta t}\right]\Delta t^2 \tag{2-185}$$

将式（2-183）和式（2-185）代入式（2-180）中，则得到由 $\boldsymbol{u}_t$、$\dot{\boldsymbol{u}}_t$ 和 $\ddot{\boldsymbol{u}}_t$ 计算 $\boldsymbol{u}_{t+\Delta t}$的公式

$$\boldsymbol{u}_{t+\Delta t} = \frac{\boldsymbol{F}(t+\Delta t) + \boldsymbol{M}\left[\frac{1}{\beta\Delta t^2}\boldsymbol{u}_t + \frac{1}{\beta\Delta t}\dot{\boldsymbol{u}}_t + \left(\frac{1}{2\beta}-1\right)\ddot{\boldsymbol{u}}_t\right] + \boldsymbol{C}\left[\frac{\alpha}{\beta\Delta t}\boldsymbol{u}_t + \left(\frac{\alpha}{\beta}-1\right)\dot{\boldsymbol{u}}_t + \left(\frac{\alpha}{2\beta}-1\right)\Delta t\ddot{\boldsymbol{u}}_t\right]}{\boldsymbol{K} + \frac{1}{\beta\Delta t^2}\boldsymbol{M} + \frac{\alpha}{\beta\Delta t}\boldsymbol{C}}$$

将位移矢量 $\boldsymbol{u}_{t+\Delta t}$代入式（2-185）中，可得加速度矢量 $\ddot{\boldsymbol{u}}_{t+\Delta t}$，再将加速度矢量 $\ddot{\boldsymbol{u}}_{t+\Delta t}$代入式（2-182）中，最后求得速度矢量 $\dot{\boldsymbol{u}}_{t+\Delta t}$。式中，$\alpha$ 和 β 是按积分精度和稳定性要求而决定的参数，对算法影响很大。算法稳定性分析表明，当 $\alpha \geqslant 0.5$，$\beta \geqslant 0.25\ (0.5+\alpha)^2$ 时，Newmark 方法是无条件稳定的，即时间步长 Δt 的大小不影响解的稳定性，因此，可根据解的精度要求来选择时间步长。

通过由 Newmark 方法修正的 Hilber-Hughes-Taylor 隐式时间积分方法，从方程可得到直接求解（$t+\Delta t$）时刻离散系统节点位移 $\boldsymbol{a}_{t+\Delta t}$的非线性代数方程组。

Hilber-Hughes-Taylor 方法对于结构动力学问题具有较强的稳定性，很适合复杂结构系统瞬态动力学问题的隐式求解。其主要优点是可控算法阻尼，能在低频时缓慢增长，而在高频时实现快速增长，能有效地抑制数值振荡。算法通过 α 参数来控制算法阻尼，当 $\alpha=0$ 时，算法退化为无阻尼梯形法则。解算中通过控制半时间步长参数可以有效地控制自适应时间步长，最终控制算法的精度，为复杂结构动力学问题非线性隐式解算提供了可靠的精度保证。

2）显式中心差分法

针对 2 阶常微分方程组的动力学方程，可用前差格式、后差格式和中心差分格式等不同的有限差分格式来建立逐步积分的递推格式。其中，中心差分法是显式算法中最有代表性、应用最广泛、最有效的算法之一。

在中心差分法中，加速度和速度可以用位移表示为

$$\ddot{\boldsymbol{u}}_t = \frac{1}{\Delta t^2}(\boldsymbol{u}_{t-\Delta t} - 2\boldsymbol{u}_t + \boldsymbol{u}_{t+\Delta t}) \tag{2-186}$$

$$\dot{\boldsymbol{u}}_t = \frac{1}{2\Delta t}(\boldsymbol{u}_{t+\Delta t} - \boldsymbol{u}_{t-\Delta t}) \tag{2-187}$$

$(t+\Delta t)$ 时刻的位移矢量 $\boldsymbol{u}_{t+\Delta t}$ 可由时间 t 的运动方程应得到满足而建立，即

$$\boldsymbol{M}\ddot{\boldsymbol{u}}_t + \boldsymbol{C}\dot{\boldsymbol{u}}_t + \boldsymbol{K}\boldsymbol{u}_t = \boldsymbol{F}(t) \tag{2-188}$$

将式（2-186）和式（2-187）代入式（2-188）中，则有

$$\boldsymbol{u}_{t+\Delta t} = \frac{\boldsymbol{F}(t) - \left(\boldsymbol{K} - \frac{2}{\Delta t^2}\boldsymbol{M}\right)\boldsymbol{u}_t - \left(\frac{1}{\Delta t^2}\boldsymbol{M} - \frac{1}{2\Delta t}\boldsymbol{C}\right)\boldsymbol{u}_{t-\Delta t}}{\frac{1}{\Delta t^2}\boldsymbol{M} + \frac{1}{2\Delta t}\boldsymbol{C}} \tag{2-189}$$

式（2-189）即为求解各个离散时间点解的递推公式。该公式是由时间 t 的动力学方程导出的，在求解时无需对矩阵求逆，因而对非线性问题的分析极具优越性。另外，显式中心差分法是条件稳定的，只有当时间步长 Δt 小于临界时间步长 Δt_{crit} 时稳定，即

$$\Delta t \leqslant \Delta t_{\text{crit}} = \frac{2}{\omega_{\max}}$$

式中，$\omega_{\max}=\dfrac{2l}{c}$ 为最大自然角频率，特征长度 l 和波速 c 取决于单元类型。

通过上述分析推导可知，在静态隐式算法中，需要对每一增量步内的静态平衡方程迭代求解，增量步的大小对计算时间的影响非常明显，虽然理论上的增量步可以取很大，但在实际运算中会受到接触和摩擦等条件的限制。随着单元数目的增加，计算时间几乎呈几何级数增加。由于需要对矩阵进行求逆以及精确积分，该算法对内存要求较高，也不容易收敛。在动态显式算法中，不用直接求解切线刚度，不需要进行平衡迭代，计算速度快，不存在收敛控制问题，内存要求低，适合进行并行计算。根据不同速率假设，求解时间可成倍减少。但该算法要求有效质量矩阵为对角阵，为了提高计算效率，常采用缩减积分方法，易激发沙漏模式，影响应力和应变的计算精度。因此，结合二者的优缺点，对复杂结构武器系统分别采用显式和隐式算法进行分析，可获取较为理想的结果。

3. 接触与摩擦问题的处理方法

动力学接触问题是高度非线性行为，结构动响应过程中，接触条件不断发生变化，因此产生不连续的非线性接触问题。武器发射系统中定义的大多数接触的接触边界是随时间变化的，这种变化主要表现在两个方面：接触表面的改变与接触面的变形、摩擦和滑移。因此，接触边界的处理涉及摩擦机理、接触与脱离搜索方法及判断准则、法向接触力计算方法等方面，加之接触摩擦非线性和材料、几何非线性又存在多重耦合，导致求解过程更为困难和复杂。

1）接触界面条件

在接触中，物体的控制方程与一般的有限元控制方程相同。但是在接触界面上，需要增加动力学和运动学的条件。运动学条件是不可侵彻性条件，即两个物体不能相互侵入的条件，在隐式方法和平衡解答中一般采用基于最近点映射的形式来考虑。把对位移和速度的要求作为运动学条件，把面力的要求作为动力学条件，写出接触界面条件。

（1）动力学条件。

$$\boldsymbol{t}^A+\boldsymbol{t}^B=0 \tag{2-190}$$

法向：
$$t_{\mathrm{n}}^A+t_{\mathrm{n}}^A=0,\quad t_{\mathrm{n}}^A\equiv\boldsymbol{t}^A\cdot\boldsymbol{n}^A,\quad t_{\mathrm{n}}^B\equiv\boldsymbol{t}^B\cdot\boldsymbol{n}^A,\quad t_{\mathrm{n}}\equiv t_{\mathrm{n}}^A\leqslant 0 \tag{2-191}$$

切向：
$$\boldsymbol{t}_{\mathrm{t}}^A+\boldsymbol{t}_{\mathrm{t}}^A=0,\quad \boldsymbol{t}_{\mathrm{t}}^A\equiv\boldsymbol{t}^A-t_{\mathrm{n}}^A\boldsymbol{n}^A,\quad \boldsymbol{t}_{\mathrm{t}}^B\equiv\boldsymbol{t}^B-t_{\mathrm{n}}^B\boldsymbol{n}^A \tag{2-192}$$

式中 n，t——法向和切向；

$\boldsymbol{t}^A$，$\boldsymbol{t}^B$——表面 A 和表面 B 的面力；

$\boldsymbol{n}^A$，$\boldsymbol{n}^B$——表面 A 和表面 B 的外法向单位矢量。

（2）运动学条件。

这里仅给出以速度形式表示的接触界面上的运动学条件为

$$\begin{aligned}\gamma_{\mathrm{n}}&=(\boldsymbol{v}^A-\boldsymbol{v}^B)\cdot\boldsymbol{n}^A\equiv v_{\mathrm{n}}^A-v_{\mathrm{n}}^B\leqslant 0\\ \gamma_{\mathrm{t}}&=\boldsymbol{v}_{\mathrm{t}}^A-\boldsymbol{v}_{\mathrm{t}}^B=\boldsymbol{v}^A-\boldsymbol{v}^B-\boldsymbol{n}^A\cdot(\boldsymbol{v}^A-\boldsymbol{v}^B)\cdot\boldsymbol{n}^A\end{aligned} \tag{2-193}$$

式中 γ_{n}——两个物体相互侵彻的速率，$\gamma_{\mathrm{n}}=0$ 时两个物体保持接触，$\gamma_{\mathrm{n}}<0$ 时两物体分离；

γ_{t}——两个物体切向相对速度；

$\boldsymbol{v}^A$，$\boldsymbol{v}^B$——表面 A、B 的速度。

2）接触界面约束处理方法

常用的数值模拟算法有接触单元法、相应于各种控制方程的弱形式接触约束算法（如拉格朗日乘子法、罚函数法、增广的拉格朗日法和摄动的拉格朗日法）和线性规划法（如分配参数法）等。

（1）拉格朗日乘子法。

拉格朗日乘子法是通过拉格朗日乘子施加接触体必须满足的非穿透约束条件的带约束极值问题的描述方法。在接触问题的离散化中，接触界面上的乘子是近似的，乘子必须满足法向面力是压力的约束。接触问题的离散运动方程和不可侵彻条件为

$$\begin{gathered}\boldsymbol{Ma}+\boldsymbol{f}^{\mathrm{int}}-\boldsymbol{f}^{\mathrm{ext}}+\boldsymbol{G}^{\mathrm{T}}\boldsymbol{\lambda}=0\\ \boldsymbol{Gv}\leqslant 0\end{gathered} \tag{2-194}$$

式中 $\boldsymbol{\lambda}$——拉格朗日乘子场；

$\boldsymbol{v}$——接触物体的速度场，$\boldsymbol{G}=\int_{\Gamma^C}\boldsymbol{\Lambda}^{\mathrm{T}}\boldsymbol{\Phi}\mathrm{d}\Gamma$，其中，$\boldsymbol{\Lambda}$ 是拉格朗日乘子场的 C^{-1} 插

值函数矩阵，矩阵 $\boldsymbol{\Phi}$ 的元素 $\Phi_{iI}=\begin{cases}N_I(\xi)n_i^A(\xi) & (\text{如果 } I \text{ 在 } A \text{ 上})\\ N_I(\xi)n_i^B(\xi) & (\text{如果 } I \text{ 在 } B \text{ 上})\end{cases}$，$A$ 和 B 表示两个相互接触的物体，Γ^C 表示接触的交界面。

拉格朗日乘子法没有用户设定的参数，且当节点相邻时，几乎可以精确地满足接触约束（不可侵彻性条件）。该方法增加了未知量的数目，并使系统矩阵主对角线元素为 0，使得在数值方案的贯彻中需要处理非正定系统，求解困难。拉格朗日乘子法适合于静态和低速的接触问题，不适合高速碰撞问题。如火炮身管与摇架导轨间的大位移滑动接触属于低速问题，在接触计算时，可以预先知道接触发生的确切部位，以便通过拉格朗日乘子法施加界面接触约束。

（2）对称罚函数法。

对称罚函数法为 LS-DYNA 中的缺省算法。在 LS-DYNA 程序中，不同物体之间的接触作用，不是用接触单元模拟的，而是采用定义可能接触的接触表面，指定接触类型以及与接触有关的一些参数，在程序计算过程中就能保证接触界面之间不发生穿透，并在接触界面相对运动时考虑摩擦力的作用。

对称罚函数法的基本原理是：每一时步先检查各从节点是否穿透主表面，没有穿透则对该节点不做任何处理。如果穿透，则在该从节点与被穿透表面间引入一个较大的界面接触力，大小与穿透深度、主片刚度成正比，称为罚函数值。若计算中发生明显穿透，可以通过放大罚函数值或缩小时步长来调节。

① 接触界面与非嵌入条件。

考虑两物体 A 和 B 的接触问题，其当前构形分别记为 V_A 和 V_B，边界面分别为 Ω_A 和 Ω_B，接触面记为 $\Omega_C=\Omega_A\cap\Omega_B$，如图 2-20 所示。

物体 A 为主片（Master），其接触面为主面，物体 B 为从片（Slave），其接触面为从面。A 与 B 接触时的非嵌入条件可以表示为

$$V_A \cap V_B = 0 \tag{2-195}$$

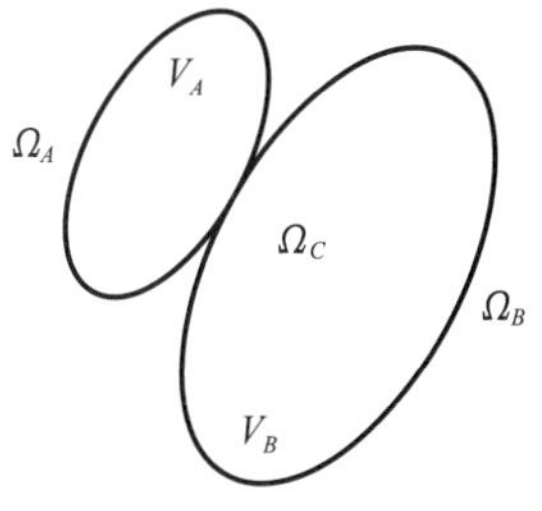

图 2-20　物体接触面定义

上式表明，物体 A 与物体 B 不能互相重叠，由于事先无法确定两物体在哪一点接触，因此，大变形问题中无法将非嵌入条件表示成位移大的代数或微分方程，只能在每一时步，对比 Ω_C 面上物体 A 和 B 对应节点的坐标，或对比速率来实现位移协调条件。

$$\begin{aligned}U_n^A-U_n^B&=(u^A-u^B)n^A\leqslant 0\ |_{\Omega_C}\\ V_n^A-V_n^B&=(u^A-u^B)n^A\leqslant 0\ |_{\Omega_C}\end{aligned} \tag{2-196}$$

式中，下标 n 表示接触法线方向。

② 接触面力条件。

由牛顿第三定律可知，接触面力应满足

$$\begin{cases} \boldsymbol{t}_{\mathrm{n}}^{A}+\boldsymbol{t}_{\mathrm{n}}^{B}=0 \\ \boldsymbol{t}_{\mathrm{t}}^{A}+\boldsymbol{t}_{\mathrm{t}}^{B}=0 \end{cases} \tag{2-197}$$

式中 $\boldsymbol{t}_{\mathrm{n}}^{A}$，$\boldsymbol{t}_{\mathrm{n}}^{B}$——物体 A 和物体 B 的法向接触力；

$\boldsymbol{t}_{\mathrm{t}}^{A}$，$\boldsymbol{t}_{\mathrm{t}}^{B}$——物体 A 和物体 B 的切向接触力（摩擦力）。

3）摩擦模型

摩擦模型是指切向面力模型，一般有三种基本形式。

（1）库仑（Coulomb）摩擦模型。基于经典摩擦理论的模型，源于刚体的摩擦模型，类似于刚塑性材料。当库仑摩擦模型应用于连续体时，应作用于接触界面的每一点，并给出黏着或滑动状态的接触条件。

库仑摩擦模型又分为经典库仑摩擦模型和修正库仑摩擦模型。前者的表达式为

$$f_{\mathrm{t}}=\mu\,|\,\boldsymbol{f}_{\mathrm{n}}\,| \tag{2-198}$$

式中 f_{t}——切向摩擦力；

μ——摩擦系数。

该式表明切向摩擦力的大小与接触面积间的法向载荷 f_{n} 成正比，而与接触物体间名义接触面积的大小以及接触面间的相对滑动速度无关，摩擦力的方向总是与接触表面间的相对滑动速度相反。

设 t_n 时刻从节点 n_s 的摩擦力为 $\boldsymbol{F}^n$，则当前时刻 t_{n+1} 可能产生的摩擦力 $\boldsymbol{F}^{n+1}$ 为

$$\boldsymbol{F}^{n+1}=\boldsymbol{F}^{n}-k\Delta\boldsymbol{e} \tag{2-199}$$

式中 k——界面刚度；

$\Delta\boldsymbol{e}$——主片 S_i 上位置矢量差。

若记静摩擦系数为 μ_{s}，动摩擦系数为 μ_{d}，采用指数插值函数使二者平滑过渡，则有

$$\mu=\mu_{\mathrm{d}}+(\mu_{\mathrm{s}}-\mu_{\mathrm{d}})\mathrm{e}^{-c|\boldsymbol{v}|} \tag{2-200}$$

式中 $\boldsymbol{v}=\Delta\boldsymbol{e}/\Delta t$；

Δt——时步长；

c——衰减系数。

由于经典库仑摩擦模型没有考虑其他因素，所计算的摩擦力也就不够准确，故在实际的数值模拟中应用较少，应用较多的是修正的库仑摩擦模型。

$$f_{\mathrm{t}}=-\mu f_{\mathrm{n}}\frac{2}{\pi}\arctan\frac{v}{d} \tag{2-201}$$

式中 v——接触点处工件与模具型腔表面之间的相对滑动速度；

d——待定的不大的正数。

在计及润滑剂和表面粗糙度的影响下，Lee 提出了一个新的摩擦模型，即

$$\mu=\frac{23.2}{104.5+\nu^{0.98}} \tag{2-202}$$

$$\mu = 0.24\lambda^2 - 0.246\lambda + 0.252 \tag{2-203}$$

式中　μ——摩擦系数；

ν——黏度；

λ——表面粗糙度。

通过试验数据进行曲线拟合，可得到摩擦系数与润滑剂黏度及表面粗糙度的关系函数：

$$\mu = \frac{23.2}{104.5 + \nu^{0.98}} - 0.53 \times 10^{-6}(\nu - 56.6)^2 + 0.24(\lambda - 0.76)^2 - 0.112 \tag{2-204}$$

（2）界面本构方程。以方程给出切向力，类似于材料的本构方程，其源于塑性理论以及 Coulomb 摩擦模型与弹塑性之间的相似性。

（3）粗糙、润滑模型。模拟界面的物理特性的行为，常用于微观尺寸。

第 3 章　自动机动力学

自动机是火炮与自动武器系统的一个重要组成部分，其主要功能是自动完成弹药的重新装填和下一发弹药的发射，以实现自动射击。自动机一般包括主动件、闭锁机构、抽筒（壳）和抛筒（壳）机构、供输弹机构、反后坐装置、复进装置、缓冲装置、击发机构和发射机构等。火炮与自动武器发射时，在火药燃气压力的作用下，自动机的主动件进行后坐与复进，同时带动各从动件运动，以完成自动循环动作。除了火药燃气压力外，作用于自动机各构件的力还包括弹簧力、其他弹性元件的弹性力、液压阻力、重力、惯性力、约束反力、摩擦力和碰撞力等。

自动机动力学利用质点动力学理论来研究在力的作用下自动武器自动机的运动规律。本章主要介绍基于质点动力学的自动机运动估算、基于机构传动的经典自动机动力学和浮动自动机动力学。

3.1　常规自动机运动特性估算

在进行自动武器总体设计时，为了拟定自动机结构方案，需要概略了解自动机的运动情况，将一般的运动计算加以简化，进行自动机运动特性的估算，从而缩短武器设计的时间，满足多方案设计的需要。估算法的原则如下：

（1）运动过程中比较关键的阶段，仍保持一定的精确性。

（2）对计算结果影响较大的因素，引入经验数据，经验数据是根据现有武器的统计数据归纳出的。

（3）对计算结果影响不大的因素，做简化或忽略不计。

自动机运动诸元估算的内容有以下几方面：火药气体作用终了时自动机的运动诸元；后坐时期自动机的运动诸元；复进时期自动机的运动诸元；射击频率的估算等。

3.1.1　火药气体作用终了时自动机运动诸元

自动武器自动机的能量来源于火药气体的压力冲量。不同的自动方式，火药气体对自动机的压力冲量是不同的。对于管退式及枪机后坐式武器，火药气体压力冲量通过弹壳底部传给枪机。对于导气式武器，火药气体经导气孔流入气室，将其压力冲量传给活塞。火药气体作用终了时，自动机获得最大速度。以下分别叙述不同自动方式下，火药气体作用终了时自动机的运动速度。

1. 管退式武器火药气体作用终了时自动机运动速度

管退式武器是利用枪管的后坐运动能量进行工作的自动武器。这类自动武器的原动件是身管及与其连接的枪机，原动力是作用于膛底的火药燃气压力。发射初期，枪机与枪管牢固地扣合在一起，火药燃气压力经弹壳底部作用于枪机上，使两者向后运动。在后坐或复进过程中，枪机开锁并打开炮（枪）膛。

根据身管运动的特点，管退式武器分为：

1）枪管长后坐式武器

发射初期，枪管和枪机保持闭锁状态共同后坐，直到运动到后方位置，枪机被扣合在后方，然后枪管在复进簧作用下先行复进，在复进过程中完成枪机开锁等动作。待枪管复进到位后，枪机才开始复进，如图 3-1 所示。

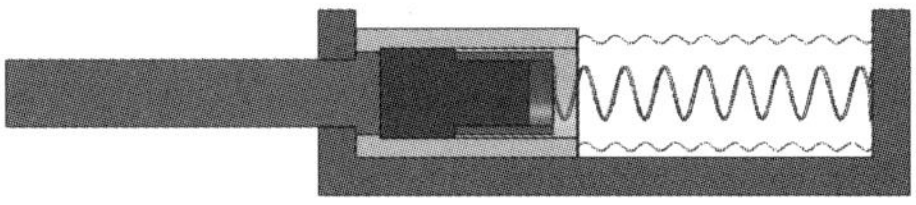

(a)

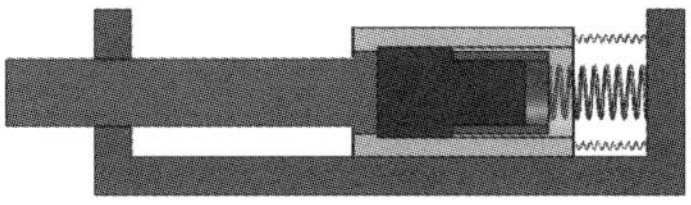

(b)

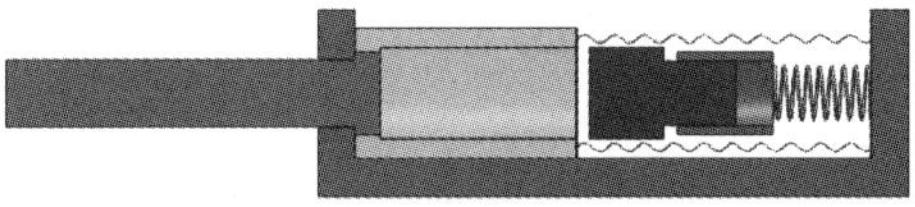

(c)

图 3-1　枪管长后坐式结构示意

(a) 初始待发状态；(b) 后坐到位阶段；(c) 复进阶段

2）枪管短后坐式武器

枪管和枪机只在很短的一段行程上保持闭锁状态共同后坐。当膛压降低到弹壳可以安全工作的压力后，枪机开锁并打开枪膛。然后，向后运动的枪管受到限制，而枪机则继续后坐，使枪管与枪机之间的距离能够满足供弹要求。根据枪管运动到后方位置是否停止，又分为：

(1) 枪管与枪机一起复进到位（如图 3-2 所示）。枪机开锁后，枪管被卡榫扣住，暂停运动，枪机继续后坐，直到后坐到位，开始复进，快到前方位置时，解脱枪管卡榫，然后枪管和枪机一起复进，完成闭锁和复进到位运动。一般这种武器的枪管和枪机共用一根复进簧。

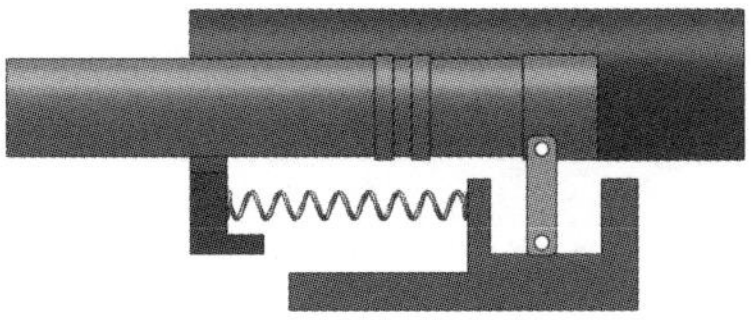

(a)

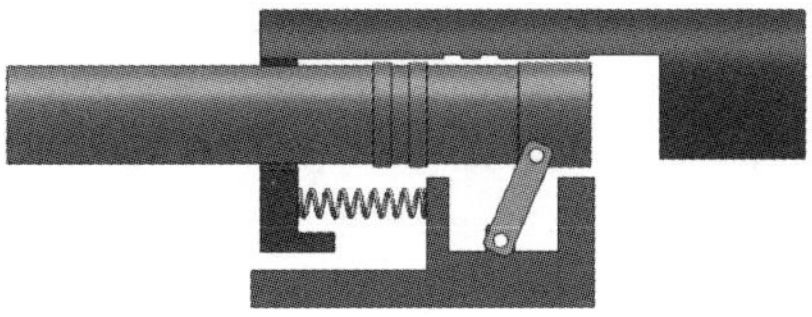

(b)

图 3-2　枪管短后坐式结构示意——枪管与枪机一起复进到位

(a) 待机状态；(b) 后坐阶段

(2) 枪管与枪机分别复进到位（如图 3-3 所示）。开锁后，向后运动的枪管受到限制后，后坐终止，随即在枪管复进簧作用下向前复进到位。而枪机继续后坐到位，随后在枪机复进簧作用下复进，完成闭锁动作后复进到位。一般这种武器的枪管和枪机各有一根复进簧。

为了便于理解，首先分析身管自由后坐的状态。身管自由后坐指身管在后坐力作用下沿枪膛轴线向后的运动，忽略其他作用力的影响，假设条件如下：枪管与枪机牢固地

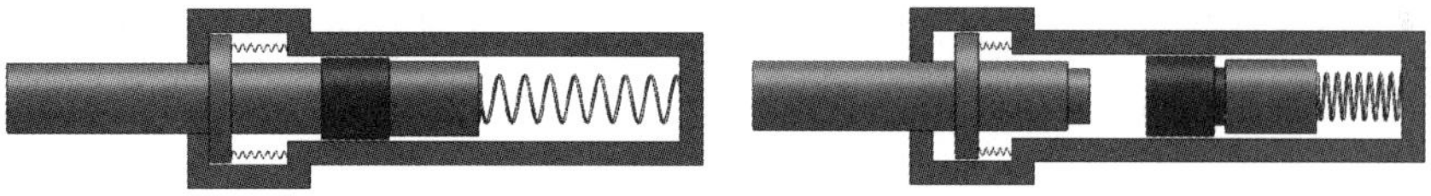

图 3-3 枪管短后坐式结构示意——枪管与枪机分别复进到位

(a) 待机状态；(b) 后坐阶段

扣合，各零部件无相对运动和碰撞；不考虑弹簧力和摩擦力的影响；不考虑膛口装置的影响；假设枪身处于水平状态，不受枪管重力的影响；假设枪管质心位于枪膛轴线上，没有动力偶的影响。

管退式武器火药气体作用终了时自动机运动速度为

$$v_m = \frac{m_D + \beta m_Y}{m_g} v_0 \tag{3-1}$$

式中 m_D——弹头质量；

β——后效系数；

m_Y——装药质量；

m_g——自动机整个后坐部分质量，包括枪管、机头、机体等；

v_0——弹头初速。

后效系数 β 是火药气体整个作用时期对武器的作用系数，可由实验或理论计算求得。表 3-1 为不同弹药的实测数据。

表 3-1 后效系数 β

54 式 7.62 mm 手枪弹	$\beta=\frac{1\,130}{v_0}$
56 式 7.62 mm 枪弹	$\beta=\frac{1\,070}{v_0}$
53 式 7.62 mm 枪弹	$\beta=\frac{1\,290}{v_0}$
NATO 7.62 mm 枪弹	$\beta=\frac{1\,110}{v_0}$

新设计的弹药，可在弹道枪上做试验求得，亦可近似地选取与其初速和膛口压力相近的其他枪弹的值。

一般来说，开锁终了时火药气体对自动机的作用已经很小，故可认为火药气体作用终了时的速度即为开锁终了时的速度。

有些管退式武器装有膛口助退器，部分火药气体作用于枪管端面的活塞，加速了自动机的后坐，计算时应加以考虑。据统计，一般情况下膛口助退冲量约为后效期内膛底压力总冲量的 70%左右，而后效期内膛底压力总冲量约占后坐总冲量的 30%左右，故

采用膛口助退器一般可使自动机总动量增加 20%左右。考虑膛口助退器，自动机最大后坐速度约可为

$$v_m = 1.2\frac{m_D + \beta m_Y}{m_g}v_0 \tag{3-2}$$

2. 枪机后坐式武器火药气体作用终了时枪机的运动速度

枪机后坐式武器是利用枪机的后坐运动能量进行工作的武器。这类自动武器中枪管与机匣固连，原动件是枪机及与其连接的弹壳，原动力是作用于膛底的火药燃气压力。发射时，火药燃气压力通过弹壳底部作用于枪机，使其与弹壳一起后坐。根据枪机与枪管之间有无联系，又有两种类型：

1）自由枪机式武器

枪机与枪管没有联系，仅仅依靠质量较大的枪机关闭枪膛，枪膛“闭而不锁”，如图 3-4 所示。在膛底火药燃气压力作用下，弹壳联同枪机一起向后运动。枪机后坐时压缩复进簧，然后又在复进簧作用下向前运动，并推送下一发枪弹进入弹膛。

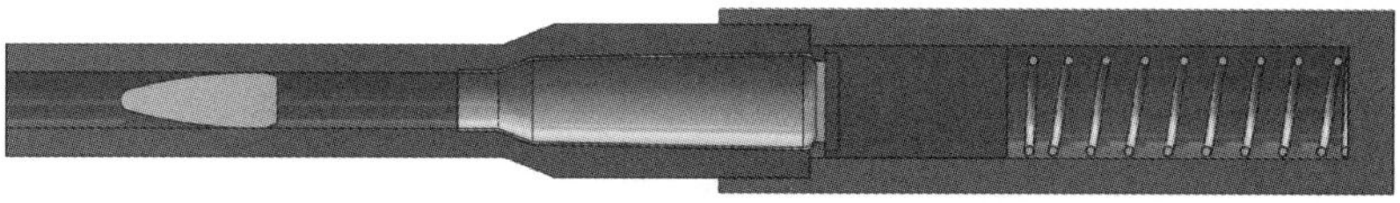

图 3-4　自由枪机式武器自动机原理

2）半自由枪机式武器

枪机与枪管或机匣有扣合，但这种扣合“扣而不牢”，如图 3-5 所示。枪机分为机头和机体两部分，通过两个滚柱与机匣扣合。发射时，作用在机头上的力压滚柱向里收拢，使机体加速后坐，并解脱与机匣的扣合。随后机体带动机头一起后坐，并依序完成各项动作。

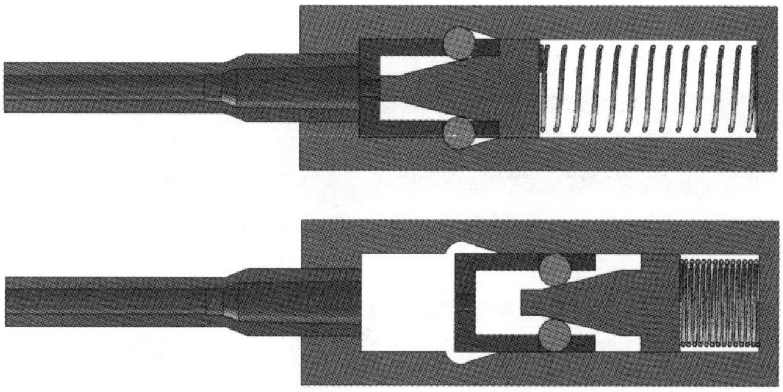

图 3-5　半自由枪机式武器自动机工作原理

首先进行自由枪机式武器的分析。根据动量守恒定律，枪机后坐式武器火药气体作用终了时枪机的运动速度为

$$v_m = \frac{m_D + \beta m_Y}{\phi_j m_j}v_0 \tag{3-3}$$

式中 m_D——弹头质量；

m_Y——装药质量；

m_j——枪机质量；

v_0——弹头初速；

β——后效系数。

ϕ_j——考虑抽壳阻力的枪机质量虚拟系数，一般取 1.25～1.35，有些武器为了减小抽壳阻力，以保证枪机工作可靠，在弹膛内开有纵槽，这时 ϕ_j 值可近似取为 1。

半自由枪机的估算法基本与上述方法相同，但枪机质量应改为枪机转换质量，即将实际质量加重来考虑，应加重多少则由设计者选定，在机构上加以保证。

3. 导气式武器火药气体作用终了时自动机运动速度

导气式武器是利用枪管侧孔导出的膛内火药燃气推动活塞后坐的武器，其特征是原动机中有一导气装置，由导气孔、导气管道、气室和活塞组成，还有气体调节器。这类武器中枪管与机匣固连在一起，原动件是活塞及与其连接的枪机框，原动力是气室内火药燃气压力。发射时，膛内火药燃气推弹头向前运动。弹头经过导气孔后，火药燃气进入导气孔，经导气管道进入气室，推动活塞及枪机框后坐。弹头出枪口后，枪机开锁，枪机框带动枪机后坐，在活塞及枪机框后坐过程中压缩复进簧。然后又在复进簧伸张时反向运动，并完成推弹等动作。根据导气装置结构的特点，导气式武器有两种类型。

1）活塞式武器

根据活塞与枪机框的连接和运动情况，活塞式武器分为活塞长行程和活塞短行程两种。活塞长行程武器原理如图 3-6 所示，其特点是活塞与枪机框固连，两者一起运动，有着相同的行程；活塞短行程武器如图 3-7 所示，其特点是活塞与枪机框单面连接，两者一起后坐一段距离后，活塞受阻停止活动。

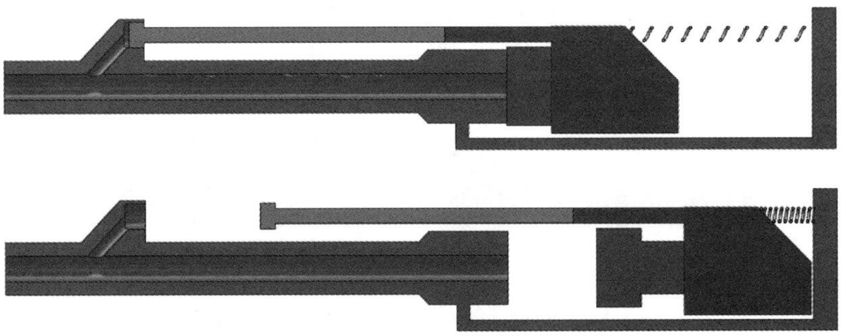

图 3-6 活塞长行程武器自动机工作原理

2）导气管式武器

导气管式武器有明显的导气管道，如图 3-8 所示。

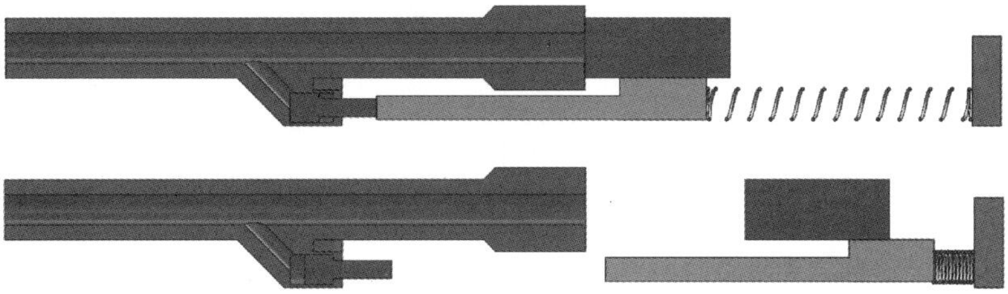

图 3-7　活塞短行程武器自动机工作原理

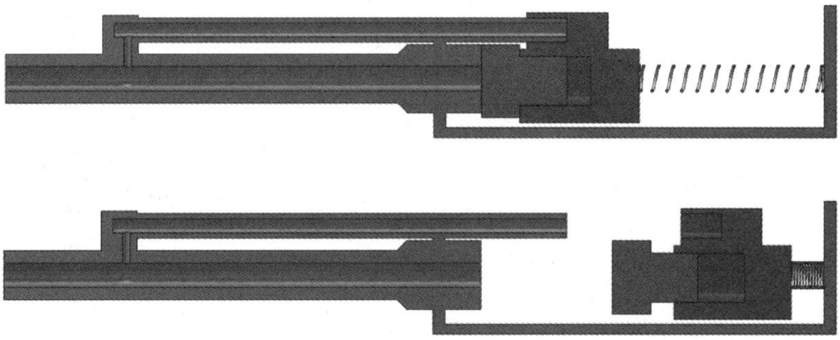

图 3-8　导气管式武器自动机工作原理

活塞式武器和导气管式武器的估算方法相同。

假设导气室内火药气体的压力冲量和相应的膛内压力冲量成比例，其比例系数与导气孔直径、活塞质量、活塞面积、活塞和活塞筒配合间隙，以及气室初始容积等因素有关。根据气室内气体压力总冲量计算的活塞（包括枪机框）最大后坐速度为

$$v_{\mathrm{m}}=\frac{S_{\mathrm{s}}}{m_{\mathrm{s}}}\eta_{\mathrm{s0}}\Phi\left[\frac{p_{\mathrm{d}}+p_{\mathrm{k}}}{2}t_{\mathrm{dk}}+\frac{(\beta-0.5)m_{\mathrm{Y}}}{S}v_{0}\right] \tag{3-4}$$

式中　S_{s}——活塞面积；

m_{s}——活塞质量（包括枪机框）；

p_{d}——弹头至导气孔时膛内火药气体的平均压力（由内弹道计算得）；

p_{k}——弹头至膛口时膛内火药气体的平均压力（由内弹道计算得）；

t_{dk}——弹头自导气孔至膛口所经的时间（由内弹道计算得）；

S——枪膛横截面面积；

Φ——导气孔在枪管不同位置时，由于膛压沿枪管长度的分布不同而取的修正系数（见表 3-2）；

η_{s0}——与活塞面积、导气孔面积、活塞间隙等因素有关的参数，根据 σ_{s} 及 σ_{Δ} 值查图 3-9 可得。

自由行程终了时，气室内的压力已降低，故开锁终了时，自动机的速度可近似当作火药气体作用终了时的速度。以上计算都忽略了摩擦阻力及复进簧阻力。

表 3-2　导气孔不同位置时的修正系数

导气孔离枪管尾端面距离（L 为枪管长）	Φ	导气孔离枪管尾端面距离（L 为枪管长）	Φ
$>2/3\ L$	0.8	$1/3\ L$	1.05
$1/2\ L$	1	$1/4\ L$	1.1

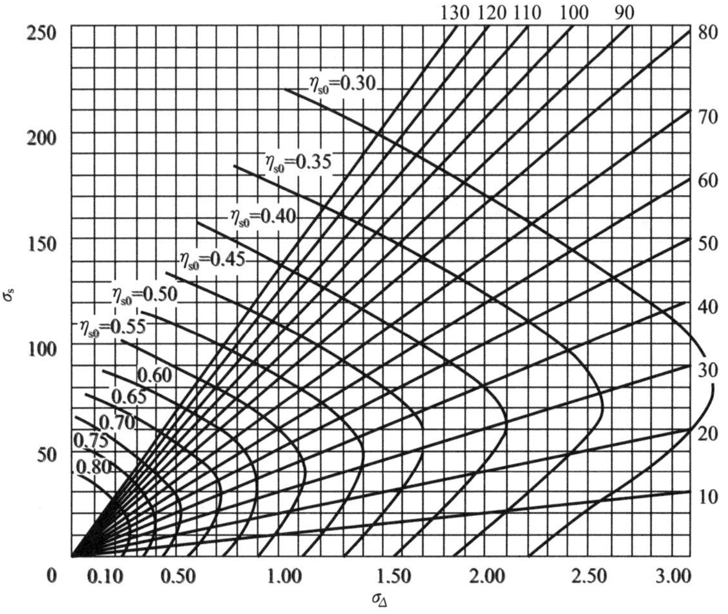

图 3-9　η_{s0} 在 σ_s-σ_Δ 中的等值曲线

注：图中斜线标注的数值为$\frac{\sigma_s}{\sigma_\Delta}$；

σ_s——活塞的相对面积，$\sigma_s=\frac{S_s}{S_d}$；

σ_Δ——活塞间隙的相对面积，$\sigma_\Delta=\frac{\Delta S_s}{\Delta S_d}$；

S_d——导气孔最小断面面积；

ΔS_s——活塞与活塞筒间隙的面积；

v_0——弹丸出膛口速度。

3.1.2　后坐时期自动机运动诸元

1. 自动机后坐能量的分配

自动机后坐能量主要分配在以下几方面。

1）撞击损失的能量

对于导气式武器，主要是开锁后枪机框带动枪机的撞击；对于管退式武器，主要是开锁后机体带动机头的撞击。撞击损失能量的大小和两撞击件的质量比有关，一般约损失自动机后坐总能量的 30%左右。主动件（枪机框或机体）质量越大，被撞件（枪机或机头）质量越小，则撞击损失的能量越小。表 3-3 给出导气式武器质量比不同时，主动件速度因撞击而下降后的损失系数。

表 3-3　导气式武器枪机框撞击、带动枪机的速度损失系数

枪机框与枪机质量比	撞击带动速度损失系数 T_1	考虑其他撞击后的速度损失 $T=0.95T_1$	枪机框与枪机质量比	撞击带动速度损失系数 T_1	考虑其他撞击后的速度损失 $T=0.95T_1$
4∶1	0.8	0.76	2∶1	0.67	0.64
3.5∶1	0.78	0.74	1.5∶1	0.6	0.57
3∶1	0.75	0.71	1∶1	0.5	0.47
2.5∶1	0.71	0.67	—	—	—

对于管退式武器，由于机体撞击、带动机头时，机头已具有速度，故速度损失系数 T_1 应由下式计算：

$$T_1=\frac{\dfrac{m_a}{m_b}+\dfrac{v_b}{v_a}}{1+\dfrac{m_a}{m_b}} \tag{3-5}$$

式中　m_a——机体撞击前的质量；

m_b——机头撞击前的质量；

v_a——机体撞击前的速度；

v_b——机头撞击前的速度。

2）复进簧储存的能量

对于不同的武器，复进簧需要储存的能量各不相同。一般说来，复进簧储存的能量占自动机主动件后坐总能量的 35%左右。

3）供弹消耗的能量

对于弹链供弹的武器，一般供弹消耗的能量占自动机主动件后坐总能量的 10%左右；对于弹匣供弹的武器，供弹消耗的能量很小，可在摩擦阻力中考虑。

4）后坐过程中克服摩擦消耗的能量

一般情况下，克服摩擦消耗的能量不多，约占自动机主动件后坐总能量的 1%～2%。在特殊情况下，克服摩擦及其他阻力消耗的能量可能很大，会使得自动机不能正常工作。

5）自动机主动件后坐到位需要的剩余能量

一般占后坐总能量的 20%左右。

以上仅是能量分配的粗略估计，具体结构不同，差异可能很大。

2. 后坐过程中运动阻力的估算

由以上分析，后坐过程中除复进簧阻力外，尚有供弹阻力和摩擦阻力等，为简化计算，将阻力功合并在复进簧功内考虑。通常认为阻力功基本与复进簧功成一定比例，威力大的武器所受的阻力大，复进簧功也大。不同武器的阻力功不一样，从现有制式武器的计算得出统计数据，引出后坐阻力系数，即后坐总阻力功与复进簧功的比值。对于弹匣供弹的武器，后坐时的阻力主要是枪机和弹匣内枪弹的摩擦阻力、枪机和机匣导轨的摩擦阻力等，在正常射击条件下，摩擦阻力对自动机运动的影响不大，摩擦功只有复进簧功的 5%～6%。考虑到较大的阻力，取后坐阻力系数 μ_h 为 1.10。对于弹链供弹的武器，后坐供弹者，供弹能量全由后坐能量所供给，因此后坐阻力系数 μ_h 取得大些；后坐复进供弹者 μ_h 稍小；复进供弹者 μ_h 更小。具体后坐阻力系数 μ_h 参见表 3-4。

表 3-4　后坐阻力系数 μ_h 值

武器结构		后坐阻力系数 μ_h
弹匣供弹		1.1
弹链供弹	后坐供弹	1.3
	后坐复进供弹	1.2
	复进供弹	1.1

3. 后坐终了时自动机运动速度的估算

后坐终了时自动机运动速度为

$$v_{后终}=\sqrt{v_{后始}^2-\mu_h\frac{(F_1+F_2)\lambda}{m_j}} \tag{3-6}$$

式中　$v_{后始}$——后坐开始时自动机的速度；

F_1——复进簧预压力；

F_2——自动机后坐到位时的复进簧力；

λ——自动机工作总行程；

μ_h——后坐阻力系数；

m_j——参加后坐运动的自动机总质量。

现假设开锁终了时，枪机框撞击枪机后，带动枪机一起运动的共同速度为 $v_{后始}$，则 $v_{后始}$可由下式求得：

$$v_{后始}=Tv_{jko} \tag{3-7}$$

式中　T——考虑其他撞击后的速度损失；

v_{jko}——枪机框撞击前的速度。

虽然开锁终了时自动机主动件已运动了一小段距离，但对计算后坐终了时的速度影响不大。

对具有加速机构的管退式武器，$v_{后始}$可用加速后机体带动机头的共同速度来代替。在设计新武器时，加速终了时自动机的速度是根据保证工作可靠性和射击频率的要求选定的。在选定时，要考虑加速机构结构的可能性。在计算现有武器时，可先求出因加速作用而使自动机能量重新分配后的枪管速度。根据能量守恒原则可得加速后枪管的速度

$$\frac{1}{2m}(m_g+m_b+m_a)v_{jko}^2=\frac{1}{2g}\left(m_g+m_b+\frac{K^2}{\eta}m_a\right)v_{管加}^2$$

得

$$v_{管加} = \sqrt{\frac{m_g + m_b + m_a}{m_g + m_b + \frac{k^2}{\eta} m_a}}\, v_{jko} \tag{3-8}$$

式中　m_g——枪管质量；

m_b——机头质量；

m_a——机体质量；

k——加速机构的传速比；

η——传动效率。

再根据传速比 k 求得加速终了时机体的速度

$$v_{体加} = k v_{管加} \tag{3-9}$$

机体撞击带动机头后的共同速度为

$$v_{后始} = T v_{体加} \tag{3-10}$$

3.1.3　复进时期自动机运动速度

1. 复进开始时自动机的运动速度

自动机复进开始时的速度即为其后坐到位后的反跳速度，可由下式求得

$$v_{复始} = b v_{后终} \tag{3-11}$$

式中　b——自动机后坐到位反跳系数（恢复系数）（见表 3-5）。

表 3-5　自动机后坐到位时不同撞击条件下的 b 值

撞击条件	b
武器较轻，没有缓冲装置	0.2
武器较重，如机枪等，没有缓冲装置	0.3～0.4
撞击能量损失很小的武器，如枪尾有强弹簧装置的机枪	0.7～0.9
枪尾有后坐吸收器	<0.3

2. 复进终了时自动机的运动速度

复进终了时自动机的运动速度为

$$v_{复终} = \sqrt{v_{复始}^2 + \mu_f \frac{(P_1 + P_2)\lambda}{m_j}} \tag{3-12}$$

式中　P_1——复进簧预压力；

P_2——复进簧最大工作压力；

μ_f——复进能量利用系数（见表 3-6）。

表 3-6　复进能量利用系数 μ_f 值

武器结构		μ_f
弹匣供弹		0.9
弹链供弹	后坐供弹	0.6
	后坐复进供弹	0.5
	复进供弹	0.4

3.1.4 自动武器射击频率

自动武器的射击频率主要和自动机运动周期及击发、引燃时间有关。

自动机后坐阶段所需的时间为

$$t_{后坐} = \frac{\lambda}{v_{后终} + 0.6(v_{后始} - v_{后终})} \tag{3-13}$$

自动机复进阶段所需的时间为

$$t_{复进} = \frac{\lambda}{v_{复始} + 0.6(v_{复终} - v_{复始})} \tag{3-14}$$

引燃底火所需的时间一般取 $t_{引燃}=0.000\,5$ s。

对于待击发时自动机停在前方位置的武器，可取击发时间为 $t_{击发}=0.005$ s。

自动机循环一次的总时间为

$$\sum t = t_{后坐} + t_{复进} + t_{引燃} + t_{击发} \tag{3-15}$$

有些武器自动机复进到位即执行击发，计算射击频率时 $t_{击发}$ 值不需列入 $\sum t$ 内。对于导气式武器，尚需增加自弹头起动到过导气孔的时间 $t_{0d}=t_k-t_{dk}$，其中 t_k 为内弹道总时间，t_{dk}为弹头自导气孔至膛口所经的时间，均由内弹道计算所得。

自动机射击频率为

$$N = \frac{60}{\sum t}(发/\text{min}) \tag{3-16}$$

在估算射击频率时，近似地取开锁终了的速度为自动机开始运动时的速度 $v_{后始}$，实际上该速度是自动机后坐一段距离后才达到的，但在火药气体作用时期内，自动机位移很小，为 10 mm 左右，所需时间不过千分之几秒，故不予考虑，误差也不致过大。

3.1.5 自动机运动诸元估算实例

【例 1】 估算 59 式 9.0 mm 手枪自动机运动诸元。

（1）已知：弹头重 $m_D=6.1$ g，装药重 $m_Y=0.4$ g，枪机重 $m_b=288$ g，初速 $v_0=314$ m/s，复进簧预压力 $P_1=3.92$ N，复进簧最大工作压力 $P_2=80.36$ N，复进簧工作行程 $\lambda=39$ mm。

（2）数据选取：后效系数 $\beta=1\,130/314=3.6$，后坐阻力系数 $\mu_h=1.1$，复进能量利用系数 $\mu_f=0.9$，枪机质量虚拟系数 $\varphi_j=1.3$，枪机反跳系数 $b=0.2$。

（3）计算结果。

火药气体作用终了自动机速度

$$v_m = \frac{m_D + \beta m_Y}{\phi_j m_b} v_0 = 6.33 \text{ m/s}$$

枪机和击锤撞击速度损失 5%，则自动机速度

$$v = 6.33 \times 0.95 = 6.01(\mathrm{m/s})$$

自动机后坐到位速度

$$v_{后终} = \sqrt{6.01^2 - 1.1 \times \frac{48.02 + 80.36}{0.288} \times 0.039} = 4.12(\mathrm{m/s})$$

自动机开始复进速度为

$$v_{复始} = 4.12 \times 0.2 = 0.824(\mathrm{m/s})$$

自动机复进到位速度

$$v_{复终} = \sqrt{0.824^2 + 0.9 \times \frac{48.02 + 80.36}{0.288} \times 0.039} = 4.059(\mathrm{m/s})$$

自动机循环时间

引燃底火时间 $t_1=0.000\,5\ \mathrm{s}$

击锤回转时间 $t_2=0.005\ \mathrm{s}$

后坐时间 $t_{后坐}=\dfrac{39\times10^{-3}}{4.12+0.6\times(6.01-4.12)}=0.007\,42(\mathrm{s})$

复进时间 $t_{复进}=\dfrac{39\times10^{-3}}{0.824+0.6\times(4.05-0.824)}=0.014\,1(\mathrm{s})$

自动机循环一次的总时间 $\sum t=0.027\ \mathrm{s}$

射击频率

$$N = 60/\sum t = 2\,220\ 发/\mathrm{min}$$

实验结果：　$N = 2\,350\ 发/\mathrm{min}$

【例 2】 估算 54 式 7.62 mm 冲锋枪运动诸元。

（1）已知：弹头重 $m_D=5.5$ g，装药重 $m_Y=0.6$ g，枪机重 $m_b=540$ g，初速 $v_0=500$ m/s，复进簧预压力 $P_1=15.68$ N，复进簧最大工作压力 $P_2=45.57$ N，复进簧工作行程 $\lambda=140$ mm。

（2）数据选取：后效系数 $\beta=1\,130/500=2.26$，枪机质量虚拟系数 $\varphi_j=1.3$，后坐阻力系数 $\mu_h=1.1$，复进能量利用系数 $\mu_f=0.9$，枪机反跳系数 $b=0.2$。

（3）计算结果。

火药气体作用终了自动机速度

$$v_m = \frac{m_D + \beta m_Y}{\phi_j m_b} v_0 = 4.90\ \mathrm{m/s}$$

自动机后坐到位速度

$$v_{后终} = \sqrt{4.9^2 - 1.1 \times \frac{15.68 + 45.57}{0.54} \times 0.14} = 2.57(\mathrm{m/s})$$

自动机开始复进速度

$$v_{复始} = 2.57 \times 0.2 = 0.51(\mathrm{m/s})$$

自动机复进到位速度

$$v_{复终} = \sqrt{0.51^2 + 0.9 \times \frac{15.68 + 45.57}{0.54} \times 0.14} = 3.82(\mathrm{m/s})$$

自动机循环时间

引燃底火时间 $t_1 = 0.000\,5$ s

后坐时间 $t_{后坐} = \dfrac{140 \times 10^{-3}}{2.57 + 0.6 \times (4.9 - 2.57)} = 0.035\,3(\mathrm{s})$

复进时间 $t_{复进} = \dfrac{140 \times 10^{-3}}{0.52 + 0.6 \times (3.82 - 0.51)} = 0.055\,7(\mathrm{s})$

自动机循环一次的总时间 $\sum t = 0.091\,5$ s

射击频率

$$N = 60/\sum t = 655 \text{ 发}/\mathrm{min}$$

3.2 常规自动机动力学分析

在武器的一个射击循环中，普遍存在的一种运动形式就是当一个构件运动时还要带动其他构件进行运动，以完成一定的工作，这就是机构传动。例如，身管短后坐式武器的加速机构是由身管带动机体或机头进行加速；导气式武器中的开闭锁机构是由枪机框带动枪机完成开锁或闭锁。对于弹链供弹式武器，在身管短后坐式武器中，由身管或枪机带动拨弹滑板输弹；在导气式武器中，由枪机框带动拨弹滑板输弹。若容纳自动机的体部（机匣或炮箱）与架体之间没有缓冲，如手提式武器，身管、炮箱或机匣与架座为刚性连接的武器，则这种机构的运动为单自由度机构的运动。本节主要研究单自由度机构的运动。

由于各种火炮与自动武器自动机的主动件、从动件等的名称各不相同，在此通称为基础构件、工作构件。

3.2.1 机构运动微分方程

对于由基础构件带动工作构件进行工作的单自由度机构而言，根据工作构件运动形式的不同，工作构件有平移运动、定轴转动、平面运动三种类型。

1. 工作构件做平移运动时运动微分方程的建立

某机枪的输弹机构简图如图 3-10 所示。其中 0 号件为导板，是机构的基础构件；1 号件为拨弹滑板，是机构的工作构件，它做平移运动；机匣为不动的构件。这是一个简单的单自由度三构件机构。

假设作用于构件 0 和构件 1 的给定力的合力在其速度方向的分量分别为 F、F_1，其位移用 x、x_1 来表示，构件 0 和构件 1 的质量分别为 m_0 和 m_1。在机匣上取坐标 xOx_1，使 Ox 平行于构件 0 的运动速度为 v，其方向与 v 相同，Ox_1 平行于构件 1 的运动速度 v_1，方向与 v_1 相同。

0、1 两构件在其各自运动方向上的约束反力如图 3-11 所示。0 构件所受约束反力 R 平行于 Ox 轴，与 v 方向相反；1 构件所受约束反力 R_1 平行于 Ox_1 轴，与 v_1 同向。

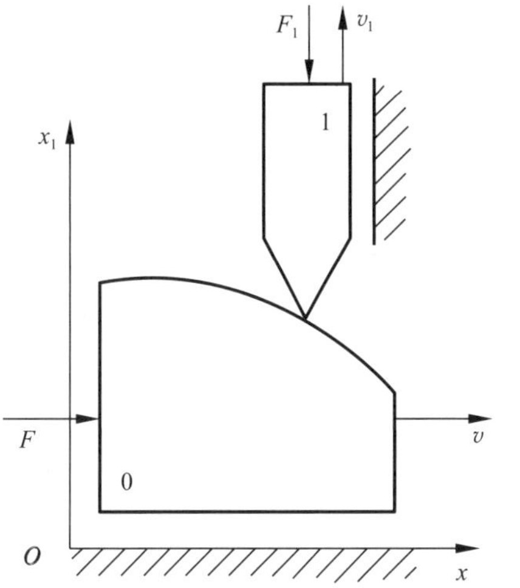

图 3-10　工作构件做平移运动的机构

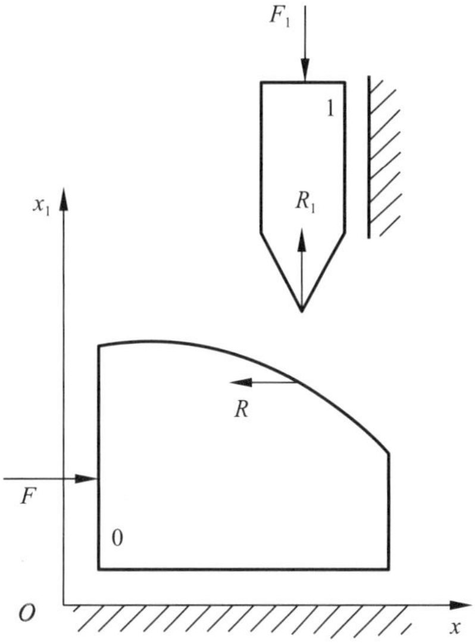

图 3-11　受力简化

根据牛顿第二定律，两构件的运动微分方程分别为

$$m_0 \frac{\mathrm{d}^2 x}{\mathrm{d}t^2} = F - R \tag{3-17}$$

$$m_1 \frac{\mathrm{d}^2 x_1}{\mathrm{d}t^2} = R_1 - F_1 \tag{3-18}$$

或写成

$$R = F - m_0 \frac{\mathrm{d}^2 x}{\mathrm{d}t^2} \tag{3-19}$$

$$R_1 = F_1 + m_1 \frac{\mathrm{d}^2 x_1}{\mathrm{d}t^2} \tag{3-20}$$

在求解方程前，R、R_1 是未知的，为求解方程，必须用其他物理量取代 R 和 R_1。

对于理想约束系统，约束反力在系统任意虚位移中的元功之和为 0，即

$$R\mathrm{d}x = R_1 \mathrm{d}x_1 \tag{3-21}$$

但是，实际上机构工作时所受的约束都是非理想约束，故

$$R\mathrm{d}x \neq R_1 \mathrm{d}x_1 \tag{3-22}$$

令

$$\eta_1 = \frac{R_1 \mathrm{d}x_1}{R\mathrm{d}x} \tag{3-23}$$

式中，η_1 为机构的传动效率，它反映了机构传动过程中能量利用的百分比。显然，η_1 小于 1。又令

$$k_1=\frac{v_1}{v}=\frac{\mathrm{d}x_1/\mathrm{d}t}{\mathrm{d}x/\mathrm{d}t}=\frac{\mathrm{d}x_1}{\mathrm{d}x} \tag{3-24}$$

式中，k_1 为机构的传速比，它为机构传动过程中某瞬时，工作构件的速度 v_1 与基础构件的速度 v 的比值。

将上式代入 η_1 表达式，得

$$R=\frac{k_1}{\eta_1}R_1 \tag{3-25}$$

将式（3-19）和式（3-20）代入式（3-25），整理得

$$m_0\frac{\mathrm{d}^2x}{\mathrm{d}t^2}+\frac{k_1}{\eta_1}m_1\frac{\mathrm{d}^2x_1}{\mathrm{d}t^2}=F-\frac{k_1}{\eta_1}F_1 \tag{3-26}$$

因为

$$v_1=k_1v$$

所以

$$\mathrm{d}v_1=k_1\mathrm{d}v+v\mathrm{d}k_1$$

将上式代入方程（3-26），得

$$\left(m_0+\frac{k_1^2}{\eta_1}m_1\right)\frac{\mathrm{d}v}{\mathrm{d}t}+\frac{k_1}{\eta_1}m_1v\frac{\mathrm{d}k_1}{\mathrm{d}t}=F-\frac{k_1}{\eta_1}F_1 \tag{3-27}$$

又因

$$\frac{\mathrm{d}k_1}{\mathrm{d}t}=\frac{\mathrm{d}k_1}{\mathrm{d}x}\frac{\mathrm{d}x}{\mathrm{d}t}=v\frac{\mathrm{d}k_1}{\mathrm{d}x}$$

代入方程（3-27），即得

$$\left(m_0+\frac{k_1^2}{\eta_1}m_1\right)\frac{\mathrm{d}v}{\mathrm{d}t}+\frac{k_1}{\eta_1}m_1v^2\frac{\mathrm{d}k_1}{\mathrm{d}x}=F-\frac{k_1}{\eta_1}F_1 \tag{3-28}$$

式中 $\frac{k_1^2}{\eta_1}m_1$——工作构件 1 的相当质量；

$\frac{k_1}{\eta_1}F_1$——工作构件 1 的相当力；

$\frac{k_1^2}{\eta_1}$——质量换算系数；

$\frac{k_1}{\eta_1}$——力换算系数。

机构运动微分方程中，方程左边的第 1 项为转换质量所具有的惯性力，转换质量是从能量的观点出发，把工作构件看作与基础构件做相同运动所具有的质量。方程左边的第 2 项为附加惯性力，它是由于传动过程中传速比的变化引起工作构件速度的变化而产生的惯性力；方程右边是外力的转换力，它是从功的观点出发，把工作构件看作与基础构件做相同位移所具有的外力。

当 $\mathrm{d}k_1/\mathrm{d}x>0$ 时，说明传速比不断增大，工作构件加速运动。由于工作构件的运动是由基础构件传递而得到的，由工作构件加速运动产生的惯性力，必然使基础构件受到阻力，故又称附加惯性力为附加阻力。

当 $\mathrm{d}k_1/\mathrm{d}x<0$ 时，说明传速比不断下降，附加惯性力为负值。如果机构为双面约束，则工作构件可将能量反传给基础构件，这就是机构的逆传动。

当 $dk_1/dx=0$ 时，即传速比为常数，此时方程变为

$$\left(m_0+\frac{k_1^2}{\eta_1}m_1\right)\frac{dv}{dt}=F-\frac{k_1}{\eta_1}F_1 \tag{3-29}$$

此方程与单一构件的运动微分方程形式相同。此时可看作质量为$\left(m_0+\frac{k_1^2}{\eta_1}m_1\right)$的物体，在外力$\left(F-\frac{k_1}{\eta_1}F_1\right)$的作用下，以基础构件的速度 v 运动。

2. 工作构件做定轴转动时运动微分方程的建立

基础构件做平移运动，工作构件做定轴转动的机构简图如图 3-12 所示。基础构件 0 在给定力 F 的推动下沿 x 方向做平移运动，带动作用有给定力矩 M_1（阻力矩）的工作构件 1 绕 O_1 做定轴转动，转轴 O_1 在不动的构件上。

0、1 两构件在其各自运动方向上的约束反力如图 3-13 所示。构件 0 所受约束反力 R 与 v 方向相反；构件 1 所受约束反力矩 M_{R1} 与 ω_1 方向相同。

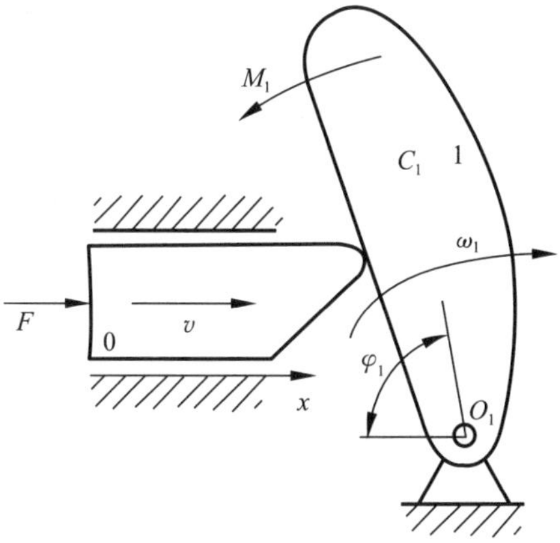

图 3-12　工作构件做定轴转动机构

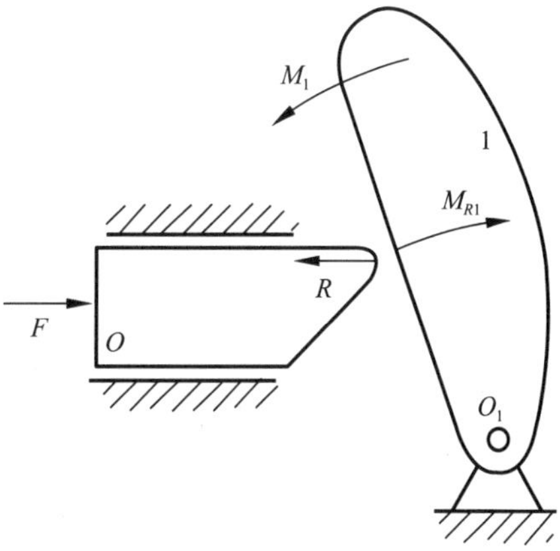

图 3-13　构件受力简化图

根据牛顿第二定律，两构件的运动微分方程可写成

$$m_0\frac{d^2x}{dt^2}=F-R$$

$$J_1\frac{d^2\varphi_1}{dt^2}=M_{R1}-M_1$$

或

$$R=F-m_0\frac{d^2x}{dt^2} \tag{3-30}$$

$$M_{R1}=M_1+J_1\frac{d^2\varphi_1}{dt^2} \tag{3-31}$$

对于理想约束系统，约束反力在系统任意虚位移中的元功之和为 0，即

$$R\,dx=M_{R1}\,d\varphi_1$$

实际上，机构工作时所受的约束都是非理想约束，故

$$R\mathrm{d}x \neq M_{R1}\mathrm{d}\varphi_1$$

令

$$\eta_1 = \frac{M_{R1}\mathrm{d}\varphi_1}{R\mathrm{d}x}$$

又令

$$k_1 = \frac{\omega_1}{v} = \frac{\mathrm{d}\varphi_1/\mathrm{d}t}{\mathrm{d}x/\mathrm{d}t} = \frac{\mathrm{d}\varphi_1}{\mathrm{d}x}$$

将上式代入 η_1 表达式，得

$$R = \frac{k_1}{\eta_1}M_{R1} \tag{3-32}$$

将式（3-30）和式（3-31）代入式（3-32），整理得

$$m_0\frac{\mathrm{d}^2x}{\mathrm{d}t^2} + \frac{k_1}{\eta_1}J_1\frac{\mathrm{d}^2\varphi_1}{\mathrm{d}t^2} = F - \frac{k_1}{\eta_1}M_1 \tag{3-33}$$

将$\frac{\mathrm{d}^2\varphi_1}{\mathrm{d}t^2}=k_1\frac{\mathrm{d}^2x}{\mathrm{d}t^2}+v^2\frac{\mathrm{d}k_1}{\mathrm{d}x}$代入式（3-33）得

$$\left(m_0 + \frac{k_1^2}{\eta_1}J_1\right)\frac{\mathrm{d}v}{\mathrm{d}t} + \frac{k_1}{\eta_1}J_1v^2\frac{\mathrm{d}k_1}{\mathrm{d}x} = F - \frac{k_1}{\eta_1}M_1 \tag{3-34}$$

将式（3-34）与式（3-28）比较，可以看出：对于工作构件做定轴转动的机构，其转动惯量 J_1、传速比 k_1、阻力矩 M_1 与平移运动工作构件的质量 m_1、传速比 k_1、阻力 F_1 一一对应，其他各项则完全相同。

在自动机中，除了两构件的机构传动外，还存在多构件的机构传动，即当基础构件运动时，同时带动多个工作构件运动。有两种传动形式：一是串联传动，如 23.1 航炮，炮身带动加速臂运动，加速臂又带动炮闩运动；二是并联传动，如在炮身带动加速机构工作的同时，又带动供弹机构工作。无论哪种传动形式，只要各机构的构件都只有一个自由度，就可以按前面所述的方法导出基础构件带动多个工作构件的自动机运动微分方程。

设机构有（$n+1$）个构件，基础构件为构件 0，工作构件有 n 个，从构件 1 到构件 n，这些工作构件既有平动构件，又有定轴转动构件。

参照前面的方法，根据牛顿第二定律，可分别写出基础构件 0 和工作构件 i 的运动微分方程

$$m_0\ddot{x} = F - R$$

$$m_i\ddot{x}_i = R_i - F_i \qquad (i = 1,2,\cdots,n)$$

或写成

$$R = F - m_0\ddot{x} \tag{3-35}$$

$$R_i = F_i + m_i\ddot{x}_i \qquad (i = 1,2,\cdots,n) \tag{3-36}$$

式中 F——作用于构件 0 的给定力的合力在其速度方向的分量；

F_i——作用于构件 i 的给定力的合力在其速度方向的分量（或对转轴的给定力

矩），为广义力；

m_i——构件 i 的质量（或转动惯量），为广义质量；

R——作用于构件 0 的约束反力的合力在其速度方向的分量；

R_i——作用于构件 i 的约束反力的合力在其速度方向的分量（或约束反力对转轴的力矩），为广义力；

x_i，$\dot{x}_i$，$\ddot{x}_i$——构件 i 的广义位移、广义速度、广义加速度。

根据虚位移原理，可以写出

$$R\mathrm{d}x = \sum_{i=1}^{n} R_i \mathrm{d}x_i$$

即

$$R = \sum_{i=1}^{n} R_i \frac{\mathrm{d}x_i}{\mathrm{d}x} = \sum_{i=1}^{n} R_i k_i$$

考虑到约束的非理想性，有

$$R = \sum_{i=1}^{n} \frac{k_i}{\eta_i} R_i \tag{3-37}$$

将式（3-35）和式（3-36）代入式（3-37），有

$$m_0 \ddot{x} + \sum_{i=1}^{n} \frac{k_i}{\eta_i} m_i \ddot{x}_i = F - \sum_{i=1}^{n} \frac{k_i}{\eta_i} F_i \tag{3-38}$$

注意到

$$\ddot{x}_i = k_i \ddot{x} + \dot{x}^2 \frac{\mathrm{d}k_i}{\mathrm{d}x}$$

这样式（3-38）可写为

$$\left(m_0 + \sum_{i=1}^{n} \frac{k_i^2}{\eta_i} m_i\right) \ddot{x} + \sum_{i=1}^{n} \frac{k_i}{\eta_i} m_i \dot{x}^2 \frac{\mathrm{d}k_i}{\mathrm{d}x} = F - \sum_{i=1}^{n} \frac{k_i}{\eta_i} F_i \tag{3-39}$$

或

$$\left(m_0 + \sum_{i=1}^{n} \frac{k_i^2}{\eta_i} m_i\right) \frac{\mathrm{d}v}{\mathrm{d}t} + \sum_{i=1}^{n} \frac{k_i}{\eta_i} m_i v^2 \frac{\mathrm{d}k_i}{\mathrm{d}x} = F - \sum_{i=1}^{n} \frac{k_i}{\eta_i} F_i \tag{3-40}$$

3. 工作构件做平面运动时运动微分方程的建立

基础构件平动，工作构件做平面运动的机构简图如图 3-14 所示。基础构件 0 在给定力 F 推动下沿 x 方向平动，带动作用有给定力矩 M_1（阻力矩）的构件 1 做平面运动，工作构件 1 的转轴 O_1 在基础构件 0 上。图 3-15 给出了给定力系和惯性力系。

用 x_1 表示构件 1 相对于基础构件 0 的角位移，则

$$\dot{\boldsymbol{x}}_1 = \frac{\mathrm{d}\boldsymbol{x}_1}{\mathrm{d}t} = \dot{\boldsymbol{\varphi}}_1$$

$$\ddot{\boldsymbol{x}}_1 = \frac{\mathrm{d}\dot{\boldsymbol{x}}_1}{\mathrm{d}t} = \ddot{\boldsymbol{\varphi}}_1$$

以 O_1 点为基点，作用于 O_1 点的惯性力主矢量为

$$\boldsymbol{G}_1 = \boldsymbol{G}_{\mathrm{e1}} + \boldsymbol{G}_{\mathrm{r1}}^{\mathrm{t}} + \boldsymbol{G}_{\mathrm{r1}}^{\mathrm{n}}$$

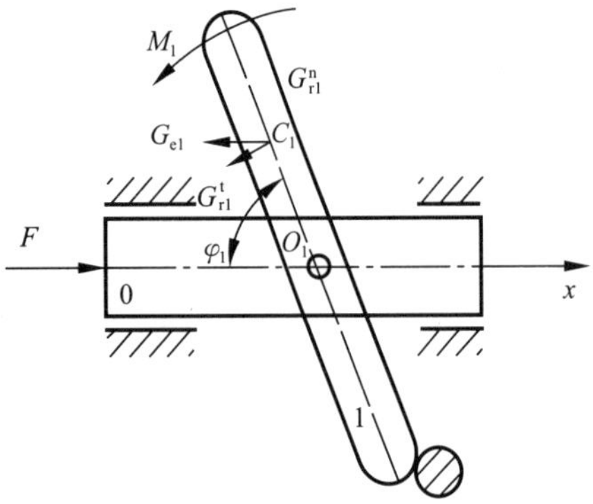

图 3-14　工作构件做平面运动机构

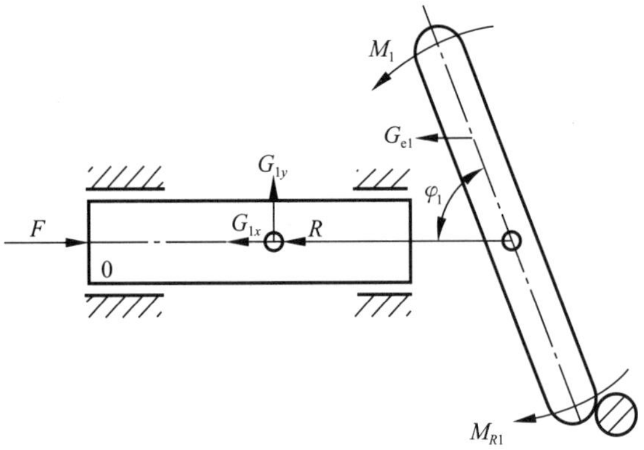

图 3-15　力系简化

且有

$$\boldsymbol{G}_{e1}=m_1\ddot{\boldsymbol{x}}$$

$$\boldsymbol{G}_{r1}^{t}=m_1 l_1\ddot{\boldsymbol{x}}_1$$

$$\boldsymbol{G}_{r1}^{n}=m_1 l_1\dot{\boldsymbol{x}}_1^2$$

式中　$\boldsymbol{G}_{e1}$——构件 1 的牵连惯性力；

$\boldsymbol{G}_{r1}^{t}$——构件 1 相对于基础构件 0 的切向惯性力；

$\boldsymbol{G}_{r1}^{n}$——构件 1 相对于基础构件 0 的法向惯性力；

l_1——构件 1 的质心 C_1 至转轴 O_1 的距离；

m_1——构件 1 的质量。

构件 0、构件 1 的惯性力系和给定力系的简化如图 3-15 所示。根据牛顿第二定律，可得出构件 0 的运动微分方程为

$$m_0\ddot{x}=F-G_{1x}-fG_{1y}-R$$

且

$$G_{1x}=G_{e1}+G_{r1}^{n}\cos\varphi_1+G_{r1}^{t}\sin\varphi_1$$

$$G_{1y}=G_{r1}^{n}\sin\varphi_1-G_{r1}^{t}\cos\varphi_1$$

式中　f——滑动摩擦系数；

φ_1——O_1C_1 连线与 x 轴之间的夹角（顺时针方向为正）。

将 G_{e1}、G_{r1}^{t}、G_{r1}^{n} 的计算式代入上述方程，有

$$R=F-(m_0+m_1)\ddot{x}-m_1(\alpha_1\ddot{x}_1+\beta_1\dot{x}_1^2)\tag{3-41}$$

式中　$\alpha_1=l_1(\sin\varphi_1-f\cos\varphi_1)$；

$\beta_1=l_1(\cos\varphi_1+f\sin\varphi_1)$。

构件 1 对 O_1 点的转动运动微分方程为

$$J_1\ddot{x}_1=M_{R1}-M_1-G_{e1}l_1\sin\varphi_1$$

式中　M_{R1}——构件 1 所受到的约束反力矩（与 $\dot{\varphi}_1$ 同向）；

J_1——构件 1 对转轴 O_1 的转动惯量。

令 $\lambda_1=l_1\sin\varphi_1$，并将 G_{e1} 的值代入，则上式可写成为

$$M_{R1}=M_1+\lambda_1 m_1\ddot{x}+J_1\ddot{x}_1 \tag{3-42}$$

根据虚位移原理，可得非理想约束下的约束反力关系式

$$R=\frac{k_1}{\eta_1}M_{R1} \tag{3-43}$$

将式（3-41）和式（3-42）代入式（3-43），代入 $\ddot{x}_1=k_1\ddot{x}+\dot{x}^2\dfrac{\mathrm{d}k_1}{\mathrm{d}x}$ 经整理得

$$\left(m_0+m_1+J_1\frac{k_1^2}{\eta_1}+\lambda_1 m_1\frac{k_1}{\eta_1}+\alpha_1 m_1 k_1\right)\ddot{x}+\left[\left(J_1\frac{k_1}{\eta_1}+\alpha_1 m_1\right)\frac{\mathrm{d}k_1}{\mathrm{d}x}+\beta_1 m_1 k_1^2\right]\dot{x}^2=F-M_1\frac{k_1}{\eta_1} \tag{3-44}$$

或

$$\left(m_0+m_1+J_1\frac{k_1^2}{\eta_1}+\lambda_1 m_1\frac{k_1}{\eta_1}+\alpha_1 m_1 k_1\right)\frac{\mathrm{d}v}{\mathrm{d}t}+\left[\left(J_1\frac{k_1}{\eta_1}+\alpha_1 m_1\right)\frac{\mathrm{d}k_1}{\mathrm{d}x}+\beta_1 m_1 k_1^2\right]v^2=F-M_1\frac{k_1}{\eta_1} \tag{3-45}$$

如果构件 1 的质心与转轴重合，即 $l_1=0$，则 $\lambda_1=0$、$\alpha_1=0$、$\beta_1=0$。这样，式（3-44）就可写为

$$\left(m_0+m_1+\frac{k_1^2}{\eta_1}J_1\right)\ddot{x}+\frac{k_1}{\eta_1}J_1\dot{x}^2\frac{\mathrm{d}k_1}{\mathrm{d}x}=F-\frac{k_1}{\eta_1}M_1 \tag{3-46}$$

将式（3-46）与工作构件做定轴转动的式（3-34）相比较，可以看出：只是基础构件的质量增加了 m_1，而其他各项均相同。在处理实际问题时，如果 l_1 比较小，可取 $l_1=0$，这样问题就简单很多。

在实际的自动机机构中，基础构件不只带动一个工作构件，可能会带动多个工作构件。综合以上各种情况，可以推导出基础构件带动包含各种运动形式的多个工作构件的自动机动力学普遍方程。假设一个基础构件带动 n 个工作构件，并设在该系统中 $1\sim n_1$ 号构件为平动构件；$n_1+1\sim n_2$ 号构件为定轴转动构件；$n_2+1\sim n$ 号构件为转轴在基础构件 0 上的平面运动构件。

根据多个工作构件的方程式（3-39），再考虑到多构件组的分类，可以写出

$$\left[m_0+\sum_{i=1}^{n_1}\frac{k_i^2}{\eta_i}m_i+\sum_{i=n_1+1}^{n_2}\frac{k_i^2}{\eta_i}J_i+\sum_{i=n_2+1}^{n}m_i\left(1+\frac{k_i}{\eta_i}\lambda_i+k_i\alpha_i\right)\right]\ddot{x}+\left[\sum_{i=1}^{n_1}\frac{k_i}{\eta_i}m_i\frac{\mathrm{d}k_i}{\mathrm{d}x}+\sum_{i=n_1+1}^{n_2}\frac{k_i}{\eta_i}J_i\frac{\mathrm{d}k_i}{\mathrm{d}x}+\sum_{i=n_2+1}^{n}m_i\left(\alpha_i\frac{\mathrm{d}k_i}{\mathrm{d}x}+\beta_i k_i^2\right)\right]\dot{x}^2=F-\sum_{i=1}^{n}\frac{k_i}{\eta_i}F_i \tag{3-47}$$

式中 $\lambda_i = l_i \sin\varphi_i$；

$\alpha_i = l_i(\sin\varphi_i - f\cos\varphi_i)$；

$\beta_i = l_i(\cos\varphi_i + f\sin\varphi_i)$；

m_i——i 号工作构件的质量；

J_i——i 号工作构件绕转轴的转动惯量；

F_i——作用在 i 号工作构件上的给定力在其速度方向上的分量，或对转轴的给定力矩，是一广义力；

k_i，η_i——分别为基础构件到 i 号工作构件的传速比和传动效率；

l_i，φ_i——分别为 i 号工作构件的质心到其转轴的距离和转角。

方程式（3-47）为由（$n+1$）个构件组成的含有多个平移运动构件、定轴转动构件、平面运动构件的单自由度自动机动力学普遍方程。

令

$$m = m_0 + \sum_{i=1}^{n_1} \frac{k_i}{\eta_i} m_i + \sum_{i=n_1+1}^{n_2} \frac{k_i^2}{\eta_i} J_i + \sum_{i=n_2+1}^{n} m_i \left(1 + \frac{k_i}{\eta_i} \lambda_i + k_i \alpha_i\right)$$

$$F = F - \sum_{i=1}^{n} \frac{k_i}{\eta_i} F_i - \left[\sum_{i=1}^{n_1} \frac{k_i}{\eta_i} m_i \frac{\mathrm{d}k_i}{\mathrm{d}x} + \sum_{i=n_1+1}^{n_2} \frac{k_i}{\eta_i} J_i \frac{\mathrm{d}k_i}{\mathrm{d}x} + \sum_{i=n_2+1}^{n} m_i \left(\alpha_i \frac{\mathrm{d}k_i}{\mathrm{d}x} + \beta_i k_i^2\right)\right] \dot{x}^2$$

则

$$m\ddot{x} = F \tag{3-48}$$

3.2.2 机构传速比

在推导自动机机构运动微分方程时，曾引入了传速比的概念，它表示在机构传动过程中某瞬时工作构件的速度与基础构件速度的比值，即

$$k_1 = \frac{v_1}{v} = \frac{\mathrm{d}x_1/\mathrm{d}t}{\mathrm{d}x/\mathrm{d}t} = \frac{\mathrm{d}x_1}{\mathrm{d}x} \tag{3-49}$$

式中 v_1——工作构件 1 的速度；

v——基础构件 0 的速度；

$\mathrm{d}x_1$——工作构件 1 的微分位移；

$\mathrm{d}x$——基础构件 0 的微分位移。

由此可见，传速比既可通过工作构件和基础构件的速度关系求出，也可由位移关系求出，与此相应的求解传速比方法分别称为极速度图法和微分法。

任何一种机构，当基础构件在运动过程中的位置确定时，传速比也就确定，且为一定数，传速比的大小只与机构的结构有关。在机构传动过程中，一般情况下，传速比是随基础构件的位移而变化的，但也有传速比为常数的机构。

1. 极速度图法

机构在传动过程中的任一位置，各构件之间的速度关系可以用速度图解来表示。下面以自动机中几种典型机构（根据工作构件运动状态）为例，说明利用极速度图法求机

构传速比的方法。

1）平动-平动凸轮机构的传速比

在自动武器的供弹机构中常采用平动-平动凸轮机构。图 3-16 为平动-平动凸轮机构的原理图和极速度图。构件 0 为基础构件，构件 1 为工作构件，构件 0 沿 x 方向运动，其速度为 v，构件 1 沿 x_1 方向运动，其速度为 v_1。构件 0 上的凸轮曲线是凸轮的理论轮廓。

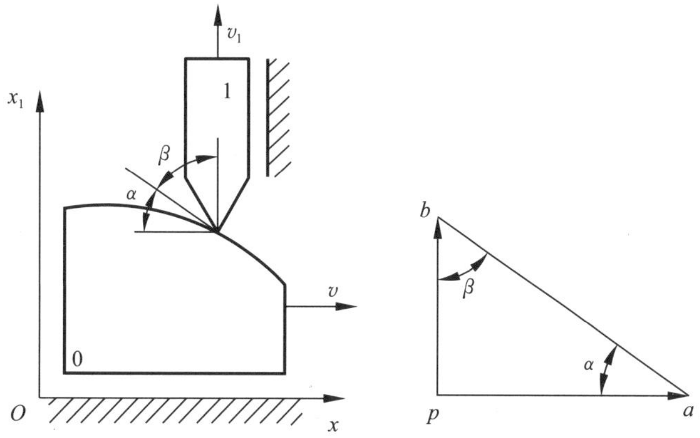

图 3-16　平动-平动凸轮机构

（a）机构简图；（b）极速度图

作出某一位置的机构简图，并画出速度方向，如图 3-16（a）所示。选一极点 p，由 p 作速度向量 $\boldsymbol{pa}$ 与 $\boldsymbol{v}$ 平行，其长度可以任意选择；由 p 作平行于 $\boldsymbol{v}_1$ 的直线，由 a 作平行于凸轮曲线接触点切线的直线与平行于 $\boldsymbol{v}_1$ 的直线相交于 b 点，所得图形 $\triangle pab$ 就是极速度图，如图 3-16（b）所示。

由 $\triangle pab$ 的三角关系，可得机构的传速比为

$$k_1 = \frac{v_1}{v} = \frac{|\boldsymbol{pb}|}{|\boldsymbol{pa}|} = \frac{\sin\alpha}{\sin\beta} \tag{3-50}$$

式中　α——凸轮曲线接触点处的切线与基础构件 0 的速度方向之间的夹角；

β——凸轮曲线接触点处的切线与工作构件 1 的速度方向之间的夹角。

这样，根据极速度图，可依次求出对应于基础构件任一位移 x_i 的机构传速比 k_{1i}，然后以 x 为横坐标，k_1 为纵坐标，画出每一点，就可得到机构传速比随基础构件行程变化的曲线。

2）平动-平面回转凸轮机构的传速比

自动武器中的偏转式闭锁机构属于工作构件做回转运动的平面凸轮机构。图 3-17 为平动-平面回转凸轮机构的原理简图和极速度图。构件 0 为基础构件，构件 1 为工作构件。构件 0 沿 x 方向运动，其速度为 $\boldsymbol{v}$，构件 1 可绕 O_1 点回转，其与构件 0 的接触点 b 的速度为 $\boldsymbol{v}_1$。

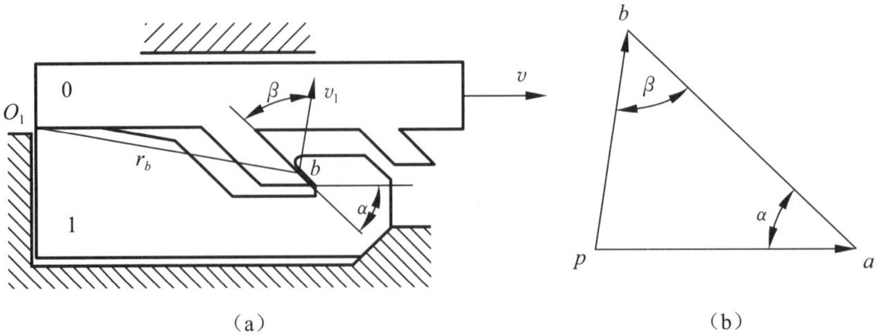

图 3-17 平动-平面回转凸轮机构

(a) 机构简图；(b) 极速度图

作出某一位置的极速度图，如图 3-17（b）所示。由$\triangle pab$的三角关系可知，从构件 0 传动到构件 1 上的 b 点处的传速比可由式（3-50）求出。

若将传速比取为工作构件 1 的角速度与基础构件 0 的线速度之比，则有

$$k_1=\frac{\omega_1}{v}=\frac{v_1/r_b}{v}=\frac{\sin\alpha}{r_b\sin\beta}\tag{3-51}$$

3）平动-空间回转凸轮机构的传速比

在开闭锁机构中，采用平动-空间回转凸轮机构的实例很多。例如，美国 M16 自动步枪、美国 M60 通用机枪、苏联 AK74 突击步枪等的闭锁机构都是平动-空间回转凸轮机构。在这些机构中，基础构件做平移直线运动，工作构件做回转运动或螺旋运动。凸轮曲线有的在基础构件上（美国的 M16 自动步枪和苏联 AK74 突击步枪），有的在工作构件上（美国 M60 通用机枪）。

苏联 AK74 突击步枪闭锁机构剖面图如图 3-18 (a) 所示。当枪机框向后以速度 $\boldsymbol{v}$ 运动时，其上的凸轮曲线槽迫使枪机沿闭锁支撑面做螺旋运动进行开锁，如图 3-18 (c) 所示。

为了求传速比，取经过枪机凸榫高度中间部位的圆柱面作为理论圆柱面将凸轮曲线展开，如图 3-18（b）所示。枪机凸榫中间部位 b 点到其回转轴的半径为 r_b，其切线速度为 $\boldsymbol{v}_1$，这样得到一凸轮曲线在基础构件上的平面机构。

机构在图示位置的极速度图如图 3-18（d）所示。机构的传速比为

$$k_1=\frac{v_1}{v}=\frac{|\boldsymbol{pb}|}{|\boldsymbol{pa}|}=\frac{\sin\alpha}{\sin\beta}=\frac{\sin\alpha}{\cos(\alpha-\gamma)}\tag{3-52}$$

式中 α——展开的凸轮理论轮廓曲线切线与基础构件运动方向之间的夹角；

β——展开的凸轮理论轮廓曲线切线与工作构件运动方向之间的夹角；

γ——闭锁支撑面的螺旋角。

4）平动-双臂杠杆-平动凸轮机构的传速比

平动-双臂杠杆-平动凸轮机构广泛应用于自动武器的输弹机构、火炮的开闩加速机构、炮闩的开闩机构等。现以某纵动式炮闩的杠杆卡板式开闩机构为例（如图 3-19 所示），说明其传速比的求法。

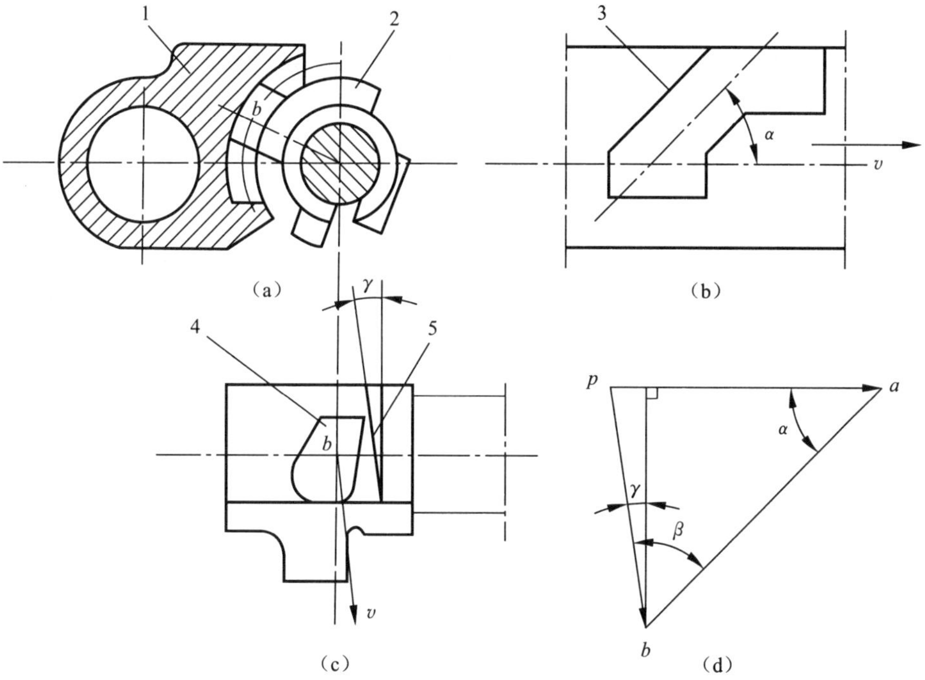

图 3-18　AK74 步枪闭锁机构开锁过程简图

(a) 机构横剖面图；(b) 螺旋槽展开图；(c) 枪机闭锁支撑面；(d) 极速度图

1—枪机框；2—枪机；3—螺旋槽；4—枪机凸榫；5—闭锁支撑面

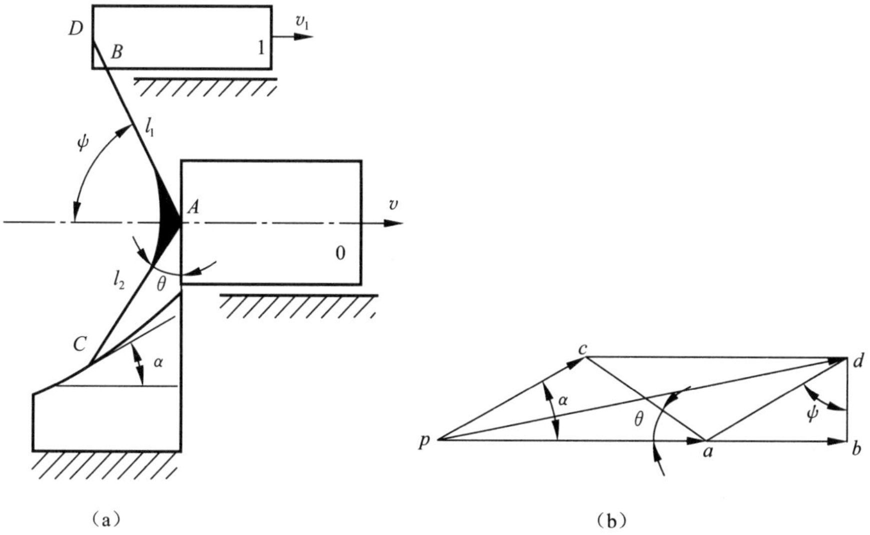

图 3-19　平动-双臂杠杆-平动凸轮机构简图

(a) 机构简图；(b) 极速度图

l_1—加速臂长臂 AD 的长度；l_2—加速臂短臂 AC 的长度；ψ—加速臂长臂 AD 与工作构件速度 v_1 之间的夹角；θ—加速臂短臂 AC 与基础构件速度 v 垂直方向之间的夹角；α—卡板 C 点的切线与炮身运动方向之间的夹角

该机构的动作是：在后坐开始时，闩座 1 和加速臂 CAB 与炮身 0 一起以相同速度 v 后坐，当加速臂上的 C 点与固定在摇架上的卡板接触后，点 C 便沿卡板的理论轮廓凸轮曲线滑动，与此同时，加速臂便绕着固定在炮身上的转轴 A 回转，点 D 迫使闩座以速度 $\boldsymbol{v}_1$ 加速后坐，从而进行开锁开闩。

任取一点 p 为极速度图的极点，见图 3-19（b），沿 $\boldsymbol{v}$ 方向取 $\boldsymbol{pa}$ 代表 $\boldsymbol{v}$，然后依次求点 C、D、B 等的速度。因为 $\boldsymbol{v}_C=\boldsymbol{v}_A+\boldsymbol{v}_{CA}$，其中，$\boldsymbol{v}_C$ 的方向沿卡板 C 点切线方向，$\boldsymbol{v}_{CA}$ 垂直于 CA，所以过 p 点作 C 点速度的方向线 $\boldsymbol{pc}$，过 a 点作 ac 线垂直于 CA，与 $\boldsymbol{pc}$ 相交于 c 点，则 $\boldsymbol{pc}$ 代表 $\boldsymbol{v}_C$。又因 $\boldsymbol{v}_D=\boldsymbol{v}_C+\boldsymbol{v}_{DC}$、$\boldsymbol{v}_D=\boldsymbol{v}_A+\boldsymbol{v}_{DA}$，其中 $\boldsymbol{v}_C$、$\boldsymbol{v}_A$ 的大小和方向为已知，而 $\boldsymbol{v}_{DC}$ 垂直于 DC，$\boldsymbol{v}_{DA}$ 垂直于 DA，故过 c 点作 cd 线垂直于 CD，过 a 点作 ad 线垂直于 AD，此两线相交于 d 点，连接 pd 则 $\boldsymbol{pd}$ 代表 $\boldsymbol{v}_D$。又因 $\boldsymbol{v}_B=\boldsymbol{v}_D+\boldsymbol{v}_{BD}$，其中 $\boldsymbol{v}_D$ 的大小和方向为已知，$\boldsymbol{v}_B$ 的方向也为已知，而 $\boldsymbol{v}_{BD}$ 的方向则沿 D 点与构件 1 接触点的相对运动方向，即垂直于 $\boldsymbol{v}_B$ 的方向。过 d 点作 db 垂直于 $\boldsymbol{v}_B$ 方向，与过 p 点所作 $\boldsymbol{v}_B$ 的方向线 $\boldsymbol{pb}$ 相交于 b 点，则 $\boldsymbol{pb}$ 代表 $\boldsymbol{v}_B$。

根据极速度图可得从炮身 0 传动到闩座 1 的传速比为

$$k_1=\frac{v_1}{v}=\frac{|\boldsymbol{pb}|}{|\boldsymbol{pa}|}=\frac{pa+ab}{pa}=1+\frac{ab}{pa}$$

根据$\triangle abd$ 和$\triangle pac$ 的三角关系，可分别得到

$$\frac{ab}{ad}=\sin\psi$$

$$\frac{ac}{pa}=\frac{\sin\alpha}{\sin(\alpha+\theta)}$$

又因$\triangle adc$ 和$\triangle ADC$ 相似，所以有

$$\frac{ad}{ac}=\frac{l_1}{l_2}$$

由此

$$\frac{ab}{pa}=\frac{ab}{ad}\frac{ad}{ac}\frac{ac}{pa}=\frac{l_1}{l_2}\frac{\sin\psi\sin\alpha}{\sin(\alpha+\theta)}$$

所以有炮身到闩座的传速比

$$k_1=1+\frac{l_1}{l_2}\frac{\sin\psi\sin\alpha}{\sin(\alpha+\theta)} \tag{3-53}$$

5）平动-滚柱-平动凸轮机构的传速比

在自动武器的加速机构中，还有一种采用中间零件的滚柱式凸轮机构实现开锁加速。如西德 G3 自动步枪采用滚柱凸轮式开锁加速机构，56 式 14.5 mm 高射机枪采用空间滚柱凸轮式开锁加速机构。

西德 G3 自动步枪的开锁加速机构简图如图 3-20 所示。当机头向后运动时，推动滚柱向后运动，与此同时，滚柱在机匣定型槽的斜面作用下向里收拢，作用于机体迫使机体向后加速运动。

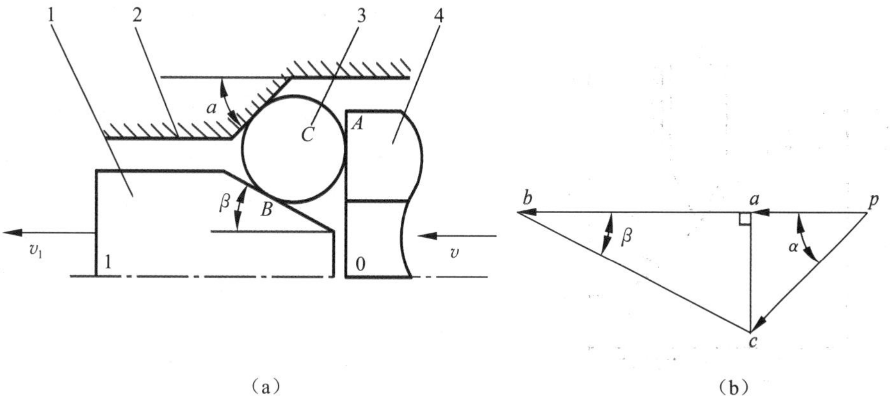

图 3-20　平动-滚柱-平动凸轮机构简图

（a）滚柱凸轮机构简图；（b）极速度图

1—机体；2—机匣；3—滚柱；4—机头

根据机构运动时各构件之间的速度关系，作图示位置的机构运动极速度图如图 3-20（b）所示。从机头 0 传动到机体 1 的传速比为

$$k_1=\frac{v_1}{v}=\frac{|\boldsymbol{pb}|}{|\boldsymbol{pa}|}=\frac{pb}{pc}\frac{pc}{pa}$$

在$\triangle pbc$ 中，根据三角关系有

$$\frac{pb}{pc}=\frac{\sin[\pi-(\alpha+\beta)]}{\sin\beta}=\frac{\sin(\alpha+\beta)}{\sin\beta}$$

式中　α——定型槽切线方向与枪管轴线方向之间的夹角；

β——机体斜面与机体运动方向之间的夹角。

在$\triangle pac$ 中，根据三角关系有

$$\frac{pc}{pa}=\frac{\sin\dfrac{\pi}{2}}{\sin\left(\dfrac{\pi}{2}-\alpha\right)}=\frac{1}{\cos\alpha}$$

所以机构的传速比为

$$k_1=\frac{\sin(\alpha+\beta)}{\sin\beta\cos\alpha} \tag{3-54}$$

2. 微分法

如果机构传动时，工作构件与基础构件之间的位移关系有一解析表达式，则可用微分法求解机构的传速比。

1）平动-平动凸轮机构的传速比

平动-平动凸轮传动机构如图 3-21 所示。凸轮曲线在基础构件上，并设凸轮的理论轮廓曲线是由两段圆弧和一段直线相切所组成。两段圆弧的圆心分别为 O_1 和 O_2，半径为 R_1 和 R_2。用 x_1 表示工作构件的位移，用 x 表示基础构件的位移。建立如图所示的

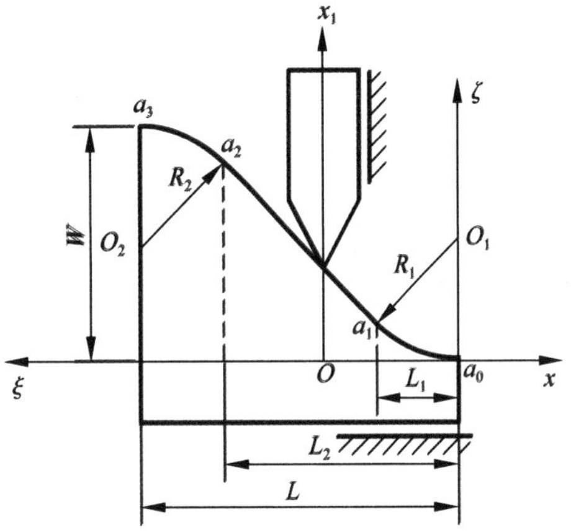

图 3-21 平动-平动凸轮机构简图

坐标系 xOx_1，坐标原点 O 取在机构传动的起点。

工作构件位移与基础构件位移之间的关系取决于凸轮理论轮廓曲线的形状，由于凸轮理论轮廓曲线是由三段组成的，下面逐段进行研究。为了研究的方便，在基础构件上建立动坐标系 $\xi a_0\zeta$，坐标原点取在凸轮曲线的起点 a_0。

在动坐标系 $\xi a_0\zeta$ 中，凸轮理论轮廓曲线的方程如下。

在 a_0a_1 段上任一点的坐标 ζ 与坐标 ξ 之间的关系，即曲线方程为

$$\zeta = R_1 - \sqrt{R_1^2 - \xi^2} \qquad [0, L_1] \tag{3-55}$$

在 a_2a_3 段上任一点的坐标 ζ 与坐标 ξ 之间的关系，即曲线方程为

$$\zeta = W - R_2 + \sqrt{R_2^2 - (\xi - L)^2} \qquad [L_2, L] \tag{3-56}$$

在 a_1a_2 段上任一点的坐标 ζ 与坐标 ξ 之间的关系，即直线方程为

$$\zeta = R_1 - \sqrt{R_1^2 - L_1^2} + \frac{W - R_2 + \sqrt{R_2^2 - (L_2 - L)^2} - R_1 + \sqrt{R_1^2 - L_1^2}}{L_2 - L_1}(\xi - L_1)$$
$$(L_1, L_2) \tag{3-57}$$

根据两坐标系之间的关系，有

$$\begin{aligned} \zeta &= x_1 \\ \xi &= x \end{aligned} \tag{3-58}$$

将式（3-58）代入式（3-55）～式（3-57），再根据传速比的定义 $k_1 = \dfrac{\mathrm{d}x_1}{\mathrm{d}x}$，可得平动-平动凸轮机构的传速比为

$$\begin{aligned} k_1 &= \frac{x}{\sqrt{R_1^2 - x^2}} && [0, L_1] \\ k_1 &= \frac{W - R_2 + \sqrt{R_2^2 - (L_2 - L)^2} - R_1 + \sqrt{R_1^2 - L_1^2}}{L_2 - L_1} && (L_1, L_2) \\ k_1 &= \frac{L - x}{\sqrt{R_2^2 - (x - L)^2}} && [L_2, L] \end{aligned} \tag{3-59}$$

若凸轮理论轮廓曲线是一直线段，则位移关系和机构传速比为

$$x_1 = \frac{W}{L}x \qquad [0, L]$$

$$k_1 = \frac{W}{L}$$

2）平动-平面回转凸轮机构的传速比

平动-平动回转凸轮机构如图 3-22 所示。取基础构件 0 与工作构件 1 起始接触点处所在机匣上的 O 点为原点建立固定于机匣上的整体坐标系，Ox 为横坐标轴，x 表示基础构件的位移，θ 表示工作构件的角位移。O_2 为机匣上的点，工作构件 1 可绕 O_2 转动。凸轮轮廓在基础构件上，且为一直线段。建立如图 3-22 所示动坐标系 $\xi O_1\zeta$，O_1 点为凸轮理论轮廓曲线的起点。

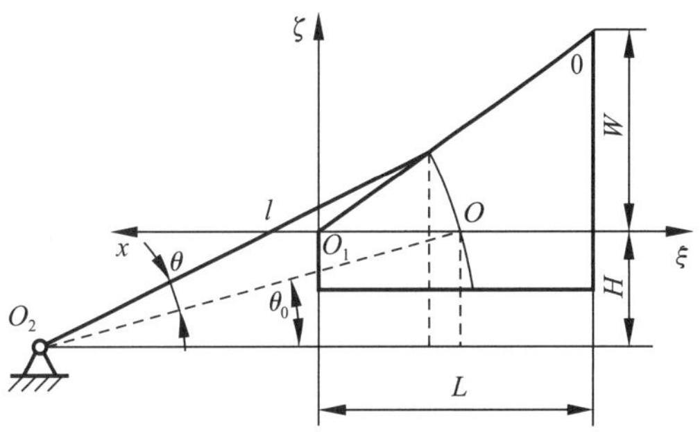

图 3-22　平动-平面回转凸轮机构简图

在动坐标系 $\xi O_1\zeta$ 中，凸轮理论轮廓曲线方程为

$$\zeta = \frac{W}{L}\xi \tag{3-60}$$

根据几何关系，两坐标系之间的关系为

$$l[\cos\theta_0 - \cos(\theta+\theta_0)] + \xi = x$$

$$\sin(\theta+\theta_0) = \frac{\zeta + H}{l} \tag{3-61}$$

将式（3-60）代入式（3-61），可解得 θ 与 x 的关系式为

$$\sin(\theta+\theta_0) - \frac{W}{L}\cos(\theta+\theta_0) = \frac{W}{Ll}x - \frac{W}{L}\cos\theta_0 + \frac{H}{l} \tag{3-62}$$

上式对 x 求导，有

$$\left[\cos(\theta+\theta_0) + \frac{W}{L}\sin(\theta+\theta_0)\right]\frac{\mathrm{d}\theta}{\mathrm{d}x} = \frac{W}{Ll}$$

根据传速比的定义有

$$k_1 = \frac{\omega}{v} = \frac{\mathrm{d}\theta}{\mathrm{d}x} = \frac{W}{l}\,\frac{1}{L\cos(\theta+\theta_0) + W\sin(\theta+\theta_0)} \tag{3-63}$$

根据式（3-62）和式（3-63）即可求出传速比随基础构件位移 x 变化的数值。

3.2.3　机构传动效率

在推导自动机机构运动微分方程时，为了考虑约束反力中的摩擦力对运动的影响，曾引入了传动效率的概念，它是考虑机构传动过程中能量损失的系数，其值小于 1。由式（3-25）知，由基础构件 0 传动到工作构件 1 的传动效率可写成

$$\eta_1 = \frac{R_1}{R}k_1 \tag{3-64}$$

式中　R——0 构件所受约束反力在其速度方向上的投影合力，与其速度方向相反；

R_1——1 构件所受约束反力在其速度方向上的投影合力，与其速度方向相同。

下面以几种典型机构为例说明机构传动效率的求法。

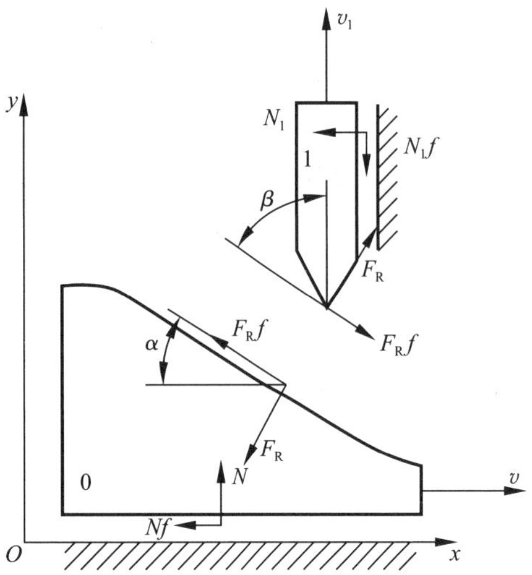

图 3-23　平动-平动凸轮机构的约束反力

1. 平动-平动凸轮机构的传动效率

平动-平动凸轮机构的基础构件和工作构件所受约束反力如图 3-23 所示，其中 F_R 和 F_Rf 为基础构件和工作构件接触面处相互作用的约束反力，f 为摩擦系数，N、Nf 和 N_1、N_1f 分别为基础构件和工作构件与机匣导轨的约束反力。

由于 0 构件所受外力平行于 Ox 轴，构件受到约束后只能沿导轨方向运动，所以 0 构件所受各约束反力在 y 方向上的投影总和为 0，于是

$$N = F_R(\cos\alpha - f\sin\alpha)$$

0 构件所受约束反力在 x 方向上的投影总和 R 为

$$R = F_R(\sin\alpha + f\cos\alpha) + Nf$$

将 N 代入上式并略去 f^2 项，得

$$R = F_R(\sin\alpha + 2f\cos\alpha)$$

同样，由于 1 构件的外力平行于 Oy 轴，构件受约束后只能沿其运动导轨运动，所以 1 构件所受各约束反力在 x 方向上的投影总和为 0，于是

$$N_1 = F_R(\cos\beta + f\sin\beta)$$

1 构件所受约束反力在 y 方向上的投影总和 R_1 为

$$R_1 = F_R(\sin\beta - f\cos\beta) - N_1 f$$

将 N_1 代入上式并略去 f^2 项，得

$$R_1 = F_R(\sin\beta - 2f\cos\beta)$$

所以，力换算系数为

$$\frac{k_1}{\eta_1} = \frac{R}{R_1} = \frac{\sin\alpha + 2f\cos\alpha}{\sin\beta - 2f\cos\beta} \tag{3-65}$$

式中　α——凸轮轮廓曲线切线与 0 构件运动方向之间的夹角；

β——凸轮轮廓曲线切线与 1 构件运动方向之间的夹角。

当 $\alpha+\beta=90°$时，力换算系数为

$$\frac{k_1}{\eta_1} = \frac{\sin\alpha + 2f\cos\alpha}{\cos\alpha - 2f\sin\alpha} = \frac{\tan\alpha + 2f}{1 - 2f\tan\alpha} \tag{3-66}$$

由式（3-65）可以看出，力换算系数仅与机构的结构参数及摩擦系数有关。当 $f=0$ 时，效率 $\eta_1=1$，因此传速比为

$$k_1 = \left(\frac{R}{R_1}\right)_{f=0} = \frac{\sin\alpha}{\sin\beta} \tag{3-67}$$

此式与由极速度图法求得的结果式（3-50）相同。

当 $\alpha+\beta=90°$时，传速比为

$$k_1=\left(\frac{R}{R_1}\right)_{f=0}=\tan\alpha \tag{3-68}$$

传动效率为

$$\eta_1=\frac{R_1}{R}k_1=\frac{F_R(\sin\beta-2f\cos\beta)}{F_R(\sin\alpha+2f\cos\alpha)}\frac{\sin\alpha}{\sin\beta}=\frac{1-2f\cot\beta}{1+2f\cot\alpha} \tag{3-69}$$

当 $\alpha+\beta=90°$，传动效率为

$$\eta_1=\frac{1-2f\tan\alpha}{1+2f\cot\alpha} \tag{3-70}$$

质量换算系数为

$$\frac{k_1^2}{\eta_1}=\frac{R}{R_1}\left(\frac{R}{R_1}\right)_{f=0}=\frac{\sin\alpha+2f\cos\alpha}{\sin\beta-2f\cos\beta}\frac{\sin\alpha}{\sin\beta} \tag{3-71}$$

当 $\alpha+\beta=90°$时，质量换算系数为

$$\frac{k_1^2}{\eta_1}=\frac{\tan\alpha+2f}{1-2f\tan\alpha}\tan\alpha \tag{3-72}$$

2. 平动-平面回转凸轮机构的传动效率

平动-平面回转凸轮机构的基础构件和工作构件所受约束反力如图 3-24 所示。

0 构件所受约束反力在其运动方向上的投影总和为

$$R=F_R(\sin\alpha+f\cos\alpha)+Nf$$

但是 $$N=F_R(\cos\alpha-f\sin\alpha)$$

将 N 代入前式并略去 f^2 项，可得

$$R=F_R(\sin\alpha+2f\cos\alpha)$$

利用 1 构件对回转点 O 取矩，可得 v_1 方向的总约束反力为

$$R_1=F_R(\sin\beta-f\cos\beta)$$

所以，力换算系数为

$$\frac{k_1}{\eta_1}=\frac{R}{R_1}=\frac{\sin\alpha+2f\cos\alpha}{\sin\beta-f\cos\beta} \tag{3-73}$$

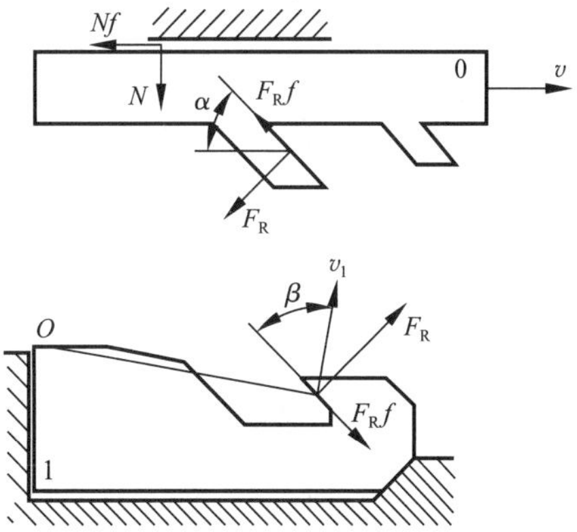

图 3-24　平动-平面回转凸轮机构的约束反力

传速比为

$$k_1=\left(\frac{R}{R_1}\right)_{f=0}=\frac{\sin\alpha}{\sin\beta} \tag{3-74}$$

传动效率为

$$\eta_1=\frac{R_1}{R}k_1=\frac{\sin\beta-f\cos\beta}{\sin\alpha+2f\cos\alpha}\frac{\sin\alpha}{\sin\beta}=\frac{1-f\cot\beta}{1+2f\cot\alpha} \tag{3-75}$$

质量换算系数为

$$\frac{k_1^2}{\eta_1}=\frac{\sin\alpha+2f\cos\alpha}{\sin\beta-f\cos\beta}\,\frac{\sin\alpha}{\sin\beta} \tag{3-76}$$

3. 平动-空间回转凸轮机构的传动效率

图 3-25 为纵动旋转闭锁式炮闩在闭锁时所受约束反力的分析图。它属于平动-空间回转凸轮机构。由图 3-25（a）可以看出，在闭锁时，闩座 0 向左运动，闩体抽筒钩前端面抵在不动的炮身上，因此闩体 1 只做旋转运动，其余受力图如图 3-25（b）～（e）所示。

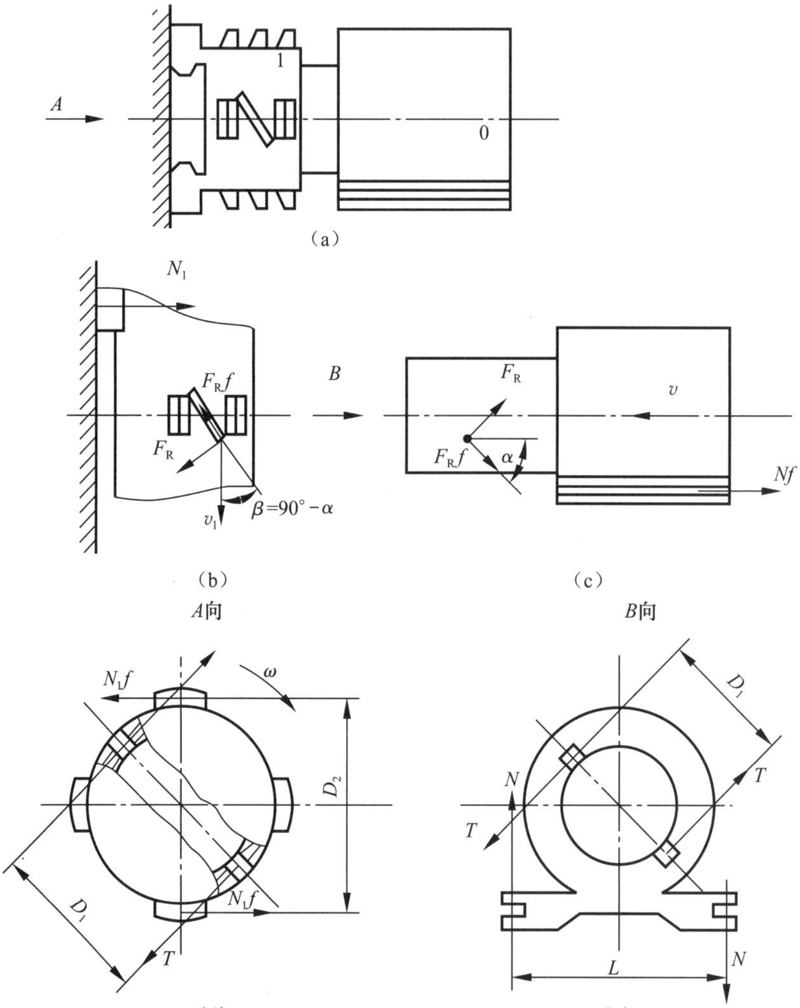

图 3-25　平动-空间回转凸轮机构的约束反力

（a）结构简图；（b）闩体在其曲线槽中径向展开面上的受力；（c）闩座的受力；
（d）闩体的 A 向受力分析；（e）闩座的 B 向受力分析

为求传动效率等，分别列出两构件的约束反力的平衡方程。对构件 1［受力分析如

图 3-25（c）（e）所示］得

$$N_1 = F_R(\sin\alpha + f\cos\alpha)$$
$$T = F_R(\cos\alpha - f\sin\alpha)$$

在 ω 方向上的约束反力矩总和为

$$M_1 = TD_1 - N_1 fD_2$$

将 T、N_1 代入，整理并略去 f^2 项后得

$$M_1 = F_R D_1\left(\cos\alpha - f\sin\alpha - \frac{D_2}{D_1}f\sin\alpha\right)$$

对构件 0［受力分析如图 3-25（b）（d）所示］，在运动方向上约束反力的总和为

$$R = 2F_R(\sin\alpha + f\cos\alpha) + 2Nf$$

且

$$NL = TD_1$$

将 T 代入得

$$N = \frac{D_1}{L}F_R(\cos\alpha - f\sin\alpha)$$

将 N 代入，整理并略去 f^2 项得

$$R = 2F_R\left(\sin\alpha + f\cos\alpha + \frac{D_1}{L}f\cos\alpha\right)$$

因此，力换算系数为

$$\frac{k_1}{\eta_1} = \frac{R}{M_1} = \frac{1}{r_1}\frac{\tan\alpha + f + \dfrac{D_1}{L}f}{1 - f\tan\alpha - \dfrac{D_2}{D_1}f\tan\alpha} \tag{3-77}$$

传速比为

$$k_1 = \left(\frac{R}{M_1}\right)_{f=0} = \frac{1}{r_1}\tan\alpha \tag{3-78}$$

传动效率为

$$\eta_1 = \frac{M_1}{R}k_1 = \frac{1 - \left(1 + \dfrac{D_2}{D_1}\right)f\tan\alpha}{1 + \left(1 + \dfrac{D_1}{L}\right)f\cot\alpha} \tag{3-79}$$

质量换算系数为

$$\frac{k_1^2}{\eta_1} = \frac{R}{M_1}k_1 = \frac{1}{r_1^2}\frac{\tan\alpha + f + \dfrac{D_1}{L}f}{1 - f\tan\alpha - \dfrac{D_2}{D_1}f\tan\alpha}\tan\alpha \tag{3-80}$$

4. 平动-双臂杠杆-平动凸轮机构的传动效率

平动-双臂杠杆-平动凸轮机构的各构件所受约束反力如图 3-26 所示。机构传动时，基础构件 0 和工作构件 1 所受约束反力在其速度方向上投影的总和分别为

$$R = F_{R1}(\sin\alpha + 2f\cos\alpha)$$

$$R_1 = F_{R2}(\sin\beta - 2f\cos\beta)$$

式中 α——构件 0 与双臂杠杆 C 点接触的面对其运动方向的夹角；

β——构件 1 与双臂杠杆 D 点接触的面对其运动方向的夹角。

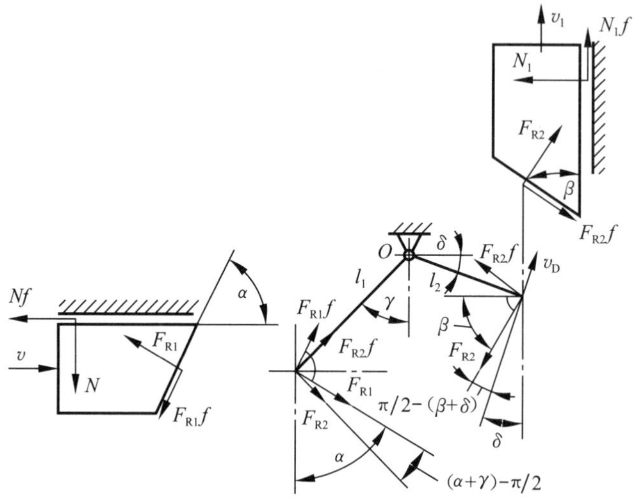

图 3-26 平动-双臂杠杆-平动凸轮机构的约束反力

如果忽略双臂杠杆转轴处的摩擦，并略去双臂杠杆质量的影响，则双臂杠杆两臂端点 C 和 D 所承受的约束反力对回转轴的力矩应相等，即

$$\left[F_{R1}\cos\left(\alpha+\gamma-\frac{\pi}{2}\right)-F_{R1}f\sin\left(\alpha+\gamma-\frac{\pi}{2}\right)\right]l_1 =$$

$$\left[F_{R2}\cos\left(\frac{\pi}{2}-\beta-\delta\right)-F_{R2}f\sin\left(\frac{\pi}{2}-\beta-\delta\right)\right]l_2$$

由以上关系式整理得

$$\frac{F_{R2}}{F_{R1}} = \frac{l_1}{l_2}\frac{\sin(\alpha+\gamma)[1+f\cot(\alpha+\gamma)]}{\sin(\beta+\delta)[1-f\cot(\beta+\delta)]}$$

机构的力换算系数为

$$\frac{k_1}{\eta_1} = \frac{R}{R_1} = \frac{\sin\alpha+2f\cos\alpha}{\sin\beta-2f\cos\beta}\frac{l_2}{l_1}\frac{\sin(\beta+\delta)[1-f\cot(\beta+\delta)]}{\sin(\alpha+\gamma)[1+f\cot(\alpha+\gamma)]} \tag{3-81}$$

传速比为

$$\frac{k_1}{\eta_1} = \left(\frac{R}{R_1}\right)_{f=0} = \frac{l_2}{l_1}\frac{\sin\alpha}{\sin\beta}\frac{\sin(\beta+\delta)}{\sin(\alpha+\gamma)} \tag{3-82}$$

传动效率为

$$\eta_1 = \frac{R_1}{R}k_1 = \frac{1-2f\cot\beta}{1+2f\cot\alpha}\frac{1+f\cot(\alpha+\gamma)}{1-f\cot(\beta+\delta)} \tag{3-83}$$

质量换算系数为

$$\frac{k_1^2}{\eta_1}=\frac{R}{R_1}\left(\frac{R}{R_1}\right)_{f=0}=\left(\frac{l_2}{l_1}\right)^2\frac{\sin\alpha+2f\cos\alpha}{\sin\beta-2f\cos\beta}\frac{\sin^2(\beta+\delta)[1-f\cot(\beta+\delta)]}{\sin^2(\alpha+\gamma)[1+f\cot(\alpha+\gamma)]}\frac{\sin\alpha}{\sin\beta} \tag{3-84}$$

5. 平动-滚柱-平动凸轮机构的传动效率

西德 G3 自动步枪闭锁机构开锁加速过程如图 3-27 所示（仅画出一半），各构件所受约束反力如图 3-27 所示。

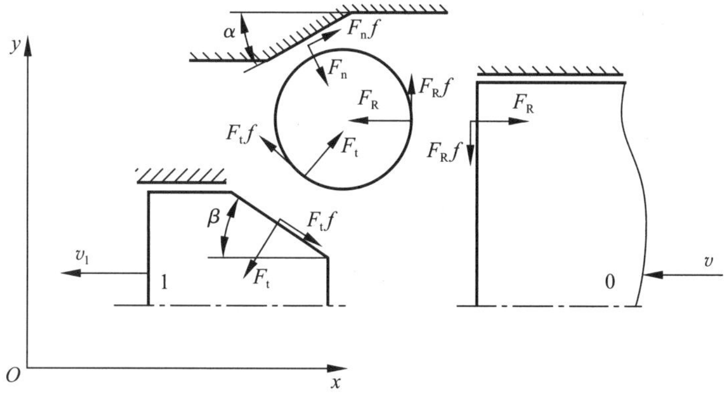

图 3-27　平动-滚柱-平动凸轮机构的约束反力

机头 0 所受约束反力在其速度方向上投影的总和为

$$R=F_R$$

机体 1 所受约束反力在其速度方向上投影的总和为

$$R_1=2F_t(\sin\beta-f\cos\beta)$$

如果忽略滚柱质量引起的惯性力，滚柱所受各约束反力应平衡。由约束反力在 x 轴方向投影，得

$$F_R=F_n(\sin\alpha+f\cos\alpha)+F_t(\sin\beta-f\cos\beta)$$

由约束反力在 y 轴方向的投影得

$$F_Rf=F_n(\cos\alpha-f\sin\alpha)-F_t(\cos\beta+f\sin\beta)$$

由以上两式消去 F_n 并略去 f^2 项得

$$\frac{F_t}{F_R}=\frac{\cos\alpha-2f\sin\alpha}{\sin(\alpha+\beta)}$$

机构的力换算系数为

$$\frac{k_1}{\eta_1}=\frac{R}{R_1}=\frac{\sin(\alpha+\beta)}{(\cos\alpha-2f\sin\alpha)(\sin\beta-f\cos\beta)} \tag{3-85}$$

传速比为

$$k_1=\left(\frac{R}{R_1}\right)_{f=0}=\frac{\sin(\alpha+\beta)}{\sin\beta\cos\alpha} \tag{3-86}$$

传动效率为

$$\eta_1=\frac{R_1}{R}k_1=\frac{\cos\alpha-2f\sin\alpha}{\sin(\alpha+\beta)}(\sin\beta-f\cos\beta)\frac{\sin(\alpha+\beta)}{\sin\beta\cos\alpha}$$
$$=(1-2f\tan\alpha)(1-f\cot\beta) \tag{3-87}$$

质量换算系数为

$$\frac{k_1^2}{\eta_1}=\frac{\sin^2(\alpha+\beta)}{(\cos\alpha-2f\sin\alpha)(\sin\beta-f\cos\beta)\sin\beta\cos\alpha} \tag{3-88}$$

3.2.4 机构撞击处理

研究撞击的理论有古典撞击理论和应力波理论两种。古典撞击理论是建立在刚体的冲量动量定理基础之上，故属于刚体力学。由此推导的公式在数学上最为简单，能求出物体撞击前后的速度及所施加的冲量的大小，可满足一般工程要求，但它不能描述由撞击产生的瞬时应力和瞬时应变，也不能说明接触点处的局部变形。应力波理论可以揭示撞击机理，能说明古典撞击理论不能说明的问题，但它比较复杂。因此，本节重点研究古典撞击理论及其在火炮与自动武器中的应用，而后对应力波理论作简要介绍。

1. 概述

1）自动机构件撞击现象

就自动机构件运动的某一时间段来讲，基础构件的运动是连续或渐变的，即构件的质量和作用于构件的力随时间连续地变化，在微小时间间隔内，构件的动量只发生微小变化。但是，就自动机构件运动的一个工作循环而言，基础构件的运动是不连续或间断的，也就是说，构件的质量或速度在某一位置某一时刻发生突变。例如，某些构件的突然脱离使基础构件的质量突减，而基础构件的速度做连续变化；某些构件突然加入运动使基础构件的质量突增，或机构传速比有突变，而基础构件的速度做不连续变化。在某些运动的特征点上，构件的位移做连续变化，而构件的速度不连续变化，即速度发生突变，称这种现象为撞击。

撞击过程大致可以分为两个阶段：变形阶段和恢复阶段。当相撞的两个构件开始接触时，沿接触面的公法线方向具有相对速度，由于这个速度的存在，相撞构件因惯性而相互挤压，从而引起变形，直到法向相对速度等于 0 为止，这一阶段称为变形阶段。此后，构件靠弹性部分或全部地恢复原形，直到两构件脱离接触为止，这一阶段称为恢复阶段。

自动机工作的一个显著特点是自动机几乎完全利用撞击来完成自动循环动作。如苏联 AK47 突击步枪，其自动机在一个工作循环过程中大致要发生如下的撞击：发射时，击锤撞击击针、击针撞击底火；后坐过程中，枪机框撞击击锤、枪机框开锁斜面撞击枪机开锁斜面、枪机框带动枪机后坐时的撞击、抛壳时药筒与抛壳挺的撞击、枪机框后坐到位与机匣的撞击；复进过程中，推弹凸笋与弹底的撞击、枪机与机匣预转斜面间的撞击、枪机框与枪机闭锁斜面间的撞击、高速运动的弹丸对坡膛的撞击、枪机框复进到位与机匣的撞击等。由此可见，撞击在自动机上的应用非常广泛。

2）撞击对武器性能的影响

从上面的例子不难看出，在自动机构件的运动中，撞击是必不可少的一种运动形式。那么，自动机的运动为什么要采用撞击？撞击会给自动机运动带来什么影响呢？

撞击是自动机构件间传递运动或能量的一种有效方式。从运动学角度讲，撞击是一种特殊的运动形式，它可使构件在瞬间获得较大的运动速度或能量，大大地缩短了机构的运动时间，可提高武器的射速；从传递运动的形式上讲，撞击可以通过较简单的结构完成较复杂的运动，使武器的结构设计简单化。因此，在火炮与自动武器的结构设计上，大量采用了撞击这一传递能量或运动的形式。如通过正撞击可实现平动向平动的运动传递，通过斜撞击可实现平动向转动的运动传递。

撞击是吸收能量的一种技术途径。在撞击过程中，伴随有一定的能量损失。所以，在一定条件下，可以用来实现某些设计上的要求。例如，利用撞击吸收能量以降低武器射速，如 57 式 7.62 mm 重机枪通过构件后坐到位的多次撞击，减少了复进的初速；或者用以防止构件复进到位的反跳，如美国 M16 自动步枪上套管内的惯性体、59 式 12.7 mm 航空机枪复进到位的防跳锁等。

撞击会带来较大的能量损失，使自动机工作可靠性变差。如在恶劣条件下射击时，由于撞击时的能量损失，有可能使基础构件后坐或复进不到位。再如抽弹和推弹时的撞击，可能使弹丸脱落或缩进药筒。

撞击使构件运动平稳性变差，影响武器的连发射击精度。基础构件在后坐和复进过程中的一系列撞击使其速度发生较大变化，影响了运动的平稳性；在后坐和复进到位过程中的撞击，会使武器射击稳定性变坏，对武器的连发射击精度影响较大。

构件之间的撞击影响零件的强度。构件相互撞击时将产生巨大的撞击力，有时在撞击接触面处会产生局部变形，影响了零件的强度。

3）研究撞击的目的

基于上述原因，不论是设计新武器还是分析已有武器，对构件间撞击的研究都十分重要，其目的首先是分析和计算以撞击方式完成运动传递的构件在撞击点的速度诸元，为下一阶段自动机运动计算提供数据，以便进行自动机整个自动循环的运动计算及计算武器射速。其次，确定自动机构件在撞击时的速度变化大小和能量损失，检查自动机的运动平稳性和工作可靠性。最后，计算撞击时构件间所产生的撞击力，为分析计算零件的强度做准备。

4）研究撞击时的一些基本假设

（1）在撞击过程中，非撞击力的冲量忽略不计。

（2）在撞击过程中，构件的位移和时间忽略不计。

5）研究撞击的方法

在自动武器上，撞击发生在具有一定几何形状和尺寸的构件之间。但为使研究简化，自动武器上研究撞击的方法是：将每个构件都用一个质点来替换，并把质点（替换点）取在撞击接触点的附近，即不考虑构件质心位置的影响，或者说把所有撞击都处理为对心撞击，然后，利用物理学上的撞击理论进行研究。

2. 正撞击

1）正撞击的定义

两构件撞击时，质心的速度在同一条直线上的撞击，或撞击前后构件质心的速度方向与撞击冲量方向一致为正撞击。

2）正撞击理论的计算公式

在自动机各机构运动中，很多构件是沿同一方向做直线运动，为此，在自动机中所遇到的正撞击，一般是做直线运动的构件之间的正撞击，如图 3-28 所示。构件 A、B 发生正撞击，其质量分别为 m_A、m_B，撞击前各自的速度为 $\boldsymbol{v}_A$、$\boldsymbol{v}_B$。

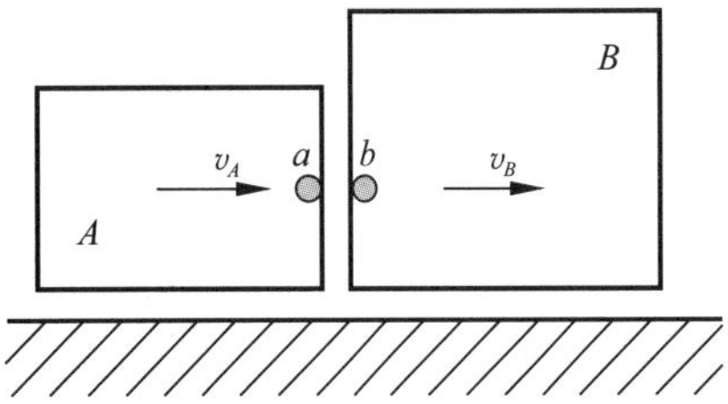

图 3-28 两构件正撞击

根据自动机上研究撞击的方法，取两构件撞击接触点附近的点 a 和 b 作为替换点，则替换质量分别为

$$m_0 = m_A$$

$$m_1 = m_B$$

替换点的速度分别为

$$\boldsymbol{v} = \boldsymbol{v}_A$$

$$\boldsymbol{v}_1 = \boldsymbol{v}_B$$

这样，问题就转化为两个质点的对心正撞击，如图 3-29 所示。

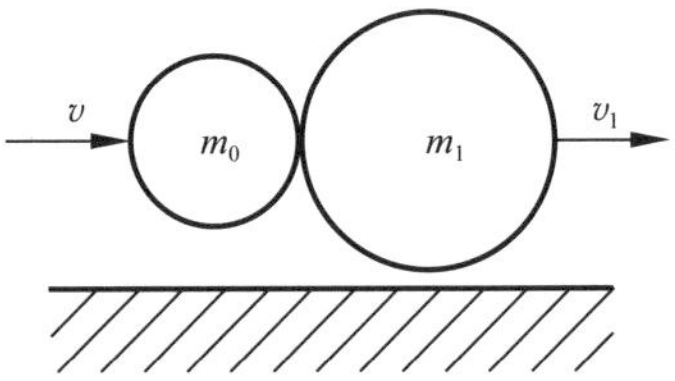

图 3-29 两构件正撞击理论模型

根据撞击的基本假设，该系统动量守恒。设撞击后两质点的速度分别为 $\boldsymbol{v}'$ 和 $\boldsymbol{v}_1'$，则有

$$m_0\boldsymbol{v} + m_1\boldsymbol{v}_1 = m_0\boldsymbol{v}' + m_1\boldsymbol{v}_1' \tag{3-89}$$

实验证明，撞击后和撞击前，在冲量方向上两构件相对速度的绝对值之比为常数，其大小主要取决于撞击构件的材料性质。其关系式可写为（$v>v_1$ 时）

$$b = \frac{v_1' - v'}{v - v_1} \tag{3-90}$$

b 称为恢复系数。对于任何形状的物体，通过测量其撞击前后的速度，利用上式即可计算出恢复系数 b。最初 b 被认为唯一由材料性质决定，但根据反映振动效应的测量和分析表明，b 与撞击物体的质量、形状以及相对速度都有关。对于自动机的钢制零件间的

撞击，一般取 $b=0.3\sim0.55$。

这样，在 m_0、m_1、$\boldsymbol{v}$ 和 $\boldsymbol{v}_1$ 已知时，可由式（3-89）和式（3-90）求出撞击后的速度 $\boldsymbol{v}'$ 和 $\boldsymbol{v}_1'$，即

$$\boldsymbol{v}' = \boldsymbol{v} - \frac{m_1}{m_0+m_1}(1+b)(\boldsymbol{v}-\boldsymbol{v}_1) \tag{3-91}$$

$$\boldsymbol{v}_1' = \boldsymbol{v}_1 + \frac{m_0}{m_0+m_1}(1+b)(\boldsymbol{v}-\boldsymbol{v}_1) \tag{3-92}$$

当 $b=0$ 时，撞击后两构件的速度相等，即

$$\boldsymbol{v}' = \boldsymbol{v}_1' = \frac{m_0\boldsymbol{v}+m_1\boldsymbol{v}_1}{m_0+m_1} \tag{3-93}$$

这表明撞击后构件的变形完全不恢复，两构件不再分开。两个绝对非弹性体之间的撞击就属于这种情况，称为塑性撞击。

当 $b=1$ 时，有

$$\boldsymbol{v}_1' - \boldsymbol{v}' = \boldsymbol{v} - \boldsymbol{v}_1 = -(\boldsymbol{v}_1 - \boldsymbol{v}) \tag{3-94}$$

这表明撞击后构件的变形完全恢复，两构件撞击前后相对速度的绝对值相等，但符号相反。两个完全弹性物体之间的撞击就属于这种情况，称为完全弹性撞击。

当 $0<b<1$ 时，两构件撞击后具有不同的运动速度，见式（3-91）和式（3-92），称为弹性撞击。这种情况最为普遍。

除完全弹性撞击外，撞击构件在撞击过程中，恢复阶段的冲量总是小于变形阶段的冲量。也就是说，总是有部分变形没有恢复和部分机械能转化为热能、声能而散失了，所以，撞击总是伴随有动能的损耗。撞击损耗的动能 ΔE 应为撞击前后系统总动能之差，或撞击前后构件 A 的动能减少量与构件 B 的动能增加量之差，即

$$\Delta E = \frac{1}{2}m_0(v^2 - v'^2) - \frac{1}{2}m_1(v_1'^2 - v_1^2)$$

将式（3-91）和式（3-92）代入上式，整理后得

$$\Delta E = \frac{1}{2}\,\frac{m_0 m_1}{m_0+m_1}(1-b^2)(v-v_1)^2 \tag{3-95}$$

3）正撞击在武器中的应用

根据撞击后两构件的速度是否一致，将自动机中的撞击分为撞击结合和撞击分离两种情况。

（1）撞击结合。两个速度原来不同的构件，经过撞击后连接在一起运动，称为撞击结合。撞击结合的结果是两构件的速度相等。一般而言，两个物体撞击后的速度相等意味着恢复系数 b 等于 0，即撞击为塑性撞击。但在自动机上，撞击结合并非恢复系数 b 等于 0，而是由于两构件在撞击后受到结构上的约束而无法分开，只能按同一速度运动，所以称为撞击结合。

下面以某自动步枪的枪机框带动枪机一起后坐为例，分析撞击后两构件的运动速度。

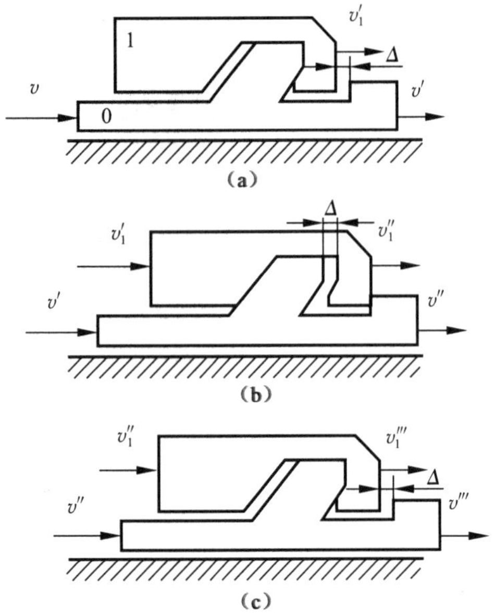

图 3-30 枪机框带动枪机的重复撞击

(a) 第 1 次撞击；(b) 第 2 次撞击；(c) 第 3 次撞击

枪机框与枪机之间虽然是双面约束，但二者之间存在纵向间隙 Δ，如图 3-30 所示。由于 Δ 的存在，撞击后枪机速度大于枪机框速度，如图 3-30（a）所示；当 Δ 消失后，枪机反过来撞击枪机框，枪机速度下降，枪机框速度上升，如图 3-30（b）所示；于是又产生枪机框撞击枪机，如图 3-30（c）所示。如此反复，在极短的时间间隔内会发生多次反复撞击。

考虑到枪机与枪机框之间的相对位移很小，因此，可以认为这种多次反复撞击是在极短的时间内完成的，且二者共同运动的绝对位移也极小。设撞击前枪机框的速度为 $\boldsymbol{v}$，枪机的速度为 $\boldsymbol{v}_1$，且 $\boldsymbol{v}_1=0$，由式（3-91）可得

$$\boldsymbol{v}_1'-\boldsymbol{v}'=-b(\boldsymbol{v}_1-\boldsymbol{v})$$

由此可得：

第 1 次撞击后　$\boldsymbol{v}_1'-\boldsymbol{v}'=b\boldsymbol{v}$

第 2 次撞击后　$\boldsymbol{v}_1''-\boldsymbol{v}''=-b(\boldsymbol{v}_1'-\boldsymbol{v}')=-b\cdot b\boldsymbol{v}$

第 3 次撞击后　$\boldsymbol{v}_1'''-\boldsymbol{v}'''=-b(\boldsymbol{v}_1''-\boldsymbol{v}'')=(-b)^2\cdot b\boldsymbol{v}$

…　　…

第 n 次撞击后　$\boldsymbol{v}_1^{(n)}-\boldsymbol{v}^{(n)}=(-b)^{n-1}\cdot b\boldsymbol{v}$

当 $n\to+\infty$ 时，$\boldsymbol{v}_1^{(n)}-\boldsymbol{v}^{(n)}\to 0$，即 $\boldsymbol{v}_1^{(+\infty)}=\boldsymbol{v}^{(+\infty)}$

根据动量守恒定律，有

$$m_0\boldsymbol{v}^{(+\infty)}+m_1\boldsymbol{v}_1^{(+\infty)}=m_0\boldsymbol{v}+m_1\boldsymbol{v}_1$$

故有

$$\boldsymbol{v}^{(+\infty)}=\boldsymbol{v}_1^{(+\infty)}=\frac{m_0\boldsymbol{v}}{m_0+m_1}$$

而根据 $b=0$，$\boldsymbol{v}_1=0$，直接由式（3-94）可得

$$\boldsymbol{v}'=\boldsymbol{v}_1'=\frac{m_0\boldsymbol{v}}{m_0+m_1} \tag{3-96}$$

以上两种不同的推导方法所得结果表明：

① 构件 A 和构件 B 经过无穷多次撞击后的速度与假设构件 A 和构件 B 为塑性撞击后的速度相同，即双面约束间发生的反复撞击可按塑性撞击进行计算。

② 撞击结合的实质是在很短的时间内两构件发生了多次撞击。

(2) 撞击分离。两构件在撞击后的速度不同，产生分离，称为撞击分离。

以炮闩后坐到位与炮箱的撞击为例，如图 3-31 所示，分析构件撞击后的速度。下

面按两种假设进行计算。

第一种假设：撞击时炮箱是自由的。若炮箱的质量为 m_1，撞击前的速度 $\boldsymbol{v}_1=0$，炮闩质量为 m_0，撞击前的速度为 $\boldsymbol{v}$，如图 3-31（a）所示，则由式（3-91）和式（3-92）可得撞击后炮闩和炮箱的速度分别为

$$\boldsymbol{v}'=\boldsymbol{v}-\frac{m_1}{m_0+m_1}(1+b)\boldsymbol{v}=-\frac{b-\frac{m_0}{m_1}}{1+\frac{m_0}{m_1}}\boldsymbol{v} \tag{3-97}$$

$$\boldsymbol{v}_1'=\frac{m_0}{m_0+m_1}(1+b)\boldsymbol{v}=\frac{\frac{m_0}{m_1}}{1+\frac{m_0}{m_1}}(1+b)\boldsymbol{v}$$

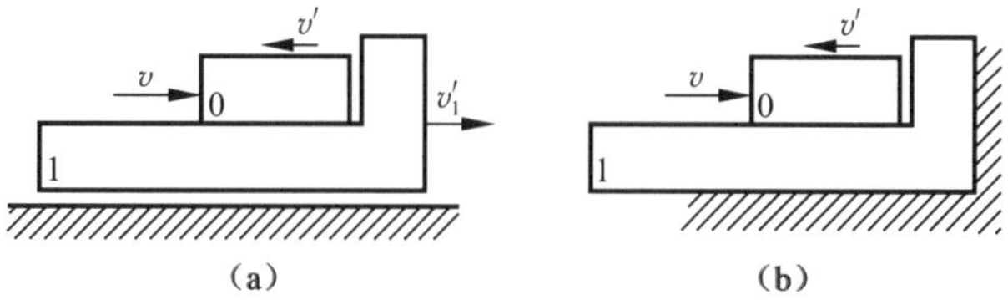

图 3-31　炮闩对炮箱的撞击

（a）炮箱自由；（b）炮箱固定

第二种假设：撞击时炮箱是固定不动的，如图 3-31（b）所示。可取 $m_1=+\infty$，则由以上两式可得撞击后炮闩和炮箱的速度分别为

$$\boldsymbol{v}'=-b\boldsymbol{v} \tag{3-98}$$

$$\boldsymbol{v}_1'=0$$

由两种假设所得结果可以看出，第一种假设的结果与相撞构件的质量比有关，而第二种假设的结果与相撞构件的质量比无关，而且第一种假设的计算结果小于第二种假设的计算结果。实际上，炮箱固定在炮架上并非完全刚性，而是存在一定间隙。所以，计算时采用第一种假设较为合理。

4）撞击中心在武器中的应用

由理论力学知，当绕定轴转动的物体受到外撞击冲量 I 作用时（如图 3-32 所示），不仅会使转动物体的角速度突然改变，同时还会使转轴处承受撞击冲量。该撞击冲量很大，容易造成转轴的损坏。

如果外撞击冲量的作用线垂直于转轴 O 与质心 G 的连线，而且作用在物体对称平面内的撞击中心 K 处，即满足下式

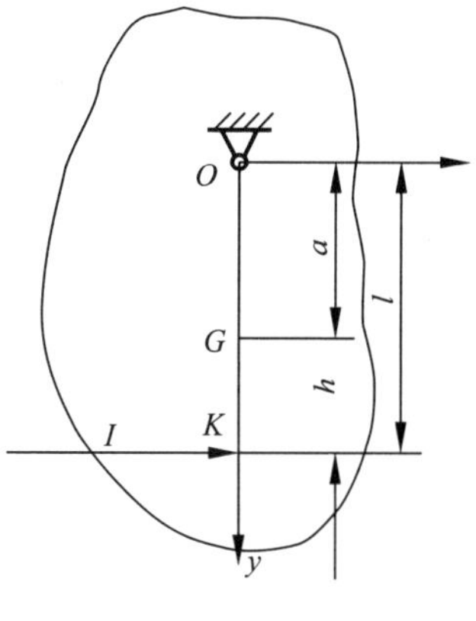

图 3-32　撞击中心

$$l=\frac{J_O}{ma}=\frac{\rho^2}{a} \tag{3-99}$$

式中 l——外撞击冲量作用点 K 到 O 的距离；

m——转动物体的质量；

J_O——物体对转轴 O 的转动惯量；

ρ——物体对转轴 O 的回转半径；

a——质心 G 到转轴 O 的距离。

故在转轴上不会产生撞击冲量。

根据转动惯量移轴公式

$$J_O=J_G+ma^2$$

即

$$\rho^2=\rho_G^2+a^2$$

且

$$l=a+h$$

代入式（3-99），有

$$a+h=\frac{\rho_G^2+a^2}{a}$$

化简后得

$$h=\frac{\rho_G^2}{a} \tag{3-100}$$

式中 h——质心 G 到撞击中心 K 的距离；

ρ_G——物体对质心 G 的回转半径。

在火炮与自动武器的结构设计上也广泛应用了“撞击中心”这一原理。如回转式击发机构中的击锤，当它被阻铁解脱时，在击锤簧的作用下便绕转轴回转打击击针，如图3-33所示。在设计时，若将击锤打击击针的撞击点恰好置于撞击中心处，或尽量靠近撞击中心，则可以消除或大大降低转轴所承受的撞击力，有利于保证转轴的强度。

对于手提式武器而言，由于弹丸在膛内运动时期火药燃气作用于膛底的膛底合力作用时间很短，可以视为对武器的撞击力，其冲量等于火药燃气的全冲量。若此冲量的作用点在撞击中心附近，就可以消除或减少作用在操作者手上即 O 点的力，如图3-34所示。

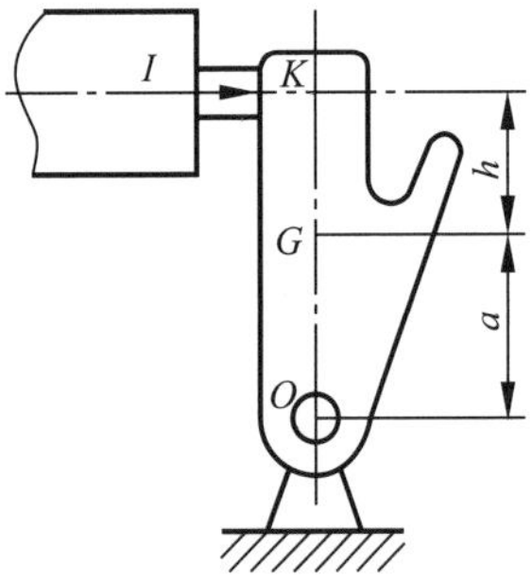

图3-33 击锤打击击针

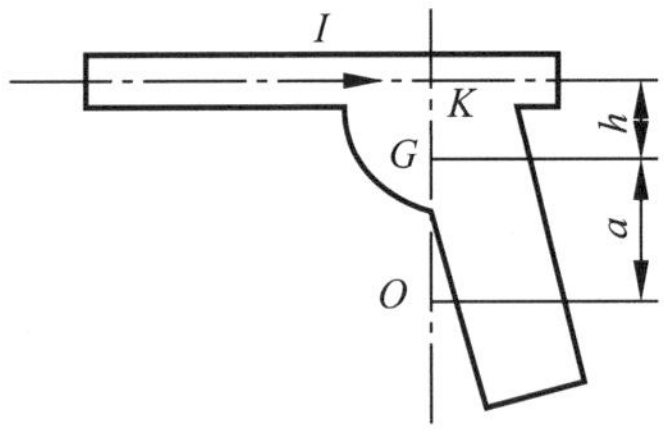

图3-34 手枪发射

3. 斜撞击

1）斜撞击的定义

两构件在撞击前后质心的速度不在同一条直线上的撞击，或撞击前后构件质心的速度方向与撞击冲量方向不一致，称为斜撞击。

2）几点假设

除了在研究正撞击时所作的假设外，在研究斜撞击时补充以下假设：

（1）撞击时，两构件接触点处的公法线方向为撞击冲量方向。因撞击时的约束反力在理想情况下是沿接触面的法线，故此假设合理。

（2）撞击后与撞击前，两构件在撞击点公法线上的相对速度之比的绝对值为常数，即恢复系数为常数。因两构件撞击时的变形和恢复都是沿冲量作用线进行的，故此假设也是合理的。

3）斜撞击理论的计算公式

现以两个构件组成的简单凸轮机构发生撞击为例（如图 3-35 所示），分析斜撞击问题。

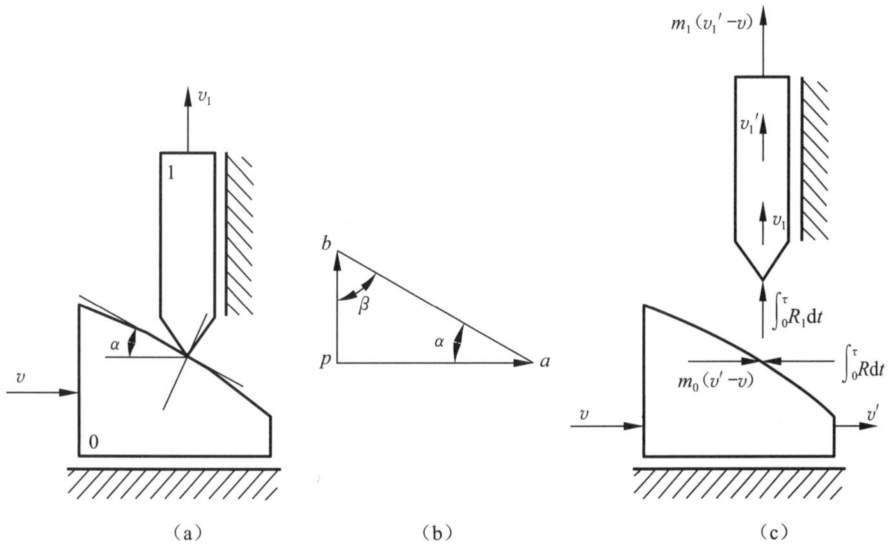

图 3-35 凸轮机构的斜撞击

（a）机构简图；（b）极速度图；（c）动量与冲量

设凸轮构件 0、1 的质量分别为 m_0 和 m_1，撞击前的速度分别为 $\boldsymbol{v}$ 和 $\boldsymbol{v}_1$，在图 3-35（a）所示位置发生撞击。同样，研究斜撞击时也取替换点，在此取构件 0 的替换点为 0 点，构件 1 的替换点为 1 点。

（1）撞击位置的传速比 k_1。由图 3-35（b）的极速度图知

$$k_1=\frac{|\boldsymbol{pb}|}{|\boldsymbol{pa}|}=\frac{\sin\alpha}{\sin\beta}$$

(2) 构件 0、1 发生撞击的条件。构件 0 要与构件 1 发生撞击，必须使构件 0 在接触点的法线方向上的速度值大于构件 1 在接触点的法线方向上的速度值，即

$$v\sin\alpha > v_1\sin\beta$$

上式可写作为

$$v > v_1\frac{1}{\dfrac{\sin\alpha}{\sin\beta}} = \frac{v_1}{k_1}$$

式中，v_1/k_1 可以理解为 $\boldsymbol{v}_1$ 换算到 $\boldsymbol{v}$ 方向上的量。

(3) 斜撞击理论的计算公式。图 3-35 (c) 表示了机构在非理想情况下撞击时，解除约束后作用于构件 0、1 速度方向上的动量与冲量。根据斜撞击的基本假设，该系统动量守恒。以构件 0 为研究对象，列出动量方程，有

$$m_0(\boldsymbol{v}-\boldsymbol{v}') = \int_0^{\tau}\boldsymbol{R}\mathrm{d}t$$

式中 $\boldsymbol{v}'$——撞击后构件 0 的速度；

$\boldsymbol{R}$——作用于构件 0 的撞击力在其速度方向上的分量；

τ——撞击时间。

以构件 1 为研究对象，列出动量方程，有

$$m_1(\boldsymbol{v}_1'-\boldsymbol{v}_1) = \int_0^{\tau}\boldsymbol{R}_1\mathrm{d}t$$

式中 $\boldsymbol{v}_1'$——撞击后构件 1 的速度。

$\boldsymbol{R}_1$——作用于构件 1 的撞击力在其速度方向上的分量。

撞击力分量 $\boldsymbol{R}$ 与 $\boldsymbol{R}_1$ 之间的关系为

$$\eta_1 = \frac{R_1\mathrm{d}y}{R\mathrm{d}x} = \frac{R_1}{R}k_1$$

即

$$R = R_1\frac{k_1}{\eta_1}$$

η_1 为撞击位置由构件 0 传动到构件 1 的传动效率。由于撞击时两构件的位移不变，所以，传速比 k_1 和传动效率 η_1 不变，因此有

$$m_0(\boldsymbol{v}-\boldsymbol{v}') = \frac{k_1}{\eta_1}\int_0^{\tau}\boldsymbol{R}_1\mathrm{d}t$$

由此得

$$m_0(\boldsymbol{v}-\boldsymbol{v}') = \frac{k_1^2}{\eta_1}m_1\left(\frac{\boldsymbol{v}_1'}{k_1}-\frac{\boldsymbol{v}_1}{k_1}\right) \tag{3-101}$$

这就是系统在构件 0 速度方向上的动量守恒方程。

由假设 (2) 知，斜撞击时的恢复系数为

$$b = \frac{v_1'\sin\beta - v'\sin\alpha}{v\sin\alpha - v_1\sin\beta} = \frac{\dfrac{v_1'}{k_1}-v'}{v-\dfrac{v_1}{k_1}} \tag{3-102}$$

由式（3-101）和式（3-102）联立求解，得

$$\boldsymbol{v}' = \boldsymbol{v} - \frac{\dfrac{k_1^2}{\eta_1}m_1}{m_0 + \dfrac{k_1^2}{\eta_1}m_1}(1+b)\left(\boldsymbol{v} - \frac{\boldsymbol{v}_1}{k_1}\right) \tag{3-103}$$

$$\boldsymbol{v}_1' = \boldsymbol{v}_1 + \frac{m_0}{m_0 + \dfrac{k_1^2}{\eta_1}m_1}(1+b)(k_1\boldsymbol{v} - \boldsymbol{v}_1) \tag{3-104}$$

比较式（3-91）和式（3-103），以及式（3-92）和式（3-104）可见，斜撞击可换算为构件 0 速度方向上的正撞击，被撞构件 1 在撞击构件 0 速度方向上的相当速度为 v_1/k_1，而其相当质量为 $\dfrac{k_1^2}{\eta_1}m_1$。

参照正撞击能量损失公式可直接写出斜撞击能量损失公式为

$$\Delta E = \frac{1}{2}\frac{m_0 m_1 \dfrac{k_1^2}{\eta_1}}{m_0 + \dfrac{k_1^2}{\eta_1}m_1}(1-b^2)\left(v - \frac{v_1}{k_1}\right)^2 \tag{3-105}$$

（4）讨论。对于回转构件，可用替换质量代替实际质量，即

$$m_0 = \frac{J_0}{r_0^2}$$

$$m_1 = \frac{J_1}{r_1^2}$$

式中　J_0——构件 0 对其回转轴的转动惯量；

J_1——构件 1 对其回转轴的转动惯量；

r_0——构件 0 的替换点到回转轴的距离；

r_1——构件 1 的替换点到回转轴的距离。

当 $k_1=1$、$\eta_1=1$ 时，两构件斜撞击计算公式即为两构件正撞击计算公式，也就是说，正撞击是斜撞击的一个特例。

当 $b=0$ 时，可得两个绝对非弹性体之间的斜撞击公式：

$$\boldsymbol{v}' = \boldsymbol{v} - \frac{\dfrac{k_1^2}{\eta_1}m_1}{m_0 + \dfrac{k_1^2}{\eta_1}m_1}\left(\boldsymbol{v} - \frac{\boldsymbol{v}_1}{k_1}\right)$$

$$= \frac{m_0\boldsymbol{v} + \dfrac{k_1^2}{\eta_1}m_1\dfrac{\boldsymbol{v}_1}{k_1}}{m_0 + \dfrac{k_1^2}{\eta_1}m_1} \tag{3-106}$$

$$\boldsymbol{v}_1' = k_1\boldsymbol{v}' \tag{3-107}$$

将式（3-106）和式（3-107）分别与式（3-93）对比可见，两个绝对非弹性体正撞击的结果是两构件的速度相等，而两个绝对非弹性体斜撞击的结果是两构件的速度之比为机构的传速比。

当 $b=1$ 时，有

$$\frac{\boldsymbol{v}_1'}{k_1}-\boldsymbol{v}'=\boldsymbol{v}-\frac{\boldsymbol{v}_1}{k_1}=-\left(\frac{\boldsymbol{v}_1}{k_1}-\boldsymbol{v}\right) \tag{3-108}$$

此式表明，在斜撞击前后，两个完全弹性体在撞击构件速度方向上相对速度的绝对值相等，但符号相反。

4）斜撞击在武器中的应用

与正撞击一样，斜撞击也可分为撞击分离和撞击结合两种情形。

（1）撞击分离。自动机为了完成开、闭锁动作，一般都是通过做直线运动的主动构件上的开、闭锁斜面与不动的从动件上对应的开、闭锁斜面发生斜撞击完成的。当机构为单面约束时，即从动构件可向开锁方向或闭锁方向自由运动，就属于撞击分离。

现以捷克 59 式 7.62 mm 机枪卡铁摆动式闭锁机构的开、闭锁动作为例进行分析。

假设在撞击过程中，机匣固定不动。枪机框的质量为 m_A，卡铁质量为 m_B，撞击前枪机框的速度为 $\boldsymbol{v}_A$，卡铁速度 $\boldsymbol{v}_B=0$，如图 3-36 所示。

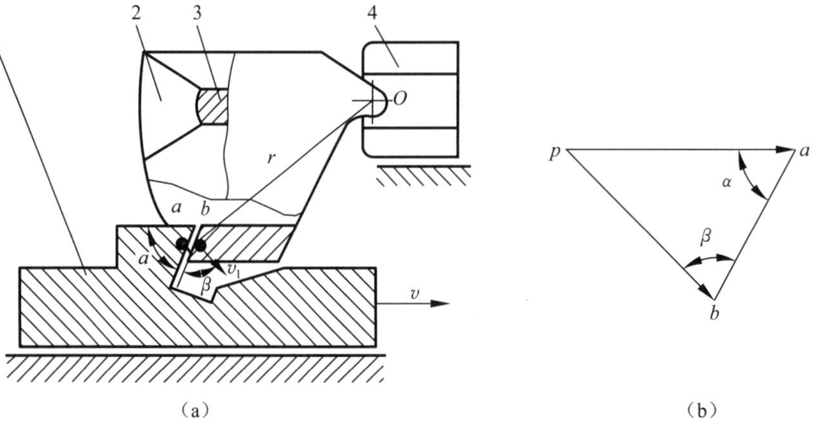

图 3-36　卡铁摆动式闭锁机构开锁时的撞击

（a）开锁撞击；（b）极速度图

1—枪机框；2—卡铁；3—闭锁支撑面；4—枪机

开锁时，枪机框以速度 $\boldsymbol{v}_A$ 撞击卡铁使之绕 O 点回转。取替换点 a、b 在撞击接触点处，则枪机框和卡铁的替换质量分别为

$$m_0=m_A$$

$$m_1=\frac{m_B\rho^2}{r^2}$$

式中　ρ——卡铁对 O 点的回转半径；

r——b 点到回转轴 O 的距离。

参照图 3-36（b），可求出在开锁位置机构的传速比为

$$k_1=\frac{\sin\alpha}{\sin\beta}$$

设机构的传动效率为 η_1，则撞击后枪机框和卡铁的速度分别为

$$\boldsymbol{v}'=\boldsymbol{v}-\frac{\dfrac{k_1^2}{\eta_1}m_1}{m_0+\dfrac{k_1^2}{\eta_1}m_1}(1+b)\boldsymbol{v}$$

$$\boldsymbol{v}_1'=\frac{m_0}{m_0+\dfrac{k_1^2}{\eta_1}m_1}(1+b)k_1\boldsymbol{v}$$

其在撞击过程中的动能损失为

$$\Delta E=\frac{1}{2}\,\frac{m_0m_1}{\eta_1m_0+k_1^2m_1}(1-b^2)k_1^2v^2$$

（2）撞击结合。撞击后，两个构件的速度（大小和方向）并不相同，而是按照一定的约束关系进行传动。这种机构在火炮和自动武器的输弹机构和闭锁机构中较为常见。对于这类机构，一般凸轮曲线槽为双面约束。在开始进入连续传动的点，机构发生斜撞击，而后进入连续传动。由于这类机构为双面约束，且凸轮曲线槽与凸起之间存在间隙，所以，机构中的基础构件与工作构件将发生多次撞击，经数次撞击后，工作构件的速度与基础构件的速度之比等于机构的传速比，此后机构转入连续传动。

与正撞击的撞击结合情况相对应，把双面约束的多次斜撞击称为斜撞击结合。这样，可将斜撞击结合视为撞击联结，而应用恢复系数 $b=0$ 的绝对非弹性体的斜撞击公式来计算撞击结合后的速度。以 57 式 7.62 mm 重机枪的输弹机构为例进行分析，如图 3-37 所示。

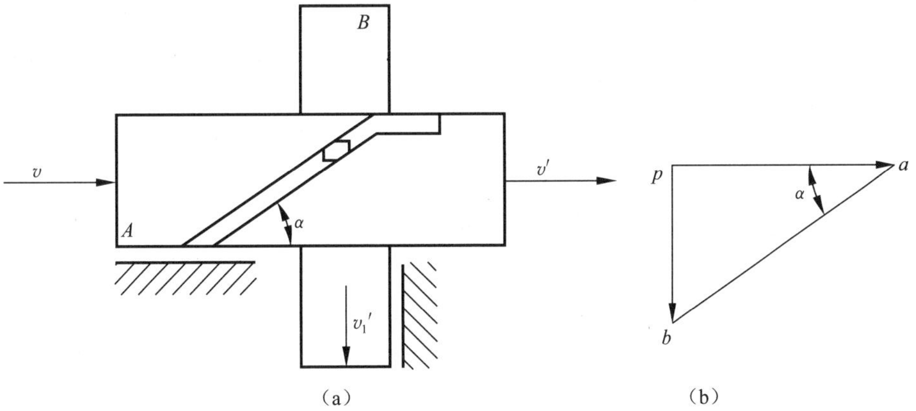

图 3-37　输弹机构的斜撞击结合

（a）斜撞击简图；（b）极速度图

当枪机框以速度 $\boldsymbol{v}$ 向右运动时，其上的斜槽与拨弹滑板上的凸起相遇，产生多次斜撞击，使机构中两构件的速度比值达到了机构的传速比。假设枪机框的质量为 m_0，拨弹滑板的质量为 m_1，撞击前拨弹滑板的速度 $\boldsymbol{v}_1=0$，传动效率 $\eta_1=1$。

由图 3-37（b）可得机构的传速比为

$$k_1 = \tan\alpha$$

取恢复系数 $b=0$，利用斜撞击的速度计算公式（3-106）和式（3-107），可得撞击后枪机框和拨弹滑板的速度分别为

$$\boldsymbol{v}' = \frac{m_0\boldsymbol{v}}{m_0 + k_1^2 m_1}$$

$$\boldsymbol{v}_1' = k_1\boldsymbol{v}'$$

撞击过程中的能量损失为

$$\Delta E = \frac{1}{2}\frac{m_0 m_1}{m_0 + k_1^2 m_1}k_1^2 v^2$$

4. **多构件撞击**

1）多构件撞击模型

自动武器的自动机构在工作过程中，撞击常常发生在许多个构件的传动中。如图 3-38 所示，基本构件 0 号构件通过传动关系带动 1 号构件到（$k-1$）号构件，而 k 号构件又通过传动关系带动（$k+1$）号构件到 n 号构件，撞击发生在（$k-1$）号构件与 k 号构件之间。

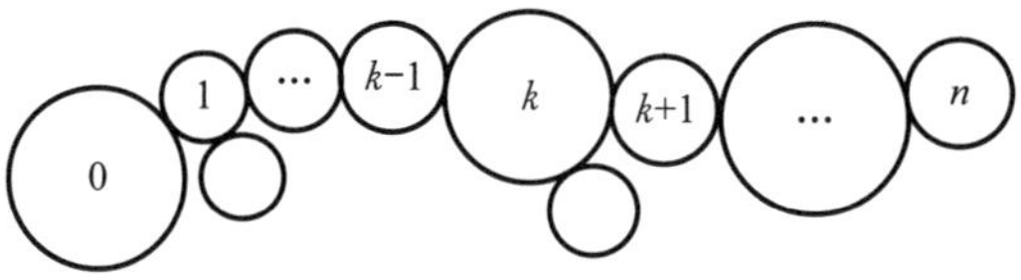

图 3-38　多构件撞击模型

2）撞击假设

除了前面研究两构件时所作的假设外，补充假设：撞击前与撞击后，两组构件均保持正常的传动关系，撞击后 0 号构件到（$k-1$）号构件之间不分离，k 号构件到 n 号构件之间也不分离，但（$k-1$）号构件与 k 号构件之间允许分离。

3）多构件撞击的速度计算公式

设 m_0、m_i 为 0 号构件和 i 号构件的质量；$\boldsymbol{v}$、$\boldsymbol{v}_i$ 为 0 号构件和 i 号构件撞击前的速度；$\boldsymbol{v}'$、$\boldsymbol{v}_i'$为 0 号构件和 i 号构件撞击后的速度；k_i、η_i 为由 0 号构件传动到 i 号构件的传速比和传动效率；k_{ki}、η_{ki} 为由 k 号构件传动到 i 号构件的传速比和传动效率。

用 m_0'表示 0 号构件到（$k-1$）号构件组成的构件组换算到 0 号构件的相当质量，则

$$m_0' = m_0 + \sum_{i=1}^{k-1}\frac{k_i^2}{\eta_i}m_i$$

用 m'_k 表示 k 号构件到 n 号构件组成的构件组换算到 k 号构件的相当质量，则

$$m'_k = m_k + \sum_{i=k+1}^{n} \frac{k_{ki}^2}{\eta_{ki}} m_i$$

然而，对定轴回转的构件来讲，m_i 应是构件的替换质量，即

$$m_i = \frac{J}{r^2}$$

在两构件斜撞击时，得到系统在 0 号构件速度方向上的动量守恒方程，即

$$m_0(\boldsymbol{v} - \boldsymbol{v}') = \frac{k_1}{\eta_1} m_1(\boldsymbol{v}'_1 - \boldsymbol{v}_1)$$

那么，在多构件发生撞击时，同样以全系统为研究对象，参照两构件动量守恒方程，可写出多构件动量守恒表达式为

$$m_0(\boldsymbol{v} - \boldsymbol{v}') = \sum_{i=1}^{n} \frac{k_i}{\eta_i} m_i(\boldsymbol{v}'_i - \boldsymbol{v}_i)$$

或 (3-109)

$$m_0(\boldsymbol{v} - \boldsymbol{v}') = \sum_{i=1}^{k-1} \frac{k_i}{\eta_i} m_i(\boldsymbol{v}'_i - \boldsymbol{v}_i) + \sum_{i=k}^{n} \frac{k_i}{\eta_i} m_i(\boldsymbol{v}'_i - \boldsymbol{v}_i)$$

由多构件撞击的假设条件，0～(k－1) 号构件组成的构件组在撞击前与撞击后的速度关系式为

$$\boldsymbol{v}_i = k_i \boldsymbol{v} \quad (i = 1,2,3,\cdots,k-1) \tag{3-110}$$

$$\boldsymbol{v}'_i = k_i \boldsymbol{v}' \quad (i = 1,2,3,\cdots,k-1) \tag{3-111}$$

k～n 号构件组成的构件组在撞击前与撞击后的速度关系式为

$$\boldsymbol{v}_i = k_{ki} \boldsymbol{v}_k \quad (i = k+1,k+2,\cdots,n) \tag{3-112}$$

$$\boldsymbol{v}'_i = k_{ki} \boldsymbol{v}'_k \quad (i = k+1,k+2,\cdots,n) \tag{3-113}$$

在撞击位置有

$$k_i = k_k k_{ki} \quad (i = k+1,k+2,\cdots,n) \tag{3-114}$$

$$\eta_i = \eta_k \eta_{ki} \quad (i = k+1,k+2,\cdots,n) \tag{3-115}$$

将式 (3-110)～式(3-115) 代入式 (3-109)，有

$$\begin{aligned} m_0(\boldsymbol{v} - \boldsymbol{v}') &= \sum_{i=1}^{k-1} \frac{k_i}{\eta_i} m_i(\boldsymbol{v}'_i - \boldsymbol{v}_i) + \sum_{i=k}^{n} \frac{k_i}{\eta_i} m_i(\boldsymbol{v}'_i - \boldsymbol{v}_i) \\ &= \sum_{i=1}^{k-1} \frac{k_i}{\eta_i} m_i k_i(\boldsymbol{v}' - \boldsymbol{v}) + \frac{k_k}{\eta_k} m_k(\boldsymbol{v}'_k - \boldsymbol{v}_k) + \sum_{i=k+1}^{n} \frac{k_k k_{ki}^2}{\eta_k \eta_{ki}} m_i(\boldsymbol{v}'_k - \boldsymbol{v}_k) \end{aligned}$$

整理得

$$\left(m_0 + \sum_{i=1}^{k-1} \frac{k_i^2}{\eta_i} m_i\right)(\boldsymbol{v} - \boldsymbol{v}') = \frac{k_k^2}{\eta_k}\left(m_k + \sum_{i,k=1}^{n} \frac{k_{ki}^2}{\eta_{ki}} m_i\right)\left(\frac{\boldsymbol{v}'_k}{k_k} - \frac{\boldsymbol{v}_k}{k_k}\right)$$

或 (3-116)

$$\left(m_0 + \sum_{i=1}^{k-1} \frac{k_i^2}{\eta_i} m_i\right)(\boldsymbol{v} - \boldsymbol{v}') = \sum_{i=k}^{n} \frac{k_i^2}{\eta_i} m_i\left(\frac{\boldsymbol{v}'_k}{k_k} - \frac{\boldsymbol{v}_k}{k_k}\right)$$

由于撞击发生在（$k-1$）号构件与 k 号构件之间，所以其恢复系数 b 为

$$b=\frac{\dfrac{v'_k}{k_{k-1,k}}-v'_{k-1}}{v_{k-1}-\dfrac{v_k}{k_{k-1,k}}}$$

将 $v_{k-1}=k_{k-1}v$，$v'_{k-1}=k_{k-1}v'$代入上式，整理得

$$b=\frac{\dfrac{v'_k}{k_k}-v'}{v-\dfrac{v_k}{k_k}} \tag{3-117}$$

由式（3-116）和式（3-117）联立求解，得

$$\boldsymbol{v}'=\boldsymbol{v}-\frac{\dfrac{k_k^2}{\eta_k}m'_k}{m'_0+\dfrac{k_k^2}{\eta_k}m'_k}(1+b)\left(\boldsymbol{v}-\frac{\boldsymbol{v}_k}{k_k}\right) \tag{3-118}$$

$$\boldsymbol{v}'_k=\boldsymbol{v}_k+\frac{m'_0}{m'_0+\dfrac{k_k^2}{\eta_k}m'_k}(1+b)(k_k\boldsymbol{v}-\boldsymbol{v}_k) \tag{3-119}$$

4）讨论

（1）撞击结合。如果（$k-1$）号构件与 k 号构件之间的约束为双面约束，或撞击后在结构上能保证两构件不分离，那么就相当于撞击结合，可取 $b=0$，则

$$\boldsymbol{v}'=\frac{m'_0\boldsymbol{v}+\dfrac{k_k}{\eta_k}m'_k\boldsymbol{v}_k}{m'_0+\dfrac{k_k^2}{\eta_k}m'_k}$$

$$\boldsymbol{v}'_k=k_k\boldsymbol{v}'$$

（2）传速比突变。传速比发生突变是自动机机构中撞击的一种特殊情况，这种撞击也相当于 $b=0$ 的撞击。把传速比发生突变的构件作为被撞构件 k，设机构在某一位置由构件 0 传动到构件 k 的传速比由 $k_{\bar{k}}$ 突变为 k_k，则突变前存在关系式

$$\boldsymbol{v}_k=k_{\bar{k}}\boldsymbol{v}$$

将其代入撞击结合关系式，有

$$\boldsymbol{v}'=\frac{m'_0\boldsymbol{v}+\dfrac{k_k}{\eta_k}m'_kk_{\bar{k}}\boldsymbol{v}}{m'_0+\dfrac{k_k^2}{\eta_k}m'_k}=\frac{m'_0+\dfrac{k_kk_{\bar{k}}}{\eta_k}m'_k}{m'_0+\dfrac{k_k^2}{\eta_k}m'_k}\boldsymbol{v}$$

$$\boldsymbol{v}'_k=k_k\boldsymbol{v}'$$

5. 撞击力的计算

1）概述

弹性体撞击的物理过程可分为两个阶段：压缩阶段与恢复阶段。

压缩阶段是从两物体接触瞬间开始，从这一瞬间起两物体相互接近并且都受到压缩，压缩程度随时间逐渐加大。在变形的同时，原本速度快的物体逐渐减速，而原本速度慢的物体却逐渐加速，直到两物体的速度达到一致时，压缩程度达到最大，然后进入恢复阶段。

在恢复阶段，原本较慢的物体经共同速度瞬间后继续加速，原本较快的物体则继续减速。同时，两物体被压缩部分都进行伸张。恢复阶段一直持续到两物体脱离接触为止。需要注意的是，在压缩或伸张阶段，两物体都在不停运动。

在变形程度达到最大的瞬间，即压缩阶段之末，物体的动能减到最小值，减小的动能转化为变形位能，动能的减小量就是位能的增加量。把位能看作是由两物体接触面积的撞击力所引起的变形能，就可求解撞击力的大小。

2）变形能的计算

（1）变形能的表达式。设一棱柱体在力的作用下产生压缩变形，从棱柱体内取一微段 dx，在 P_x 的作用下，产生变形量 Δx，P_x 与 Δx 呈直线关系，如图 3-39 所示。

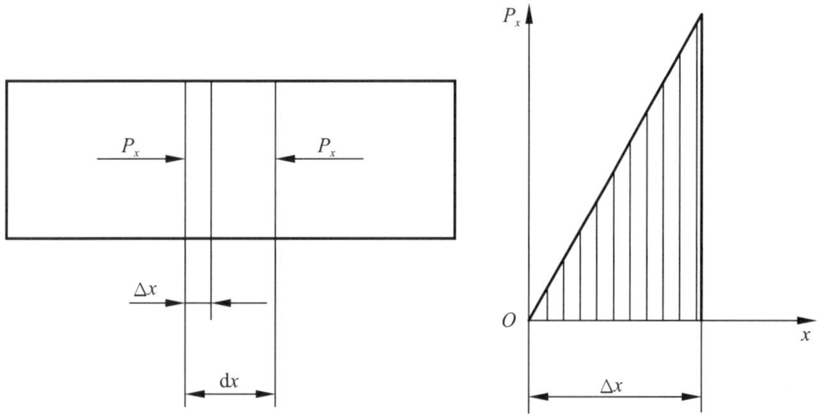

图 3-39　压缩变形与力的关系

在长度 dx 的体积内，变形能为

$$\mathrm{d}E_{\mathrm{V}} = \frac{1}{2}P_x \cdot \Delta x$$

而

$$P_x = \sigma_x S$$

$$\Delta x = \frac{\sigma_x}{E}\mathrm{d}x$$

式中　E——材料的弹性模量。

所以

$$\mathrm{d}E_{\mathrm{V}} = \frac{\sigma_x^2 S}{2E}\mathrm{d}x \tag{3-120}$$

同理，弯曲变形能和剪切变形能分别为

$$dE_V = \frac{M_x^2}{2EJ}dx \tag{3-121}$$

$$dE_V = \frac{\tau_x^2 S}{2G}dx \tag{3-122}$$

（2）应力分布及变形能。对于一端自由而另一端承受撞击的等截面棱柱体，可假设应力沿棱柱体呈三角形分布，如图 3-40 所示。设 x 为从自由端计起的距离，在断面 x 处的应力为 σ_x，则

$$\sigma_x = \frac{x}{l}\sigma_{max}$$

故整个棱柱体内的变形能为

$$E_V = \int_0^l dE_V = \int_0^l \frac{\sigma_x^2 S}{2E}dx = \frac{\sigma_{max}^2 Sl}{6E}$$

撞击力与 σ_{max} 的关系为

$$\sigma_{max} = \frac{P}{S}$$

所以，变形能的表达式为

$$E_V = \frac{P^2 l}{6ES} \tag{3-123}$$

对于一端固定而另一端承受撞击的等截面棱柱体，可假设其应力沿棱柱体的长度呈矩形分布，即应力为一常数，$\sigma_x = \sigma$，如图 3-41 所示。

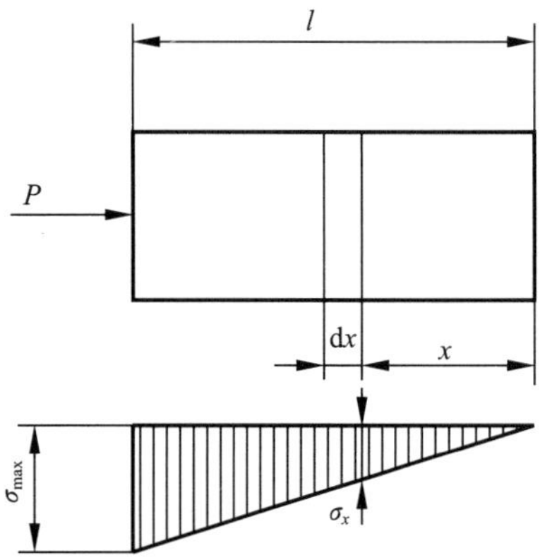

图 3-40　一端受撞击一端自由的等截面体的应力分布

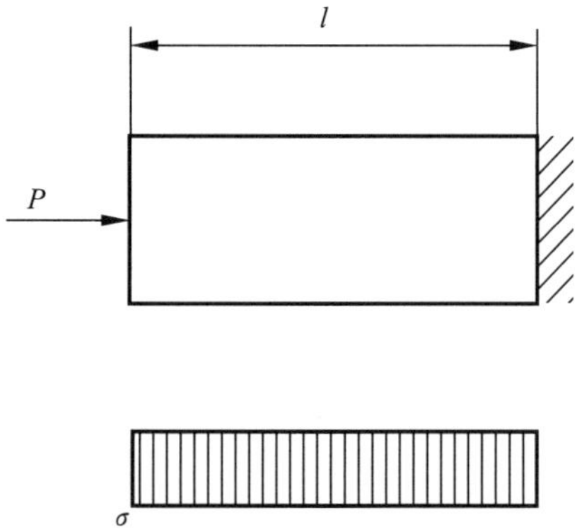

图 3-41　一端受撞击一端固定的等截面体的应力分布

整个棱柱体内的变形能为

$$E_V = \int_0^l dE_V = \int_0^l \frac{\sigma_x^2 S dx}{2E} = \frac{P^2 l}{2ES} \tag{3-124}$$

对于一端自由而另一端承受撞击的变截面棱柱体，可假设其撞击力按体积或质量分配到各棱柱体上，但对一端自由的棱柱体仍按三角形分布，如图 3-42 所示。

设在 m_1 部分前端的撞击力为 P，则在 m_2 部分前端的撞击力为 aP，其中

$$a=\frac{m_2}{m_1+m_2}$$

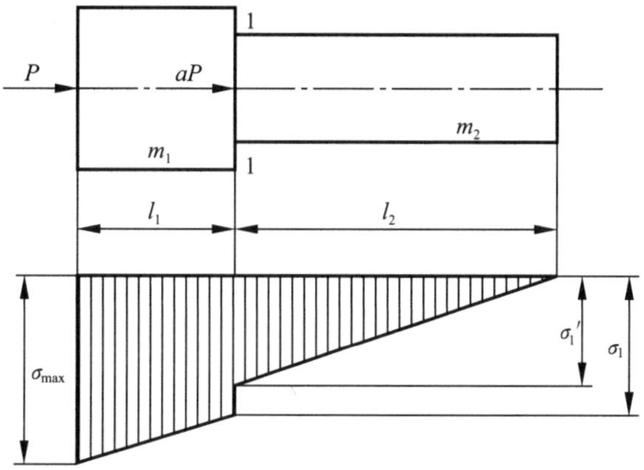

图 3-42　不等截面棱柱体的应力分布

这样，最大应力和 1—1 断面的应力分别为

$$\sigma_{\max}=\frac{P}{S_1}$$

$$\sigma_1=\frac{aP}{S_1}$$

$$\sigma_1'=\frac{aP}{S_2}$$

由此，m_2 部分的变形能为

$$E_{V2}=\frac{a^2P^2l_2}{6ES_2}$$

m_1 部分的变形能为

$$E_{V1}=\int_0^{l_1}\mathrm{d}E_{V1}=\int_0^{l_1}\frac{\sigma_x^2S_1}{2E}\mathrm{d}x=\int_0^{l_1}\frac{\left[\sigma+(\sigma_{\max}-\sigma)\dfrac{x}{l_1}\right]^2S_1}{2E}\mathrm{d}x=\frac{P^2l_1}{6ES_1}(a^2+a+1)$$

所以，棱柱体的总变形能为

$$E_V=E_{V1}+E_{V2}=\frac{P^2l_1}{6ES_1}(a^2+a+1)+\frac{a^2P^2l_2}{6ES_2}\qquad(3\text{-}125)$$

3）撞击力的计算

以两个断面面积相差不大棱柱体的撞击为例。若以速度 v_1 运动的棱柱体 1 撞击以速度 v_2 运动的棱柱体 2（$v_1>v_2$），如图 3-43 所示。

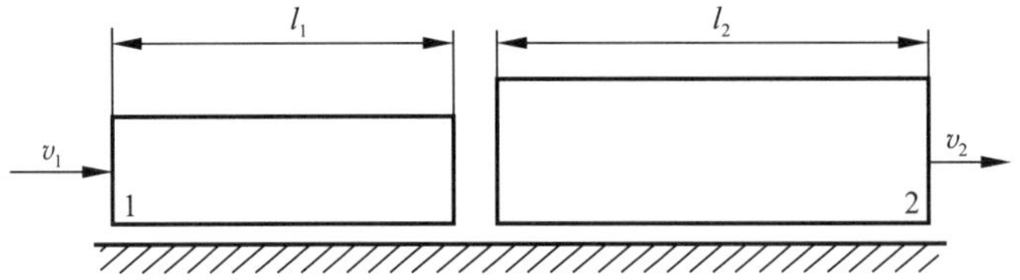

图 3-43 撞击力计算模型

由动量守恒定理，两棱柱体在最大变形瞬间的共同速度为

$$v = \frac{m_1 v_1 + m_2 v_2}{m_1 + m_2}$$

在压缩阶段末，变成位能的动能总量为原有动能与速度达到一致时的动能之差，即

$$E_{V1} - E_{V2} = \frac{1}{2}[m_1 v_1^2 + m_2 v_2^2 - (m_1 + m_2) v^2] = \frac{1}{2}\frac{m_1 m_2}{m_1 + m_2}(v_1 - v_2)^2$$

根据式（3-123）得两棱柱体的变形位能为

$$E_{V1} = \frac{P^2 l_1}{6ES_1}$$

$$E_{V2} = \frac{P^2 l_2}{6ES_2}$$

代入上式可得

$$P = \sqrt{\frac{\frac{1}{2}\frac{m_1 m_2}{m_1 + m_2}(v_1 - v_2)^2}{\frac{1}{6E}\left(\frac{l_1}{S_1} + \frac{l_2}{S_2}\right)}} \tag{3-126}$$

两棱柱体的最大应力分别为

$$\sigma_{\max 1} = \frac{P}{S_1}$$

$$\sigma_{\max 2} = \frac{P}{S_2}$$

由上述计算公式可以看出，在动量变化相同的情况下，改变相互撞击的构件的尺寸，撞击力也随着改变。

3.2.5 典型武器自动机运动计算

1. 56-1 式 7.62 mm 轻机枪供弹阶段的运动计算

在供弹阶段，56-1 式 7.62 mm 轻机枪的枪机框通过供弹机构带动拨弹滑板横向运动，拨弹滑板拨动弹链依次将枪弹送到进弹口。

枪机框的位移为 30～80 mm，基础构件的质量 $m=0.9$ kg，其中包括枪机框质量、1/3 复进簧质量、枪机质量（含两个闭锁片质量）及弹壳质量，基础构件所受阻力包括复进簧力和导轨摩擦阻力，其表达式为

$$F = -mgf - k_f(f_1 + x)$$

式中　f——摩擦系数，取 $f=0.15$；

k_f——复进簧的等效弹簧刚度，$k_f=4.45$ N/cm；

f_1——复进簧的等效弹簧预压量，$f_1=15.4$ cm；

x——基础构件的位移，cm；

g——重力加速度，$g=9.8$ m/s^2。

工作构件的质量 $m_1=1.14$ kg，其中包括拨弹滑板质量和所带动的弹链和枪弹质量，为考虑大拨弹杠杆和双臂杠杆的回转运动，取其 1/3 质量计入工作构件。工作构件所受的阻力 $F_1=50$ N，包括弹链进入受弹器口的阻力、弹链盒中卷起来的弹链部分的阻力、弹链悬挂部分的重力及在动态情况下弹链弹性变形引起的阻力。

在供弹过程中，枪机框与拨弹滑板之间的传速比和传动效率见表 3-7。初始条件为 $t_0=0.004\,8$ s，$x(t_0)=30$ mm，$v(t_0)=6.8$ m/s。

表 3-7　机构的传速比 k_1 与传动效率 η_1

位移 x/cm	3	4	5	6	7	8
k_i	0	0.16	0.26	0.31	0.33	0.35
η_i	0	0.70	0.75	0.78	0.79	0.80

供弹阶段运动计算的求解步骤如下。

(1) 建立供弹阶段机构的运动微分方程。供弹阶段机构传动时的运动微分方程为

$$\left(m+\frac{k_1^2}{\eta_1}m_1\right)\frac{\mathrm{d}v}{\mathrm{d}t}+\frac{k}{\eta}m_1v^2\frac{\mathrm{d}k_1}{\mathrm{d}x}=F-\frac{k_1}{\eta_1}F_1$$

(2) 将机构传动时的运动微分方程转化成微分方程组。将上述微分方程转化成如下的微分方程组

$$\begin{cases}\dfrac{\mathrm{d}v}{\mathrm{d}t}=\dfrac{F-\dfrac{k_1}{\eta_1}F_1-\dfrac{k_1}{\eta_1}m_1v^2\dfrac{\mathrm{d}k_1}{\mathrm{d}x}}{m+\dfrac{k_1^2}{\eta_1}m_1}\\[2ex]\dfrac{\mathrm{d}x}{\mathrm{d}t}=v\end{cases}$$

(3) 将传速比和传动效率表示为基础构件位移的函数。为了求解的方便，需将传速比和传动效率表示为基础构件位移的函数。因传速比和传动效率为基础构件位移的表格函数，故可通过曲线拟合将其转化为基础构件位移的显函数表达式。利用最小二乘法进行曲线拟合，可得传速比 k_1 和传动效率 η_1 随 x 变化的多项式函数为

$$k_1=-1.693\,304+0.961\,859\,9x-0.159\,388x^2+0.008\,97x^3$$

$$\eta_1=-4.596\,865+2.460\,714x-0.361\,576\,5x^2+0.017\,365\,8x^3$$

则传速比 k_1 对位移 x 的 1 阶导数为

$$\frac{\mathrm{d}k_1}{\mathrm{d}x}=0.9618599-0.318776x+0.02691x^2$$

从动件的速度为

$$v_1=k_1 v$$

(4) 用龙格-库塔法求解微分方程组。在此用4阶龙格-库塔法计算公式编程上机计算，计算时取步长 $h=0.001$。计算结果见表3-8，表中只列出5个计算点的结果。

表3-8 微分方程数值计算结果

t_i/s	x_i/mm	v_i/(m·s^{-1})	v_{1i}/(m·s^{-1})
0.004 8	30.0	6.80	0
0.006 8	41.5	5.97	1.16
0.009 8	59.0	5.77	1.59
0.011 8	70.5	5.68	1.75
0.013 5	80.0	5.43	2.12

2. 56式14.5 mm高射机枪开锁加速阶段的运动计算

在开锁加速阶段，56式14.5 mm高射机枪的枪管在膛底合力的作用下向后运动，在机匣仿型槽的作用下，机头回转并向后运动，机体加速后坐。在此过程中，枪管从0.004 5 m运动到0.026 5 m。枪管部件质量 $m_1=14.6$ kg，机头质量 $m_2=1.64$ kg，机体质量 $m_3=2.42$ kg，一个加速滚柱质量 $m_4=0.154$ kg，枪弹质量 $m_5=0.2$ kg，弹壳质量 $m_6=0.1$ kg，拨弹导板质量 $m_7=0.45$ kg。枪管复进簧的刚度 $k_g=18\,620$ N/m，预压力 $F_{g1}=1\,180.4$ N，质量 $m_{gT}=0.835$ kg。枪机复进簧的刚度 $k_j=470.4$ N/m，预压力 $F_{j1}=172.48$ N，质量 $m_{jT}=0.35$ kg。已知初始条件为：$t_0=2.54\times10^{-3}$ s，枪管初始位移 $x=0.004\,5$ m，机体初始位移 $y=0.004\,5$ m，枪管初始速度 $v=3.69$ m/s。

开锁加速阶段运动计算的求解步骤如下。

假设当弹丸飞离膛口时，活动机件刚好走完开锁前自由行程，即认为后效期一开始武器就进行开锁和加速。

(1) 建立机构运动微分方程。在开锁加速阶段，枪管一方面使机头回转，另一方面使机体加速后坐，属于一个基础构件同时带动两个工作构件的情况。所以，运动微分方程为

$$(m_A+m_1'+m_2')\frac{\mathrm{d}v}{\mathrm{d}t}+\frac{k_1}{\eta_1}m_{b1}v^2\frac{\mathrm{d}k_1}{\mathrm{d}x}+\frac{k_2}{\eta_2}m_{b2}v^2\frac{\mathrm{d}k_2}{\mathrm{d}x}=P-F_g-(F_j+T)\frac{k_2}{\eta_2}$$

式中 m_A——主动件质量；

m_1'——机头的转换质量；

m_2'——机体的转换质量；

m_{b1}——机头的替换质量；

m_{b2}——机体及与机体一起运动的零件的质量；

P——在后效期火药燃气的膛底合力；

F_g，F_j——分别为枪管和枪机的复进簧力；

T——抽弹力；

k_1，η_1——枪管对机头的传速比和传动效率；

k_2，η_2——枪管对机体的传速比和传动效率。

令

$$m'_A = m_A + m_1 + m_2$$

$$F_r = \frac{k_1}{\eta_1} m_{b1} v^2 \frac{dk_1}{dx} + \frac{k_2}{\eta_2} m_{b2} v^2 \frac{dk_2}{dx}$$

$$F_A = P - F_g - (F_j + T) \frac{k_2}{\eta_2}$$

则上式可简写成

$$m'_A \frac{dv}{dt} + F_r = F'_A$$

（2）将机构传动时的运动微分方程转化成微分方程组，即

$$\begin{cases} \dfrac{dv}{dt} = \dfrac{F'_A - F_r}{m'_A} \\ \dfrac{dx}{dt} = v \end{cases}$$

（3）有关数据的求解。

① 传速比和传动效率。

机头的回转运动

$$k_1 = \tan\alpha$$

$$\eta_1 = \frac{1 - f_1 \tan\alpha}{\tan\alpha + f_1} \tan\alpha$$

机体的加速运动

$$k_2 = 1 + \frac{r_1}{r} \tan\alpha \cdot \tan\beta$$

$$\eta_2 = (1 - f_1 \tan\alpha)(1 - 2f_1 \tan\beta)$$

根据机构的结构尺寸求得的传速比和传动效率见表3-9。

表3-9　机构的传速比 k_1 和 k_2

序号	1	2	3	4	5	6	7
x/mm	4.5	7.5	10.5	13.5	16.5	19.5	26.5
k_1	0.37	0.47	0.58	0.70	0.84	1.00	1.00
k_2	1.29	1.36	1.44	1.54	1.65	1.77	1.77

在加速过程中，由传动效率公式计算出的 η_1 和 η_2 变化不大，因而将传动效率取为常数，且 $\eta_1=0.97$，$\eta_2=0.96$。

为了利用计算机求解，用最小二乘法将传速比表格函数拟合为如下表达式

在 x=0.004 5～0.019 5 m 段

$$k_1 = 0.181 + 42x$$
$$k_2 = 1.146 + 32x$$

在 x=0.019 5～0.026 5 m 段

$$k_1 = 1$$
$$k_2 = 1.77$$

② 转换质量。

主动件质量

$$m_A = m_1 + m_2 + m_4 + m_6 + \frac{m_{gT}}{3} = 16.77\ \text{kg}$$

机头回转对主动件的转换质量

$$m'_1 = m_{b1}\frac{k_1^2}{\eta_1} = 0.813\frac{k_1^2}{\eta_1}$$

机体对主动件的转换质量

$$m'_2 = \left(m_3 + m_4 + m_5 + m_7 + \frac{m_{jT}}{3}\right)\frac{k_2^2}{\eta_2} = 3.34\frac{k_2^2}{\eta_2}$$

总转换质量 m'_A 为

$$m'_A = m_A + m'_1 + m'_2 = 16.77 + 0.813\frac{k_1^2}{\eta_1} + 3.34\frac{k_2^2}{\eta_2}$$

③ 转换力。

基础构件承受的火药燃气作用力为

$$P = Sp = 29\,605.8\mathrm{e}^{-600t}$$

基础构件所受的复进簧阻力为

$$F_g = F_{g1} + k_g x = 1\,180.4 + 18\,620x$$

工作构件所受的复进簧力和抽弹力分别为

$$F_j = F_{j1} + k_j y = 172.48 + 470.4y$$
$$T = 441 - 29\,400y$$

y 为工作构件（机体）的位移，根据传速比 k_2 可得其与基础构件位移之间的关系为

$$y = 1.146x + 16x^2 - 0.001 \qquad (x = 0.004\,5 \sim 0.019\,5\ \text{m})$$
$$y = -0.007\,085 + 1.77x \qquad (x = 0.019\,5 \sim 0.026\,5\ \text{m})$$

④ 附加惯性力。

在 x=0.004 5～0.019 5 m 段，

$$F_r = m_{b1}\frac{\mathrm{d}k_1}{\mathrm{d}x}v^2\frac{k_1}{\eta_1} + m_{b2}\frac{\mathrm{d}k_2}{\mathrm{d}x}v^2\frac{k_2}{\eta_2} = 0.813\times 42v^2\frac{k_1}{\eta_1} + 3.34\times 32v^2\frac{k_2}{\eta_2}$$
$$= \left(34.146\frac{k_1}{\eta_1} + 106.88\frac{k_2}{\eta_2}\right)v^2$$

在 $x=0.0195\sim0.0265$ m 段，$F_r=0$。

⑤ 机体的运动速度。

$$v_1 = k_2 v$$

（4）用龙格-库塔法求解微分方程组。在此用 4 阶龙格-库塔法计算公式编程上机计算，计算时取步长 $h=0.0002$。计算结果见表 3-10，表中只列出 5 个计算点的结果。

表 3-10　微分方程数值计算结果

t/ms	v/（m·s^{-1}）	x/mm	v_1/（m·s^{-1}）	y/mm
2.5	3.69	4.5	4.76	4.5
3.7	4.53	9.5	6.57	11.4
4.9	4.73	15.1	7.71	20.0
6.1	4.69	20.8	8.30	29.7
7.3	4.71	26.4	8.34	39.7

3.3　浮动自动机动力学分析

3.3.1　浮动自动机简介

1. 浮动原理

武器在复进过程中击发的原理称为前冲击发原理，采用前冲击发原理的自动武器叫作浮动自动武器，浮动自动武器的自动机称为浮动自动机。典型的导气式武器浮动自动机如图 3-44 所示。浮动自动机主要由浮动部分和浮动机组成，浮动部分是指浮动自动机中参加浮动的所有构件的总和，浮动机是指使自动机实现浮动的装置。浮动自动机的浮动部分与不浮动自动机的后坐部分位移-时间曲线如图 3-45 所示。

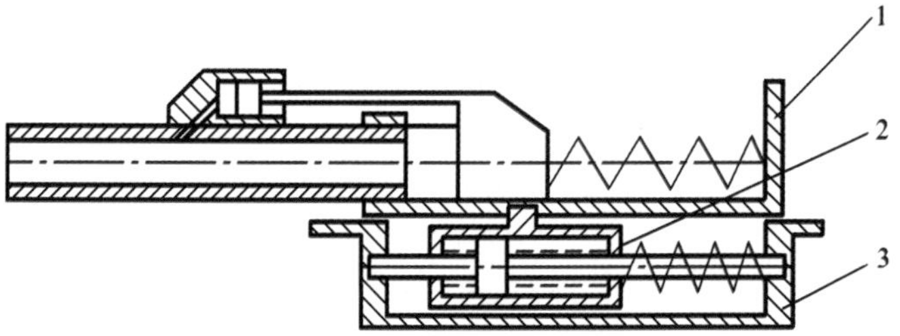

图 3-44　浮动自动机原理

1—浮动部分；2—浮动机；3—架座

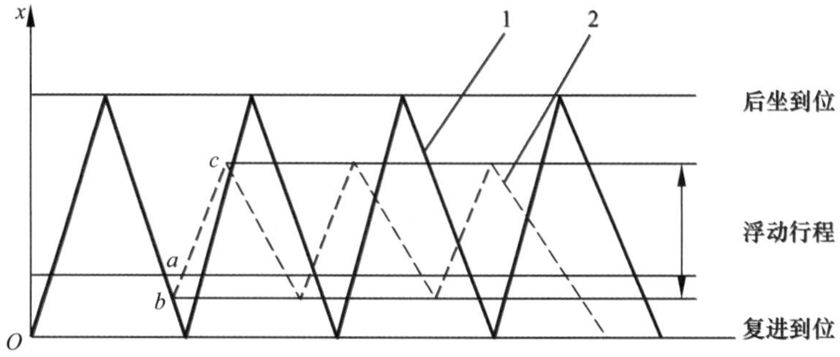

图 3-45 浮动与不浮动自动机位移-时间曲线

1—不浮动自动机；2—浮动自动机

对于首发不浮动自动机而言，连发射击时，浮动部分在复进过程中击发（a 点），击发后作用于浮动部分的火药燃气向后冲量首先要抵消掉浮动部分向前的动量，剩余的冲量才能使浮动部分后坐，即击发后浮动部分开始减速复进，当复进速度减为 0 时复进结束（b 点），而后浮动部分开始后坐，当浮动部分后坐速度等于 0 时后坐结束（c 点），然后开始复进。这样，连发射击时浮动自动机浮动部分的工作行程即浮动行程就介于不浮动自动机部分后坐到位与复进到位之间，浮动部分在浮动行程上往复运动，即浮动。

浮动自动机依靠浮动机来实现其浮动，与自动机的驱动能源没有关系。因此，浮动自动机可以采用内能源、外能源及混合能源，其自动机的工作原理可以是身管后坐式、导气式、转管式、转膛式等。目前，小口径浮动自动机大多采用导气式的工作原理。

2. 浮动自动武器的特点

1）可大幅度减小武器的后坐力

为了简要分析浮动时浮动部分的后坐与复进运动，在此考虑理想浮动的情况。理想浮动是指在 0°射角时，浮动部分只在膛底合力和浮动机力作用下运动，而不考虑摩擦和任何其他外加阻力。因在火药燃气作用时期，浮动机力远小于膛底合力，故假设浮动机力等于 0。设 $t=0$ 时，浮动部分复进速度 $u=u_{\max}$，在此点下一发弹击发，膛底压力开始作用；在 $t=t_0$ 时，复进结束后坐开始，$u=v=0$；当 $t=t_k$ 时，后效期结束，后坐速度 $v=v_{\max}$。取后坐速度方向为正，根据动量定理，可以写出

$$\int_{-u_{\max}}^{0} m_0\,\mathrm{d}u=\int_{0}^{t_0} P_{\mathrm{pt}}\,\mathrm{d}t \tag{3-127}$$

$$\int_{0}^{v_{\max}} m_0\,\mathrm{d}v=\int_{t_0}^{t_k} P_{\mathrm{pt}}\,\mathrm{d}t \tag{3-128}$$

式中 m_0——浮动部分质量；

P_{pt}——膛底合力。

将式（3-127）与式（3-128）相加，得

$$\int_{-u_{\max}}^{0} m_0\,\mathrm{d}u+\int_{0}^{v_{\max}} m_0\,\mathrm{d}v=\int_{0}^{t_k} P_{\mathrm{pt}}\,\mathrm{d}t \tag{3-129}$$

又因

$$\int_0^{t_k} P_{pt}\,dt = m_0 W_{max}$$

式中　W_{max}——最大自由后坐速度。

由此可得

$$u_{max} + v_{max} - W_{max} \tag{3-130}$$

因在理想浮动时，$u_{max} = v_{max}$，故

$$u_{max} = v_{max} = \frac{1}{2}W_{max} \tag{3-131}$$

此时后坐动能为

$$E = \frac{1}{2}m_0 v_{max}^2 = \frac{1}{4}\left(\frac{1}{2}m_0 W_{max}^2\right) \tag{3-132}$$

上式表明，在理想浮动情况下，采用浮动原理可使后坐动能减小到不浮动后坐动能的 1/4。同样，可推导出在相同的后坐长度上浮动自动武器的平均后坐阻力为不浮动时平均后坐阻力的 1/4。

2）可显著提高武器的射击精度

由于浮动自动机是在复进运动中击发，并且浮动部分复进不到最前方位置，故在连发射击过程中不会发生复进到位的撞击现象，从而使武器架座的受力方向始终保持向后。因此，可提高武器射击时的稳定性，显著提高武器的射击精度。

3. 浮动自动机的类型

1）按浮动部分分类

根据浮动部分的不同，浮动自动机可分为身管浮动式、炮箱/机匣浮动式和炮闩/枪机浮动式三种。

身管浮动式只有身管浮动，而其他部分不浮动。这种自动机的循环动作是在身管后坐和复进过程中完成。身管浮动式可应用于身管后坐式和混合式工作原理的自动机。瑞典 L70 式 40 mm 高炮（身管后坐式）、德国 41 式 50 mm 和 37 mm 高炮（混合式）等都采用身管浮动式。

炮箱/机匣浮动式是炮箱/机匣及整个自动机都参加浮动。这种自动机的循环动作都在炮箱/机匣的后坐和复进过程中完成。由于整个自动机后坐和复进，浮动对自动机的结构影响不大。炮箱/机匣浮动式可应用于各种自动工作原理的自动武器。如德国 PM 18/36 式 37 mm 高炮（身管短后坐式）、瑞士 KDB 35 mm 高炮（导气式）和西德 Rh202 式 20 mm 高炮（导气式）等都采用炮箱浮动式。

炮闩/枪机浮动式只有炮闩/枪机浮动，而其他部分不浮动。这种自动机的击发是在炮闩/枪机带着弹药复进的过程中进行的。因此，这种浮动式仅适用于炮闩/枪机后坐式自动武器。

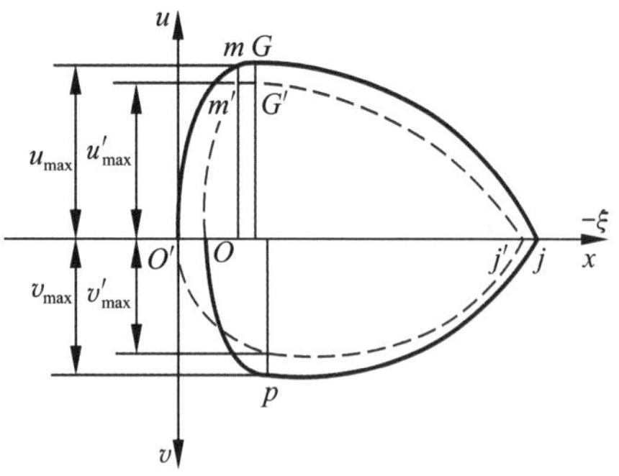

图 3-46　完全浮动式自动机连发时的 v-x 曲线

2）按浮动行程利用情况分类

按照自动机浮动范围即浮动行程利用的情况，有完全浮动式和局部浮动式两种。

完全浮动式就是利用浮动部分的全部工作行程，浮动部分在整个运动过程中不被卡住。连发射击时后坐复进速度随位移的变化曲线如图 3-46 所示。O 点为浮动部分后坐开始点，p 点为后坐最大速度 v_{max} 点；j 点为后坐结束、复进开始点，G 点为击发点，m 点为复进最大速度 u_{max} 点；O' 点为复进结束、下一发后坐开始点。因为在 m 点的 u_{max} 比较大，复进动量较大，而火药燃气的后坐冲量一定，所以引起复进结束点即下一发后坐开始点 O' 前移。正因为前一发的复进动量大，所以消耗的下一发火药燃气后坐冲量也大，因此，下一发的最大后坐速度 v'_{max} 较 v_{max} 小，后坐长也减小，j 点前移至 j'，复进速度也小于前一发的，并在 G' 点击发，m' 点达到最大复进速度 u'_{max}。因为 u'_{max} 小于 u_{max}，消耗次一发火药气体的后坐冲量也小，所以又出现最大后坐速度增大（p 点）、后坐长加长，恢复到 j 点，如此循环。

完全浮动式又可分为首发浮动和首发不浮动两种。

对于首发浮动的自动武器，在首发射击前，必须先将浮动部分从前方原始位置拉到后位并被卡锁卡住。射击时，先解脱卡锁，浮动机使浮动部分复进并实现在复进过程中击发。在以后的连发射击过程中，每发射击时浮动部分的后坐距离都小于到卡锁的距离，浮动部分均不能被卡锁卡住而进行浮动。射击结束时（最后一发），浮动部分停止在前方原始位置。首发浮动的完全浮动式自动机浮动部分位移随时间的变化曲线如图 3-47 所示。

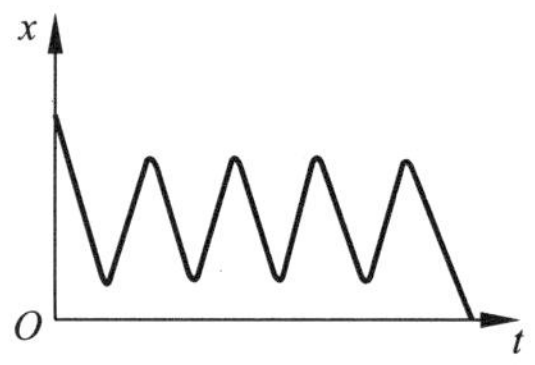

图 3-47　首发浮动的完全浮动式自动机浮动部分位移随时间的变化曲线

对于首发不浮动的自动武器，首发射击前不需要后拉浮动部分，首发射击后浮动部分从前方原始位置开始后坐，并在以后的连发中实现复进过程中击发即浮动。由于首发不浮动，所以第一发射击时的后坐冲量较大，其后坐力与后坐长大于以后的连发射击。射击结束时（最后一发），浮动部分停止在前方原始位置。首发不浮动的完全浮动式自动机浮动部分位移随时间的变化曲线如图 3-48 所示。

局部浮动式就是只利用浮动部分的工作行程，浮动部分在运动行程的一定位置上被卡住。局部浮动式自动机的后坐复进速度随位移的变化曲线如图 3-49 所示。

在图 3-49 中，点 k 为浮动部分被卡锁卡住点。射击时，解脱卡锁，浮动部分复进到 G 点击发，在点 m 达到最大复进速度 u_{max}，点 O 复进结束并开始下一发后坐，点 p 达到后坐最大速度 v_{max}，直至后坐结束于 j 点，此时后坐速度等于 0，并立即复进至点

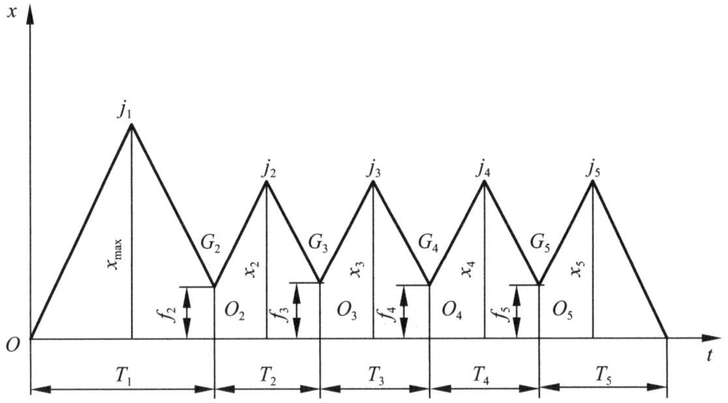

图 3-48　首发不浮动的完全浮动式自动机浮动部分位移随时间的变化曲线

k 被卡锁卡住。其每次击发都要解脱卡锁。局部浮动式自动机每次复进的起始位置都保持不变，因此也称之为定点复进。

3）按击发方式分类

按击发的情况，浮动自动机可分为定速击发、定点击发和近似定速定点击发三种。

定速击发就是在浮动部分的复进速度达到某一预定值时进行击发。实现定速击发需要设置定速击发装置，一般是由速度传感器和击发装置组成。当浮动部分的复进速度达到预定值时，速度传感器控制击发机构工作，击发底火。

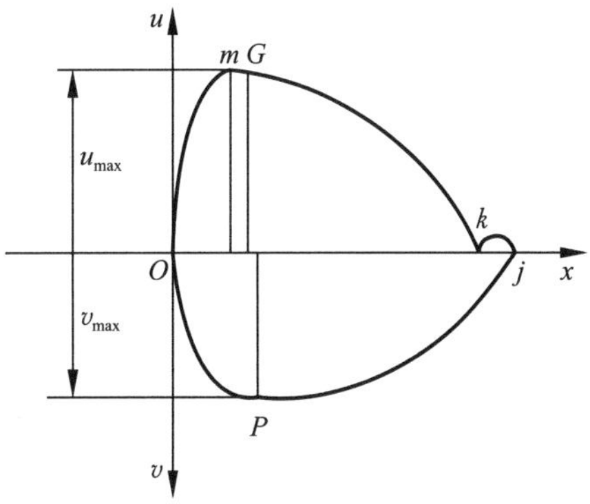

图 3-49　局部浮动式自动机连发时的 v-x 曲线

定点击发就是在浮动部分复进到某一预定位置时进行击发。实现定点击发需要设置定点击发机构，一般是由卡板和杠杆机构组成，或是由位移传感器和击发机构组成。当浮动部分复进到预定位置时，摇架上的卡板通过杠杆机构解脱，击发卡锁进行击发，或由位移传感器控制击发机构进行击发。

近似定速定点击发就是不设置专门的定速或定点击发机构，而是通过合理匹配浮动自动机的动力学参数使浮动部分在击发时的速度和位置稳定在较小的范围内，达到近似的定速定点击发。

4. 浮动机的类型

浮动机是使自动机实现浮动的装置，它一般安装在浮动自动机的浮动部分与架座之间。在浮动部分后坐过程中，浮动机吸收武器的后坐能量。在浮动部分复进过程中，浮动机提供复进能量，并产生一定的阻力使浮动部分的复进慢于自动机的复进，以保证在浮动部分复进过程中实现击发。

浮动机按其弹性介质可分为弹簧液压式、弹簧式、弹簧摩擦垫式、液体气压式、可压缩液体式等多种形式。目前，在自动武器上较为常用的是弹簧式和弹簧液压式。

3.3.2 浮动自动机运动微分方程

在浮动自动机中，浮动机大多设置在自动机与架座之间。这样，武器的体部就会沿架座上的导轨运动。武器体部相对于架座的运动势必会给自动机的整个运动规律带来影响。为了精确地分析与计算浮动自动机的运动，就必须考虑武器体部相对于架体的运动。由于浮动自动机的基础构件相对于武器体部运动，而武器体部又相对于架体运动，所以浮动自动武器自动机的运动是一个两自由度系统的运动。对两自由度系统而言，有两种运动情况，一是基础构件有机构传动，另一是基础构件无机构传动。

1. 有机构传动的浮动自动机运动微分方程

对于由基础构件带动工作构件进行工作的两自由度机构而言，根据工作构件运动形式的不同，工作构件有平移运动、定轴转动、平面运动三种类型。

1）工作构件做平移运动时运动微分方程的建立

图 3-50 工作构件做平移运动的两自由度机构简图中，基础构件 0 和武器体部 C 各自做平行于身管轴线的运动，工作构件 1 一方面随武器体部 C 做平移运动，一方面做垂直于身管轴线的运动。

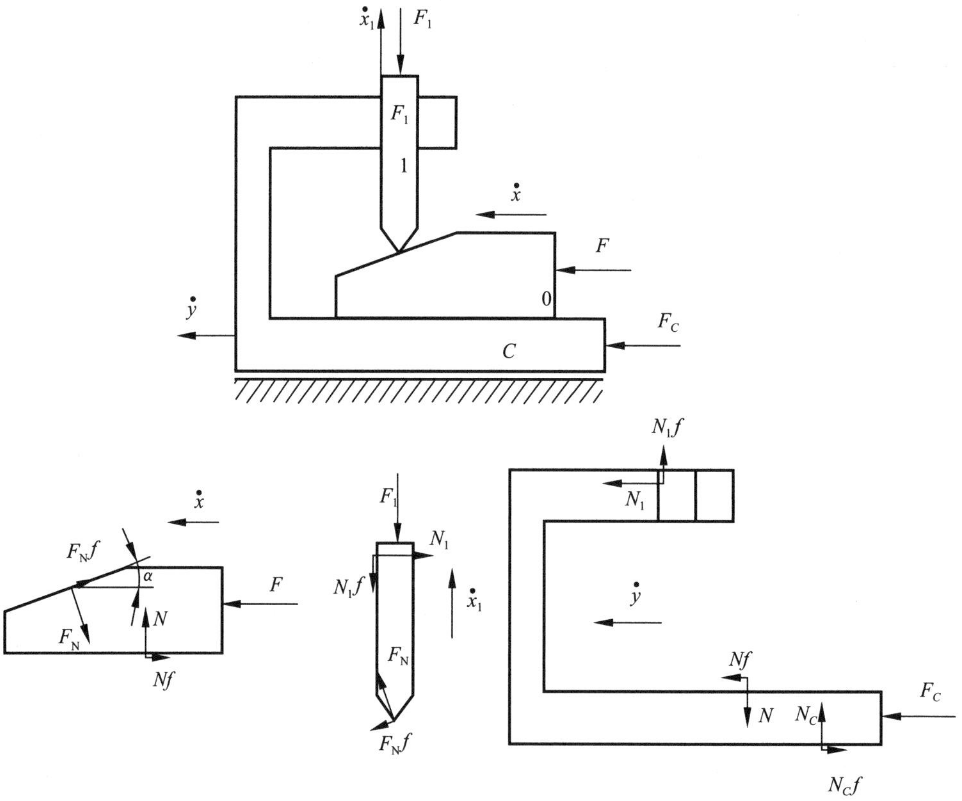

图 3-50 工作构件做平移运动的两自由度机构简图

分别取各构件为隔离体，画出受力图，列出各构件的运动微分方程。以构件 0 为研究对象，有

$$m(\ddot{x}+\ddot{y})=F-F_{\mathrm{N}}\sin\alpha-F_{\mathrm{N}}f\cos\alpha-Nf$$

$$N-F_{\mathrm{N}}\cos\alpha+F_{\mathrm{N}}f\sin\alpha=0$$

以构件 1 为研究对象，有

$$m_1\ddot{x}_1=F_{\mathrm{N}}\cos\alpha-F_{\mathrm{N}}f\sin\alpha-N_1f-F_1$$

$$m_1\ddot{y}=F_{\mathrm{N}}\sin\alpha+F_{\mathrm{N}}f\cos\alpha-N_1$$

以构件 C 为研究对象，有

$$m_C\ddot{y}=F_C+N_1+Nf-N_Cf$$

$$N_1f+N_C-N=0$$

式中　x——基础构件相对于武器体部的相对位移；

x_1——工作构件相对于武器体部的相对位移；

y——武器体部的绝对位移；

m——基础构件的质量；

m_1——工作构件的质量；

m_C——武器体部的质量；

F——作用于基础构件上的外力，其方向与基础构件的运动方向一致；

F_1——作用于工作构件上的外力，其方向与工作构件的运动方向相反；

F_C——作用于武器体部上的力，其方向与武器体部的运动方向一致；

N，N_1，N_C，F_{N}——分别为各构件间的约束反力。

整理以上 6 个方程，并令

$$R=F_{\mathrm{N}}[(1-f^2)\sin\alpha+2f\cos\alpha]$$

$$R_1=F_{\mathrm{N}}[(1-f^2)\cos\alpha-2f\sin\alpha]$$

可得方程组

$$\begin{cases}m\ddot{x}+m\ddot{y}=F-R\\ m_1\ddot{x}_1=-F_1+R_1+fm_1\ddot{y}\\ m_C\ddot{y}=F_C+\dfrac{(1+f^2)(\sin\alpha+f\cos\alpha)}{(1-f^2)\cos\alpha-2f\sin\alpha}R_1-(1+f^2)m_1\ddot{y}\end{cases}\tag{3-133}$$

为使方程组简化，设

$$-f=\alpha_1$$

$$\frac{(1+f^2)(\sin\alpha+f\cos\alpha)}{(1-f^2)\cos\alpha-2f\sin\alpha}=\beta_1$$

$$1+f^2=\gamma_1\tag{3-134}$$

式中，α_1、β_1、γ_1 为机构传动时的影响系数。这样，式（3-133）可改写成

$$\begin{aligned} m\ddot{x} &= F - R - m\ddot{y} \\ m_1\ddot{x}_1 &= -F_1 + R_1 - \alpha_1 m_1 \ddot{y} \\ m_C\ddot{y} &= F_C + \beta_1 R_1 - \gamma_1 m_1 \ddot{y} \end{aligned} \tag{3-135}$$

前文已述及单自由度机构传动时，构件 0 与构件 1 之间的传动关系只与构件的结构有关，而与运动状态无关。因而，武器体部的运动对该传动关系并无影响，故在两自由度机构中有关传动的关系式仍然成立，即

$$\frac{R}{R_1} = \frac{k_1}{\eta_1}$$

由 $\dot{x}_1 = k_1\dot{x}$ 对时间 t 求导得

$$\ddot{x}_1 = k_1\frac{\mathrm{d}\dot{x}}{\mathrm{d}t} + \dot{x}^2\frac{\mathrm{d}k_1}{\mathrm{d}x} = k_1\ddot{x} + \dot{x}^2 k_1'$$

将上述两式代入式（3-135）并整理可得

$$\begin{aligned} &\left(m + m_1\frac{k_1^2}{\eta_1}\right)\ddot{x} + \left(m + \alpha_1 m_1\frac{k_1}{\eta_1}\right)\ddot{y} = F - F_1\frac{k_1}{\eta_1} - m_1\dot{x}^2 k_1'\frac{k_1}{\eta_1} \\ &-\beta_1 k_1 m_1\ddot{x} + (m_C - \beta_1\alpha_1 m_1 + \gamma_1 m_1)\ddot{y} = F_C + \beta_1 F_1 + \beta_1 m_1 k_1'\dot{x}^2 \end{aligned} \tag{3-136}$$

若将式（3-136）用矩阵的形式表示，则为

$$[\boldsymbol{M}][\ddot{\boldsymbol{X}}] = [\boldsymbol{F}] \tag{3-137}$$

其中质量矩阵为

$$[\boldsymbol{M}] = \begin{bmatrix} m + m_1\dfrac{k_1^2}{\eta_1} & m + \alpha_1 m_1\dfrac{k_1}{\eta_1} \\ -\beta_1 k_1 m_1 & m_C - \beta_1\alpha_1 m_1 + \gamma_1 m_1 \end{bmatrix} = \begin{bmatrix} m_{11} & m_{12} \\ m_{21} & m_{22} \end{bmatrix} \tag{3-138}$$

加速度列阵为

$$[\ddot{\boldsymbol{X}}] = \begin{pmatrix} \ddot{x} \\ \ddot{y} \end{pmatrix} \tag{3-139}$$

力列阵为

$$[\boldsymbol{F}] = \begin{pmatrix} F - F_1\dfrac{k_1}{\eta_1} - m_1\dot{x}^2 k_1'\dfrac{k_1}{\eta_1} \\ F_C + \beta_1 F_1 + \beta_1 m_1 k_1'\dot{x}^2 \end{pmatrix} = \begin{pmatrix} F_{11} \\ F_{21} \end{pmatrix} \tag{3-140}$$

在质量矩阵中，m_{11} 为基础构件的转换质量。m_{12} 为考虑武器体部运动的动力耦合项，它可视为武器的基础构件在外力和惯性力作用下，除使质量 m_{11} 产生基础构件运动方向上的加速度 $\ddot{x}$ 外，还使质量 m_{12} 产生武器体部运动方向上的加速度 $\ddot{y}$。还应指出，m_{12} 也是基础构件的转换质量，它是基础构件的质量与参与运动的工作构件质量的另一种线性组合，所不同的是，质量转换系数由 k_i^2/η_i 变为 $\alpha_i k_i/\eta_i$（$i=1$，2，3，…，n）。因此，$\alpha_i m_i k_i/\eta_i$ 可视为 i 构件由于附加加速度 $\ddot{y}$ 及 α_i 引起的基础构件质量的增加。m_{22} 反映了武器体部运动时，除了考虑本身质量外，还要考虑工作构件质量的影响，影响的大小取决于与结构有关的系数 α_i、β_i 和 γ_i。m_{21} 反映了武器体部运动时考虑基础构件运动的动力耦合项，当 $\ddot{x}$ 与 $\ddot{y}$ 的方向相同时，该项为负，它起着“减轻”武器体部质量的作用。

2）工作构件做回转运动时运动微分方程的建立

图 3-51 为武器体部和基础构件做平移运动，而工作构件绕武器体部上的轴做定轴转动的机构简图。

在该机构中，构件 0 为基础构件，以速度 $\dot{x}$ 做平行于身管轴线的运动；构件 C 为武器体部，以速度 $\dot{y}$ 做平行于身管轴线的运动；构件 1 为工作构件，绕武器体部上的轴以角速度 $\dot{\varphi}$ 做回转运动。

分别取各个构件为隔离体，画出受力分析图。以基础构件 0 为研究对象，列出方程

$$m(\ddot{x}+\ddot{y}) = F - Nf - F_N\sin\alpha - F_N f\cos\alpha$$

$$F_N\cos\alpha - F_N f\sin\alpha - N = 0$$

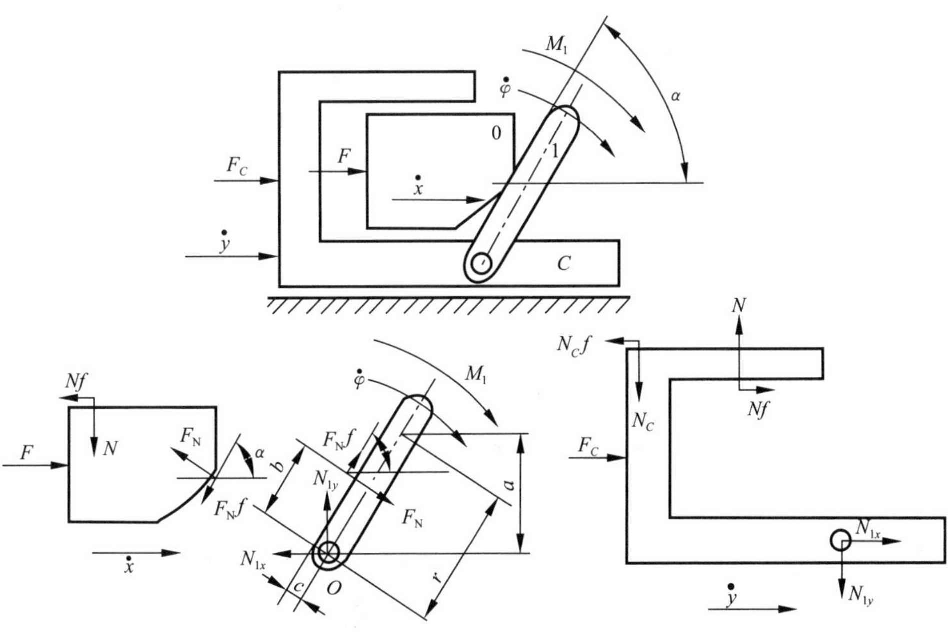

图 3-51　机构简图及各构件受力分析

以工作构件 1 为研究对象，列出方程

$$J_O\ddot{\varphi} = M_1 + F_N b + F_N fc - m_1\ddot{y}a$$

$$-N_{1x} - m_1\ddot{y} + F_N\sin\alpha + F_N f\cos\alpha - m_1 r\ddot{\varphi}\sin\alpha + m_1 r\dot{\varphi}^2\cos\alpha = 0$$

$$N_{1y} + F_N f\sin\alpha - F_N\cos\alpha + m_1 r\ddot{\varphi}\cos\alpha + m_1 r\dot{\varphi}^2\sin\alpha = 0$$

以武器体部为研究对象，列出方程

$$m_C\ddot{y} = F_C + N_{1x} + Nf - N_C f$$

$$N - N_C - N_{1y} = 0$$

式中 J_O——工作构件对转轴 O 的转动惯量；

M_1——工作构件受到的外力矩，其方向与 $\dot{\varphi}$ 相同；

a，b，c——工作构件结构尺寸。

整理上述各式，并令

$$R = F_N[(1-f^2)\sin\alpha + 2f\cos\alpha]$$

$$M_{R1} = F_N(b+fc)$$

$$\lambda_1 = \frac{f\cos\alpha + \sin\alpha}{r}$$

$$\mu_1 = \frac{\cos\alpha - f\sin\alpha}{r}$$

可得方程组

$$\begin{cases} m(\ddot{x}+\ddot{y}) = F - R \\ J_O\ddot{\varphi} + m_1 a\ddot{y} = M_1 + M_{R1} \\ m_C\ddot{y} = F_C + \dfrac{(1-f^2)\sin\alpha + 2f\cos\alpha}{b+fc}M_{R1} - m_1\ddot{y} - \lambda_1 J_O\ddot{\varphi} + \mu_1 J_O\dot{\varphi}^2 \end{cases} \tag{3-141}$$

设

$$\alpha_1 = a$$

$$\beta_1 = \frac{(1-f^2)\sin\alpha + 2f\cos\alpha}{b+fc} \tag{3-142}$$

$$\gamma_1 = 1$$

则方程组可改写成

$$\begin{cases} m\ddot{x} = F - R - m\ddot{y} \\ J_O\ddot{\varphi} = M_1 + M_{R1} - \alpha_1 m_1\ddot{y} \\ m_C\ddot{y} = F_C + \beta_1 M_{R1} - \gamma_1 m_1\ddot{y} - \lambda_1 J_O\ddot{\varphi} + \mu_1 J_O\dot{\varphi}^2 \end{cases} \tag{3-143}$$

将关系式$\dfrac{R}{M_{R1}}=\dfrac{k_1}{\eta_1}$，$\dfrac{\dot{\varphi}}{\dot{x}}=k_1$，$\ddot{\varphi}=k_1\ddot{x}+k_1'\dot{x}^2$ 代入式（3-143）可得

$$\left(m + J_O\frac{k_1^2}{\eta_1}\right)\ddot{x} + \left(m + \alpha_1 m_1\frac{k_1}{\eta_1}\right)\ddot{y} = F + M_1\frac{k_1}{\eta_1} - J_O k_1'\dot{x}^2\frac{k_1}{\eta_1} \tag{3-144}$$

$$(-\beta_1 J_O k_1 + \lambda_1 J_O k_1)\ddot{x} + (m_C + \gamma_1 m_1 - \alpha_1\beta_1 m_1)\ddot{y} =$$

$$F_C-\beta_1 M_1+(\beta_1 J_O k'_1-\lambda_1 J_O k'_1+\mu_1 J_O k_1^2)\dot{x}^2$$

其质量矩阵为

$$[\boldsymbol{M}]=\begin{bmatrix} m+J_O\dfrac{k_1^2}{\eta_1} & m+\alpha_1 m_1\dfrac{k_1}{\eta_1} \\ -\beta_1 J_O k_1+\lambda_1 J_O k_1 & m_C+\gamma_1-\alpha_1\beta_1 m_1 \end{bmatrix}=\begin{bmatrix} m_{11} & m_{12} \\ m_{21} & m_{22} \end{bmatrix} \tag{3-145}$$

力列阵为

$$[\boldsymbol{F}]=\begin{Bmatrix} F+M_1\dfrac{k_1}{\eta_1}-J_O k'_1\dot{x}^2\dfrac{k_1}{\eta_1} \\ F_C-\beta_1 M_1+(\beta_1 J_O k'_1-\lambda_1 J_O k'_1+\mu_1 J_O k_1^2)\dot{x}^2 \end{Bmatrix}=\begin{Bmatrix} F_{11} \\ F_{21} \end{Bmatrix} \tag{3-146}$$

比较式（3-136）和式（3-144）及相对应的矩阵，可以得出如下结论：

（1）两方程组的基本形式是一致的，因此可以认为式（3-136）是两自由度机构运动微分方程组的一般形式。对于任何一个系统，若事先能求出机构的系数 α_1、β_1、γ_1、k_1、η_1，就可直接写出该系统的运动微分方程，而无须再进行推导。

（2）方程中凡与 $\ddot{y}$ 有关的项中，工作构件的质量均取 m_1 本身；方程中凡与 $\dot{x}$、$\ddot{x}$ 有关的项中，工作构件的质量随其运动形式的不同而不同。当工作构件做平移运动时，对应质量均取 m_1；当工作构件做回转运动时，对应质量取为转动惯量。

（3）工作构件所受的外力为广义力。工作构件做平移运动时为力，做回转运动时为力矩。

3）工作构件做平面运动时运动微分方程的建立

工作构件做平面运动的机构如图 3-52 所示。其中，武器体部 C 和基础构件 0 做平移运动，工作构件 1 一方面随基础构件 0 做平移运动，另一方面绕基础构件上的 O 点做回转运动。

分别取各构件为隔离体，画出受力分析图。以基础构件 0 为研究对象，列出方程

$$m(\ddot{x}+\ddot{y})=F-Nf-F_{Nx}$$

$$N-F_{Ny}=0$$

以工作构件 1 为研究对象，列出方程

$$J_O\ddot{\varphi}=M_1+N_1 b-N_1 fc-m_1(\ddot{x}+\ddot{y})a\sin\alpha$$

$$F_{Nx}-N_1\cos\beta-N_1 f\sin\beta-m_1(\ddot{x}+\ddot{y})-m_1 a\ddot{\varphi}\sin\alpha-m_1 a\dot{\varphi}^2\cos\alpha=0$$

$$F_{Ny}+N_1 f\cos\beta-N_1\sin\beta-m_1 a\ddot{\varphi}\cos\alpha+m_1 a\dot{\varphi}^2\sin\alpha=0$$

以武器体部 C 为研究对象，列出方程

$$m_C\ddot{y}=F_C+Nf-N_C f+N_1\cos\beta+N_1 f\sin\beta$$

$$N_C-N+N_1\sin\beta-N_1 f\cos\beta=0$$

整理上述各式，并令

$$R=N_1[(1-f^2)\cos\beta+2f\sin\beta]$$

$$M_{R1}=N_1(b-fc)$$

$$\lambda_1 = \frac{f\cos\alpha + \sin\alpha}{a}$$

$$\mu_1 = \frac{f\sin\alpha - \cos\alpha}{a}$$

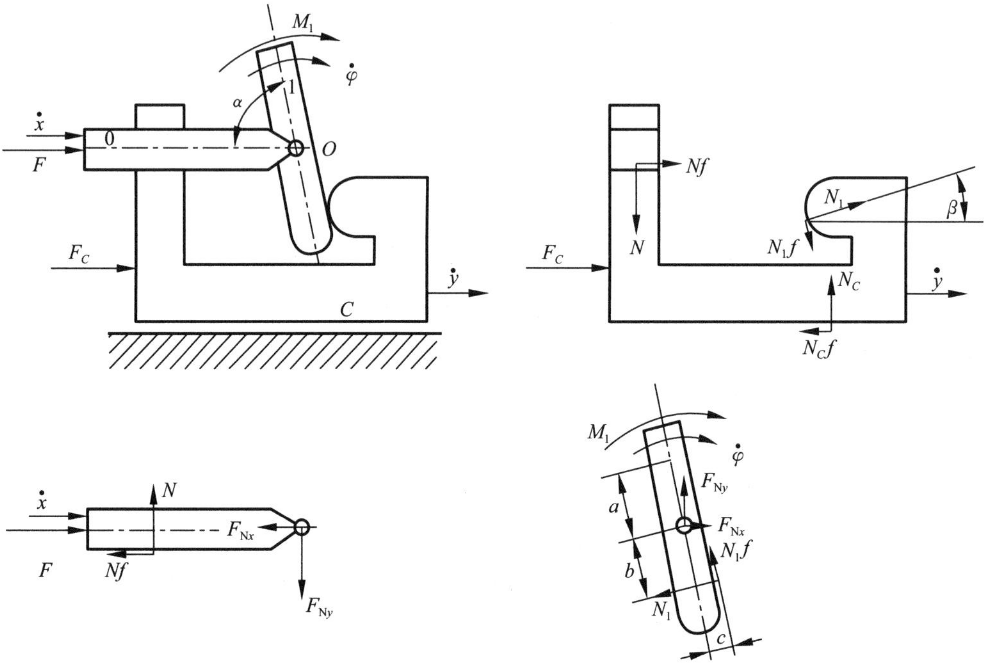

图 3-52　工作构件做平面运动机构简图

可得方程组

$$\begin{cases} m(\ddot{x}+\ddot{y}) = F - R - m_1(\ddot{x}+\ddot{y}) - \lambda_1 J_O\ddot{\varphi} + \mu_1 J_O\dot{\varphi}^2 \\ J_O\ddot{\varphi} = M_1 + M_{R1} - m_1(\ddot{x}+\ddot{y})a\sin\alpha \\ m_C\ddot{y} = F_C + \dfrac{(1-f^2)\cos\beta + 2f\sin\beta}{b - fc}M_{R1} \end{cases} \tag{3-147}$$

令

$$\alpha_1 = a\sin\alpha$$

$$\beta_1 = \frac{(1-f^2)\cos\beta + 2f\sin\beta}{b - fc} \tag{3-148}$$

则方程组可改写为

$$\begin{cases} m(\ddot{x}+\ddot{y}) = F - R - m_1(\ddot{x}+\ddot{y}) - \lambda_1 J_O\ddot{\varphi} + \mu_1 J_O\dot{\varphi}^2 \\ J_O\ddot{\varphi} = M_1 + M_{R1} - \alpha_1 m_1(\ddot{x}+\ddot{y}) \\ m_C\ddot{y} = F_C + \beta_1 M_{R1} \end{cases} \tag{3-149}$$

将关系式$\dfrac{R}{M_{R1}}=\dfrac{k_1}{\eta_1}$，$\dfrac{\dot{\varphi}}{\dot{x}}=k_1$，$\ddot{\varphi}=k_1\ddot{x}+k_1'\dot{x}^2$ 代入式（3-149）可得

$$\begin{cases}\left(m+m_1+\lambda_1 J_O k_1+J_O\dfrac{k_1^2}{\eta_1}+\alpha_1 m_1\dfrac{k_1}{\eta_1}\right)\ddot{x}+\left(m+m_1+\alpha_1 m_1\dfrac{k_1}{\eta_1}\right)\ddot{y}= \\ F+M_1\dfrac{k_1}{\eta_1}+\left(\lambda_1 J_O k'_1-\mu_1 J_O k_1^2-J_O\dfrac{k_1}{\eta_1}k'_1\right)\dot{x}^2 \\ -(\beta_1 J_O k_1+\alpha_1\beta_1 m_1)\ddot{x}+(m_C-\alpha_1\beta_1 m_1)\ddot{y}=F_C-\beta_1 M_1+\beta_1 J_O k'_1\dot{x}^2\end{cases} \tag{3-150}$$

其质量矩阵为

$$[\boldsymbol{M}]=\begin{bmatrix}m+m_1+\lambda_1 J_O k_1+J_O\dfrac{k_1^2}{\eta_1}+\alpha_1 m_1\dfrac{k_1}{\eta_1} & m+m_1+\alpha_1 m_1\dfrac{k_1}{\eta_1} \\ -\beta_1 J_O k_1-\alpha_1\beta_1 m_1 & m_C-\alpha_1\beta_1 m_1\end{bmatrix}=\begin{bmatrix}m_{11} & m_{12} \\ m_{21} & m_{22}\end{bmatrix} \tag{3-151}$$

力列阵为

$$[\boldsymbol{F}]=\begin{Bmatrix}F+M_1\dfrac{k_1}{\eta_1}+\left(\lambda_1 J_O k'_1-\mu_1 J_O k_1^2-J_O\dfrac{k_1}{\eta_1}k'_1\right)\dot{x}^2 \\ F_C-\beta_1 M_1+\beta_1 J_O k'_1\dot{x}^2\end{Bmatrix}=\begin{Bmatrix}F_{11} \\ F_{21}\end{Bmatrix} \tag{3-152}$$

2. 无机构传动的浮动自动机运动微分方程

图 3-53 为基础构件不带动其他构件工作的两自由度系统运动模型。

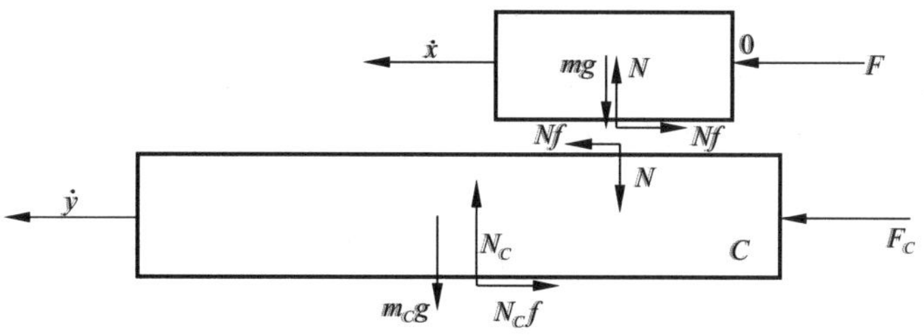

图 3-53　无机构传动的两自由度系统模型及受力分析

以构件 0 为研究对象，有

$$m(\ddot{x}+\ddot{y})=F-Nf$$
$$N=mg$$

以 C 构件为研究对象，有

$$m_C\ddot{y}=F_C-N_C f+Nf$$
$$N_C-N-m_C g=0$$

将上述方程整理，可得

$$\begin{aligned}m\ddot{x}+m\ddot{y}&=F-mgf \\ m_C\ddot{y}&=F_C-m_C gf\end{aligned} \tag{3-153}$$

其质量矩阵为

$$[\boldsymbol{M}]=\begin{bmatrix} m & m \\ 0 & m_C \end{bmatrix}=\begin{bmatrix} m_{11} & m_{12} \\ m_{21} & m_{22} \end{bmatrix}$$

力列阵为

$$[\boldsymbol{F}]=\begin{pmatrix} F-mgf \\ F_C-m_Cgf \end{pmatrix}=\begin{pmatrix} F_{11} \\ F_{21} \end{pmatrix}$$

3.3.3 浮动自动机运动微分方程的求解

1. 运动微分方程形式的改变

根据工作构件的不同运动形式，在前面分别讨论并建立了浮动自动机的运动微分方程。实际上，它们可以用式（3-137）～(3-140）来统一表示，即描述两自由度系统机构运动微分方程的一般形式

$$m_{11}\ddot{x}+m_{12}\ddot{y}=F_{11}$$

$$m_{21}\ddot{x}+m_{22}\ddot{y}=F_{21}$$

经过整理，方程组可变为

$$\begin{cases}\ddot{x}=\dfrac{m_{22}F_{11}-m_{12}F_{21}}{m_{11}m_{22}-m_{12}m_{21}} \\[2ex] \ddot{y}=\dfrac{m_{21}F_{11}-m_{11}F_{21}}{m_{12}m_{21}-m_{11}m_{22}}\end{cases}$$

这是一组非线性变系数常微分方程组的初值问题，可采用数值解法进行求解。为此，将其变为 4 个 1 阶常微分方程组，即

$$\begin{cases}\dfrac{\mathrm{d}\dot{x}}{\mathrm{d}t}=\dfrac{m_{22}F_{11}-m_{12}F_{21}}{m_{11}m_{22}-m_{12}m_{21}}=f_1(t,\dot{x},x,\dot{y},y) \\[2ex] \dfrac{\mathrm{d}x}{\mathrm{d}t}=f_2(t,\dot{x},x,\dot{y},y) \\[2ex] \dfrac{\mathrm{d}\dot{y}}{\mathrm{d}t}=\dfrac{m_{21}F_{11}-m_{11}F_{21}}{m_{12}m_{21}-m_{11}m_{22}}=f_3(t,\dot{x},x,\dot{y},y) \\[2ex] \dfrac{\mathrm{d}y}{\mathrm{d}t}=f_4(t,\dot{x},x,\dot{y},y)\end{cases} \tag{3-154}$$

其初始条件为 $t_0=0$ 时，$x(t_0)=x_0$，$y(t_0)=y_0$，$\dot{x}(t_0)=\dot{x}_0$，$\dot{y}(t_0)=\dot{y}_0$。

2. 运动微分方程组的数值解法

求解两自由度机构运动微分方程时，因要求 4 个未知数，所以要用常微分方程组的初值问题进行求解。

4 阶龙格-库塔法的计算公式为

$$\begin{cases} y_{1,i+1}=\dot{x}_{i+1}=\dot{x}_i+\dfrac{h}{6}(k_{11}+2k_{12}+2k_{13}+k_{14}) \\ y_{2,i+1}=x_{i+1}=x_i+\dfrac{h}{6}(k_{21}+2k_{22}+2k_{23}+k_{24}) \\ y_{3,i+1}=\dot{y}_{i+1}=\dot{y}_i+\dfrac{h}{6}(k_{31}+2k_{32}+2k_{33}+k_{34}) \\ y_{4,i+1}=y_{i+1}=y_i+\dfrac{h}{6}(k_{41}+2k_{42}+2k_{43}+k_{44}) \end{cases} \tag{3-155}$$

其中

$$\begin{cases} k_{11}=f_1(t_i,\dot{x}_i,x_i,\dot{y}_i,y_i) \\ k_{21}=f_2(t_i,\dot{x}_i,x_i,\dot{y}_i,y_i) \\ k_{31}=f_3(t_i,\dot{x}_i,x_i,\dot{y}_i,y_i) \\ k_{41}=f_4(t_i,\dot{x}_i,x_i,\dot{y}_i,y_i) \end{cases}$$

$$\begin{cases} k_{12}=f_1\left(t_i+\dfrac{h}{2},\dot{x}_i+\dfrac{hk_{11}}{2},x_i+\dfrac{hk_{21}}{2},\dot{y}_i+\dfrac{hk_{31}}{2},y_i+\dfrac{hk_{41}}{2}\right) \\ k_{22}=f_2\left(t_i+\dfrac{h}{2},\dot{x}_i+\dfrac{hk_{11}}{2},x_i+\dfrac{hk_{21}}{2},\dot{y}_i+\dfrac{hk_{31}}{2},y_i+\dfrac{hk_{41}}{2}\right) \\ k_{32}=f_3\left(t_i+\dfrac{h}{2},\dot{x}_i+\dfrac{hk_{11}}{2},x_i+\dfrac{hk_{21}}{2},\dot{y}_i+\dfrac{hk_{31}}{2},y_i+\dfrac{hk_{41}}{2}\right) \\ k_{42}=f_4\left(t_i+\dfrac{h}{2},\dot{x}_i+\dfrac{hk_{11}}{2},x_i+\dfrac{hk_{21}}{2},\dot{y}_i+\dfrac{hk_{31}}{2},y_i+\dfrac{hk_{41}}{2}\right) \end{cases}$$

$$\begin{cases} k_{13}=f_1\left(t_i+\dfrac{h}{2},\dot{x}_i+\dfrac{hk_{12}}{2},x_i+\dfrac{hk_{22}}{2},\dot{y}_i+\dfrac{hk_{32}}{2},y_i+\dfrac{hk_{42}}{2}\right) \\ k_{23}=f_2\left(t_i+\dfrac{h}{2},\dot{x}_i+\dfrac{hk_{12}}{2},x_i+\dfrac{hk_{22}}{2},\dot{y}_i+\dfrac{hk_{32}}{2},y_i+\dfrac{hk_{42}}{2}\right) \\ k_{33}=f_3\left(t_i+\dfrac{h}{2},\dot{x}_i+\dfrac{hk_{12}}{2},x_i+\dfrac{hk_{22}}{2},\dot{y}_i+\dfrac{hk_{32}}{2},y_i+\dfrac{hk_{42}}{2}\right) \\ k_{43}=f_4\left(t_i+\dfrac{h}{2},\dot{x}_i+\dfrac{hk_{12}}{2},x_i+\dfrac{hk_{22}}{2},\dot{y}_i+\dfrac{hk_{32}}{2},y_i+\dfrac{hk_{42}}{2}\right) \end{cases}$$

$$\begin{cases} k_{14}=f_1(t_i+h,\dot{x}_i+hk_{13},x_i+hk_{23},\dot{y}_i+hk_{33},y_i+hk_{43}) \\ k_{24}=f_2(t_i+h,\dot{x}_i+hk_{13},x_i+hk_{23},\dot{y}_i+hk_{33},y_i+hk_{43}) \\ k_{34}=f_3(t_i+h,\dot{x}_i+hk_{13},x_i+hk_{23},\dot{y}_i+hk_{33},y_i+hk_{43}) \\ k_{44}=f_4(t_i+h,\dot{x}_i+hk_{13},x_i+hk_{23},\dot{y}_i+hk_{33},y_i+hk_{43}) \end{cases}$$

利用上述这些计算公式，根据已知量和初值，再选择适当的步长 h，编程上机进行计算。

3.3.4 典型浮动自动机动力学计算实例

本计算以某 14.5 mm 高射机枪为例。它的自动原理为导气式，闭锁机构为回转式，供弹机构为弹链供弹，采用杠杆式拨弹机构，浮动机为弹簧液压式，设置在机匣与枪架之间。

1. 自动机自动循环图

该高射机枪的自动机自动循环图见表 3-11。

表 3-11　14.5 mm 高射机枪自动机自动循环图　　mm

动作名称		位移	图示
后坐	开锁前自由行程	0→19	
	开锁行程	19→31.5	
	开锁后行程	31.5→35	
	供弹前行程	35→60	
	供弹行程	60→246	
	抽壳行程	35→220	
	供弹后空行程	246→252	
	挂机行程	252→257	
	缓冲行程	257→265	
	枪机后坐	35→265	
复进	缓冲簧伸张	257←265	
	推弹前空行程	227←257	
	推弹行程	32.5←227	
	闭锁前行程	31←32.5	
	闭锁行程	19←31	
	闭锁后自由行程	0←19	

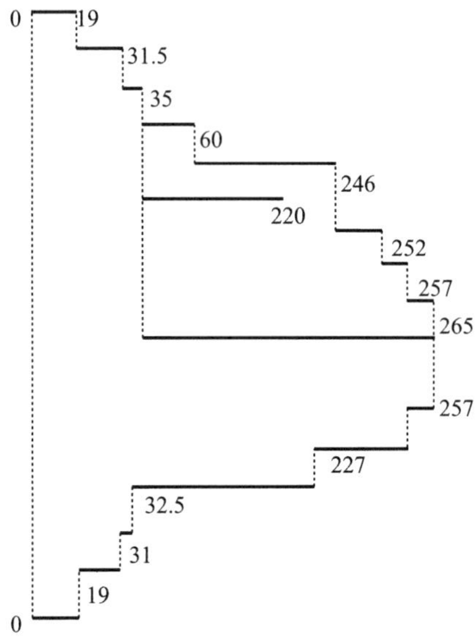

2. 浮动自动机动力学计算模型

浮动自动机可简化为两自由度的弹簧质量系统，即将浮动机简化为弹簧、阻尼器并联系统，其参与浮动运动的质量在浮动部分质量中考虑。以枪机框和浮动部分的静平衡位置为坐标原点，后坐方向为正方向建立坐标系，x 为枪机框相对于浮动部分的位移；y 为浮动部分的位移。浮动自动机的模型简图如图 3-54 所示。浮动自动机各部分的受力如图 3-55 所示。在平射状态下分段建立浮动自动机的动力学模型，在有机构传动时不考虑构件重力及重力引起的摩擦力。

1）解脱枪机框到推弹（257～227 mm）

枪机后方待发，解脱枪机框，枪机框在复进簧的作用下带着枪机一起向前复进。枪机框质量包括枪机框和枪机质量。枪机框所受力有枪机框复进簧力、摩擦力。浮动部分质量为枪身质量（不包括枪机框和枪机）和浮动机中与枪身一起运动部分的质量。浮动部分受力有浮动簧力、浮动机液压阻力、枪机框复进簧力、摩擦力等。此阶段枪机框不带动其他构件运动，由式（3-154）可得其动力学微分方程为

$$(m_1+m_2)(\ddot{x}+\ddot{y})=(m_1+m_2)gf-(f_{20}+k_2x)$$

$$M\ddot{y}=(f_{20}+k_2x)-(f_{10}+k_1y)\mp\Phi\mp Mgf$$

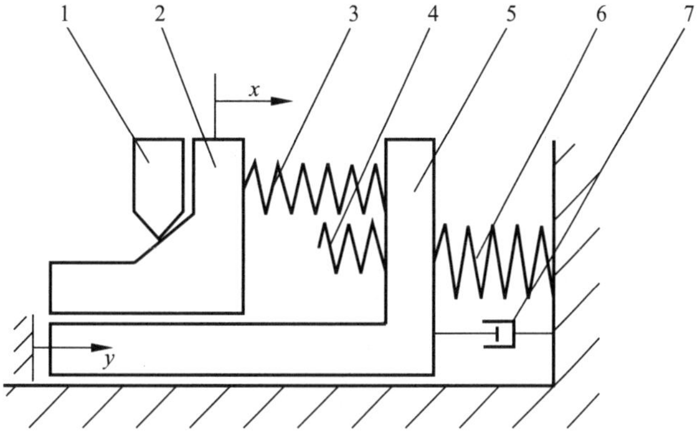

图 3-54 浮动自动机动力学模型简图

1—枪机框带动的零部件；2—枪机框；3—枪机框复进簧；
4—枪机缓冲簧；5—浮动部分；6—浮动簧；7—液压阻尼器

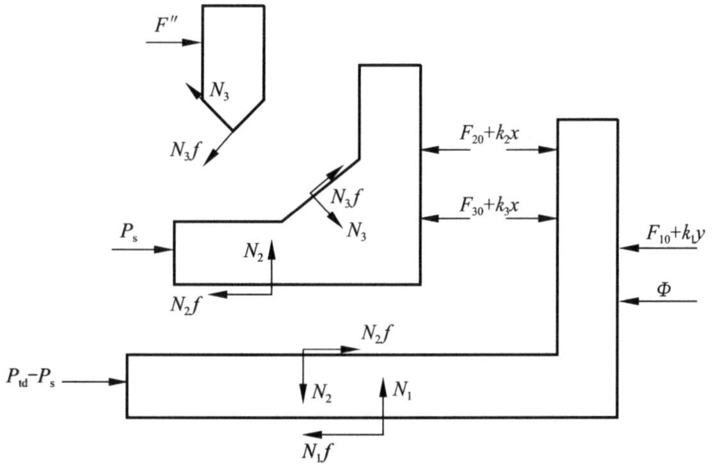

图 3-55 浮动自动机各部分的受力分析

式中 m_1，m_2——分别为枪机框、枪机质量；

M——浮动部分质量；

k_1，f_{10}——浮动簧的刚度和预压力；

k_2，f_{20}——枪机框复进簧的刚度和预压力；

g——重力加速度；

f——摩擦系数；

Φ——浮动机提供的液压阻力。

本机枪浮动机为弹簧液压式，其液压阻尼器可简化为图 3-56 所示的结构。

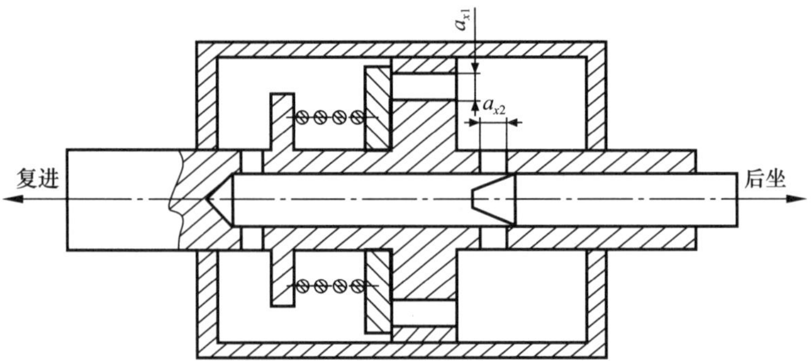

图 3-56　液压阻尼器示意

后坐时，液压阻尼器提供的液压阻力为

$$\Phi=\frac{\rho K_1}{2}\cdot\frac{(A_0-a_{x1})^3}{(a_{x1}+a_{x2})^2}\cdot\dot{y}^2$$

式中　ρ——工作液体的密度；

A_0——活塞有效工作面积；

a_{x1}——活塞上流液孔的面积；

a_{x2}——节流孔面积；

K_1——后坐时的液压阻力系数；

$\dot{y}$——浮动部分的运动速度。

复进时液压阻尼器提供的液压阻力为

$$\Phi=\frac{K_2\rho}{2}\cdot\frac{A_0^3}{a_{x2}}\cdot\dot{y}^2$$

式中　K_2——复进时的液压阻力系数。

在上述方程中，当浮动部分的运动速度大于 0，即 $\dot{y}\geqslant 0$ 时，“∓”或“±”号取上方符号，否则取下方符号。以下各式中的“±”和“∓”取法与上式相同。

对于首发，由于浮动部分受到的枪机框复进簧力小于浮动簧力，浮动部分并不运动，因而没有浮动部分的运动微分方程，第 2～5 段类同。

2）枪机推弹到推弹出链（227～147 mm）

在这一时期，枪机框带着枪机先与枪弹撞击结合，然后一起复进。枪机框质量包括枪机框质量、枪机质量和枪弹质量。枪机框所受力有枪机框复进簧力、摩擦力、推弹阻力。浮动部分质量包括枪身质量（不包括枪机框和枪机）、浮动机中参与运动部分的质量。浮动部分受力有浮动簧力、浮动机液压阻力、枪机框复进簧力、摩擦力等。

枪机框、枪机与枪弹撞击结合后的速度为

$$\dot{x}=\frac{m_1+m_2}{m_1+m_2+m_3}(\dot{x}'+\dot{y}')-\dot{y}'$$

式中　$\dot{x}'$——枪机框、枪机与枪弹撞击前的相对速度；

$\dot{y}'$——撞击前浮动部分的速度；

m_3——枪弹的质量。

枪机框不带动其他构件运动，由式（3-153）可得其动力学微分方程为

$$(m_1+m_2+m_3)(\ddot{x}+\ddot{y})=(m_1+m_2+m_3)gf-(F_{20}+k_2x)+F_t$$

$$M\ddot{y}=(F_{20}+k_2x)-(F_{10}+k_1y)\mp\Phi\mp Mgf-F_t$$

式中　F_t——推弹阻力。

3）推弹入膛阶段（147～31 mm）

在不考虑推弹入膛时枪弹所受阻力的情况下，由式（3-153）可得其动力学微分方程为

$$(m_1+m_2+m_3)(\ddot{x}+\ddot{y})=(m_1+m_2+m_3)gf-(F_{20}+k_2x)$$

$$M\ddot{y}=(F_{20}+k_2x)-(F_{10}+k_1y)\mp\Phi\mp Mgf$$

4）闭锁阶段（31～19 mm）

枪机复进到位后，先与浮动部分撞击结合，再一起运动，同时枪机框带动枪机闭锁。枪机与浮动部分撞击结合后的速度为

$$\dot{y}=\frac{m_2(\dot{x}'+\dot{y}')+M\dot{y}'}{m_2+M}$$

忽略枪机旋转时所受的摩擦阻力，且传速比 k 为常量时，由式（3-153）可得其动力学微分方程为

$$\left(m_1+J_0\frac{k^2}{\eta}\right)\ddot{x}+\left(m_1+\alpha_1m_2\frac{k}{\eta}\right)\ddot{y}=-(F_{20}+k_2x)$$

$$(-\beta_1J_0k+\lambda_1J_0k)\ddot{x}+(M+\gamma_1m_2-\alpha_1\beta_1m_2)\ddot{y}=(F_{20}+k_2x)-(F_{10}+k_1y)\mp\Phi+\mu_1J_0k^2\dot{x}^2$$

式中　k——枪机框带动枪机闭锁时的传速比，$k=1.71$；

η——枪机框带动枪机闭锁时的传动效率，$\eta=0.423$；

J_0——枪机的转动惯量。

5）闭锁后的自由行程（19～0 mm）

枪机闭锁后，枪机框单独运动走完闭锁后自由行程，由式（3-153）可得其动力学微分方程为

$$m_1(\ddot{x}+\ddot{y})=-(F_{20}+k_2x)+m_1gf$$

$$(M+m_2)\ddot{y}=(F_{20}+k_2x)-(F_{10}+k_1y)\mp(M+m_2)gf\mp\Phi$$

6）击发枪弹到弹丸经过导气孔

枪弹击发后，膛内火药燃气一方面推动弹丸向前运动，另一方面对浮动部分施加膛底合力。

枪机框复进到位后与枪身进行多次撞击，最终相对于枪身静止，故可认为是撞击结合，其撞击后的速度计算公式为

$$\dot{y}=\frac{m_1(\dot{x}'+\dot{y}')+(M+m_2)\dot{y}'}{M+m_1+m_2}$$

因枪机框相对于枪身不动，故只有浮动部分的运动，其动力学微分方程为

$$(M+m_1+m_2)\ddot{y}=P_{td}-(F_{10}+k_1y)\mp(M+m_1+m_2)gf\mp\Phi$$

式中 P_{td}——膛底合力，$P_{td}=p_tS_t$，p_t 为膛底压力，S_t 为弹膛膛底面积。

7）弹丸经过导气孔到枪机框走完开锁前的自由行程（0～19 mm）

当弹丸经过导气孔后，膛内一部分火药燃气经导气孔进入气室，推动活塞带动枪机框后坐，同时火药燃气通过气室前壁作用于浮动部分。由式（3-153）可得其动力学微分方程为

$$m_1(\ddot{x}+\ddot{y})=P_s-(F_{20}+k_2)-m_1gf$$

$$(M+m_2)\ddot{y}=P_{td}-P_s+(F_{20}+k_2x)-(F_{10}+k_1y)\mp(M+m_2)gf$$

式中 P_s——活塞所受的火药燃气作用力，$P_s=p_sS_s$；

S_s——活塞面积；

p_s——导气室压力，$p_s=p_d e^{-\frac{t}{b}}$（$1-e^{-\alpha\frac{t}{b}}$）。

8）开锁阶段（19～31 mm）

在气室压力作用下，枪机框走完开锁前自由行程后与枪机撞击并带动枪机开锁。在这一阶段中，k 和 η 分别表示枪机框带动枪机开锁时的传速比和传动效率。

枪机框与枪机撞击后的速度为

$$\dot{x}=\frac{m_1\dot{x}'}{m_1+m_2\dfrac{k^2}{\eta}}-\dot{y}'$$

忽略枪机回转的阻力，且传速比为常数，则由式（3-153）可得其动力学微分方程为

$$\left(m_1+J_0\frac{k^2}{\eta}\right)\ddot{x}+\left(m_1+\alpha_1m_2\frac{k}{\eta}\right)\ddot{y}=P_s-(F_{20}+k_2x)$$

$$(-\beta_1J_0k_1+\lambda_1J_0k_1)\ddot{x}+(M+\gamma_1m_2-\alpha_1\beta_1m_2)\ddot{y}=$$
$$P_{td}-P_s+(F_{20}+k_2x)-(F_{10}+k_1y)\mp\Phi+\mu_1J_0k^2\dot{x}^2$$

9）开锁后行程（31～32.5 mm）

开锁后枪机框单独后坐一段距离，而枪机相对于枪管不动。由式（3-153）可得其动力学方程为

$$m_1(\ddot{x}+\ddot{y})=P_s-(F_{20}+k_2x)-m_1gf$$

$$(M+m_2)\ddot{y}=(F_{20}+k_2x)-(F_{10}+k_1y)-P_s\mp(M+m_2)gf\mp\Phi$$

10）开锁结束到拨弹（32.5～60 mm）

开锁结束后，枪机框先与枪机撞击，然后带动枪机后坐，将弹壳从膛内抽出。开锁后枪机框与枪机撞击后的速度为

$$\dot{x}=\frac{m_1(\dot{x}'+\dot{y}')+m_2\dot{y}'}{m_1+m_2}-\dot{y}'=\frac{m_1}{m_1+m_2}\dot{x}'$$

由式（3-153）可得其动力学微分方程为

$$(m_1+m_2+m_5)(\ddot{x}+\ddot{y})=-(F_{20}+k_2x)-(m_1+m_2+m_5)gf$$

$$M\ddot{y}=(F_{20}+k_2x)-(F_{10}+k_1y)\mp\Phi\mp Mgf$$

式中　m_5——弹壳质量。

11）开始拨弹到拨弹结束（60～246 mm）

枪机框通过曲拐、拨弹杠杆带动拨弹滑板横向运动，将次一发枪弹拨到进弹口位置，并在 220 mm 处抛壳。计算时忽略曲拐、拨弹杠杆的质量和转动惯量。

由式（3-117）可得抛壳前的动力学微分方程

$$\left[(m_1+m_2+m_5)+(m_6+5m_3+5m_4)\frac{k^2}{\eta}\right]\ddot{x}+\left[(m_1+m_2+m_5)+\right.$$

$$\left.\alpha_1(m_6+5m_3+5m_4)\frac{k}{\eta}\right]\ddot{y}=-(F_{20}+k_2x)-F''\frac{k}{\eta}-(m_6+5m_3+5m_4)\dot{x}^2k'\frac{k}{\eta}$$

$$-\beta_1k(m_6+5m_3+5m_4)\ddot{x}+[M-\beta_1\alpha_1(m_6+5m_3+5m_4)+\gamma_1(m_6+5m_3+5m_4)]\ddot{y}=$$

$$(F_{20}+k_2x)-(F_{10}+k_1y)\mp\Phi+\beta_1F''+\beta_1(m_6+5m_3+5m_4)k'\dot{x}^2$$

式中　F''——拨弹阻力；

k——枪机框带动拨弹滑板进行拨弹时的传速比；

η——枪机框带动拨弹滑板进行拨弹时的传动效率；

m_4——一个链节质量；

m_6——拨弹滑板质量。

在 220 mm 处抛壳时按三构件撞击可以得到撞击后速度为

$$\dot{x}=\dot{x}'-\frac{(M-m_1-m_2-m_5)(1+b)}{M\left(1+\dfrac{m_1+m_2}{m_5k_{\mathrm{k}}^2}\right)}\dot{x}'$$

式中　k_{k}——抛壳时的传速比，$k_{\mathrm{k}}=1.2$。

抛壳后的动力学微分方程只需将抛壳前动力学微分方程中的 m_5 项去掉即可。

由供弹机构的结构可求出枪机框带动拨弹滑板拨弹的传速比和传动效率，其值见表 3-12，l_0 为曲拐滚轮在枪机框供弹曲线槽中的位置（供弹起点 $l_0=0$）。

表 3-12　枪机框带动拨弹滑板的传速比和传动效率

l_0/mm	0	10	20	30	40	50	60	70
k	0	0.044	0.078	0.114	0.154	0.190	0.231	0.274
η/%	0	28.5	43.5	51.9	58.8	63.4	67.4	70.7
x/mm	60.0	70.1	80.35	90.7	101.3	112.0	123.1	134.4
l_0/mm	80	90	100	110	120	130	140	150
k	0.320	0.329	0.340	0.351	0.363	0.379	0.400	0.429
η/%	73.6	74.4	74.7	75.5	75.8	76.5	77.3	78.2
x/mm	146.0	158.1	170.5	183.1	196.1	209.5	223.3	237.7

经绘制传速比、传动效率曲线可以看出，它们均由两段曲线组成，一段近似为直线，一段近似为二次曲线。因此，在拟合 k 和 η 的变化规律时，将其分为两段。用切比雪夫曲线进行拟合，通过编程计算可以得到 k 和 η 的变化规律分别如下

$$\begin{cases} k = 3.657x - 0.2161 & (0.060 < x \leqslant 0.146) \\ k = 7.48x^2 - 1.729x + 0.415 & (0.146 < x \leqslant 0.246) \end{cases}$$

$$\begin{cases} \eta = -0.0142x^2 + 3.664x - 1.638 & (0.060 < x \leqslant 0.146) \\ \eta = 0.478x + 0.667 & (0.146 < x \leqslant 0.246) \end{cases}$$

拨弹阻力 F''的变化规律可以分为两个阶段：枪弹脱链前和脱链过程。

脱链前，即 $0.060<x\leqslant 0.114$ 时，拨弹阻力的变化规律为

$$F'' = F_f + F_x$$

式中 F_f——枪弹及弹链在受弹器中运动时的摩擦阻力，其值为 $F_f=20$ N；

F_x——枪弹及弹链悬挂部分重力。

脱链过程，即 $0.114<x\leqslant 0.246$ 时，拨弹阻力的变化规律为

$$F'' = F_f + F_x + F_{tl}$$

F_{tl}为枪弹脱链力。枪弹脱链力的最大值为 4 273 N。假设在此阶段内，脱链力从 0 开始按线性规律变化，则

$$F_{tl} = 427.3 - \frac{427.3}{0.132}(x - 0.114)$$

12）拨弹结束到撞击枪机缓冲簧（246～257 mm）

拨弹结束后，枪机框、枪机继续后坐，直到枪机框、枪机与枪机缓冲簧作用。由式（3-153）可得其动力学微分方程为

$$(m_1 + m_2)(\ddot{x} + \ddot{y}) = -(F_{20} + k_2 x) - (m_1 + m_2)gf$$
$$M\ddot{y} = (F_{20} + k_2 x) - (F_{10} + k_1 y) \mp \Phi \mp Mgf$$

13）枪机框在枪机缓冲簧的作用下后坐到位（257～265 mm）

枪机框、枪机与枪机框缓冲簧相撞后，在枪机框缓冲簧和复进簧的共同作用下后坐。由式（3-153）可得其动力学微分方程为

$$(m_1 + m_2)(\ddot{x} + \ddot{y}) = -(F_{20} + k_2 x) - [F_{30} + k_3(x - 0.257)] - (m_1 + m_2)gf$$
$$M\ddot{y} = (F_{20} + k_2 x) + [F_{30} + k_3(x - 0.257)] - (F_{10} + k_1 y) \mp \Phi \mp Mgf$$

式中 k_3，F_{30}——分别为枪机缓冲簧的刚度和预压力。

14）枪机框在枪机缓冲簧的作用下复进（265～257 mm）

由式（3-153）可得其动力学微分方程为

$$(m_1 + m_2)(\ddot{x} + \ddot{y}) = -(F_{20} + k_2 x) - [F_{30} + k_3(x - 0.257)] + (m_1 + m_2)gf$$
$$M\ddot{y} = (F_{20} + k_2 x) + [F_{30} + (x - 0.257)] - (F_{10} + k_1 y) \mp \Phi \mp Mgf$$

15）枪机框复进到挂机位置（257～252 mm）

动力学微分方程为

$$(m_1+m_2)(\ddot{x}+\ddot{y})=-(F_{20}+k_2x)+(m_1+m_2)gf$$

$$M\ddot{y}=(F_{20}+k_2x)-(F_{10}+k_1y)\mp\Phi\mp Mgf$$

16）最后一发挂机后枪机与枪身一起运动

当射击完最后一发后，枪机框复进到 252 mm 时挂机，枪机框相对枪身静止，浮动部分单独运动。因此，只有浮动部分的运动微分方程。

挂机时，撞击后的速度为

$$\dot{y}=\frac{M\dot{y}'+(m_1+m_2)(\dot{x}+\dot{y}')}{M+m_1+m_2}$$

其动力学微分方程为

$$(M+m_1+m_2)\ddot{y}=-(F_{10}+k_1y)-(M+m_1+m_2)gf\mp\Phi\qquad(y\geqslant 0)$$

$$(M+m_1+m_2)\ddot{y}=-(F_{10}-k_1y)+(M+m_1+m_2)gf\mp\Phi\qquad(y<0)$$

3. 浮动自动机的运动计算

1）计算初始数据

弹丸质量　$m=0.063$ kg

装药质量　$\omega=0.031$ kg

药室初始容积　$W_0=0.037\ \mathrm{dm^3}$

导气孔直径　$d_d=4.3$ mm

活塞直径　$d_s=25$ mm

活塞筒直径　$d_t=25.3$ mm

气室初始容积　$V_{0s}=55.62\ \mathrm{cm^3}$

枪机框质量　$m_1=3.7$ kg

枪机质量　$m_2=0.7$ kg

浮动部分质量　$M=28$ kg

浮动簧刚度　$k_1=25\,900$ N/m

浮动簧预压力　$F_{10}=550$ N

复进簧刚度　$k_2=645$ N/m

复进簧预压力　$F_{20}=128$ N

活塞流液孔面积　$a_{x1}=17\ \mathrm{mm^2}$

节流孔面积　$a_{x2}=6\ \mathrm{mm^2}$

2）仿真计算结果

根据上述模型编程计算，6 连发时的枪机框速度-时间曲线、枪机框位移-时间曲线、浮动部分速度-时间曲线、浮动部分位移-时间曲线分别如图 3-57～图 3-60 所示。

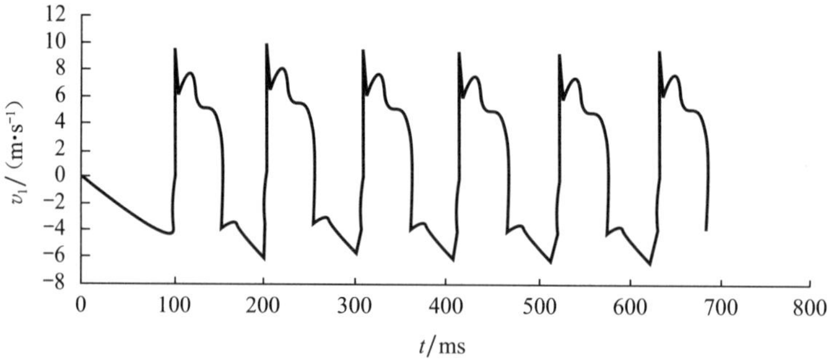

图 3-57　枪机框速度-时间曲线

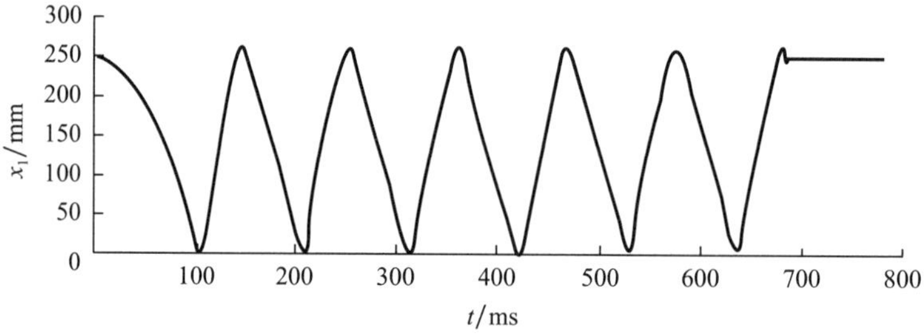

图 3-58　枪机框位移-时间曲线

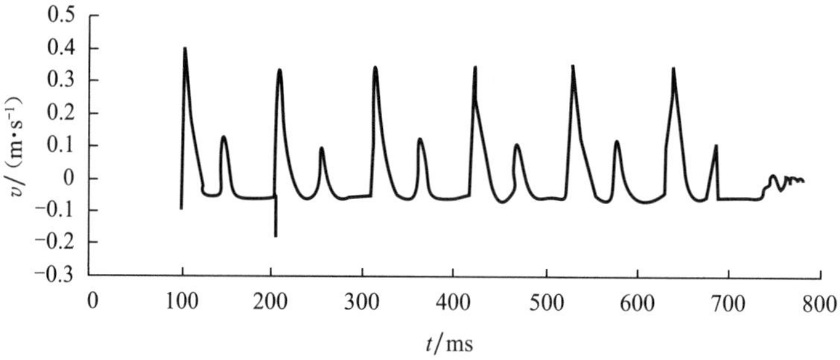

图 3-59　浮动部分速度-时间曲线

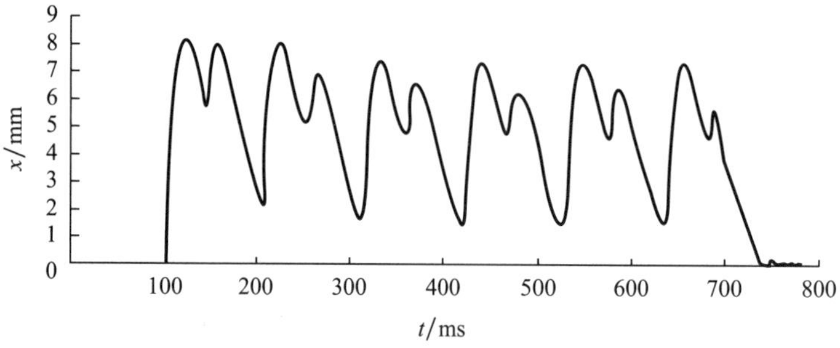

图 3-60　浮动部分位移-时间曲线

第 4 章　火炮与自动武器多体系统动力学

随着现代科学技术的发展和武器系统战术技术指标及性能要求的提高，火炮与自动武器多体动力学分析已成为火炮与自动武器设计开发过程中必不可少的一个环节。火炮与自动武器多体系统动力学主要研究武器在射击过程中的受力情况和多体系统运动规律，以及其他相关问题。已知火炮与自动武器系统各部件/构件的质量、转动惯量、几何构造、连接关系、约束关系和作用在构件上的主动力等条件，求系统的运动诸元，以获得武器系统的运动规律，进行武器系统工作性能的分析（如发射动态响应、射击频率、动作可靠性和密集度等），并预测各构件承受的载荷，为评价武器工作特性及进一步分析关重件强度寿命奠定基础。

本章主要介绍火炮与自动武器多体系统动力学建模与分析的方法、步骤及相关实例。

4.1　火炮与自动武器多体系统动力学分析步骤与方法

4.1.1　火炮与自动武器多体系统动力学分析步骤

多体系统动力学是从经典力学基础上发展起来的学科分支，其根本点在于建立适宜于计算机程序求解的数学模型，并寻求高效、稳定的数值求解方法。现代计算多体系统动力学分析一般步骤如下：首先建立多体系统的力学模型，再由多体系统力学模型得到多体动力学数学模型，对数学模型进行数值求解，最后分析求解结果。其中关键技术是数学模型的建立和求解器设计，数学模型的建立是由多体系统力学模型生成多体动力学数学模型，求解器的设计是结合系统建模，采用动力学算法对数学模型进行求解。

结合火炮与自动武器的设计分析过程，其多体动力学分析流程如图 4-1 所示，整个过程包括对象分析、建模、求解、模型校验和优化分析等。

下面对流程中的每一分析步骤进行详细分析。

4.1.2　研究对象的分析、简化与假设

在对研究分析对象有着足够认识的基础上，首先明确研究目的和要求，再进行必要的模型简化与假设。

1）研究目的

模型是对实际动力学系统的描述，而这种描述的形式并不是唯一的，主要取决于其研究目的和研究内容。例如，当分析自动机主要构件运动特性时，可将其构件作为质点

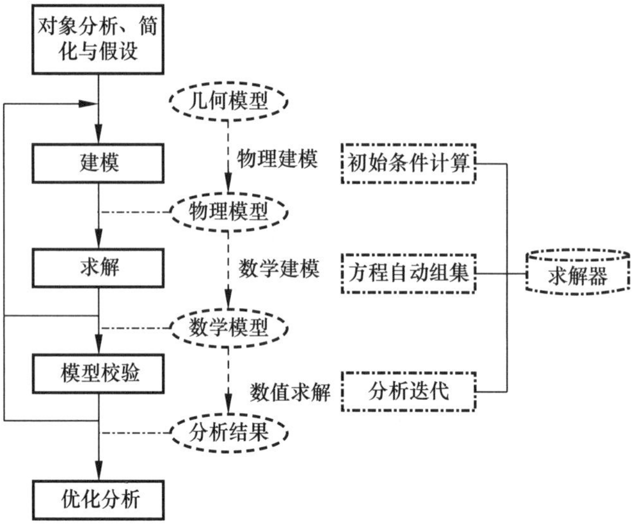

图 4-1 火炮与自动武器多体动力学分析流程

处理，建立质点动力学方程组；当分析自动机动作可靠性、结构参数对运动/动力特性的影响时，应将自动机构件作为刚体处理，建立多刚体动力学模型；当研究自动机结构振动和膛口响应等特性时，应将自动机构件和身管等作为弹性体处理，建立弹性体数学模型。

2）模型简化与假设

希望建立的模型能包含实际动力学系统的完全信息，是不太可能实现的。过多的实体和相互关系，不但难以获得，即使能获得，也难以处理。因此，模型建立存在着“简单化”和“精确性”两个相互矛盾的因素。一方面，模型简单可提高计算速度，减少计算量，但过于简化，也会带来模型参数和计算的误差；另一方面，过分详细复杂的模型，不仅计算量大，容易出错，而且由于涉及细节太多，反而导致模型存在过多不确定性。因此，进行合理的模型假设与简化十分必要，使模型既简单清晰又有一定精度，能够反映实际系统动力学变化过程。

进行火炮与自动武器多体系统动力学模型简化时，应合理确定对模型准确度有决定性影响，本质的、主要的因素及其相互作用关系，适当舍弃对系统性能影响微弱的非本质且次要的因素和相互作用关系。

火炮与自动武器多体系统动力学模型简化的一般方法如下：

（1）部件简化。根据研究的目的不同，忽略某些部件，只考虑影响系统性能的部件。如分析机枪自动机运动特性时，可以忽略弹链部件，将与弹链相互作用产生的拨弹阻力、推弹阻力等简化为等效外力，直接施加于自动机模型上。

（2）结构简化。对于必须建立的部件，可对其构件结构进行简化。不必过分追求构件几何形体的细节部分同实际部件完全一致，只要求模型构件几何形体的质量、质心位置、惯性矩和惯性积同实际构件相同，即可以认为分析结果与实际情况等价。另外，只需保证有功能作用的几何形状与实际零件一致，如为了研究发射动作可靠性，建立发射机构动力学模型，其中扳机模型只需将其与阻铁扣合面的部分细化，保持与实际零件形状一致，其他部分形状均可简化。

（3）载荷简化。火炮与自动武器发射过程中，载荷条件相当复杂，不可能完全考虑，因此进行载荷简化很有必要。如分析发射机构的动作可靠性时，可以不考虑枪膛合力的影响，将枪机框所获得的速度假设为某一设定的速度变化过程。

（4）系统简化。系统简化是指进行系统分解建模，即将大系统划分为若干子系统，对子系统分别建模。将子系统中建模分析过程中隐含的问题逐个排除后，再将子系统的模型结合起来，得到整个大系统模型。在子系统的划分时，要充分考虑系统的特点，协调物理意义、独立性、动态特性和子系统间的相互关系，子系统应该具有独立的物理功能和独立性，并且要保证各子系统之间连接的可行性。如在进行某型号枪械自动机动力学分析之前，可先进行供弹可靠性分析、发射击发机构分析，并确认无误后，再将供弹机构和发射击发机构与枪机、枪机框、复进装置等合并，进行整个自动机的分析。

（5）当解决一个新问题时，通常的做法是，先建立一个简化的模型，得到关于这个解的一般概念，然后再建立更详细的模型，以便进行更复杂的分析。

4.1.3　物理建模和数学建模

多体系统动力学分析中建模分为物理建模和数学建模。物理建模是指由几何模型建立物理力学模型，数学建模是指从物理力学模型生成数学模型。几何模型可以由动力学分析系统几何造型模块建造，或者从通用几何造型模型导入。对几何模型施加运动学约束、驱动约束、力元、外力或外力矩等物理模型要素，形成表达系统力学特性的物理模型，同时需要根据运动学约束和初始位置条件对几何模型进行装配。在物理模型的基础上，采用笛卡尔坐标或拉格朗日坐标建模方法，建立系统的运动学和动力学方程，获得方程中的各系数矩阵，得到系统数学模型。目前从物理模型到数学模型的自动建模技术已比较成熟，在很多商用分析软件中都得到了应用。

4.1.4　多体系统动力学求解及结果分析

多体系统动力学求解是对系统数学模型应用运动学、动力学、静平衡或逆向动力学等不同的分析算法求解分析结果。如前所述，在多体系统动力学分析过程中，求解器是核心，支持所有过程中涉及的运算和求解，不仅包括各种类型方程的数值求解，还包括初始条件计算、方程自动组装等。

运动学分析是非线性的位置方程和线性的速度、加速度方程的求解方法，动力学分析是 2 阶微分方程或 2 阶微分方程和代数方程混合问题的求解，静平衡分析从理论上讲是线性方程组的求解问题，但实际上往往采用能量的方法，逆向动力学分析是线性代数方程组求解问题。其中动力学微分-代数方程的求解是多体系统动力学的核心问题。

结果分析需要专门的数值后处理器来支持，提供曲线和动画显示以及其他各种辅助分析手段。

4.1.5 模型的校核、验证和确认

分析模型是在一定的简化和假设基础上建立的，数值计算算法本身也存在着计算误差。保证模型能够准确反映实际系统，并能在计算机上正确运行，这就是模型可信性的校核、验证和确认（Verification Validation and Accreditation，VV&A）。其中模型校核则强调仿真模型与实际系统之间的一致性，而模型验证强调理论模型与计算机程序（计算机模型）之间的一致性。模型确认是对整个建模、仿真过程和结果置信度进行综合评估。

模型的校核、验证和确认的目的并不是使模型系统与实际系统的行为完全一致，而是对应一定的分析目的，证实分析模型与实际系统行为特性的对比精度满足要求，检查分析模型的合理性和精度。目前在火炮与自动武器多体系统动力学分析应用中，主要检查样机各零部件的质量、质心、参数单位和装配关系是否与实际一致，分析模型是否有不恰当的连接和约束、是否存在欠约束或过约束的构件、检查自由度等相关参数，并将试验测试数据与分析结果进行精度比较，以进一步保证模型的正确性。

4.1.6 基于多体系统动力学的优化分析

在多体系统动力学分析的基础上，确定设计目标，对求解结果进行分析，然后反馈到物理建模过程，或者几何模型的设计，如此反复，直到得到最优的设计结果。由于多体动力学方程的非线性特征，直接应用现有的一些优化设计方法进行分析有一定的难度。

4.2 模型参数获取

火炮与自动武器多体系统动力学分析能否解决工程中的实际问题，既取决于模型的正确性，又取决于模型中各项参数的准确性。一个好的完善的模型，如果没有准确完整的参数，也不会得到正确的计算结果，更不可能有效地解决工程中的实际问题。

本书将火炮与自动武器多体系统动力学分析中涉及的参数分为以下三种：

（1）模型物理参数。模型物理参数是指在建立几何模型、确定构件之间连接约束关系时需要的参数，包括构件尺寸、质量、重心、转动惯量、刚度系数、阻尼系数等参数。

（2）模型载荷参数。载荷是动力学分析的源动力，模型载荷参数是武器系统动力学模型的重要参数，火炮与自动武器系统载荷主要有火药燃气产生的膛内合力、复进机

力、制退力、缓冲力、撞击力、抽壳力、摩擦力和其他相关阻力。

（3）模型运动参数。在火炮与自动武器动力学分析过程中，不是所有构件的初始状态都是静止的，分析过程中对机构的运动轨迹和运动特性有时也要进行必要限制，另外武器运动参数也是模型验证的重要参量。模型运动参数主要是指构件的位移、速度和加速度、角运动参量及振动模态等参数。

4.2.1　模型物理参数获取

1. 质量-重心位置获取方法

质量-重心位置可以通过工程图纸和CAD模型获得，在有物理样机的情况下，也可通过实验方法获得准确值。下面重点介绍实验方法。

（1）二支点称重法。测试原理如图 4-2 所示。在形状较为规则的武器零部件两端下部，放置两台磅秤，测量其质量及重心位置。

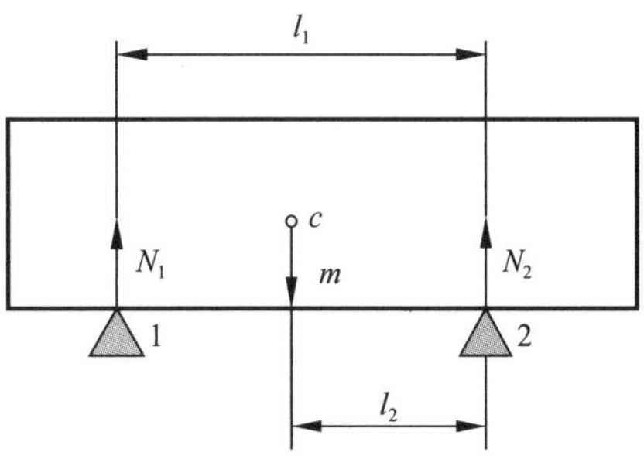

图 4-2　二支点称重原理示意

被测件质量为

$$m = N_1 + N_2 \tag{4-1}$$

重心位置为

$$l_2 = \frac{l_1 N_1}{m} \tag{4-2}$$

式中　N_1，N_2——分别为 1、2 号磅秤称得的净质量，kg；

l_1——1、2 号磅秤承力支点间的距离，mm；

l_2——质心 c 到 2 号磅秤支承点间的距离，当测量基准面在支承点右侧时，l_2 取正值，反之取负值，mm。

当需要其他方向的重心位置时，将被测件转动 90°，用同样方法可测得。

（2）三支点称重法。测试原理如图 4-3 所示。对于体积较大、形状较复杂的武器部件或组件，不易采用磅秤称重时，可采用三点称重法，用 3 个拉压力传感器测量 3 个支承点的力。

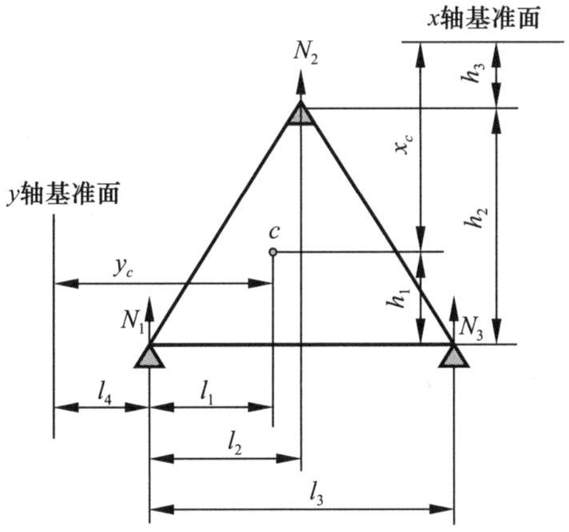

图 4-3　三支点称重法的原理示意

被测件质量为

$$m = N_1 + N_2 + N_3 \tag{4-3}$$

重心位置为

$$\begin{aligned} x_c &= h_2 + h_3 - \frac{N_2 h_2}{m} \\ y_c &= \frac{l_2 N_2 + l_3 N_3}{m} + l_4 \end{aligned} \tag{4-4}$$

式中 N_1，N_2，N_3——分别为 1、2、3 号力传感器所得的净质量，kg；

h_2——1 号力传感器到 2 号力传感器支点间的 y 向距离，mm；

h_3——2 号力传感器到 x 轴基准面的 y 向距离，mm；

l_2——1 号力传感器到 2 号力传感器支点间的 x 向距离，mm；

l_3——1 号力传感器到 3 号力传感器支点间的 x 向距离，mm；

l_4——1 号力传感器到 y 轴基准面的 x 向距离，mm；

（3）倾斜称重法。测试原理如图 4-4 所示。对于形状非常复杂的零部件，无法采用上述两种方法求得重心位置时，可用倾斜称重法求得某方向上的重心位置。

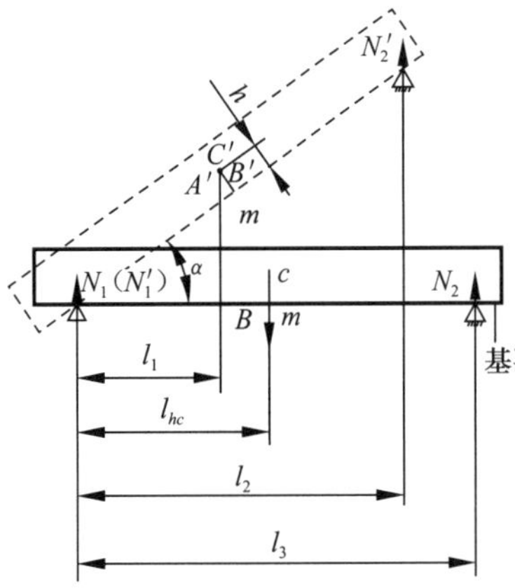

图 4-4 倾斜称重法原理示意

首先用二点称重法或三点称重法测出重心位置距某一支点的水平距离 l_{hc}，然后将另一支点垫高，使部件倾斜一定的角度 α。测量倾斜状态下重心位置在原测量基准面上的投影距离 l_1。由两次测量的重心位置和倾斜角即可求出垂直方向上的重心位置。其原理如图 4-4 所示。

水平距离和投影距离的求解如下

$$l_{hc} = l_3 N_2 / m$$
$$l_1 = l_2 N_2' / m \tag{4-5}$$

垂直方向重心位置为

$$h = (l_3 N_2 - l_3 N'_2) \cdot \frac{\cos\alpha}{m\sin\alpha} \tag{4-6}$$

式中 N_1，N_2——二支点在水平状态下测得的质量，kg；

N_1'，N_2'——二支点在倾斜状态下测得的质量，kg；

α——倾斜角，(°)；

h——重心位置距下基准面的垂直高度，mm。

2. 转动惯量获取方法

构件的转动惯量可以通过三维 CAD 模型和实验的方法得到。下面介绍实验获取方法。

（1）物理摆测试方法。测试原理如图 4-5 所示。首先给物理摆一定的初始角位移，然后释放，使物理摆绕摆轴支点摆动。摆动周期可用安装在摆台台面上的高灵敏度伺服式加速度传感器测得，也可使用光电通断计数方法测得。

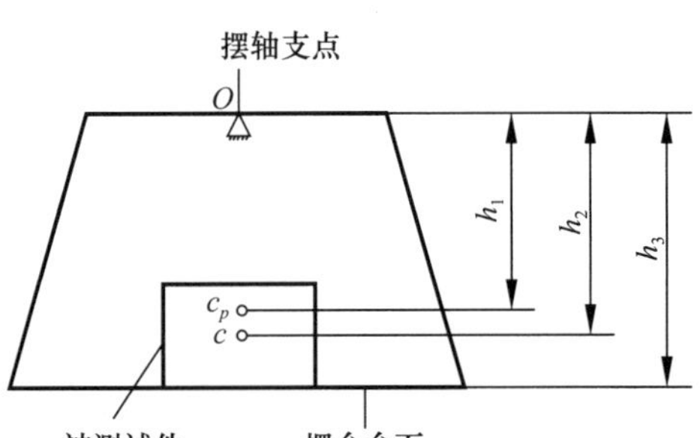

图 4-5 物理摆测试原理

$$J_c = \frac{T^2 (h_1 m_p + h_2 m) g}{4\pi^2} - m h_2^2 - J_p \tag{4-7}$$

式中　J_c——被测试件绕重心轴的转动惯量，kg·m^2；

T——摆动周期，s；

J_p——摆台绕转轴的转动惯量，kg·m^2；

m——被测试件的质量，kg；

m_p——摆台台面的质量，kg；

h_1——摆台质心 c_p 到转轴的垂直距离，m；

h_2——被测试件的质心 c 到摆轴的垂直距离，m。

（2）倒摆法。测试原理如图 4-6 所示。将试件放置到钢管上，两边用弹簧托住试件。在试件一端加力使试件有一定的初始角位移，然后释放，使试件沿钢管上沿摆动。同样可用高灵敏度伺服式加速度传感器测量出摆动周期。

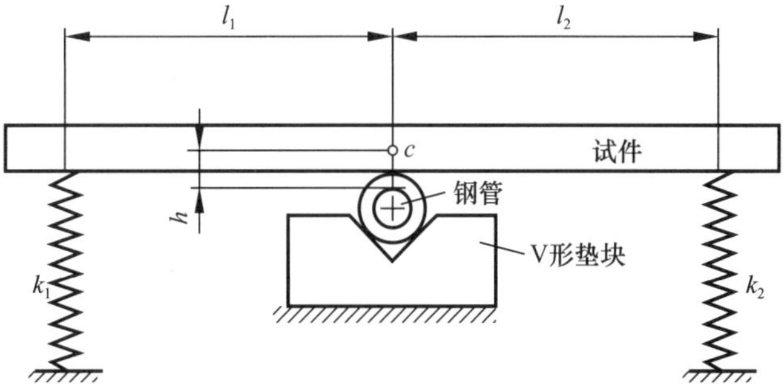

图 4-6　倒摆测量法示意

$$J = \frac{T^2}{4\pi^2}(k_1 l_1^2 + k_2 l_2^2 - mgh) - mh^2 \tag{4-8}$$

式中　J——试件的转动惯量；

T——摆动周期，s；

m——被测试件的质量，kg；

h——被测试件重心到钢管上沿的垂直距离，m；

l_1，l_2——左、右支撑弹簧支撑点距被测件重心的水平距离，m。

k_1，k_2——托承试件用的弹簧的刚度系数，N/m。

（3）三线摆装置测试方法。测试原理如图 4-7 所示。用三根等直径、等长度的平行绳或者钢丝将被测试件悬挂在一个平面内，三根平行绳和被测试件连接点所组成的外接圆的圆心与被测试件的重心相重合（重心必须事先测出）。当试件绕圆心做小角度微摆动时，构成一个三线摆。测得三线摆的摆动周期 T、测量出三根绳的长度 l 以及绳子与试件连接点到圆心的距离 R，就可以按下式求出试件绕过质心垂直轴的转动惯量

$$J = \frac{R^2 T^2 mg}{4\pi^2 l} \tag{4-9}$$

式中　J——被测试件绕过 O 点（重心）垂直轴的转动惯量，kg·m^2；

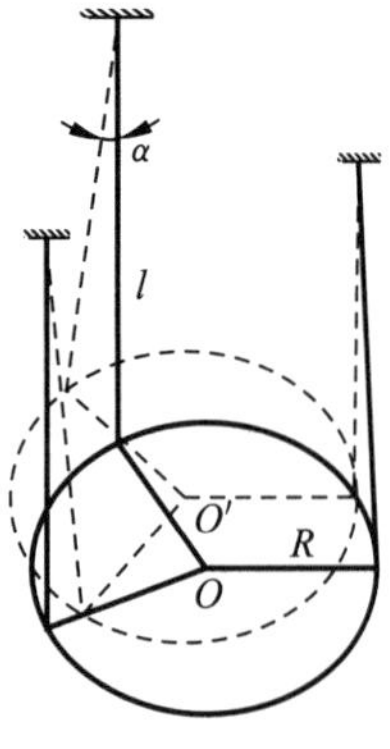

图 4-7 三线摆原理图

m——被测试件的质量，kg；

l——三线摆摆长，m；

R——三个连接点外接圆的半径，m；

T——测得的摆的摆动周期，s。

3. 刚度系数获取方法

（1）弹簧刚度获取。通常在二维工程图中，不会直接标出刚度系数，而是画出刚度示意图（力-位移或力矩-角度曲线），可以通过计算得到大致的刚度系数。

如图 4-8 为某枪击锤簧刚度示意图，M_1、α_1 是扭簧初始状态下的力矩和角度值，M_2、α_2 对应某个状态下的力矩和角度值。取各项参数的平均值，通过下面的公式，得到击锤簧的刚度估计值。

$$k=\frac{M_2-M_1}{\alpha_2-\alpha_1}=\frac{87-53.5}{216-140}=\frac{33.5}{76}=0.44[\mathrm{kg}\cdot\mathrm{mm}/(^\circ)] \tag{4-10}$$

（2）实验获取方法。图 4-9 为火炮高低机刚度系数的测试原理。

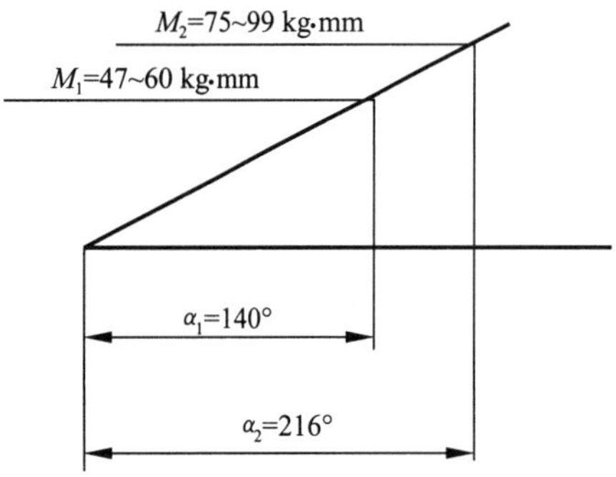

图 4-8 某枪击锤簧刚度示意

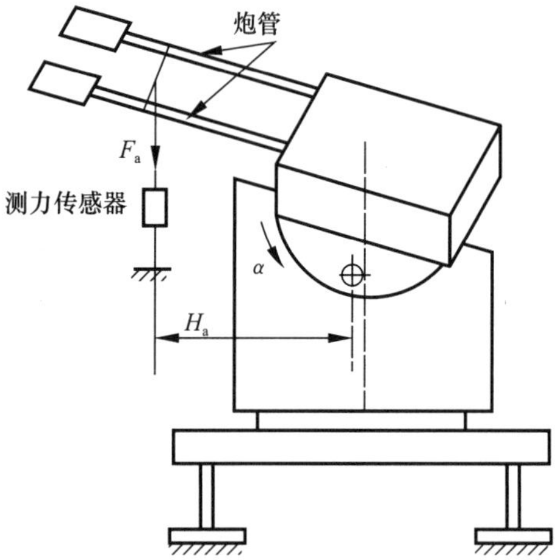

图 4-9 刚度系数测试原理

用钢丝绳系在炮管上，中间加接一个测力传感器，测出作用力点到高低机回转中心的水平距离 H_a 以及摇架的角位移 α，即可用下式求出高低机的刚度系数。

$$k_a=\frac{H_aF_a}{\alpha} \tag{4-11}$$

改变钢绳和传感器的安装方向，可测量其他方向的刚度系数。

4. 阻尼比获取方法

阻尼比通常采用实验方法获得，实验测量分为自由振动法和强迫振动法两种。

（1）自由振动法。在构件的前端分别沿垂直方向或侧向施加一作用力，然后突然释放。或者用冲击锤沿垂直方向或侧向敲击构件前端部，使构件在俯仰方向或侧向产生一种衰减振动。用加速度传感器测出该衰减波形，波形如图 4-10 所示。

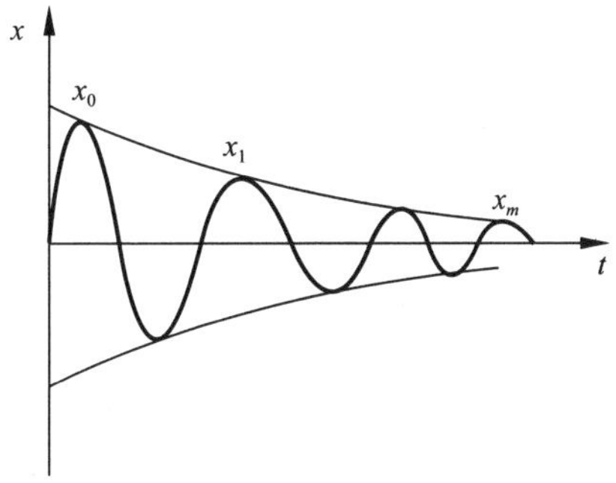

图 4-10　实测加速度衰减振动波形

可按下式求出阻尼比 ζ：

$$\frac{2\pi m\zeta}{\sqrt{1-\zeta^2}}=\ln\frac{x_0}{x_m} \tag{4-12}$$

当 ζ 很小时，式（4-12）改写为下式

$$\zeta=\frac{1}{2\pi m}\ln\frac{x_0}{x_m} \tag{4-13}$$

式中　x_0——初始振动的最大振幅值；

m——衰减振动的周期数；

x_m——第 m 个周期的振幅值。

当阻尼比较大时，衰减曲线呈一次性衰减振荡，可取 $m=1/2$，即可取半个周期的振幅，可按下式求得阻尼比：

$$\frac{\pi\zeta}{\sqrt{1-\zeta^2}}=\ln\frac{x_0}{x_m} \tag{4-14}$$

不考虑二次项，则

$$\zeta=\frac{1}{\pi}\ln\frac{x_0}{x_m} \tag{4-15}$$

（2）强迫振动法。对武器部件或整体进行稳态强迫振动，可以利用幅频曲线和能量关系求阻尼比；也可按照激振力与位移响应之间的相位差角计算阻尼比。这里介绍利用幅频曲线求阻尼比的方法。

阻尼对共振峰的影响非常大，可以从共振峰的特性反过来求取阻尼比。当采用位移共振峰时，求取阻尼比的计算公式为

$$\frac{2\pi\zeta}{\sqrt{1-\zeta^2}}=\frac{\pi}{\sqrt{3}}\cdot\frac{f_2-f_1}{f_0} \tag{4-16}$$

当 ζ 很小时，可改写为下式

$$\zeta=\frac{1}{2\sqrt{3}}\cdot\frac{f_2-f_1}{f_0} \tag{4-17}$$

式中　f_0——对应于最大振幅处的频率；

f_1，f_2——相应于最大振幅一半处的两个频率值，并且 $f_1<f_0<f_2$。

当用速度共振峰时，计算公式为

$$\zeta=\frac{f_2-f_1}{2f_{v0}} \tag{4-18}$$

式中　f_{v0}——最大振动速度所对应的振动频率；

f_1，f_2——最大振动速度降低到 $1/\sqrt{2}$ 时的两个频率值，且 $f_1<f_0<f_2$。

此外，也可以用加速度共振峰计算出阻尼比。

4.2.2　模型载荷参数获取

模型载荷参数可以采用理论计算和实验测量两种方法确定，本节重点介绍实验测量

方法。

1. **动态压力测试**

火炮与自动武器的压力测量主要是指射击过程中的膛内压力测量、导气装置中气体压力的测量以及膛口冲击波压力的测量。下面介绍几种常用的测压传感器。

1）铜柱测压器

如图 4-11 所示，测压器以旋入或放入方式固定在测压孔上，火药气体压力经过测压孔时推动活塞压缩铜柱，使其产生塑性永久变形，为获得膛压峰值，需要对铜柱变形量或铜球压后高进行定度，即获得变形量或压后高与压力之间的对应关系。

2）应变式测压传感器

（1）空腔式测压传感器。如图 4-12 所示，弹性元件的空腔内部灌满油脂，油脂受压后将压力传递到圆管内壁使圆管膨胀，工作应变片（一片或两片）沿轴向贴在应变管的中部，温度补偿片可沿应变管周向粘贴，贴在圆管上的应变片的阻值产生与压力值成正比的变化。

（2）活塞式应变测压传感器。如图 4-13 所示，利用刚度较大的活塞杆，将被测压力 p 转变为集中力 P（$P=A\cdot p$，A 是活塞工作面积）。

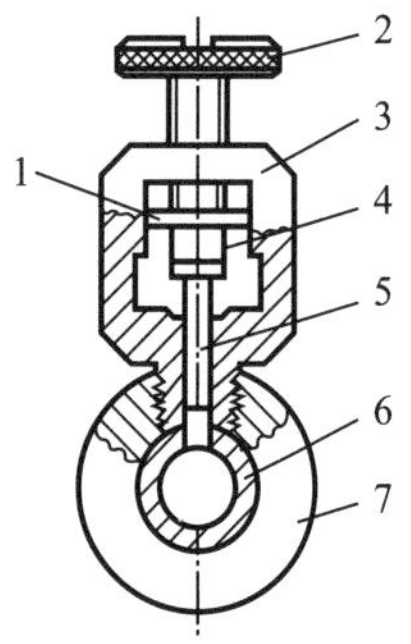

图 4-11　旋入式测压器

1—平板；2—制动螺杆；3—本体；4—测压铜柱；5—活塞；6—枪管；7—套箍

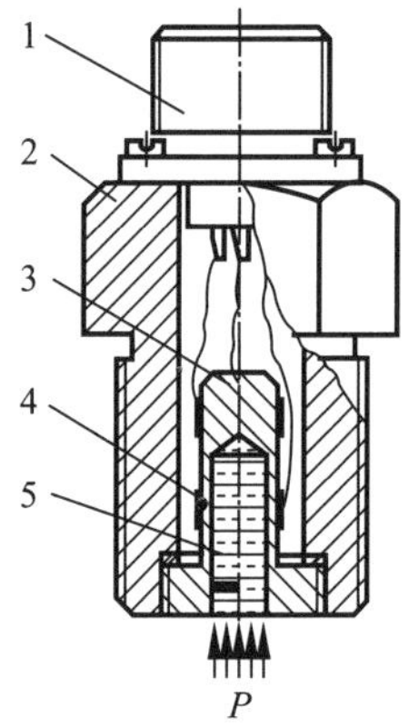

图 4-12　空腔式测压传感器

1—插头座；2—外壳；3—弹性元件；4—应变片；5—油

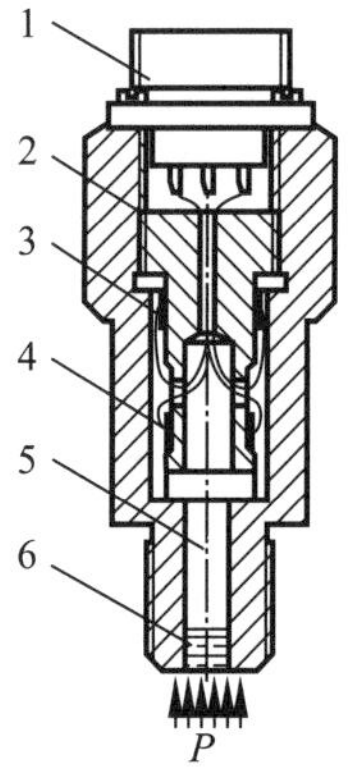

图 4-13　活塞式应变测压传感器

1—插头座；2—弹性元件；3—温度补偿片；4—工作应变片；5—活塞；6—测压油

（3）垂链式应变测压传感器。如图 4-14 所示，当压力作用在膜片上，膜片上的应变片产生形变（应变），通过桥式等测量电路，可以测出与应变相对应的输出电压，从而得到压力的大小。

3）压电晶体传感器（如图 4-15 所示）

压电晶体传感器是将具有压电效应的物质作为测压（测力）传感器的敏感元件。当压电受到机械力的作用而发生变形时，会发生极化，导致晶体表面出现束缚电荷，所产生的电荷与外力成正比。压电晶体是一种力敏感元件，还可以把力、应力、加速度等机械量转化为电量以进行非电量的电测。

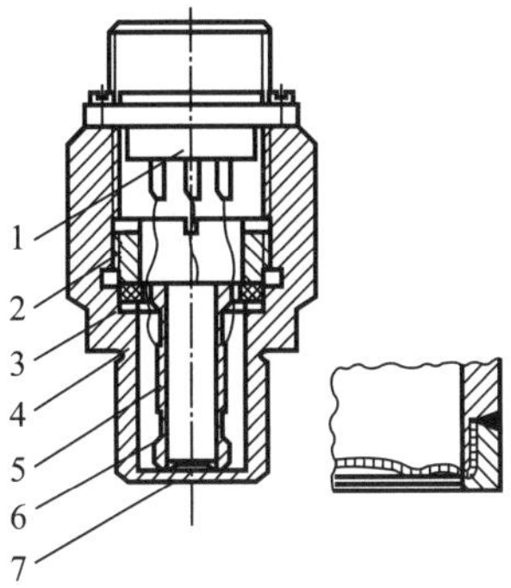

图 4-14　垂链式应变测压传感器

1—插头座；2—压紧螺环；3—调整垫圈；4—外壳；5—应变片；6—弹性元件；7—膜片

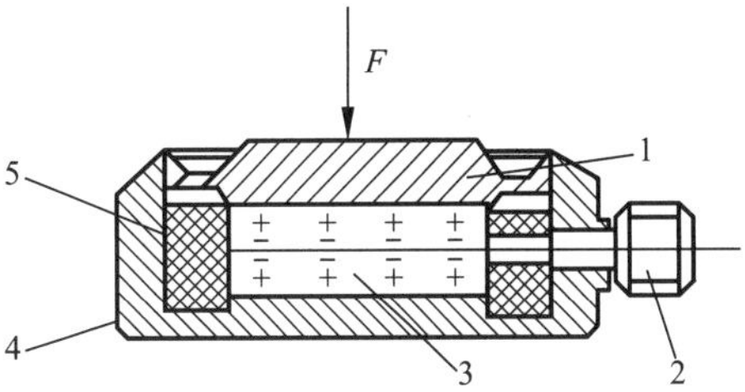

图 4-15　压电式测力传感器

1—传力盖；2—接线端子；3—压电晶片；4—底座；5—绝缘套

4）晶体压杆传感器（如图 4-16 所示）

晶体压杆传感器主要用于冲击波测量。为了防止冲击波温度影响压电晶体，压电晶体通常焊在金属压杆的端面；晶体外面焊一块未经极化的压电陶瓷（与晶体同一材料）作为隔热片。金属压杆借助于三条橡皮固定在外壳的内面。冲击波压力经过隔热片作为应力波传到压电晶体，进而传入金属压杆，在到达压杆尾端面后又反射回来，这样应力波的往返反射每次经过压电晶体时都将产生压电信号。适当地选择压杆长度可以延迟应力波返回晶体片的时间。

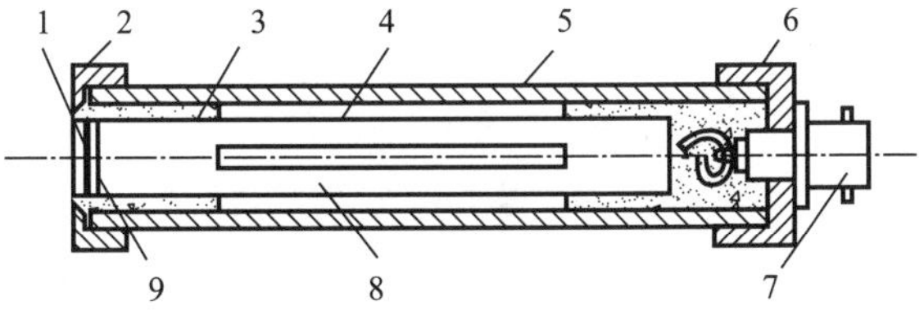

图 4-16　晶体压杆传感器

1—隔热片；2—气隙盖；3—蜂蜡；4—橡皮条；5—外壳；6—后盖；7—高频插座；8—金属压杆；9—压电晶体

2. 测力

火炮与自动武器上的力多半要动测，常采用的是电阻应变式力传感器和压电式力传感器。

1）电阻应变式力传感器（如图 4-17 所示）

应变式力传感器由弹性元件和应变片组成。测试原理是：待测力作用在弹性元件上，使其产生变形，粘贴在弹性体上的电阻应变片将变形转换为电阻变化，再通过测量电路，将电阻变化变换并放大成相应电压（或电流）变化。常用的有柱式、环式、梁式、轮辐式 4 种，分别适用于不同大小的载荷拉压力测量。

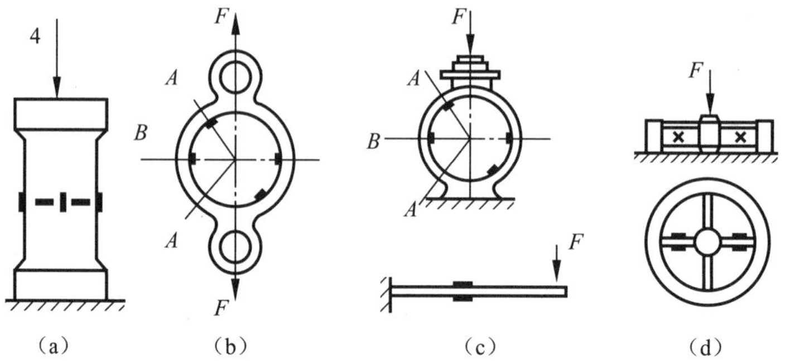

图 4-17　电阻应变式力传感器种类

（a）柱式；（b）环式；（c）梁式；（d）轮辐式

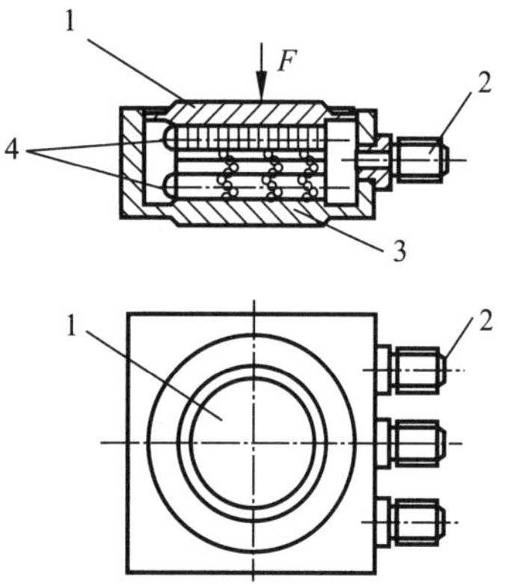

图 4-18　三向压电式测力传感器

1—承力盖；2—接线端子；

3—底座；4—压电晶片

2）压电式力传感器

上节动态压力测试中提及的压电晶体传感器也作为力的测试装置。常用的有单向压电式力传感器和三向压电式力传感器。单向压电式力传感器用于测量单一方向力；三向压电式力传感器内安装有 3 组石英晶片，用于测量两个横向分力 F_x、F_y 和纵向分力 F_z，如图 4-18 所示。

4.2.3　模型运动参数获取

模型运动参数包括弹丸速度、自动机线运动、身管和膛口角运动参数、射击频率及模态等参数。

1. 弹丸速度测定法

弹丸速度可以通过内外弹道计算获得，或通过实验测量方式获取。这里介绍实验测量方法。

弹丸速度测量系统由测时仪和区截装置组成，测量弹丸在两靶间的平均速度。测速时，在弹道上设立 P_1 和 P_2 两个靶，x_{1-2}为第一靶 P_1 和第二靶 P_2 之间的距离，测得弹丸飞经 x_{1-2}所需时间 t_{1-2}，即可求出弹丸在此距离的平均速度：

$$v_{pj}=\frac{x_{1-2}}{t_{1-2}} \tag{4-19}$$

习惯上将 v_{pj}视为弹丸在两靶中点处的速度。

当弹丸通过时，需要区截装置及时准确地产生靶信号，以便启动和停止计时仪。区截装置也称靶，主要有如下几种类型：

（1）网靶。网靶有铜丝靶和印刷网靶两种。为简化制靶工作，可采用印刷的办法，将导电胶在基纸上印成栅网形状，每射击一次更换一张靶纸。印刷网靶的作用可靠，空间定位精度高，但一张只能使用一次。

（2）线圈靶。线圈靶是以电磁感应原理工作的非接触式区截装置。线圈靶可长期使用，每次射击之后不需接靶，射击准备时间短，且可在战斗状态下测速；但其设备费用较大，使用要求严格，易受外界磁场干扰。

（3）短路靶。短路靶又称为箔靶或通靶。短路靶是用两张金属箔（一般是铝箔），中间衬以绝缘材料做成。短路靶制作简便，成本低廉，射击准备时间短。在近距离使用时，应防止弹孔重叠，并应采取措施排除可能出现的两层金属箔在弹孔周围粘连。

（4）声靶。声靶是利用声电变换元件将超声速弹丸的激波作用转换成电信号，经放大后用来控制测时仪器的启动或停止。声靶特别适用于测定弹丸落速。因为弹丸的散布随着射程增加而增大，使用其他类型的靶测弹丸落速，需把靶面做得很大。而声靶无固定靶面，只要弹丸激波能作用到就能工作，但弹丸以亚声速飞行时，弹丸激波消失，造成声靶不能可靠工作。

（5）光电靶。光电靶根据光电效应的原理制成。光源发出的光照射在光敏元件上，光路与弹道垂直，当弹丸穿过光路平面时，将光路遮断，引起光敏元件中光电流的变化，经放大后输入测时仪器，控制其启动或停止。

（6）天幕靶。天幕靶是一种利用自然光（太阳光在大气中的散射光）做光源的光电靶。天幕靶以日光为光源，经过光学系统形成与弹道垂直的光面，只有在这个光面中的光线才能对光敏元件起作用。弹丸穿过该光面时，照射在光敏元件上的光通量改变，从而产生控制信号。

2. 线运动参数测试方法

线运动参数主要指自动机运动诸元，该系列参数可用于判断自动机运动的平稳性、能量分配的合理性、撞击速度变化的合理性及判断故障原因等。

1）位移测试方法

位移测试多采用非接触式测试方法。

（1）电涡流式位移传感器。主要用来测量身管膛口水平、垂直方向位移。测量时，传感器线圈通以高频电流，在线圈周围空间产生交变的高频磁场，该高频磁场使金属被测物产生电涡流，电涡流也产生一个磁场，此磁场与原来磁场相互作用，使得空间磁场受到削弱。测量时，将身管膛口与测板固定在一起，身管口部点的位移变化将引起测板与电涡流传感器之间的距离发生变化，电涡流传感器中的等效阻抗也因此发生变化，经中间放大器后将位移信号转化为电压信号，从而实现身管膛口位移测量。其原理如图 4-19 所示。

（2）光电位移跟随器。光电位移跟随器的测量原理如图 4-20 所示。在被测物体上设置一黑白分界的标记，经透镜成像在光学头上，光学头由析像管和控制电路构成，析像管将光学物理像转换成电子像，光学像的运动引起电子像的运动，控制系统感知电子像运动的大小，经仪器放大后输出，输出信号即为目标位移的信息。光电位移跟随器也可同时测量两维位移，目标随被测物的水平和垂直方向的运动会同时被感知，分别由水平轴和垂直轴输出两维位移信号。

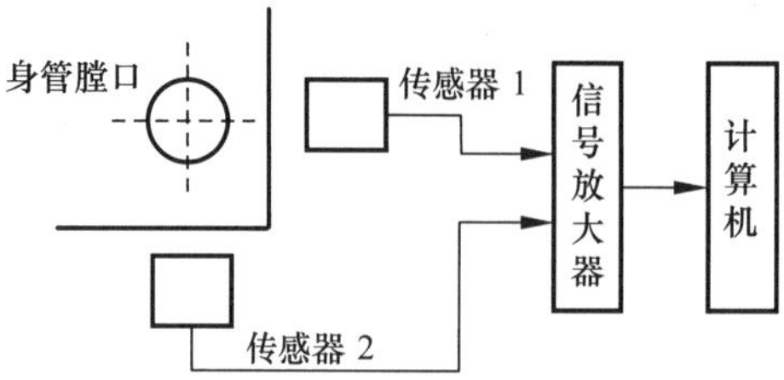

图 4-19　电涡流式位移测试系统框图

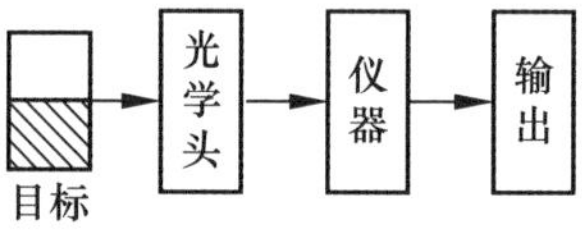

图 4-20　光电位移跟随器的测量原理

（3）基于图像测量技术的位移测量。把图像当作检测和传递信息的手段或载体，从中提取有用的信号。基于图像处理方法的武器位移测量原理是利用图像采集装置获得测量点和周围环境的图像信息，由图像处理和分析单元得到武器测量点的位移等参数。测试系统由高速摄像机、色标、采集卡、计算机和图像识别软件组成，如图 4-21 所示。

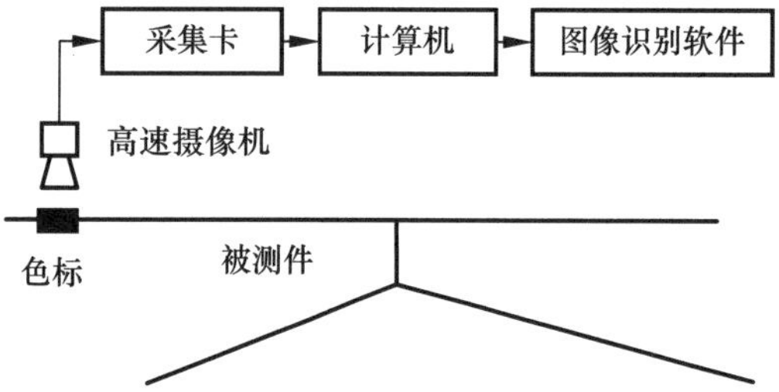

图 4-21　测试系统示意

测试时，采用标志法，在被测件不同测试平面粘贴标准长度的黑白标识，在水平、垂直位置分别架设一部高速摄影机，射击时标识随被测件一起运动，通过高速摄影可以记录其运动过程，然后利用图像处理方法，识别出被测点的振动参数。一部摄像机获得的图像序列，可以识别出两个线位移和一个角位移。

（4）激光位移传感器。激光位置传感器可精确地非接触测量被测件的位移变化，按照测量原理，分为激光三角测量和激光回波测量。激光三角测量适用于高精度、短距离的测量，激光回波分析测量法则适用于远距离测量。

激光三角测量法原理如图 4-22 所示。激光发射器通过镜头将可见激光射向被测物表面，经物体反射的激光通过接收器镜头，被内部的 CCD 线性相机接收。不同反射距离下，CCD 线性相机接收反射光线的角度不同，根据这个角度即可计算被测物和传感器之间的距离。

激光回波分析法测量原理如图 4-23 所示，激光发射器向被测物发射每秒一百万个激光脉冲，被测物反射激光脉冲至接收器，处理器计算激光脉冲返回接收器所需时间，以此计算出距离值，通常输出值是数千次测量结果的平均值。

2）速度测试方法

武器系统速度测试常用电磁式速度传感器和激光非接触式速度测量器。

（1）感应测速传感器。其结构原理如图 4-24 所示。速度线圈均匀单向密绕在两根互相平行的铁芯上。位移线圈绕在铁芯上的凹槽里，凹槽以一定的节距 Δs 均匀分布在

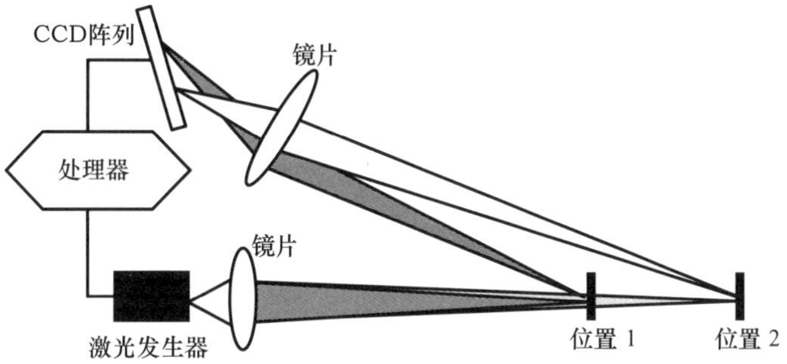

图 4-22　激光三角法测量原理

塑料筒上，相邻两槽的绕线方向相反，两根平行的铁芯线圈之间是一块永久磁铁，使用时和被测件（自动机）固接，永久磁铁在铁芯中形成的磁路如图中的虚线所示。在永久磁铁和铁芯线圈的间隙内，将形成一个磁场，其方向垂直向上（下），并设磁感应强度为 B。

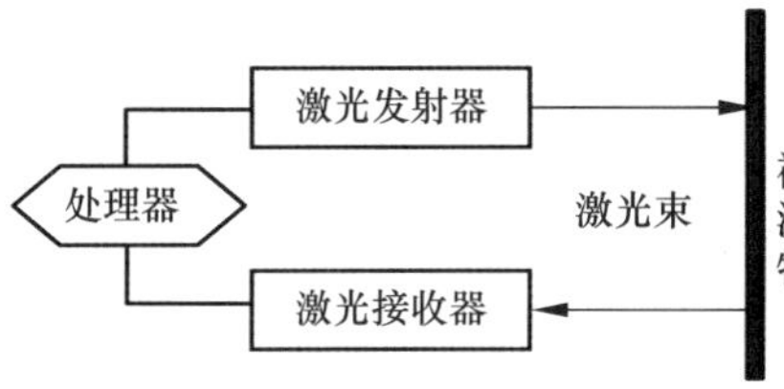

图 4-23　激光回波分析法测量原理

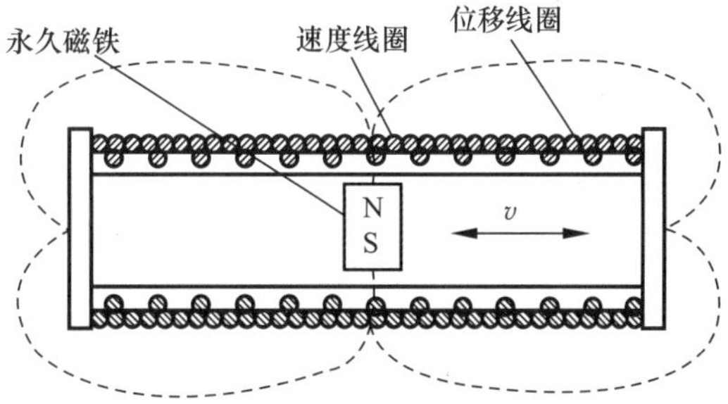

图 4-24　感应测速传感器原理

当自动机运动时，带动永久磁铁沿铁芯线圈轴线方向运动。这时，速度线圈将切割磁力线，因此线圈内将产生感应电动势 e。若 n 为单位长度内速度线圈的匝数，v 为永久磁铁（自动机）的速度，有

$$e \propto nBv \tag{4-20}$$

对于一定的均匀密绕的速度线圈来讲，n 是一个常数；在永久磁铁和铁芯线圈间隙中的磁感应强度 B 也近似恒定。因此，速度线圈中的感应电动势 e 与自动机的运动速度 v 成正比。

（2）激光测速仪。利用激光多普勒测振原理，测量速度和位移的非接触测速仪，将固定频率为 f_0 的激光束射向被测物，反射回的激光束被传感器感应头所接收，反射激光束的频率随被测物运动而变化，发生变化的频率 f_D 与被测物的速度成正比，即

$$f_D = 2 \mid v \mid / \lambda \tag{4-21}$$

式中　v——物体速度；

λ——激光波长。

为了得到运动方向，须给反射激光束的频率加上一个偏置频率 f_B，所得频率为

$f=f_B+f_D$，式中偏置频率的符号取决于被测物的运动方向。因此，光学探测器所获频率与被测物速度的关系如下：

$$f = f_B + 2v/\lambda \tag{4-22}$$

光学探测器所得到的频率信号进入信号解调电路，将频率信号转换为与速度 v 成正比的电压信号。通过位移解码器，还可得到与位移成正比的电压信号。因此，扫描式激光测振仪有速度和位移两种输出方式。

3）加速度测试方法

火炮与自动武器系统的身管振动加速度和身管后坐加速度等是非常重要的参数。目前加速度参数测试方法有压电式、压阻式、应变式和电容式等。

压电式加速度传感器结构简单、牢固、体积小、质量轻，频率响应范围宽，动态范围大，性能稳定，输出线性好，使用温度范围以及抗外磁场干扰能力较强。压电式加速度传感器的结构按压电晶体的工作方式可分为三种形式：压缩型、弯曲型和剪切型。其中压缩型又分为周边压缩式、中心压缩式、倒装中心压缩式和基座隔离压缩式。

压阻式加速度传感器利用半导体压敏电阻材料作为敏感元件测量振动加速度。其低频响应好，具有测量零频响应的能力，灵敏度高、频响范围宽，其缺点是信噪比较低，受温度影响较大。

应变加速度传感器利用电阻应变片作为敏感元件测量加速度。其结构简单、使用可靠、横向效应小，可以从零频测量开始，适用于低频振动信号测量。其缺点是灵敏度较低。

电容式加速度传感器利用变电容敏感元件测量加速度。其尺寸小、重量轻、结构牢固，一般采用气体阻尼，内装有过量程限止器，具有零频响应、零位漂移量小、线性好、工作温度范围宽等特点。

测量微振动加速度可采用伺服式加速度传感器，其具有较高的分辨率和较高的灵敏度，有的内装有温度传感器，从而可进行环境温度标准化。该类传感器非线性度低，频率响应宽，尺寸小、质量轻，不受湿度和温度影响，量程可调，结构牢固。

3. 角运动参数测试方法

角运动参数是火炮与自动武器动力学研究中最基本的测量参数，包括角位移、角速度、角加速度。如自行高炮、自动火炮研制中，炮口上下振动角位移、角速度、角加速度，起落部分相对于底盘的上下角位移，回转部分相对于底盘左右角的振动等参数，对研究火炮系统动态特性以及射弹散布非常重要。

1）角位移测试方法

武器系统中多采用光电位移跟随器，将角位移测量转换为线位移测量。被测件转角的测量是由位移测量（如上节线位移测试方法中的光电位移跟随器）衍生而来的，这时在被测物体上不是附着一个黑白分界的目标，而是一个光学反射镜，目标和光学仪器分别放置在反射镜前面两侧适当的位置，光学头通过反射镜观察到目标。

2）角速度测试方法

目前使用的角速度传感器有压电陀螺传感器、压电射流角速度传感器、气流角速度传感器、半液浮机械陀螺传感器等。这里介绍双组合式压电角速度陀螺传感器。

双组合式压电角速度陀螺传感器特别适用于火炮与自动武器膛口、身管、起落部分、回转部分振动角速度信号的测量。由于武器射击时，这些部位会产生剧烈的复合振动，不仅有 6 个自由度的运动，而且振动量量级也很大。现有的单梁结构角速度陀螺传感器受横向线振动、冲击加速度的影响很大。双组合式压电角速度陀螺传感器，有效地消除了各种横向振动、冲击的影响，仅响应角速度信号，极大地提高了测量精度。

3）角加速度测试方法

角加速度可采用组合式等强度悬臂梁结构的传感器进行测量，其结构简单，具有较宽的频率范围，只响应待测的角加速度，消除了各种横向线加速度的影响。这种传感器的工作频率范围取决于悬臂梁的谐振频率，只要适当选择悬臂梁的材料、几何尺寸以及等效集中质量，即可设计出工作频率范围足够宽的角加速度传感器，也可以根据测量对象的不同要求制作出各种量程、灵敏度和工作频带的角加速度传感器。另外，可以方便地加入阻尼，通过调整阻尼比，得到性能更好的传感器。

4. 射击频率测定法

射击频率指火炮与自动武器每分钟发射的弹丸数量，是重要的武器性能指标。前述感应测速传感器也可以用来测定射击频率。下面再介绍两种方法。

1）秒表法

在弹链或弹匣内装上 n 发枪弹，连续发射。射击开始时，按动秒表的按钮，使秒表启动；射击完毕时，再次按动秒表的按钮，使秒表停止。由秒表可以读出射击持续时间 t，由此可求得

$$\text{射击频率} = 60 \times \frac{n}{t}(\text{发}/\text{min}) \tag{4-23}$$

这种方法简单易行，但是控制秒表的启动和停止完全依靠操作者的反应动作，测量精度较差，所以常用于需要概略数值或缺少专用设备的场合，如在野外。为了提高精度，应增大每次连发的弹数 n。

2）电磁感应法

在一个永久磁铁做成的磁环上用漆包线绕若干圈，装在膛口处。当弹丸穿过磁环时引起磁场强度变化，在线圈内产生一个感生电动势，接入瞬态存储示波器，把电脉冲记录下来（如图 4-25 所示）。量出连续 n 发枪弹所产生的电脉冲之间的距离 l，就可求出

$$\text{射击频率} = 60 \times \frac{(n-1)}{k_t \cdot l}(\text{发}/\text{min}) \tag{4-24}$$

式中　k_t——时间比例尺。

这种方法所测得的结果比较准确，但需专门的仪器设备，可用于需要精确测量的场合。如果将电脉冲信号接入数字频率计，则可利用数字显示的方法直接读数，省去数据

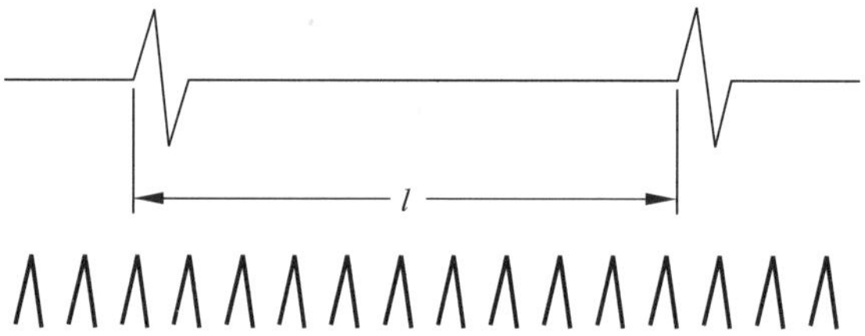

图 4-25 射击频率的计算

处理的烦琐手续。

5. **模态测试方法**

试验模态分析采用某种激励方法作用在武器被测件上，使其产生受迫振动响应，根据激励和响应，建立被测武器系统的传递函数或脉冲响应函数，组成传递函数矩阵，用模态参数识别方法识别出各阶模态参数，确定被测件的固有频率、阻尼、刚度和振型等动态参数，从而验证武器系统动力学模型的正确性，得到用模态参数表征的武器系统数学模型。

武器系统理论上具有无穷多个模态，现实中不可能也没必要将这么多模态都研究清楚。通常只需分析出其中少量对武器动态响应影响较大的主要模态，譬如在所关心频率范围以内的全部模态，或系统的前几阶模态等。

模态试验系统一般由三个部分组成：（a）激振系统，使系统产生稳态、瞬态或随机等各式振动；（b）测量系统，测量被测对象的位移、速度或加速度等振动响应信号；（c）分析系统，将激励和响应信号采集到计算机中，用模态参数识别方法识别系统的模态参数。

目前常用的激励方法有单点激励正弦慢扫描方法、单点稳态随机激励方法、脉冲激励法、多点正弦激励纯模态试验法、多点随机激励法、单点快速正弦扫描方法和伪随机激励法等。以上方法皆建立在测定传递函数的基础上，称为频率域方法。另外还有一类时间域方法，直接从时间响应识别模态参数，还可直接从机械运行时记录的时间信号中进行识别，因此成为故障诊断、在线检测等的有力工具。火炮与自动武器采用的主要是脉冲激励法和随机激励法。

4.3 火炮与自动武器多体系统动力学仿真

4.3.1 火炮与自动武器主要工作载荷分析

火炮工作载荷包括炮膛合力、制退机力、复进机力、平衡机力、摇架与后坐部分之间的摩擦力等火炮特有的载荷，这些力与火炮的具体结构及射击状态有关，是与广义坐标、广义速率、广义加速率、时间等有关的复杂函数。还有一些力或力矩是由弹簧（含角弹簧）以及阻尼器（含角阻尼器）等元件产生的。考虑自行火炮行进过程，载荷还包括空气作用力、地面支持力、地面摩擦阻力、驱动力及路面激励力等。

枪械等自动武器的工作载荷主要有：枪膛合力、作用于弹壳上的抽壳阻力、推弹阻力、输弹阻力、开锁阶段的工作阻力及摩擦力等。

1. 膛内火药气体作用力

膛内火药气体压力是火炮与自动武器整体产生运动的原动力。自动机各主要机构的结构形式很大程度上取决于火药气体压力的利用方式。炮/枪膛合力主要由火药燃气作用在膛底的力、火药燃气作用在药室锥面上的力，以及弹丸作用在膛线上的力等构成。因此，在进行武器系统动力学分析之前，有必要了解武器膛内火药气体压力的作用规律。

根据膛内火药燃气压力的变化特点，可将火药燃气压力作用的全过程分为静力燃烧时期、内弹道时期和后效时期三个阶段，如图 4-26 所示。

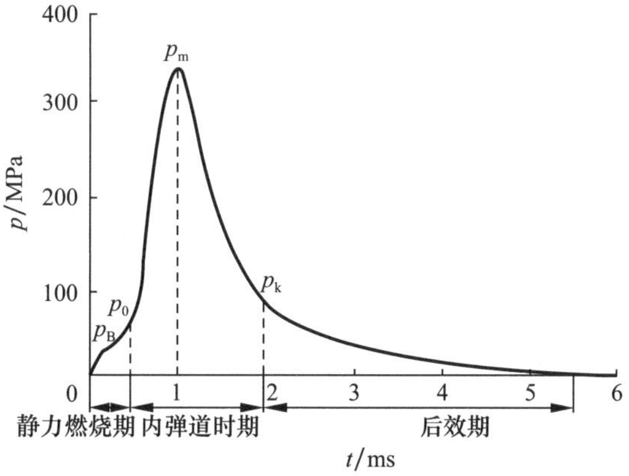

图 4-26　某自动武器膛内平均压力随时间的变化曲线

p_B——点火压力；p_0——起动压力；p_m——最大压力；p_k——弹丸飞出膛口时的压力；

t_m——弹丸由起动到最大压力的时间；t_0——弹丸由起动到飞出膛口的时间

1）静力燃烧时期

静力燃烧时期指从击发底火开始到弹丸完全嵌入膛线之前的一段时期。可以认为只有火药燃烧而弹丸没有运动，即假设弹丸是瞬时挤进膛线的。火药的燃烧在定容条件下进行，故膛压随时间不断增高，直到推动弹丸起动，即膛压达到起动压力 p_0（通常为 25～40 MPa）。该时期经历的时间很短。

2）内弹道时期

确定内弹道时期火药气体作用力有两种方法：由内弹道方程计算获得火药气体膛内平均压力曲线；对现有的弹药或试制出的新弹药，用试验法测出火药气体在枪膛某一断面的压力-时间曲线。膛压试验方法详见 4.2.2 节。

根据武器的口径和装填条件，由内弹道学可以求出弹丸在膛内运动时期的火药气体单位平均压力（习惯上简称压力）随时间的变化曲线。

形状函数
$$\psi = \chi Z + \chi\lambda Z^2 \tag{4-25}$$

燃烧方程 $$\frac{\mathrm{d}Z}{\mathrm{d}t}=\frac{u_1}{e_1}\cdot p^{\nu} \tag{4-26}$$

弹丸运动方程 $$\frac{\mathrm{d}v}{\mathrm{d}t}=\frac{Sp}{\varphi m} \tag{4-27}$$

内弹道学基本方程 $$Sp(l_{\psi}+l)=f\omega\psi-\frac{\theta}{2}\varphi m v^2 \tag{4-28}$$

式中 χ，λ，Z——火药形状特征量，取决于火药形状和尺寸的常量；

Z，u_1，e_1，p，v——火药相对燃烧质量、火药燃速系数、1/2 火药弧厚、膛内平均压力、燃速指数；

S，p，φ，m——膛内断面面积、膛内平均压力、次要功计算系数、弹丸质量；

l，f，w，φ，θ——弹丸行程、火药力、火药相对燃烧质量、装药质量；

l_{ψ}——药室自由容积缩径长，$l_{\psi}=l_0\left[1-\frac{\Delta}{\delta}-\Delta\left(\alpha-\frac{1}{\delta}\right)\psi\right]$，$\Delta$ 为装填密度，$\Delta=\frac{\omega}{W_0}$，$l_0$ 为药室容积缩径长，$l_0=\frac{W_0}{S}$，δ 为固体密度，α 为膛线缠角；

$v=\frac{\mathrm{d}l}{\mathrm{d}t}$（弹丸速度方程）。

假设弹后空间火药气体的质量是均匀分布的，可以认为速度由膛底到弹底是按直线分布的（如图 4-27 所示）。依此假设进行动力学推导，得出火药气体压力分布曲线，在距离膛底为 x 的断面的压力 p_x 为

$$p_x=p_{\mathrm{d}}\left[1+\frac{\omega}{2\varphi_1 q}\left(1-\frac{x^2}{L_1^2}\right)\right] \tag{4-29}$$

式中 p_{d}——弹底火药气体压力；

q——弹丸质量；

φ_1——只考虑弹丸旋转所需能量和沿膛线运动的摩擦损失的计算系数，对普通弹丸取 $\varphi_1=1.05$，对穿甲弹取 $\varphi_1=1.07$；

L_1——由膛底平面到弹底平面的距离。

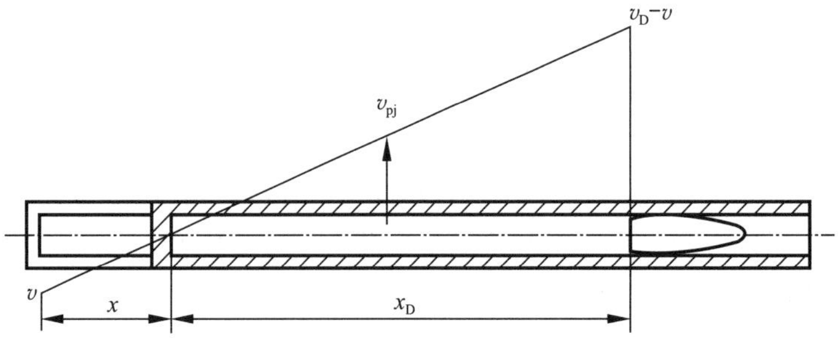

图 4-27 弹后空间火药气体的压力分布

火药气体的平均压力是膛内弹丸行程部分的压力的平均值，由压力分布曲线可以得

到平均压力 p 为

$$p = p_d\left(1 + \frac{\omega}{3\varphi_1 q}\right) \tag{4-30}$$

此式表明弹底压力与平均压力的关系。

从经验得知，弹丸在膛内运动时期弹底压力比平均压力小 10%左右，膛底压力比平均压力大 6%左右。

对于身管后坐式武器，在内弹道时期，沿身管轴线方向作用到身管上使后坐部分后坐的力为

$$F_H = p_t S - F_t \tag{4-31}$$

式中　p_t——火药气体作用到膛底的压力；

F_t——弹丸沿膛线向前运动产生的膛线阻力。

膛线阻力阻止弹丸向前运动，也是弹丸带动身管向前的力。

$$F_t = \left(\frac{\rho}{r}\right)^2 \sin\alpha \cdot p_d S(\tan\alpha + f) \tag{4-32}$$

式中　ρ——弹丸的回转半径；

r——弹丸圆柱部分的半径；

$p_d S$——火药气体作用到弹底的力；

f——弹丸与膛线间的摩擦系数；

α——膛线缠角。

在一般武器中，$F_t \approx 0.02 p_t S$，故

$$F_H = 0.98\left(1 + \frac{1}{6}\frac{\omega}{\varphi_1 q}\right)pS \approx pS \tag{4-33}$$

3）后效期

弹丸飞出膛口时，膛内火药气体平均压力为 p_k，随着气体自膛口流出，压力从 p_k 降到 p_a。在这个时期，膛内火药气体的压力继续对膛底发生作用，这个时期叫作火药气体作用的后效期。

在后效期内，火药燃气压力的变化规律，目前多采用布拉文的经验公式来描述，即

$$p = p_k e^{-At} \tag{4-34}$$

式中　p——后效期内某瞬时的膛内平均压力；

p_k——弹丸飞出膛口时的膛内平均压力；

t——从后效期开始计起的时间；

A——常系数或时间系数。

对于布拉文的经验公式，只要知道常系数 A，膛内压力变化规律就为已知。时间常系数 A 由下式确定：

$$A = \frac{p_k S}{(\beta - 0.5)\omega v_0} \tag{4-35}$$

式中，β为火药燃气后效作用系数，简称后效系数，β可通过经验、理论和实验等方法求得，在此先介绍前两种方法。

（1）经验公式。

$$\beta = \frac{v_{\mathrm{pjm}}}{v_0} \tag{4-36}$$

式中　v_{pjm}——膛内火药燃气所具有的最大平均速度；

v_0——弹丸初速。

（2）半经验公式。

$$\beta = C\frac{d}{v_0}\sqrt{\frac{p_{\mathrm{k}}L'}{\omega}} \tag{4-37}$$

式中　C——无因次系数，由实验确定；

d——口径；

L'——身管换算长度，$L'=\dfrac{V_0}{S}+L$，V_0为药室容积，L为弹丸在膛内的行程长度。

4）导气室作用力

导气式自动武器中需要考虑导气室作用力，关键是确定气室内的火药燃气压力变化规律。确定气室压力变化规律的方法较多，概括起来有两类：一类是应用气体动力学和内弹道理论，建立气室压力的耦合计算模型，称为理论计算法；另一类是在实验和理论计算的基础上，给出经验公式，称为经验法。目前应用较多的是经验法，具有快捷简便的特点，便于工程应用。

求解导气式武器运动的经验法主要有布拉文经验公式和马蒙托夫经验公式，因布拉文经验公式应用较多，故本书重点介绍这一种方法。

气室内火药燃气压力的变化规律与膛内火药燃气压力的变化规律，以及导气装置的结构参数有关。对于静力作用式导气装置，描述气室压力变化规律的布拉文经验公式为

$$F_{\mathrm{s}} = p_{\mathrm{d}}\mathrm{e}^{-\frac{t}{b}}(1-\mathrm{e}^{-\frac{at}{b}})S_{\mathrm{s}} \tag{4-38}$$

式中　p_{d}——弹丸经过导气孔瞬时的膛内平均压力；

b——与膛内压力冲量有关的时间系数；

a——与导气装置结构参数有关的系数；

t——气室压力工作时间；

S_{s}——导气室活塞面积。

结构系数a由下式求出：

$$a = \frac{1}{\dfrac{1}{\eta_{\mathrm{s}}}-1} \tag{4-39}$$

时间系数b由下式求出：

$$b=\frac{i_0}{p_d} \tag{4-40}$$

式中　η_s——导气装置的冲量效率；

i_0——膛内压力的单位全冲量。

2. **拨弹阻力**

由弹链供弹机构产生的拨弹阻力，在进行相应自动武器动力学分析时也需要考虑。弹链是由一个个弹性元件连接起来的，各链节之间有间隙，在运动时有伸长、振动和抖动等现象，受力情况复杂，因此，在进行运动和受力分析计算时常假设弹链为刚体。

弹链在运动时，作用在拨弹齿上的阻力主要有三种：(a) 长度为 H 的一段带枪弹的弹链的重力；(b) 弹链在受弹器内移动时所承受的摩擦力；(c) 运动时的弹链惯性力。

进行简化处理，可主要考虑阻力 (a)，(b) 的影响，拨弹阻力表示为

$$F=\frac{H}{s_1}q+\left(\frac{H}{s_1}+n\right)\frac{q}{g}\left(\frac{\mathrm{d}^2y}{\mathrm{d}t^2}\right) \tag{4-41}$$

式中　H——弹链从受弹器向外悬挂的最大长度，随着连发射击的进行，弹链装具中的链节陆续补充，悬挂长度保持不变；

s_1——弹链节距；

q——一发带枪弹的链节的重力；

n——已进入受弹器的子弹发数；

g——重力加速度；

$\frac{\mathrm{d}^2y}{\mathrm{d}t^2}$——拨弹滑板加速度。

3. **抽壳阻力**

武器发射过程中，开锁后，弹壳在火药气体和退壳机构的作用下向后运动。由于弹壳与弹膛在火药气体压力和热变形的影响下紧贴在一起，产生了较大的摩擦力，对弹壳和枪机的运动会产生阻碍。

1）圆柱形弹壳

假设圆柱形弹壳的壁厚各处均一致，则膛内存在一定压力时的抽壳阻力 F_{ckz} 为

$$F_{ckz}=\pi\left[fl_k(pd_1+2E_1\Delta\delta)-\frac{pd_1^2}{4}\right] \tag{4-42}$$

式中　f——摩擦系数；

l_k——弹壳在弹膛内部的总长；

p——弹壳内的火药气体压力；

d_1——弹壳的内径；

E_1——弹壳材料的弹性模数

Δ——弹壳外表面与弹膛间的相对紧缩量；

δ——弹壳的壁厚。

若膛内压力消失后抽壳，则取 $p=0$，计算公式变为

$$F_{\text{ckz}} = 2\pi f E_1 l_k \delta \Delta \tag{4-43}$$

2）锥形弹壳

因为锥形弹壳相对比较复杂，一般将其看作一个具有平均直径和平均厚度的圆柱形弹壳，其抽壳阻力为

$$F_{\text{ckz}} = \pi\left\{ f l_k \left[p d_1 + 2E_1 \delta\left(\Delta - \frac{2x\alpha}{d_{\text{pj}}}\right)\right] - \frac{p d_1^2}{4}\right\} \tag{4-44}$$

式中 α——弹壳锥形部的半锥度角；

d_{pj}——弹壳的平均直径；

x——弹壳后退行程。

当 $p=0$ 时，得

$$F_{\text{ckz}} = 2\pi f E_1 l_k \delta\left(\Delta - \frac{2x\alpha}{d_{\text{pj}}}\right) \tag{4-45}$$

当弹壳外表面与弹膛之间的紧缩量消失，则抽壳阻力为 0，弹壳后退行程 x_1 计算如下：

$$x_1 = \frac{\Delta d_{\text{pj}}}{2\alpha} \tag{4-46}$$

4. 火炮制退机力

火炮制退机是控制火炮后坐部分按预定的受力和运动规律后坐和复进的装置。火炮制退机大多为液压阻尼器，结构形式有多种，其提供的作用力与其机构形式有关，目前火炮上应用较广泛的是节制杆式制退机。

本书以带沟槽式复进节制器的节制杆式制退机为例（如图 4-28 所示），其由带退筒、节制杆、带制退活塞的制退杆、复进节制器等部分构成。

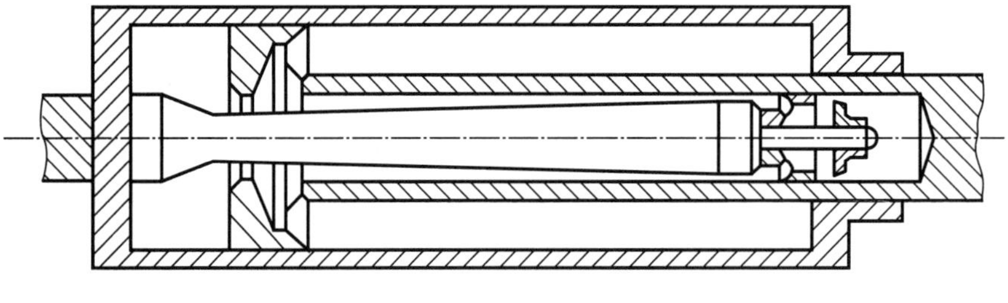

图 4-28 带沟槽式复进节制器的节制杆式制退机

带沟槽式复进节制器的节制杆式制退机提供的液压阻力如下。

（1）当 $\dot{s}<0$ 时，得

$$\phi_0 = \left[\frac{K_{11}\rho}{2}\frac{(A_0 - A_p)^3}{\left(a_x + \sqrt{\dfrac{K_{11}}{K_{41}}}a_{01}\right)^2} + \frac{K_{21}\rho}{2}\frac{A_{fj}^2}{\Omega_1^2}\right]\dot{s}^2 \tag{4-47}$$

式中 s——后坐部分相对摇架的后坐复进位移（初始值为 0），指向炮口为正；

$\dot{s}$——s 的相对导数，即后坐部分相对摇架的后坐速度；

K_{11}——后坐时制退机主流液压阻力系数；

K_{21}——后坐时制退机支流液压阻力系数；

K_{41}——制退机主流漏流液压阻力系数；

ρ——制退液密度；

A_0——制退机后坐时的活塞工作面积；

A_p——节制环内孔面积；

A_{fj}——复进节制腔工作面积；

Ω_1——为后坐时制退机支流通路的最小面积；

a_x——制退机主流液孔面积；

a_{01}——制退机主流漏流面积。

(2) 当 $\dot{s}\geqslant 0$，且 $\xi<\rho_\lambda$ 时（$\xi=\lambda+s$，λ 为后坐终了时后坐位移的绝对值，即后坐长度），得

$$\phi_0=-\frac{K_{22}\rho}{2}\frac{A_{fj}(A_{fj}+a_f)^2}{\left(a_f+a_{02}\sqrt{\dfrac{K_{22}}{K_{42}}}\right)^2}\dot{s}^2 \tag{4-48}$$

$$\rho_\lambda=\frac{d_T^2}{D_T^2-d_p^2}\lambda \tag{4-49}$$

式中　K_{22}——复进节制器流液孔液压阻力系数；

K_{42}——复进节制器漏流液压阻力系数；

a_f——复进节制器流液孔面积；

a_{02}——复进节制器漏流面积；

ρ_λ——制退机非工作腔真空消失时的复进行程；

d_T——制退机制退杆直径；

D_T——制退机活塞直径；

d_p——节制环直径。

(3) 当 $\dot{s}\geqslant 0$，且 $\xi\geqslant\rho_\lambda$ 时，得

$$\phi_0=-\left[\frac{K_{22}\rho}{2}\frac{A_{fj}\,(A_{fj}+a_f)^2}{\left(a_f+a_{02}\sqrt{\dfrac{K_{22}}{K_{42}}}\right)^2}+\frac{K_{12}\rho}{2}\frac{A_{0f}\,(A_{0f}+a_x)^2}{\left(a_x+a_{01}\sqrt{\dfrac{K_{21}}{K_{41}}}\right)^2}\right]\dot{s}^2 \tag{4-50}$$

式中　A_{0f}——复进时止退机活塞工作面积。

5. 火炮平衡机力

平衡机是平衡火炮起落部分重力矩的装置。根据产生平衡力的元件不同，火炮平衡机分为弹簧式、扭杆式、气压式、气液式和弹簧液压式。不同的结构，计算平衡机力的方式也不同。这里介绍某气液式平衡机的平衡机力计算方法。

设平衡机行程为 x，则平衡机力为

$$F_k = Ap = Ap_0\left(\frac{V_0}{V_0 - xA}\right)^n$$

式中 A——活塞工作面积；

p_0——气体初始压力；

V_0——气体初始体积；

x——平衡机行程；

n——热力系数。

其中平衡机行程 x 可通过下式求取，如图 4-29 所示。

$$x = l_m - l$$

$$l = \sqrt{r_1^2 + r_2^2 - 2r_1r_2\cos(\beta_0 - \varphi)}$$

$$l_m = \sqrt{r_1^2 + r_2^2 - 2r_1r_2\cos(\beta_0 - \varphi_{max})}$$

式中 r_1——耳轴中心到摇架支点距离；

r_2——耳轴中心到上架支点距离；

β_0——0°射角时，耳轴中心到摇架支点连线与耳轴中心到上架支点连线的夹角；

φ——高低射角；

φ_{max}——最大高低射角。

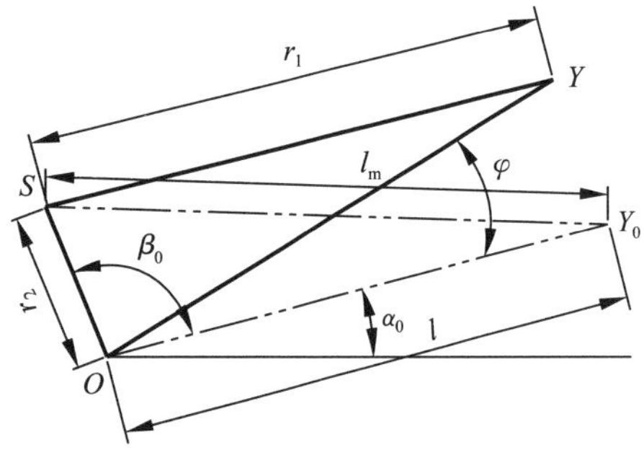

图 4-29 气液式平衡机工作原理

图 4-29 中，O 为耳轴中心，Y 为摇架支点，S 为上架支点。

6. 自行火炮行进中作用载荷

1）空气阻力

自行火炮行进过程中，不断受到空气阻力的作用。根据汽车空气动力学，其空气阻力为

$$F_w = \frac{1}{2}c_w A_1 \rho v^2 \tag{4-51}$$

式中 c_w——空气阻力系数；

A_1——迎面面积；

ρ——空气密度；

v——有效初始流速。

车辆在流动的空气中行驶，初始流速的矢量表达式为

$$\boldsymbol{v} = \boldsymbol{v}_{车速} + \boldsymbol{v}_{风速} \tag{4-52}$$

2）空气升力

自行火炮行驶时，处于流速不同的气流中，形成的压强分别垂直于外壳表面。由于垂向外形的不对称性，在外壳的上、下表面形成了不同的流速分布与压力分布。压强的垂向分量对面积积分可得总的升力 F_A，其作用点根据不同的车辆外形位于纵轴上的不

同位置。升力的表达式为

$$F_A = \frac{1}{2} c_A A_2 \rho v^2 \tag{4-53}$$

式中　c_A——升力系数；

　　A_2——车身最大截面积。

3）地面摩擦阻力

硬路面在承受载荷时几乎没有变形，可近似地视为刚体，车轮的滚动阻力主要来自轮胎的弹性迟滞损失；软路面在车轮滚动过程中发生永久性的塑性变形，同时轮胎本身也产生一定的弹性变形，车轮滚动阻力 F_f 来自松软路面的变形和轮胎弹性迟滞损失。其大小为

$$F_f = \mu W \tag{4-54}$$

式中　μ——滚动阻力系数；

　　W——车轮负荷。

滚动阻力系数 μ 与地面性质、轮胎参数、行驶速度等有关，其大小通常用实验方法求得。表 4-1 为车速小于 13.89 m/s 时，各种不同路面 μ 的大致数值。

表 4-1　滚动阻力系数 μ 的数值

路面类型	滚动阻力系数	路面类型	滚动阻力系数
良好的混凝土、沥青路面	0.010～0.018	一般的混凝土、沥青路面	0.018～0.020
碎石路面	0.020～0.025	良好的卵石路面	0.025～0.030
干燥的压紧土路	0.025～0.035	泥泞土路	0.100～0.250
干沙路面	0.100～0.300	结冰路面	0.015～0.030

4）驱动力

对于履带式自行火炮，主动轮扭矩通过履带接地段作用在地面上，地面对履带接地段产生切向反作用力，切向反作用力的合力就为自行火炮的牵引力，其方向为行驶方向。

对于轮式自行火炮，作用在主动轮上的扭矩 M_l 产生一个对地面的圆周力，而地面对驱动轮的反作用力 F_l 就为轮式自行火炮的驱动力，其大小为

$$F_l = \frac{M_l}{r} \tag{4-55}$$

式中　r——车轮的半径。

作用于车轮上的扭矩 M_l，是由发动机发出并经传动机构传至驱动轮上的。如果发动机扭矩为 M_e，变速器的传动比为 i_g，主减速器的传动比为 i_0，传动机构的机械效率为 η_c，则扭矩 M_z 为

$$M_z = \eta_c i_g i_0 M_e \tag{4-56}$$

将式（4-56）代入式（4-55），得到

$$F_l = \frac{\eta_c i_g i_0 M_e}{r} \tag{4-57}$$

5）路面激励力

对轮式自行火炮，车轮应考虑不平度函数及路面激励力。下面以 6 轮自行火炮为例进行说明。两个前轮处的不平度为

$$z_{h10}(x)=z_{h1}(x)\qquad z_{h11}(x)=z_{h2}(x)\tag{4-58}$$

式中 $Z_{h10}(x)$ ——左前轮的不平度；

$Z_{h11}(x)$ ——右前轮的不平度；

$Z_{h1}(x)$ ——左轮轮迹的不平度；

$Z_{h2}(x)$ ——右轮轮迹的不平度。

中轮的不平度为

$$z_{h8}(x)=z_{h1}(x-l_1)\qquad z_{h9}(x)=z_{h2}(x-l_1)\tag{4-59}$$

式中 $Z_{h8}(x)$ ——左中轮的不平度；

$Z_{h9}(x)$ ——右中轮的不平度；

l_1——前轮至中轮的轴距。

后轮的不平度为

$$z_{h6}(x)=z_{h1}(x-l_1-l_2)\qquad z_{h7}(x)=z_{h2}(x-l_1-l_2)\tag{4-60}$$

式中 $Z_{h6}(x)$ ——左后轮的不平度；

$Z_{h7}(x)$ ——右后轮的不平度；

l_2——中轮至后轮的轴距。

则由路面不平度产生的激励力为

$$F_z=\sum_i K_{li}z_{hi}+C_{li}\dot{z}_{hi}\tag{4-61}$$

式中 K_{li}——轮胎的刚度系数；

C_{li}——轮距的阻尼系数。

4.3.2 枪械多体系统动力学仿真

在枪械多体系统动力学分析过程中，人们最关心的是自动机的运动特性、各机构动作的可靠性及枪械工作过程中所产生的后坐力。以 56 式 7.62 mm 冲锋枪为例，介绍其自动机仿真建模及分析过程。

1. 模型简化与假设

对 56 式 7.62 mm 冲锋枪进行多体动力学分析是为了获得自动机运动曲线，分析其运动过程的合理性，并进行机构动作可靠性分析，得到各接触点和连接处的受力曲线等。因此，采用多刚体动力学模型。仿真分析的简化和假设如下：

（1）由于分析对象为自动机，所以将机匣、枪管与节套等零部件作为地面，视为静止。简化枪管模型为空心圆柱；简化机匣模型，只细化有接触碰撞的部分，如扳机限制面、后坐撞击面等。

（2）弹匣中只有一发弹，模拟一发弹的推弹动作。

（3）不考虑弹丸发射时作用在枪管上的阻力。将膛底作用力和导气室作用力作为循

环驱动外力，直接加载于弹壳底部和导气室活塞导杆，实现单发或连发动作。

（4）考虑抽壳阻力的影响。由于在多刚体模型中，弹壳作为刚体，不能计算弹壳的变形造成的阻力，所以这里将抽壳阻力以驱动外力的形式给出。

（5）不考虑导轨间隙、回转轴间隙的影响，直接定义枪机框的平移副和扳机、击锤等的回转副。

（6）忽略摩擦力的影响。

2. 多刚体系统模型

56 式 7.62 mm 冲锋枪动力学模型为 16 刚体 23 自由度模型，其中 16 刚体分别为：保险（$P1$）、阻铁（$P2$）、扳机（$P3$）、击锤（$P4$）、连发机（$P5$）、枪机框（$P6$）、枪机（$P7$）、枪管（$P8$）、活塞（$P9$）、复进簧导杆（$P10$）、枪弹（$P11$）、弹匣（$P12$）、托弹板（$P13$）、击针（$P14$）、拉壳钩（$P15$）和弹壳（$P16$）。其动力学仿真模型如图 4-30 所示。

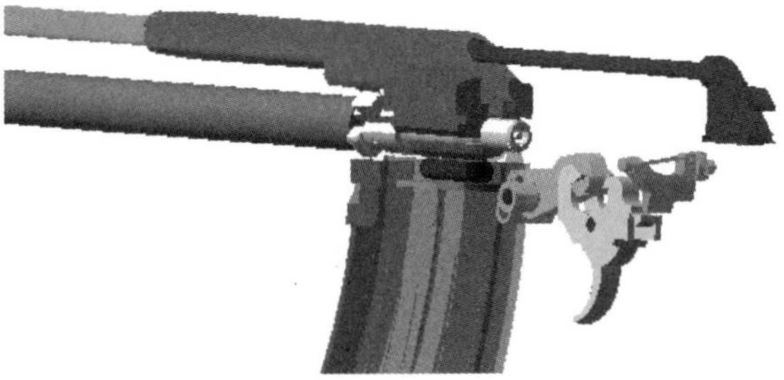

图 4-30　56 式 7.62 mm 冲锋枪动力学仿真模型

各刚体之间的关系如下：

（1）保险与地面为固定连接。

（2）阻铁与扳机之间为旋转副，有弹簧作用，有 1 个接触副。

（3）扳机与地面之间为旋转副，有扭簧作用，有 2 个接触副。

（4）击锤与地面之间为旋转副，有扭簧作用，与阻铁之间有 1 个接触副，与扳机之间有 1 个接触副。

（5）连发机与地面之间为旋转副，有扭簧作用，与击锤之间有 1 个接触副，与地面之间有 2 个接触副。

（6）枪机框与枪身之间为平移副，有复进簧连接，与击锤之间有 1 个接触副。

（7）枪机与地面之间为圆柱副，与枪机框之间有 1 个轨迹副，与枪管之间有 2 个接触副。

（8）枪管与地面之间为固定副。

（9）活塞与枪机框之间为固定副。

（10）复进簧导杆与地面之间为固定副。

（11）子弹与托弹板之间有 1 个接触副，与弹匣之间有 1 个接触副，与枪机框之间有 1 个接触副，与枪管之间有 1 个接触副。

（12）弹匣与地面之间为固定副。

（13）托弹板与弹匣之间为平面副，有弹簧连接，与弹匣之间有 2 个接触副。

（14）击针与枪机之间为固定副，与击锤之间有 1 个接触副。

（15）拉壳钩与枪机之间为旋转副，有 2 个接触副。

（16）弹壳与拉壳钩之间有 1 个接触副，与地面之间有 5 个接触副。

每个固定连接限制 6 个自由度，旋转副限制 5 个自由度，平移副限制 5 个自由度，圆柱副限制 4 个自由度，平面副限制 3 个自由度，接触副不限制自由度，模型的总自由度 DOF（Degree of Freedom）为：$6\times16-6\times6-5\times5-5\times1-4\times1-3\times1=23$。

3. 典型约束处理方法

1）枪机回转约束

枪机回转闭锁机构是自动武器中常用的闭锁方式，其多体动力学模型建立的关键在于如何处理枪机定型凸笋和枪机框的定型槽关系。

56 式 7.62 mm 冲锋枪闭锁机构为导气式枪机回转刚性闭锁机构，可以采用两种方式处理：体接触和点线接触。采用体接触，须建立部件的精确模型，枪机的定型凸笋和枪机框的定型槽之间定义为实体接触关系，模型如图 4-31 所示。体接触方法适合研究机构的动作可靠性，验证开闭锁能否成功，但是这种方式由于应用的是 SHELL 模型，计算时需对 SHELL 模型中所有面进行判断，计算速度较慢。由于模型结构复杂，也容易出现病态情况，导致计算失败。采用点线接触，将枪机定型凸笋和枪机框定型槽之间简化为一轨迹副，即定义枪机上某一点沿枪机框上一条曲线运动。这种方式假定开闭锁能够顺利完成，主要适合研究机构的受力情况，模型如图 4-32 所示。

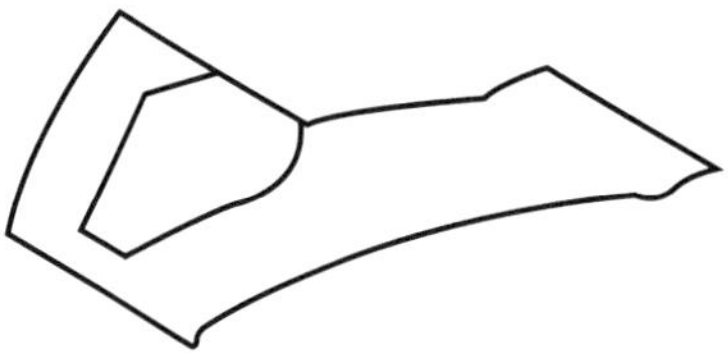

图 4-31　实体接触关系

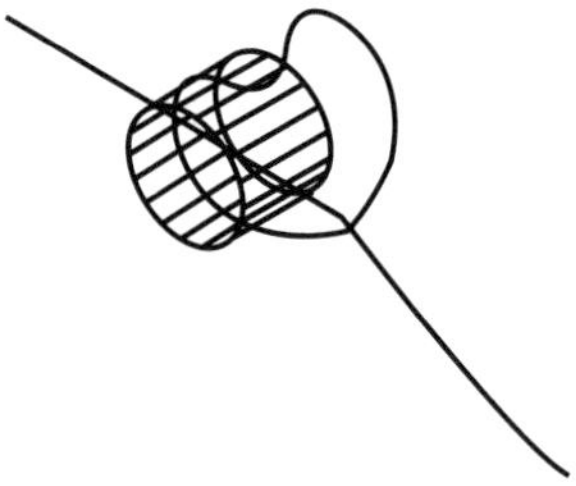

图 4-32　轨迹副

值得注意：枪机如果定义了圆柱副（释放枪机的回转和径向的平移运动），圆柱副的位置应确保定义在回转中心，否则会与上述接触副干涉，造成无法运动。

2）开闭锁螺旋线的生成方法

开闭锁螺旋副建立的关键是螺旋线的生成问题。螺旋线是在圆柱面上旋转的曲线，是三维的样条曲线。可首先根据螺旋线的半径、行程及回转角生成一系列位置点，然后根据位置点生成样条曲线。生成螺旋线的参数包括：螺旋线半径 R、回转角 θ、螺旋行程 D、旋向及生成螺旋线所需的点的个数 N，此外要规定螺旋线所属的部件及参考标记。以图 4-33 所示的坐标为基准，螺旋线上一点 $P_i(x_i\ y_i\ z_i)$ 有如下关系：

$$x_i = D/N \times i$$
$$y_i = R \times \{1 - \cos[\theta \times (X_i/D)]\} \qquad (i = 0,1,2,\cdots,N) \tag{4-62}$$
$$z_i = R \times \sin[\theta \times (X_i/D)]$$

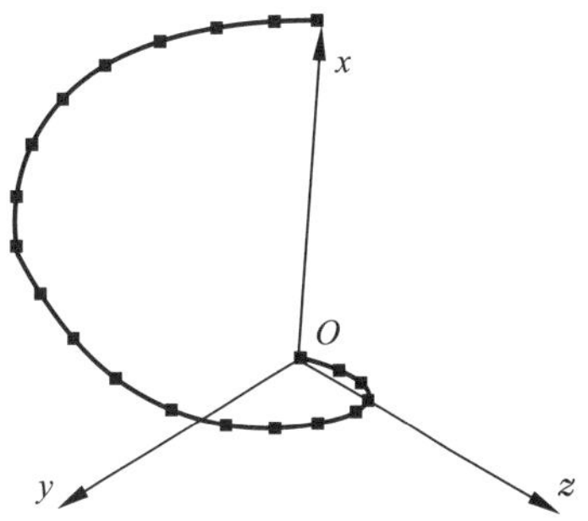

图 4-33　螺旋线基准坐标

4. **载荷确定**

不同枪械发射时，所受载荷不同，而且模型不同，载荷也不同。这里建立 56 式 7.62 mm 冲锋枪模型，只考虑膛底作用力、导气式作用力和抽壳阻力，各力均以外力形式给出。

5. **模型验证**

56 式 7.62 mm 冲锋枪自动机试验运动参数与上述多体模型仿真计算得到的运动参数比较见表 4-2。

表 4-2　自动机运动参数比较

运动参数	试验结果	仿真结果
后坐最大速度/($m \cdot s^{-1}$)	8.9	8.74
后坐到位速度/($m \cdot s^{-1}$)	3.9	3.5
复进开始速度/($m \cdot s^{-1}$)	1.8	1.5
推弹时速度/($m \cdot s^{-1}$)	3.2	2.8
复进到位速度/($m \cdot s^{-1}$)	3.0	2.2
一个自动机循环时间/ms	82	80

由表 4-2 可看出，仿真结果与试验结果相似，所建仿真分析模型合理。

6. **仿真结果分析**

模型验证成功之后，下一步进行仿真计算，这里分别对连发、单发和保险三个状态进行了仿真。图 4-34 所示为扣动扳机时，扳机与击锤解脱的过程。

下面分析自动机及其主要运动部件的动力学特性。

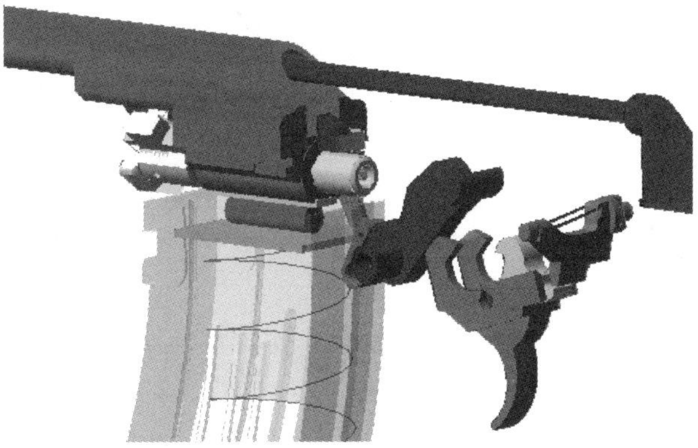
图 4-34　扣动扳机，扳机与击锤解脱

56 式 7.62 mm 冲锋枪开锁工作面为螺旋槽，由于机构是双面约束的，所以开锁动作为机构的连续传动，但在螺旋面的入口处有一碰撞，使得从动件具有一定速度。通过仿真计算，得到枪机框的位移和速度变化曲线如图 4-35 所示。

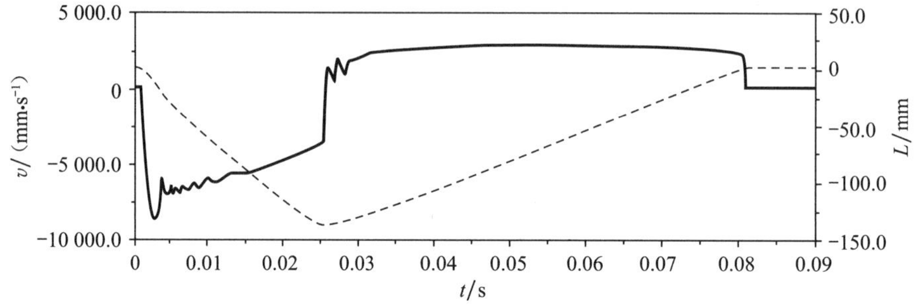

图 4-35 枪机框运动特性曲线

可以得出：

（1）枪机框的自由行程为 9 mm，开锁前自由行程末枪机框的运动为：枪机框的速度为 8.74 m/s，时间为 1.7 ms。

枪机框与枪机的碰撞结合：枪机框的速度为 8.6 m/s，下降了 0.1 m/s。

开锁阶段：枪机框的总位移为 21.39 mm，开锁行程末，枪机框的速度为 7.2 m/s，时间为 3.05 ms。

闭锁前枪机框的运动：枪机框的速度为 2.6 m/s，时间为 72.5 ms。

闭锁完毕后枪机框的运动：枪机框的速度下降为 2.2 m/s；

（2）开锁的时间为 3.05 ms，此时膛内火药气体压力为 3.6 MPa，因此，开锁是在膛内火药压力降低时进行的。

（3）枪机框速度变化不大，说明开闭锁动作是平稳的。碰撞和传动引起的能量损失由火药气体的能量和复进弹簧补充。

（4）在开锁结束段，枪机自锁多次碰撞引起枪机框速度出现抖动。

图 4-36 为击锤的角速度、角加速度曲线，图 4-37 为击锤与扳机接触处的受力曲线。

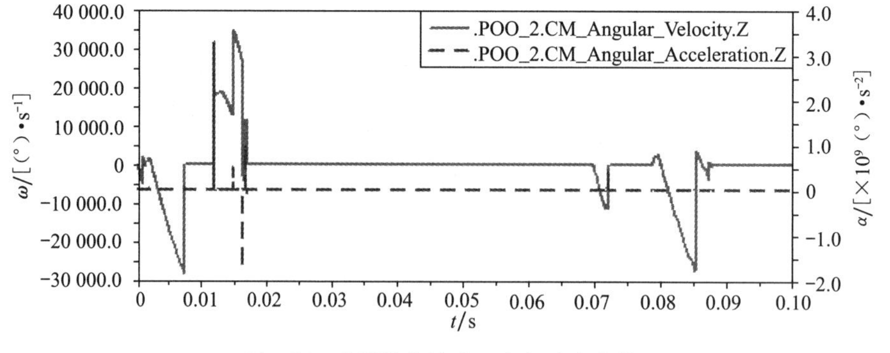

图 4-36 击锤的角速度、角加速度曲线

图 4-38～图 4-40 给出了抛壳过程中弹壳底部中心点的位移、速度、角速度变化曲

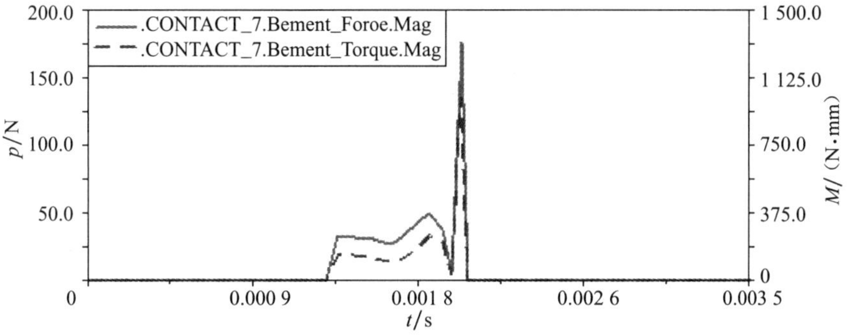

图 4-37　击锤与扳机接触处的受力曲线

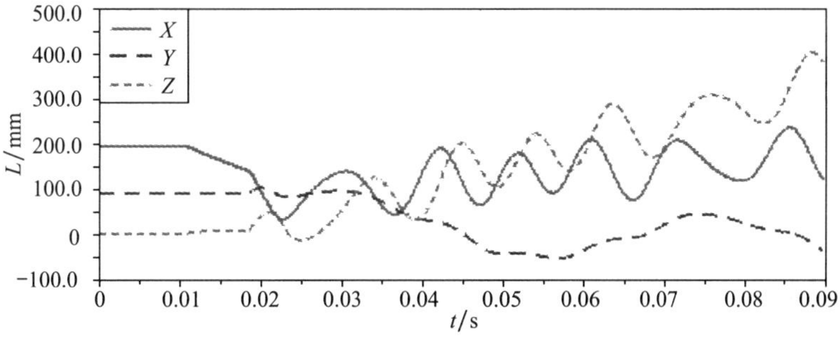

图 4-38　弹壳抛壳路线

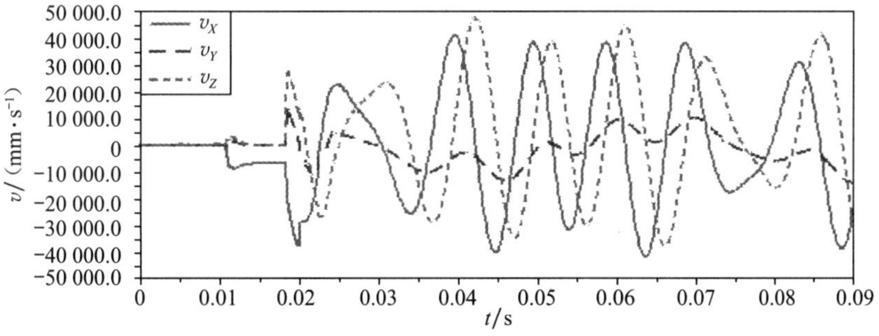

图 4-39　弹壳抛壳速度

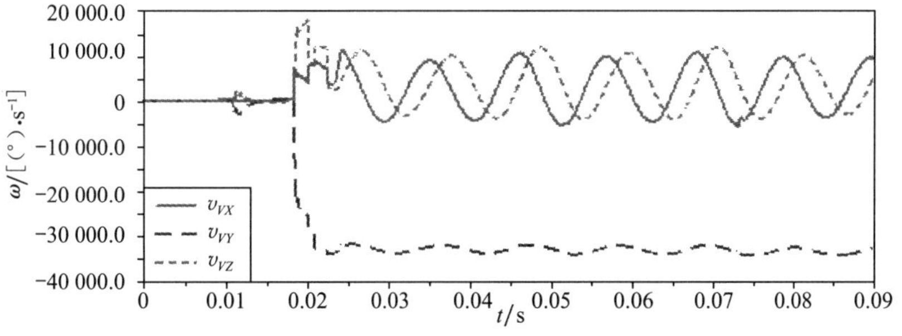

图 4-40　弹壳抛壳角速度

线。从图中可以看出，弹壳被抛出以后，是旋转地向前向下向外运动的。

4.3.3 自行火炮多体系统动力学仿真

本节主要讨论某轮式自行火炮的多体系统动力学仿真。

1. 模型假设及简化

由于自行火炮发射时的运动和受力十分复杂，在建立动力学分析模型时不可能考虑到全部影响因素，为了反映火炮的主要运动和受力，建模时只考虑影响火炮受力和运动的主要因素，忽略其次要因素。为此，做如下假设：

（1）火炮的悬挂部分为刚体，线性的等效弹簧和阻尼器与车轮相连，可做上下垂直振动和俯仰角振动。

（2）每一个负重轮与车体间用一个弹簧阻尼器模拟相互作用，不限制自由度。

（3）不考虑供输弹动作给全炮的激励作用。

（4）火炮在水平路面上的静止状态射击，制动主动轮，悬挂不闭锁。

（5）高低机、方向机、复进机、制退机所提供的力或力矩均是广义坐标和广义速度的函数。

2. 模型建立

模型如图 4-41 所示。根据火炮实际射击的物理过程和动力学计算的需要，把自行火炮分为 12 个部分，分别为后坐部分、摇架、炮塔、车体和 8 个车轮。其中，车体部分包括车壳、发动机、变速器、液压传动装置、电器、乘员、弹药和炮塔下座圈等；后坐部分包括身管、炮尾、炮闩、复进杆、制退杆等；炮塔部分包括塔体、炮框、炮长、瞄准手观察窗、车顶机枪、高低机、方向机、烟幕弹和防盾等。

各部件间的关系如图 4-41 所示。

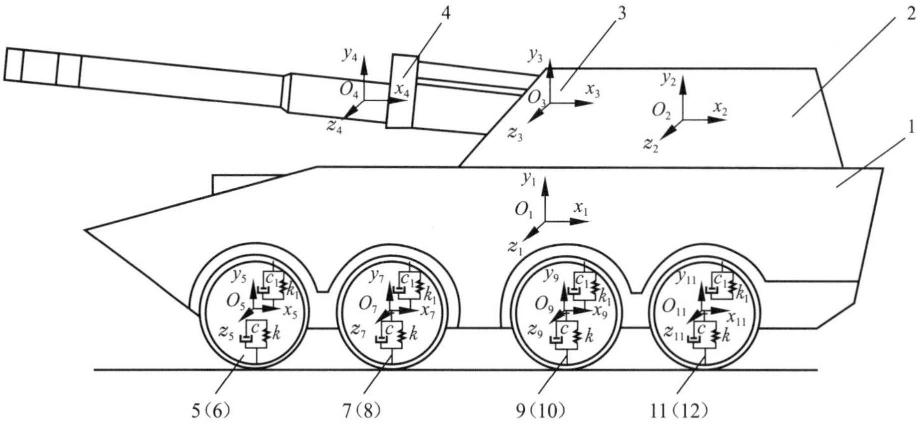

图 4-41 自行火炮模型

1—车体；2—炮塔；3—摇架；4—后坐部分；5～12—车轮

（1）车体与各悬挂之间为弹性连接，车体具有 6 个自由度，其中 3 个为平动自由度，3 个为转动自由度。

（2）炮塔与车体之间的连接为 1 个万向节，炮塔绕回转轴转动角为 α，初始值为 α_0（方向射角）。

（3）摇架与耳轴之间为旋转副，其角位移为 φ，初值为 φ_0（高低射角）。

（4）后坐部分与摇架之间为平移副，其位移为 s，初值为 0。

（5）各车轮相对地面为上下的平移副。

本模型为 22 个自由度的动力学模型。

3. 载荷确定

自行火炮射击时的受力可分为三种：（a）重力、地面支持力等；（b）可以处理成弹簧以及阻尼器元件产生的力或力矩；（c）炮膛合力、制退机力、复进机力、平衡机力、摇架与后坐部分之间的摩擦力等火炮特有的载荷。

4. 仿真结果分析

选择某轮式自行火炮作为研究对象，战斗全重 20.0 t，射角 0°，榴弹，常温。在停车状态下，该炮在射角为 0°，方向角分别为 0°、90°、180°，以及射角为 65°。对方向角为 0°的射击情况进行了动力学仿真计算。

典型计算结果如图 4-42～图 4-47 所示。

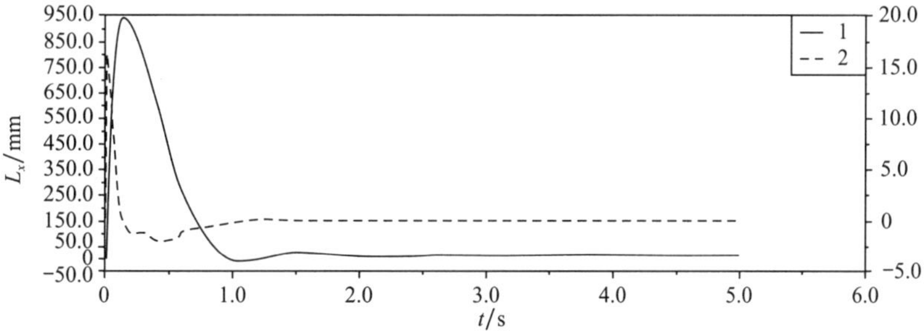

图 4-42　射角为 0°，方向角为 0°时炮口的位移与速度

1—炮口 x 方向位移曲线；2—炮口 x 方向速度曲线

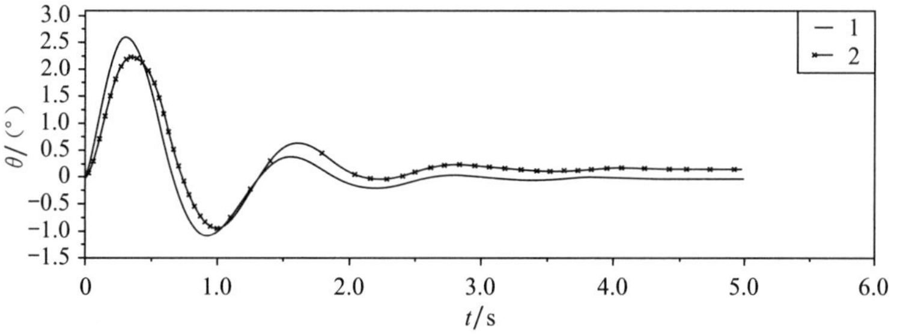

图 4-43　方向角为 0°，射角分别为 0°与 65°时垂向炮口角位移

1—方向角为 0°，射角为 0°时垂向炮口角位移；2—方向角为 0°，射角为 65°时垂向炮口角位移

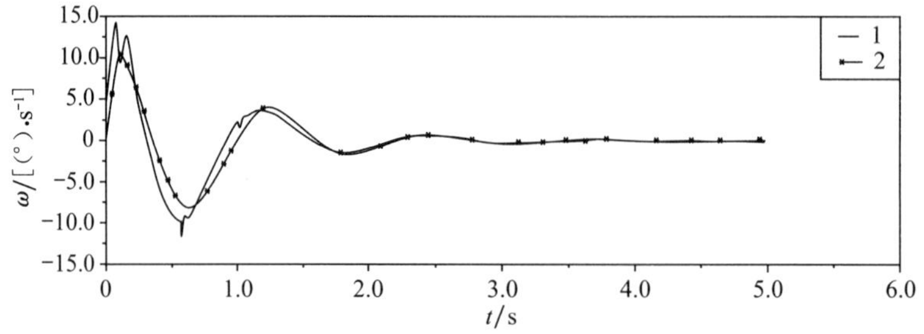

图 4-44 方向角为 0°，射角分别为 0°与 65°时垂向炮口角速度

1—方向角为 0°，射角为 0°时垂向炮口角速度；2—方向角为 0°，射角为 65°时垂向炮口角速度

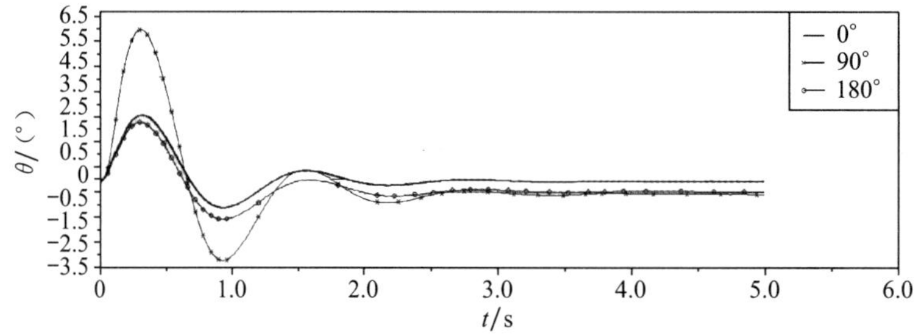

图 4-45 射角为 0°，方向角分别为 0°、90°和 180°时垂向炮口角位移

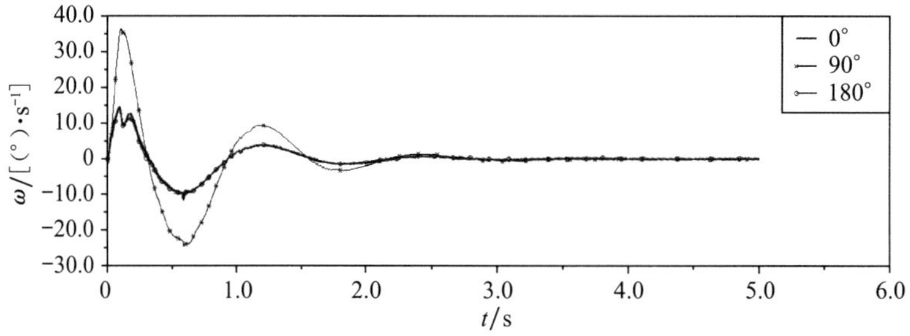

图 4-46 射角为 0°，方向角分别为 0°、90°和 180°时垂向炮口角速度

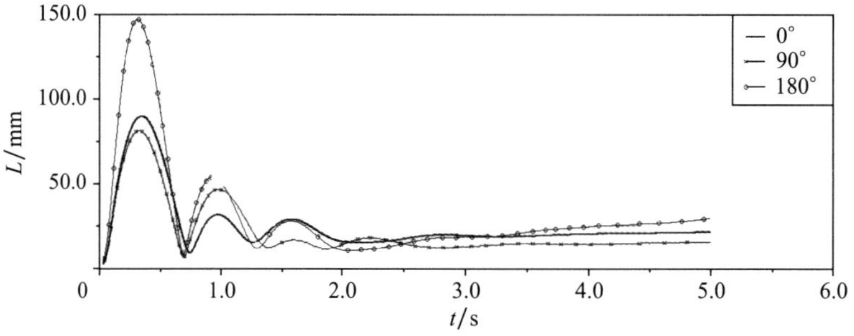

图 4-47 射角为 0°，方向角分别为 0°、90°和 180°时的车体质心位移

结果分析如下：

（1）图 4-43、图 4-44 给出了相同方向角，不同射角的炮口角位移与角速度情况，垂向炮口角位移与角速度在相同方向角、不同射角的情况下差别较小，射角的大小对炮口扰动的影响不大。

（2）图 4-45、图 4-46 为该自行火炮垂向炮口角位移与角速度在相同射角、不同方向角情况下射击时的比较曲线。自行火炮在方向角 90°射击时的炮口角位移远大于在方向角 0°和 180°射击时的炮口角位移，90°时的射击精度比 0°和 180°的差。

（3）图 4-47 为该自行火炮车体质心位移在相同射角、不同方向角情况下射击的比较情况。自行火炮在方向角 90°射击时，车体质心最大位移远大于 0°和 180°时的最大值。该模型为多刚体模型，在不考虑身管振动的情况下，可知射击时车体的跳动对射击精度的影响较大。因此，为了提高射击精度，悬挂装置需要增加一定量的减振装置。

（4）图 4-47 中，虽然在射角为 65°时车体质心位移比射角为 0°时要大，但是由于射角为 0°时，在垂直面内车体的振动方向与炮口的振动方向平行，对炮口振动影响较大；而在射角为 65°时，在垂直面内车体的振动方向与炮口的振动方向接近于垂直，对炮口振动的影响较小。因此，较大射角虽然会加强车体的振动，但是对炮口振动的影响较小。

4.3.4　自动武器刚柔耦合动力学仿真

多柔体的研究是伴随多刚体发展起来的，在研究多刚体理论的同时，发现某些构件的变形对系统的运动产生不可忽略的影响，不能按刚性体处理，必须考虑构件的柔性效应。本节以某 14.5 mm 机枪为例，研究部件变形与枪身整体刚性运动的相互作用和耦合，介绍其刚柔耦合动力学分析方法。

1. 模型描述

在对某 14.5 mm 机枪进行分析的过程中，首先关心的是自动机的机构是否动作可靠，能否满足设计要求，这时可以采用多刚体系统动力学方法，将自动机各构件作为刚体来处理。当人们关心的目标转为枪口响应时，如仍采用多刚体动力学方法进行分析，就不再能满足分析要求。

枪架是一个具有复杂结构的构件，一方面连接着枪身，要承受多种载荷，另一方面与土壤的作用力也比较复杂。在射击过程中，枪架的三个变截面支架在不对心的作用力下很容易产生弯曲振动，对射击精度有较大的影响。而且枪管对武器的射击精度也影响很大。在射击过程中，由于膛内弹丸高速运动产生离心力作用、运动构件的撞击、火药燃气压力的作用都会使枪管产生弯曲振动。

因此，本节采用刚柔耦合动力学分析方法来进行分析，将对枪口跳动影响较大的枪架和枪管进行柔性化处理。

建立模型主要考虑开闭锁、供弹、抽壳、抛壳等自动机工作循环的仿真分析和全枪发射响应分析。该模型中除了枪管和枪架（分 1 个前架和 2 个后架）4 个柔性体外，还有 13 个刚体：机匣体、枪机、枪机框、辅助体、拉壳钩、抛壳挺、子弹、弹壳、连杆、拉杆、拨弹滑板、受弹器、拨弹齿。主要约束关系为：固定副 4 个、旋转副 3 个、平移副 4 个、圆柱副 1 个、凸轮副 3 个、接触副 17 个，采用土壤-驻锄动力模型将柔体枪架与地面建立约束连接。

图 4-48 为自动机部件的刚体模型，为观察方便，隐藏了机匣组件。

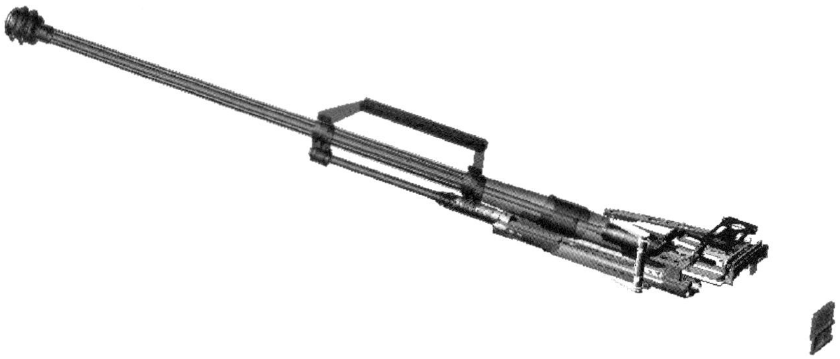

图 4-48 自动机部件的刚体模型

2. 柔体模型的处理

这里采用模态柔性来表示物体的弹性，把枪架和枪管作为柔体，赋予其柔体的模态集，采用模态展开法，用模态向量和模态坐标的线性组合来表示弹性位移，研究其刚柔耦合情况下的发射动力学特性。枪架和枪管的柔性体模型如图 4-49 和图 4-50 所示。

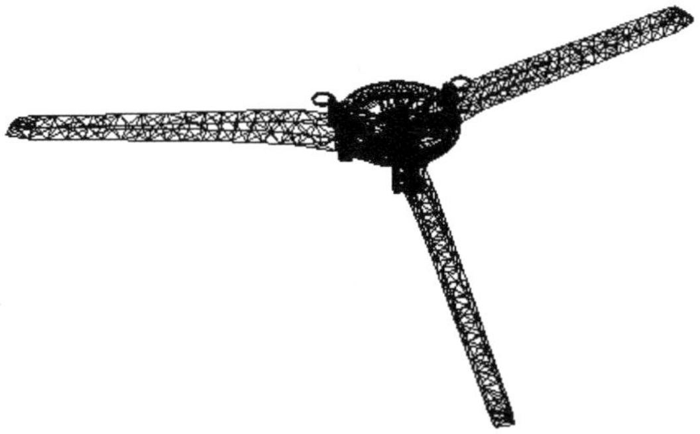

图 4-49 枪架的柔性体模型

柔性体的模态采用修正的 Craig-Bampton 模态，分为固定界面主模态和界面约束模态两类，任何模态都可以根据其在动力响应中的贡献进行取舍。选择贡献大的前 12 阶模态进行柔体建模。此外，还要输入加在所有模态上的阻尼率。固有频率在 100 Hz 以下的模态阻尼率设为 1%；固有频率在 100～1 000 Hz 之间的模态阻尼率设为 10%；固有频率在 1 000 Hz 以上的模态阻尼率设为 100%。

图 4-50　枪管的柔性体模型

经线性化分析计算出枪管和枪架前 12 阶频率的模态，具体选择见表 4-3～表 4-5，图 4-51～图 4-53 给出了 7～12 阶振型。

表 4-3　枪管柔性模态设置

模态	第 1 阶	第 2 阶	第 3 阶	第 4 阶	第 5 阶	第 6 阶
频率	-1.218×10^{-2}	-3.252×10^{-3}	1.779×10^{-4}	3.101×10^{-4}	5.158×10^{-3}	1.505×10^{-2}
模态	第 7 阶	第 8 阶	第 9 阶	第 10 阶	第 11 阶	第 12 阶
频率	1.621×10^{2}	1.621×10^{2}	4.425×10^{2}	4.425×10^{2}	1.151×10^{3}	1.152×10^{3}

表 4-4　前架柔性模态设置

模态	第 1 阶	第 2 阶	第 3 阶	第 4 阶	第 5 阶	第 6 阶
频率	-3.437×10^{-3}	-1.776×10^{-3}	-4.415×10^{-4}	4.766×10^{-4}	6.255×10^{-4}	4.752×10^{-3}
模态	第 7 阶	第 8 阶	第 9 阶	第 10 阶	第 11 阶	第 12 阶
频率	3.721×10^{2}	3.944×10^{2}	9.976×10^{2}	1.712×10^{3}	2.122×10^{3}	2.899×10^{3}

表 4-5　后架柔性模态设置

模态	第 1 阶	第 2 阶	第 3 阶	第 4 阶	第 5 阶	第 6 阶
频率	-4.926×10^{-3}	-3.008×10^{-3}	-2.676×10^{-4}	4.140×10^{-4}	1.305×10^{-3}	2.073×10^{-3}
模态	第 7 阶	第 8 阶	第 9 阶	第 10 阶	第 11 阶	第 12 阶
频率	3.457×10^{2}	4.234×10^{2}	9.286×10^{2}	1.859×10^{3}	1.998×10^{3}	3.093×10^{3}

3. 主要载荷

考虑的载荷包括：枪膛合力、导气室作用于枪机框上的作用力、作用于枪机上的抽壳阻力，以及供弹过程中产生的拨弹阻力。

4. 仿真结果分析与试验验证

在完成了枪架、枪管的柔化以后，即可对模型进行刚柔耦合动力学分析，与多刚体环境下不同的是，此时枪口后坐（x）方向的位移不再为 0。反映的是实际发射状态，由此可以得到枪口各类响应特性曲线，如图 4-54～图 4-59 所示。

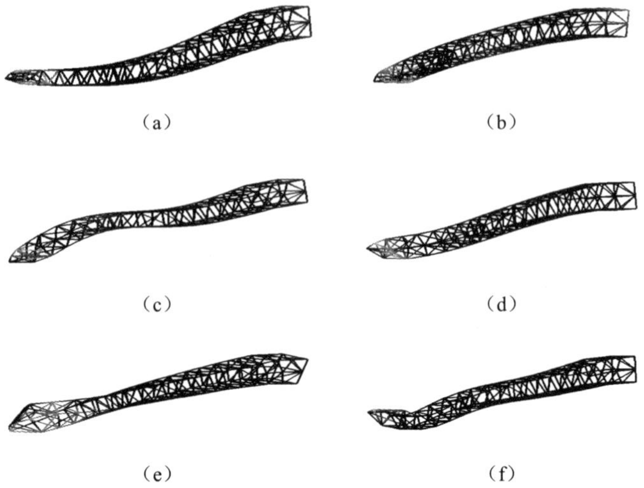

图 4-51 前架振型

（a）前架第 7 阶振型；（b）前架第 8 阶振型；（c）前架第 9 阶振型；（d）前架第 10 阶振型；（e）前架第 11 阶振型；（f）前架第 12 阶振型

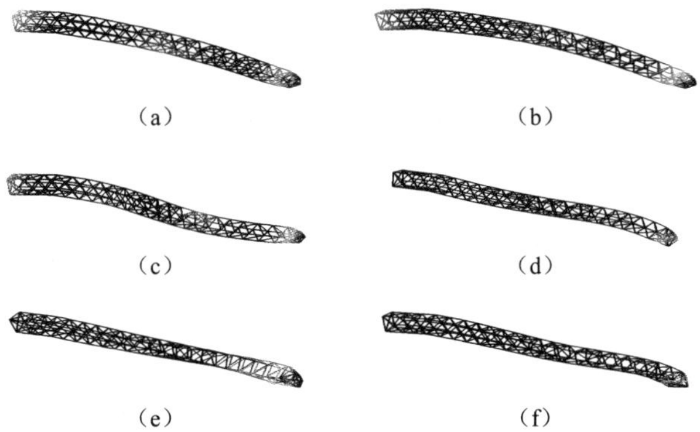

图 4-52 后架振型

（a）后架第 7 阶振型；（b）后架第 8 阶振型；（c）后架第 9 阶振型；（d）后架第 10 阶振型；（e）后架第 11 阶振型；（f）后架第 12 阶振型

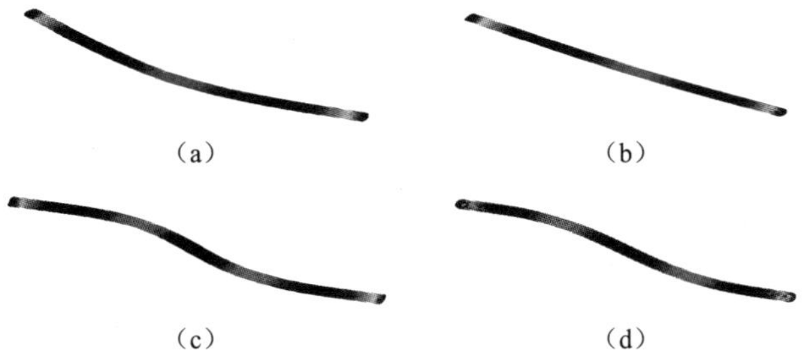

图 4-53 枪管振型

（a）枪管第 7 阶振型；（b）枪管第 8 阶振型；（c）枪管第 9 阶振型；（d）枪管第 10 阶振型

（e）　　　　　　　　　　　　（f）

图 4-53　枪管振型（续）

（e）枪管第 11 阶振型；（f）枪管第 12 阶振型

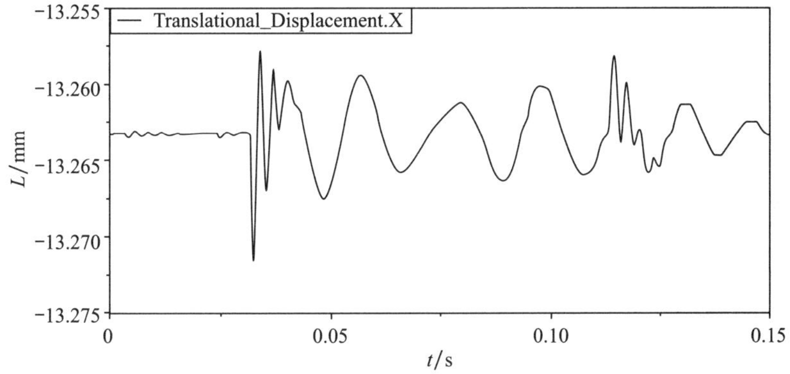

图 4-54　枪口 x 方向位移图

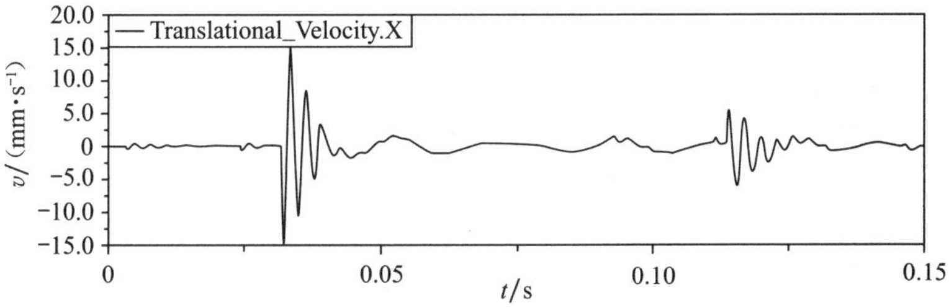

图 4-55　枪口 x 方向速度图

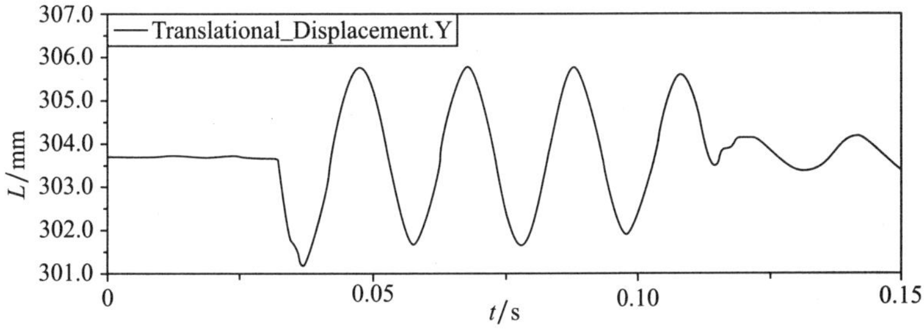

图 4-56　枪口 y 方向位移图

从仿真所得的枪口位移响应曲线可以看出，枪管的后坐位移（x）、纵向位移（z）、横向位移（y）均具有一定的规律性，在射击载荷作用期间，表现出周期性的强迫振动规律，当射击载荷消失后，则表现为按某一频率的自由衰减振动规律。其中枪口的水平

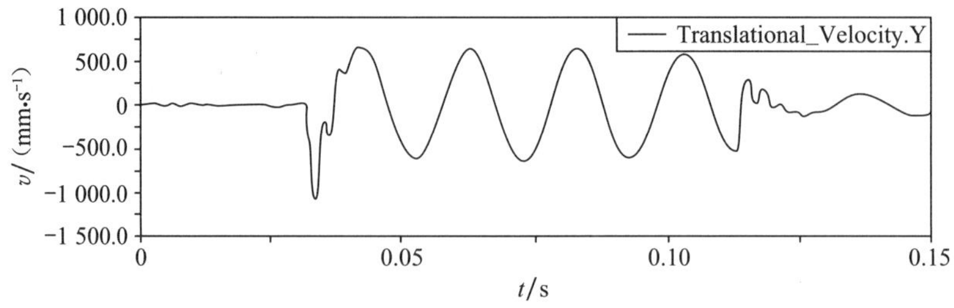

图 4-57　枪口 y 方向速度图

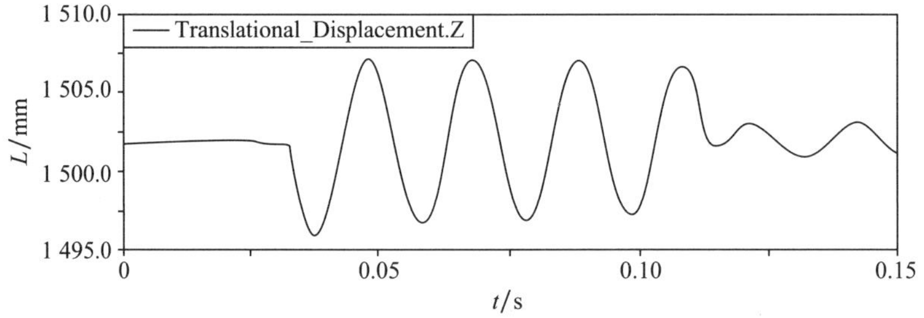

图 4-58　枪口 z 方向位移图

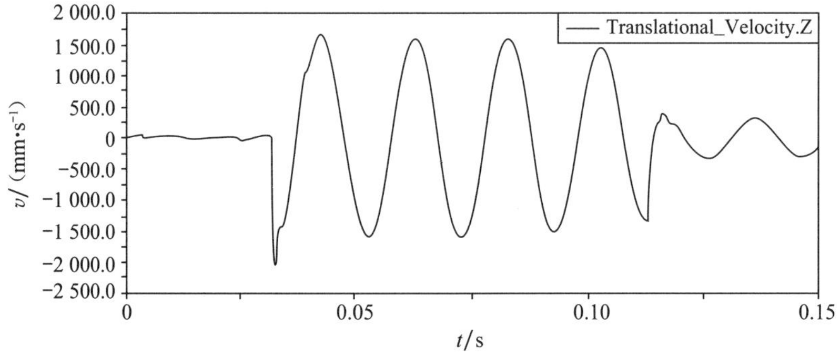

图 4-59　枪口 z 方向速度图

位移变化较小，在仿真过程中可忽略不计；纵向位移变化绝对幅值约 15 mm，横向位移变化幅值约 5 mm。

表 4-6 为刚柔耦合仿真模型计算结果与实验结果的比较，两者相对误差均不大于 10%，验证了模型的可信性。

表 4-6　14.5 mm 单管高射机枪仿真模型计算结果和物理模型实验结果的对比

项　目	$v_{后坐开始}$	$v_{后坐到位}$	$v_{复进开始}$	$v_{复进到位}$	发射频率
仿真模型结果数据	15.6 mm/s	6.8 mm/s	2.4 mm/s	5.5 mm/s	605 发/min
物理模型实验结果	14.5 mm/s	6.3 mm/s	2.2 mm/s	5.2 mm/s	628 发/min
相对误差/%	7.6	7.9	9	5.8	3.7

5. 多刚体模型与刚柔耦合模型仿真分析结果比较

图 4-60 和图 4-61 为多刚体模型和刚柔耦合模型仿真分析结果的比较。自动机在两个模型中相对工作行程是一样的，但是在空间绝对位移依然略有变化。

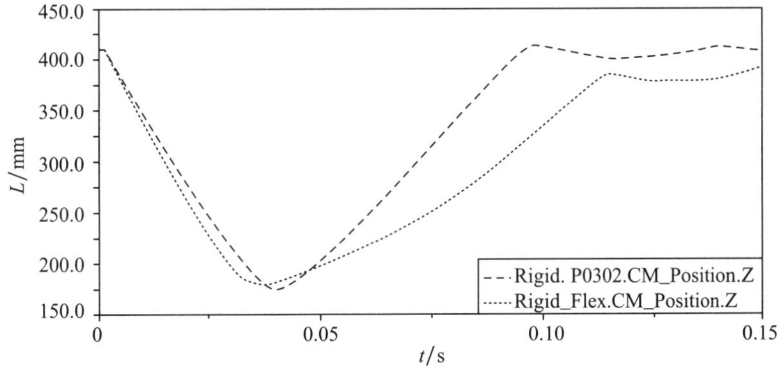

图 4-60　多刚体模型与多柔体模型自动机位移比较

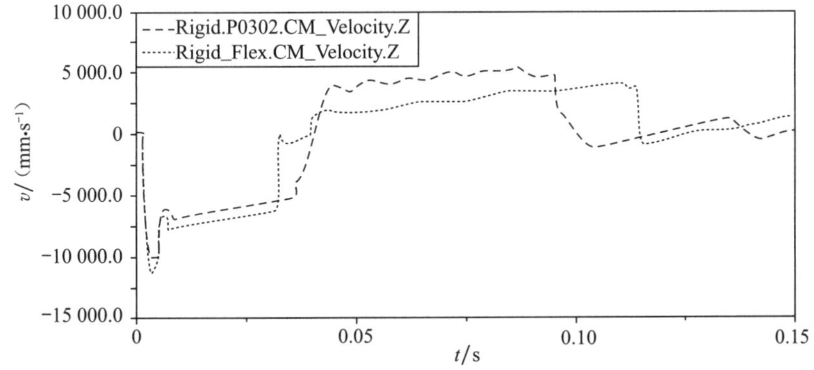

图 4-61　多刚体模型与多柔体模型自动机速度比较

由于刚性环境下枪口 x 方向无响应，因此主要对比 y、z 方向的响应特性，两种模型下的特性比较如图 4-62～图 4-65 所示。

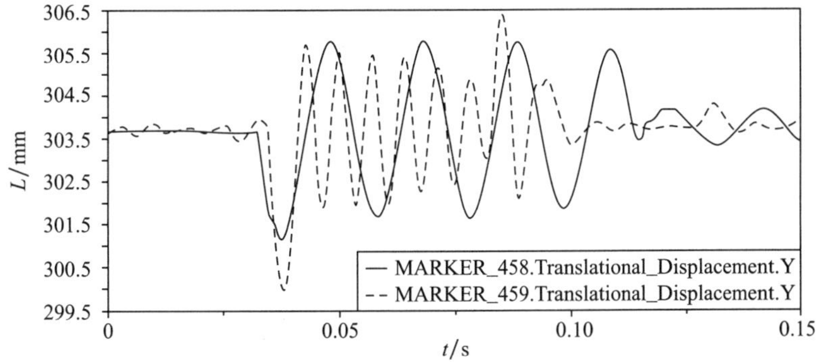

图 4-62　多刚体模型与多柔体模型枪口响应特性 y 向位移对比

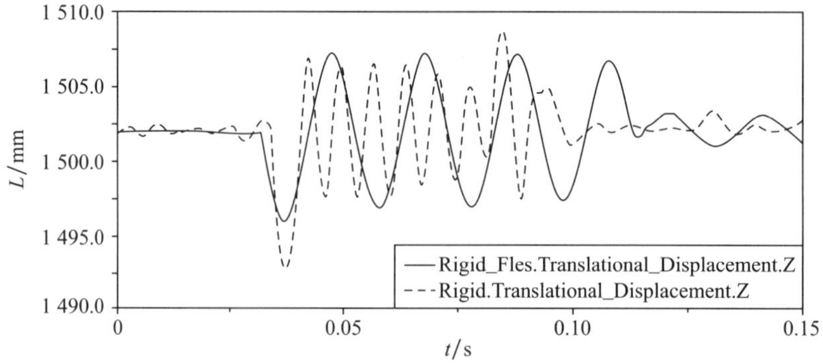

图 4-63　多刚体模型与多柔体模型枪口响应特性 z 向位移对比

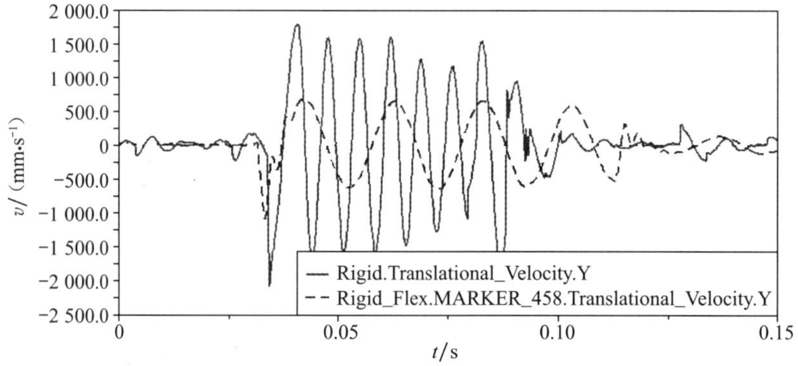

图 4-64　多刚体模型与多柔体模型枪口 y 向速度对比

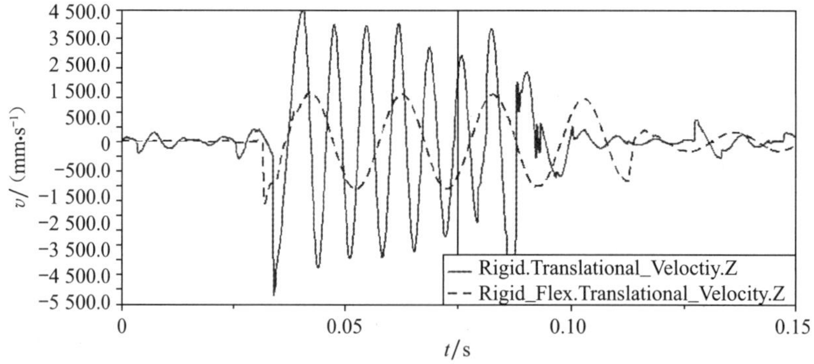

图 4-65　多刚体模型与多柔体模型枪口 z 向速度对比

4.3.5 人枪系统多体动力学仿真

随着武器研究的深入，人枪系统特性成为必须了解的要素之一。自动武器抵肩射击可分为立姿无依托、跪姿无依托、立姿有依托、跪姿有依托和卧姿等多种姿势。本节主要讨论立姿无依托情况。

1. **模型基本假设**

人体是一个复杂的系统，尤其难以描述的是人体的内部运动，为了较全面、准确地表达人枪系统的特性，根据对射击实验现象的观察，作了如下假设。

（1）人体模型基本姿势：枪托抵住人体肩部，人体左手握住护木，右手握住握把。

（2）根据生物学的研究，人体肌肉对外界的主动响应时间在 300 ms 之后，因此着重研究 300 ms 内人枪系统的响应情况，将人体作为被动生物考虑，忽略这段时间内人体的主动响应。

（3）由于人骨十分坚硬，不考虑人骨的变形，将其看作刚体。

（4）人体肌肉受压变形，用弹性垫片来描述肌肉变形。

（5）人体各部分连接处均辅以弹簧与阻尼，以约束相对自由度。

（6）枪械作为一个独立的刚体，武器发射所产生的作用力均以一定时间顺序加载在枪体的相应位置。

2. **人枪系统动力学模型**

立姿无依托人枪系统动力学模型为 12 刚体 32 自由度模型，模型如图 4-66 所示。

（1）头部 $P1$：与上躯干 $P2$ 为球铰连接。

（2）上躯干 $P2$：与下躯干 $P3$、左上臂 $P4$ 和右上臂 $P5$ 均为球铰连接。

（3）下躯干 $P3$：与左大腿 $P8$ 和右大腿 $P9$ 均为球铰连接。

（4）左上臂 $P4$：与左前臂 $P6$ 为球铰连接。

（5）右上臂 $P5$：与右前臂 $P7$ 为球铰连接。

（6）左前臂 $P6$：与枪体 $P12$ 间为接触约束。

（7）右前臂 $P7$：与枪体 $P12$ 间为接触约束。

（8）左大腿 $P8$：与左小腿 $P10$ 为球铰连接。

（9）右大腿 $P9$：与右小腿 $P11$ 为球铰连接。

（10）左小腿 $P10$：与大地间为平移约束。

（11）右小腿 $P11$：与大地间为平移约束。

（12）枪体 $P12$：与左右手和上躯干 $P2$ 有 3 个接触约束。

图 4-66　人枪系统动力学模型

在各个关节同时加上 3 个方向的扭簧，并加上预紧力，模拟各关节韧带力。

在仿真计算之前，进行了静态计算，使人体保持平衡。模型自由度 DOF 为：$12\times6-10\times3-2\times5-3\times0=32$。

3. **载荷确定**

人枪系统所受到的作用力，主要是武器发射时产生的。步枪（冲锋枪）发射时不仅受到火药气体压力，还受到武器内部各构件为完成特定动作而产生的相互作用。由于受力情况复杂，这里只考虑以下 4 个作用力：膛底作用力、导气室作用力、自动机后坐到位作用力和复进到位作用力。

膛底作用力和导气室作用力计算公式见 4.3.1 节。

根据图 4-67 所示冲量图，后坐到位作用力与复进到位作用力公式如下：

$$F = F_{\mathrm{m}}\sin(\omega t) \tag{4-63}$$

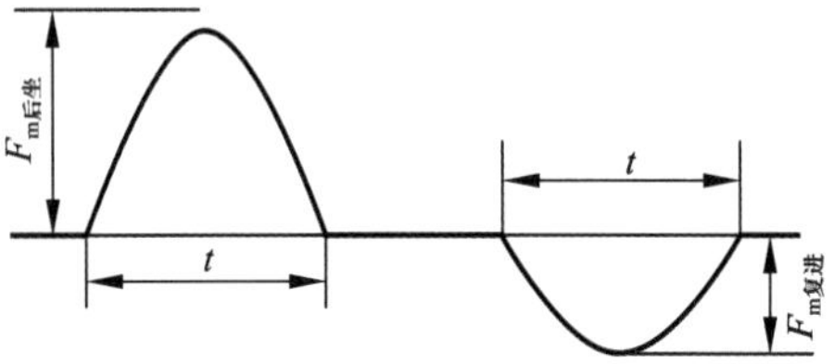

图 4-67　冲量图

载荷计算时，按一个发射循环的时间顺序将 4 个作用力进行累加。

4. 模型的验证

确立了立姿人枪系统力学模型以后，现以某枪为算例，进行了数值仿真计算，将仿真结果与试验结果进行了比较，以验证上述人枪系统模型的合理性、正确性。

图 4-68～图 4-70 分别为三发连射状态下人枪系统中枪口的位移变化曲线。由图中曲线变化规律可以看出：各运动量是逐发累积的，枪口逐渐向右、向上和向后偏转，枪口的变化随三次自动机循环动作的完成呈有规律的变化，曲线变化规律与实验结果相符。

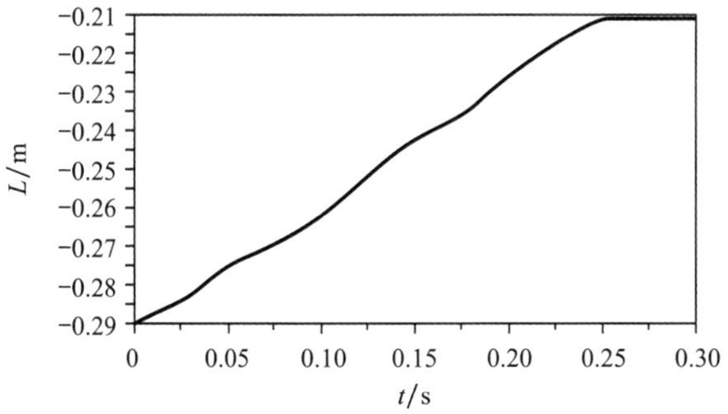

图 4-68　三发连射枪口上下位移

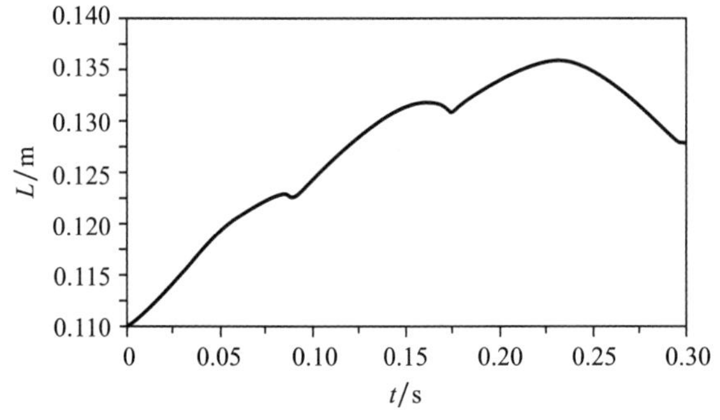

图 4-69　三发连射枪口左右位移

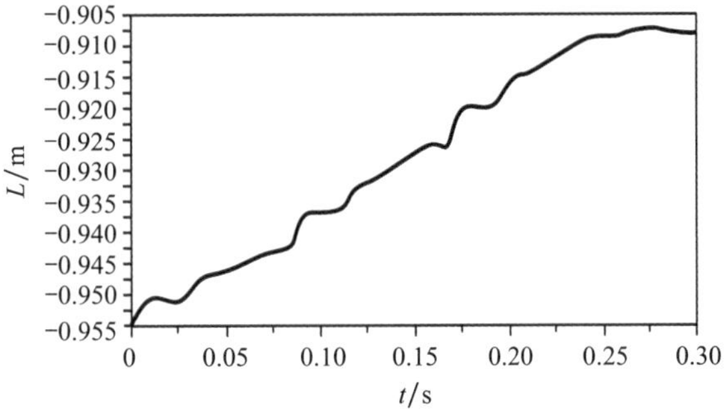

图 4-70　三发连射枪口前后位移

表 4-7 和表 4-8 为枪托底部运动量和枪口运动量的比较，从表中可知仿真计算结果与实验结果基本相符。因此，所建人枪系统模型合理。

表 4-7　枪托底部运动特征量比较

特征量	实验结果	仿真结果
最大加速度/($m \cdot s^{-2}$)	2 045	2 600
火药燃气作用期最大速度/($m \cdot s^{-1}$)	0.67	1.08
自动机后坐到位撞击时的速度/($m \cdot s^{-1}$)	0.38	0.56
自动机复进到位撞击时的最大速度/($m \cdot s^{-1}$)	−0.1	−0.3
单发末了时的位移/mm	11.7	12
三发末了时的位移/mm	35.0	34.6

表 4-8　第三发弹出枪口瞬时的枪口参数比较　mm

参　数	实验结果	仿真结果
枪口上下位移	36.6	40.0
枪口左右位移	18	20
枪口前后位移	35.0	36.5

5. 人枪作用点及人体各关节的受力情况分析

人体与枪械的作用点有抵肩处、握把处和护木处三处。其受力情况如图 4-71～图 4-73 所示。

由图 4-71～图 4-73 可知：

(1) 仿真算例中，握把力前推平行力最大值约是抵肩力值的 1/2，垂直上抬力最大值仅为前推平行力的 1/10，下拉力约为前推平行力的 1/2；护木力前推平行力最大值约是抵肩力最大值的 1/3，垂直上抬力最大值不到前推平行力的 1/10，下拉力最大值约为前推平行力的 1/5。

(2) 人体在射击过程中承受武器总力的最大值发生在火药燃气压力最大时。

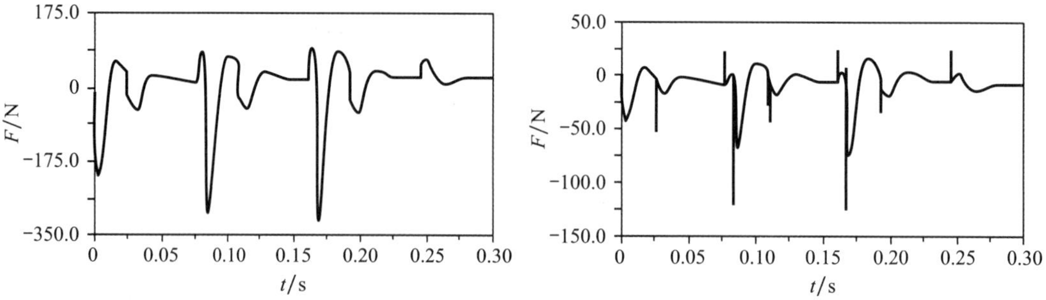

（a） （b）

图 4-71 三发连射时的握把力

（a）平行力；（b）垂直力

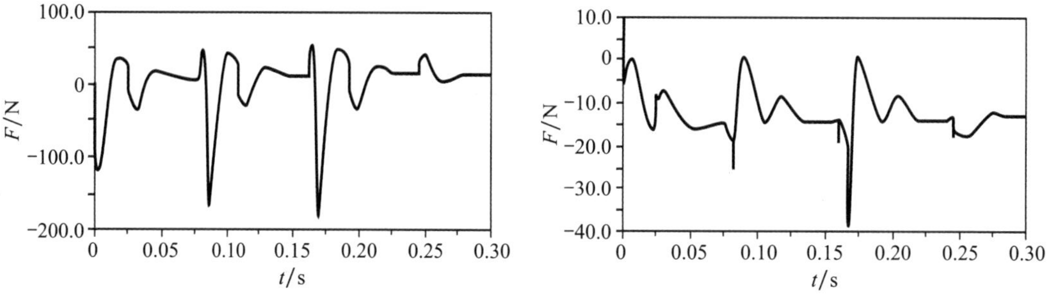

（a） （b）

图 4-72 三发连射时的护木力

（a）平行力；（b）垂直力

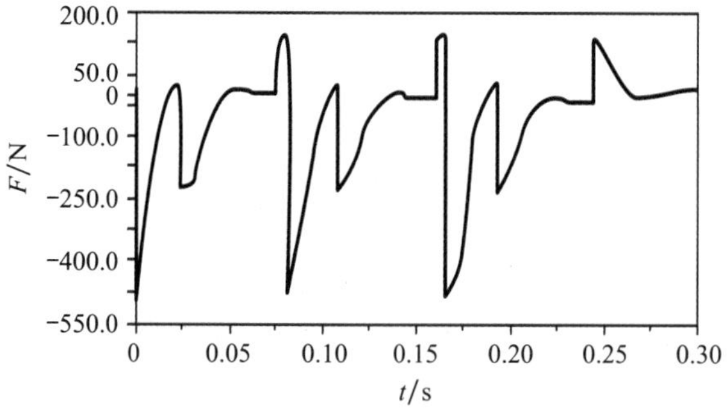

图 4-73 三发连射时的抵肩力（前推平行力）

（3）作用点受力的规律相似，分别在膛内火药燃气后坐冲击、自动机后坐到位撞击及自动机复进到位撞击时出现峰值。

人体各关节受力情况如图 4-74～图 4-79 所示。

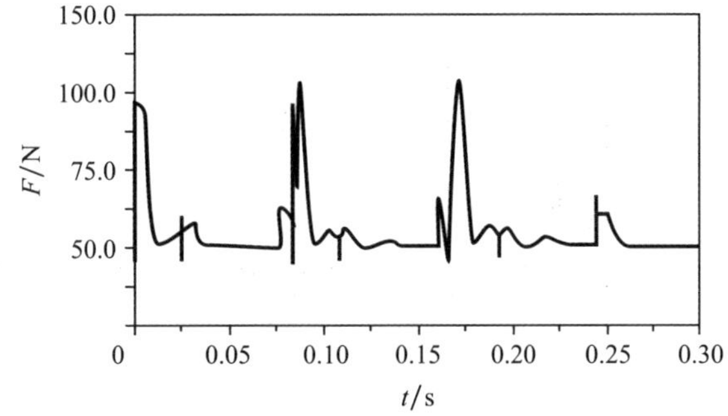

图 4-74　三发连射时的颈部受力

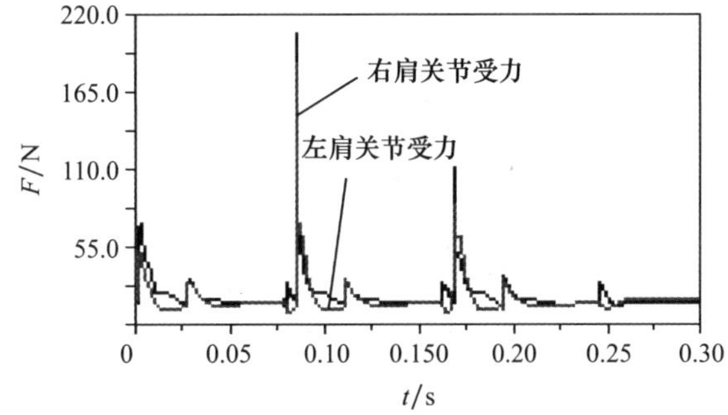

图 4-75　三发连射时的左、右肩关节受力

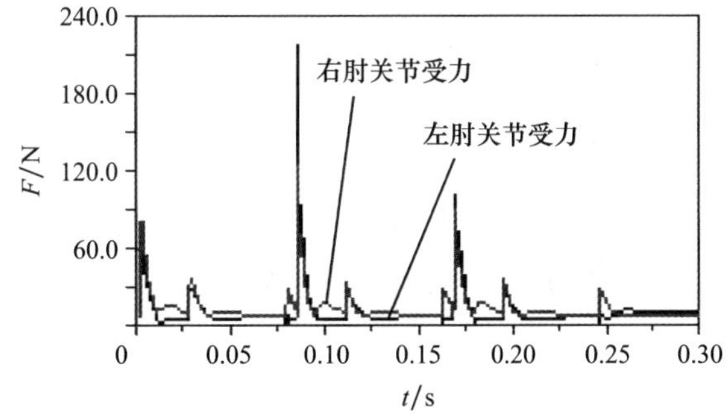

图 4-76　三发连射时的左、右肘关节受力

由图 4-74～图 4-79 可知：

(1) 左、右肩关节受力，以及左、右肘关节受力都差别不大，由于站立时，人的重心集中在右腿上，所以右髋关节与右膝关节受力比左髋关节、左膝关节受力大。

(2) 各关节 3 个受力与作用点的变化规律相同。

(3) 髋关节最大受力值约为肩关节受力的 2 倍；腰部最大受力值约为肩关节受力的 3.4 倍；膝关节最大受力值约为肩关节受力的 2 倍；肘关节最大受力值与肩关节受力相近；颈关节最大受力值约为肩关节受力的 1/2。

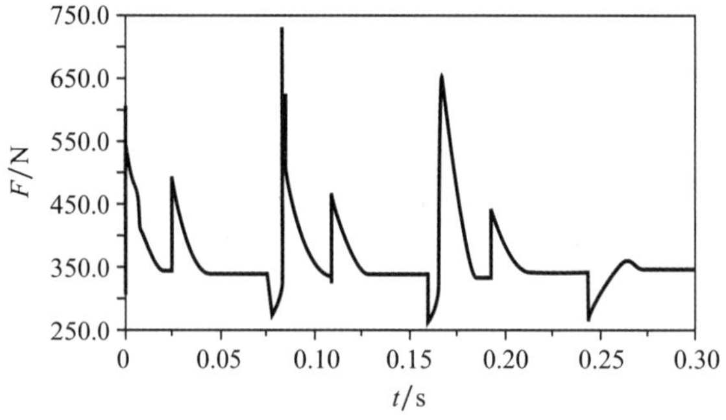

图 4-77　三发连射时的腰部受力

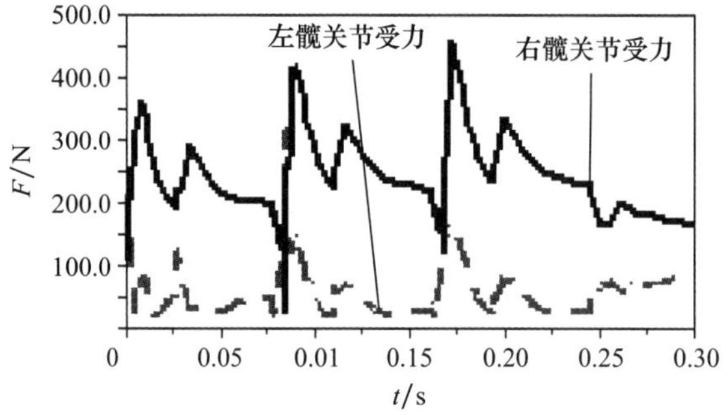

图 4-78　三发连射时的左、右髋关节受力

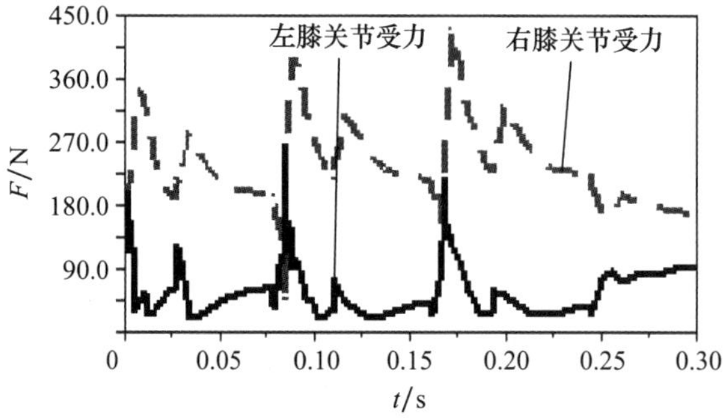

图 4-79　三发连射时的左、右膝关节受力

4.4　火炮与自动武器系统优化设计方法

4.4.1　火炮与自动武器系统动力学优化的一般过程

在火炮与自动武器动力学仿真模型的基础上，进行系动力学优化的一般过程如图 4-80 所示。

（1）确定优化变量。在进行优化之前，需要确定在分析时使用的设计变量参数。设计变量是根据实际要求选取的，可以选取 1 个或多个变量，不同的设计变量对同一优化目标，可能会出现相反的结果。

（2）确定优化目标。用来评价设计方案好坏的有关性能，称为优化目标。优化目标可以是某个性能的极小值或极大值，或者平均值。

（3）确定约束条件。在进行优化分析时，可以通过设置约束对象来限制优化分析的范围。通常优化分析可以允许变量在无限的范围内变化，以确定获得最优化目标的配置。但这种设计方法往往与实际情况不符，因为这样将会破坏其他约束，例如：重量、尺寸、速度和力的限制，所以约束条件的设置很有必要。最常见的约束是设置优化变量的变化范围，优化计算将会在给定的变化范围内进行。

（4）生成仿真优化脚本。其中含有驱动多体动力学仿真分析的选项和命令。

（5）进行优化仿真。在通用的仿真软件中，优化仿真是系统自动进行的，系统将按照优化程序自动变更设计变量值，形成新的探索方案，并使计算反复地进行搜索工作，使设计方案逐步得到改进，直至获得最优的设计方案。

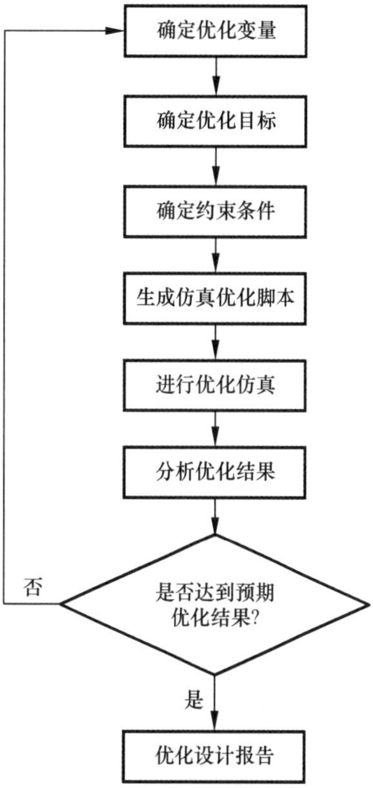

图 4-80　优化过程

（6）分析优化结果。优化结果的分析通常需要分析人员来进行判断，达到最优则进行资料整理、输出最优方案。当方案未达到最优时，则重新选择优化变量，改变约束条件，进行下一轮的优化计算。

4.4.2　自行火炮动力学优化设计

火炮射击精度是火炮最重要的战术技术指标之一。炮口的初始扰动、弹丸制造误差和气象条件等都会对射击精度产生影响。在这些因素中，炮口初始扰动对射击精度的影响最大。因此，要提高自行火炮的射击精度，必须对火炮系统发射时的运动和受力规律进行研究，以获得弹丸飞离炮口瞬间火炮对弹丸的扰动，以及炮口初始扰动与自行火炮总体参数间的关系，并通过对这些参数的优化来改善自行火炮的射击精度，提高综合特性。本节基于 Isight 对 4.3.3 节中 22 自由度的自行火炮发射动力学模型进行动力学优化，寻求各总体参数间更优的匹配关系。

1. 确定设计变量

设计变量包括各刚体质量及转动惯量参数、各刚体空间相对位置参数、各悬挂装置支撑点相对底盘质心的位置参数、各刚体间连接部分及悬挂装置的等效刚度系数和阻尼系数、反后坐装置结构和性能参数等，共计 58 个。

2. **定义目标函数**

炮口初始扰动可以认为是系统结构本身引起的主运动和随机因素引起的小扰动的叠加。因此，减少因系统结构本身引起的炮口初始扰动，将能够提高射击精度。衡量炮口初始扰动的主要指标是炮口角位移和角速度。因此，以弹丸出膛口瞬间的角位移和角速度为目标函数，对火炮结构参数进行优化，达到提高射击精度的目的。

通过加权得到一个综合目标函数

$$\varphi_0 = w_1\sqrt{\left(\frac{\theta}{\theta_0}\right)^2} + w_2\sqrt{\left(\frac{\omega}{\omega_0}\right)^2} \tag{4-64}$$

式中 θ_0，ω_0——初始炮口角位移与角速度；

θ，ω——优化过程中的炮口角位移和角速度；

w_1，w_2——角位移和角速度的权系数，满足 $w_1+w_2=1$，$w_1>0$，$w_2>0$。

3. **确定约束条件**

约束分为设计变量约束和状态变量约束。其中设计变量约束上、下限根据经验确定，由于设计变量较多，在此不一一列出，只给出状态变量约束如下。

（1）总质量应小于等于火炮质量指标。

$$\sum M_i \leqslant M_0 \tag{4-65}$$

（2）后坐阻力须加以峰值约束条件，以避免设计的反后坐装置所产生的后坐阻力超过一定值而影响火炮的射击稳定性，即

$$\max F_{\mathrm{r}} \leqslant F_{\mathrm{r0}} \tag{4-66}$$

式中 F_{r0}——最大后坐阻力阈值。

4. **确定优化算法**

优化的目的是通过设计搜索，寻找满足约束条件和目标函数的最佳设计方案。目前采用较多的优化算法，主要有梯度优化法、直接搜索法和全局探索算法等。

梯度优化法通常假设设计空间是单峰值、凸性、连续的。主要有修正可行方向法（Modified Method of Feasible Direction，MMFD）、广义下降梯度法（Generalized Reduced Gradient，GRG）、序列二次规划法（Sequential Quadratic Programming，SQP）、多功能优化系统技术（Multifunction Optimization System Tool，MOST）和混合整形序列二次规划（Mixing Sequential Quadratic Programming，MISQP）等。

直接搜索法无须计算任何函数梯度，当优化问题中的目标函数较为复杂或者不能用变量显函数描述时，可采用直接搜索法搜索最优点。直接搜索法主要有 Hooke-Jeeves 算法与 Downhill Simplex 算法。

全局探索算法通常用于在整个设计空间中搜索全局最优值，避免在局部出现最优解的情况，但计算量较大。目前主要有遗传算法（Multi-Island Genetic Algorithm，MIGA）、进化算法（Evolutionary Algorithm，EA）、自适应模拟退火法（Adaptive Simulated Annealing，ASA）、粒子群优化（Particle Swarm Optimization，PSO）与自动优化专家算法（Pointer Automatic Optimizer，PAO）等算法。

本实例中采用遗传算法。传统的优化算法大都是单点搜索法，对于存在多峰分布的搜索空间，常常会陷入局部最优，而遗传算法同时对解空间中的多个解进行评价，降低了陷入局部最优解的风险，具有优良的全局搜索能力。同时遗传算法利用的是适应度信息，无须导数或其他辅助信息，简单通用，适用于复杂优化问题的求解。但是遗传算法在实际应用中也存在容易发生早熟现象、局部寻优能力较差等问题。

5. 优化设计流程

自行火炮总体参数集成优化设计流程如图 4-81 所示。

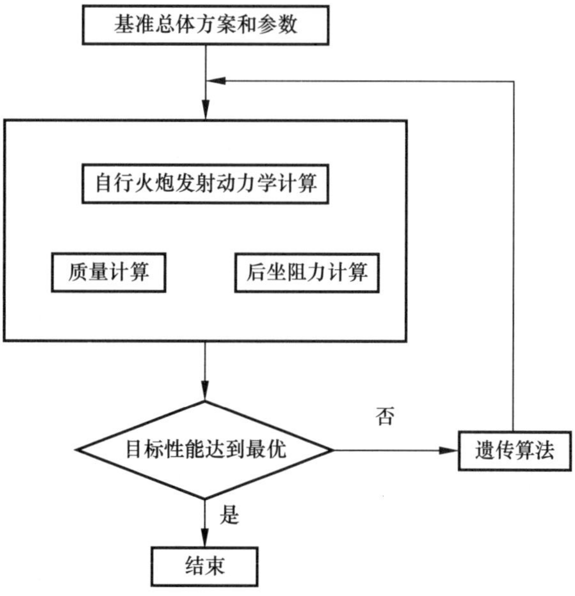

图 4-81　集成优化设计流程

（1）输入基准总体方案和参数（初始方案）。

（2）进行自行火炮发射动力学、质量计算、后坐阻力计算，预测设计方案技术指标值。

（3）判断优化目标函数是否达到收敛，若收敛，结束，输出优化方案和参数；若为收敛，转向（2），按遗传算法更新迭代状态，进行设计空间搜索和迭代。

6. 优化设计结果分析

采用加权组合法将炮口角位移与角速度统一为单目标，对其进行优化设计求解，经过遗传算法 1 010 次迭代，目标函数收敛至 0.711，迭代历程如图 4-82 所示。与原设计

（见表 4-9）相比，炮口角位移从 0.023 92 下降到 0.019 74，降低 17.47%，炮口角速度从 23.93（°)/s 下降到 14.66（°)/s，降低 38.74%。

由图 4-83 和图 4-84 可以看出，优化后的炮口角位移与角速度均明显减小，所获的方案优于初始方案。

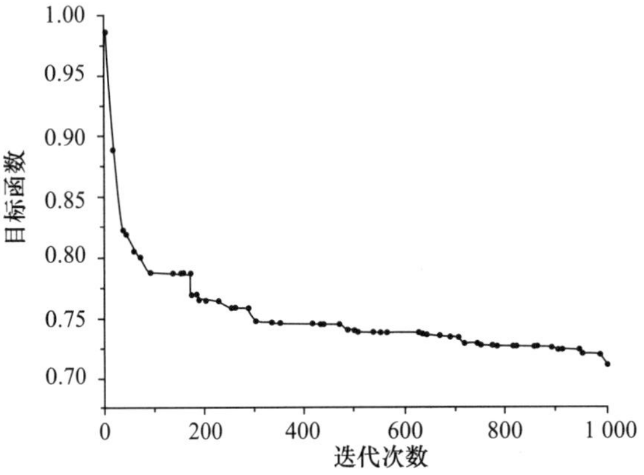

图 4-82　目标函数收敛历程

表 4-9　参数优化结果

变量	初始值	优化值	变量	初始值	优化值
M_1/kg	15 000	14 985.566	X_G/mm	−603.0	−609.29
M_2/kg	3 375	3 176.285	Y_G/mm	−83.1	−83.52
M_3/kg	615	547.008	K/(N·mm^{-1})	113.0	115.75
M_4/kg	1 005	927.042	C/(N·s·mm^{-1})	26.650 7	26.85
J_{11X}/(kg·mm^2)	$1.467\ 8\times10^{10}$	$1.470\ 1\times10^{10}$	K_{32}/(N·mm^{-1})	100.0	93.54
J_{11Y}/(kg·mm^2)	$6.264\ 8\times10^{10}$	$6.211\ 4\times10^{10}$	C_{32}/(N·s·mm^{-1})	1.0×10^4	9 728.48
J_{11Z}/(kg·mm^2)	$6.514\ 3\times10^{10}$	$6.478\ 8\times10^{10}$	K_{21}/(N·mm^{-1})	1.0×10^6	1.004×10^6
J_{22X}/(kg·mm^2)	$5.264\ 0\times10^9$	$5.201\ 0\times10^9$	C_{21}/(N·s·mm^{-1})	1.0×10^4	9 576.08
J_{22Y}/(kg·mm^2)	$1.969\ 0\times10^9$	$1.960\ 8\times10^9$	C_{K1}	1.9	1.907
J_{22Z}/(kg·mm^2)	$4.125\ 0\times10^9$	4.124×10^9	C_{K2}	4.5	4.495
J_{22XY}/(kg·mm^2)	$-2.545\ 7\times10^8$	$-2.546\ 0\times10^8$	G_M/(kg·m^{-2})	1 100.0	1 146.86
J_{22XZ}/(kg·mm^2)	-2.803×10^7	$-2.804\ 4\times10^7$	$OMG1$/m^2	6.28×10^{-4}	4.57×10^{-4}
J_{22YZ}/(kg·mm^2)	$-1.131\ 0\times10^8$	$-1.129\ 1\times10^8$	D_P/m	0.042	0.041 6
J_{33X}/(kg·mm^2)	2.33×10^8	$2.322\ 2\times10^8$	D_T/m	0.11	0.114
J_{33XY}/(kg·mm^2)	3.335×10^7	$3.625\ 2\times10^7$	X_{DT}/m	0.062	0.060 8
J_{33XZ}/(kg·mm^2)	3.25×10^5	$3.249\ 5\times10^5$	A_P/m	2.927×10^{-3}	2.192×10^{-3}
J_{33Y}/(kg·mm^2)	3.12×10^7	$3.118\ 7\times10^7$	CN	1.3	0.83
J_{33YZ}/(kg·mm^2)	-5.62×10^6	$-5.682\ 5\times10^6$	XO/m	1.523	1.537
J_{33Z}/(kg·mm^2)	2.33×10^8	$2.333\ 9\times10^8$	PFO/MPa	4.6×10^6	3.25×10^6
J_{44X}/(kg·mm^2)	$1.733\ 3\times10^9$	$1.733\ 1\times10^9$	AFJ/m^2	$2.123\ 7\times10^{-3}$	1.536×10^{-3}
J_{44XY}/(kg·mm^2)	5.85×10^6	$5.826\ 7\times10^6$	$LunTaiFx$/mm	−3 742.643	−3 761.646
J_{44XZ}/(kg·mm^2)	8.014×10^4	$7.983\ 0\times10^4$	$LunTaiFz$/mm	872.148	845.692
J_{44Y}/(kg·mm^2)	1.671×10^7	$1.637\ 1\times10^7$	$LunTaiMFx$/mm	−2 312.514	−2 340.218
J_{44YZ}/(kg·mm^2)	1.644×10^6	$1.643\ 1\times10^6$	$LunTaiMFz$/mm	972.148	941.040

续表

变量	初始值	优化值	变量	初始值	优化值
J_{44Z}/(kg·mm^2)	$1.735\,8\times10^9$	$1.729\,3\times10^9$	*LunTaiMRx*/mm	−312.514	−316.530
X_H/mm	1 661.82	1 649.12	*LunTaiMRz*/mm	1 052.148	1 027.823
Y_H/mm	1 332.76	1 321.19	*LunTaiRx*/mm	1 107.486	1 099.220
X_Q/mm	−1 388.38	−1 408.06	*LunTaiRz*/mm	1 052.148	1 035.204
Y_Q/mm	138.74	172.70	*LunTaiy*/mm	51	47.80

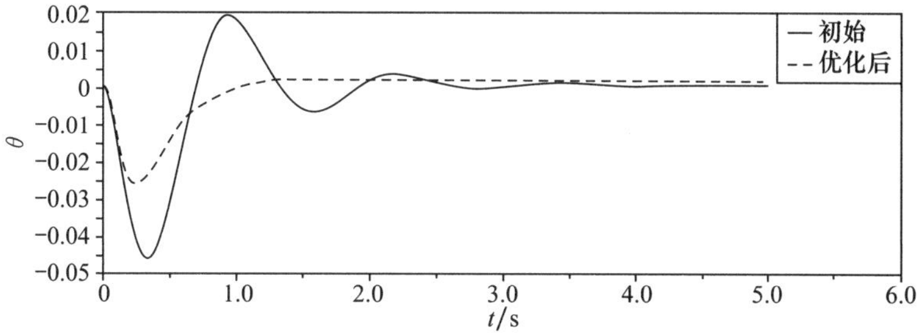

图 4-83　炮口角位移优化前后对比曲线

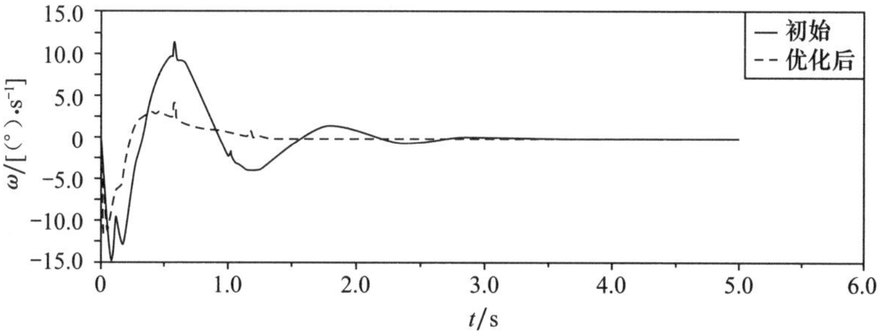

图 4-84　炮口角速度优化前后对比曲线

第 5 章　火炮与自动武器动力学有限元方法

火炮与自动武器领域常涉及许多力学问题和物理问题，有些可以为其建立常微分方程或偏微分方程，在相应定解条件下，能够求出精确解，但这是少数。有些方程比较复杂，为非线性，或由于求解区域几何形状比较复杂，不能直接得到解析答案。随着电子计算机的飞速发展和广泛应用，有限元方法（也称有限单元法）已成为求解这类工程技术问题的主要工具和手段。

有限元方法的出现，是数值分析方法研究领域内的重大突破性进展。有限元方法对模型进行近似计算，将连续体简化为由有限个单元组成的离散化模型，并对离散后的模型求解出数值答案。与其他求解方法相比，有限元方法具有如下优点。第一，物理概念清晰。对于力学问题，有限元方法一开始就从力学角度进行简化，使用者易于掌握和使用。第二，灵活性和通用性。有限元方法不但可以解决具有规则几何特性和均匀材料特性的问题，还可以解决不规则边界非线性问题。但有限元方法对于各种复杂因素（例如复杂几何形状，任意边界条件，不均匀材料特性，结构包含杆、板、壳等不同类型构件等）要灵活地加以考虑，以避免产生处理上的难题。

在火炮与自动武器动力学仿真中，多采用多体动力学和有限元两种方法。当武器构件变形所引起的弹性位移远小于机构刚性运动、构件变形引起的弹性位移不会影响机构运动时，采用多体动力学方法；要考虑结构固有特性及系统各点应力、应变和动态响应时，则常采用有限元方法。

5.1　火炮与自动武器有限元分析一般过程

5.1.1　分析对象及简化模型

一般需要用有限元方法来求解的问题，结构都比较复杂，而有限元方法的明显优势就在于求解复杂结构。对于一个复杂结构，肯定会存在许多特征，由于计算机条件限制，不可能把模型做得十分庞大，另外，也由于网格划分算法的局限，对于一些小特征的存在（比如小圆孔、小倒角等），不但会影响网格质量，有时甚至会导致无法生成网格，即使求得结果，也不可靠。相反，忽略这些小特征，却对结果影响不大，有利于生成高质量网格，从而得到理想结果。因此，分析对象及简化模型这一步至关重要，直接影响结果可靠性。但究竟怎样去抓住问题的主要矛盾，而忽略次要矛盾呢？这就需要使用者有一定的力学基础，熟悉所分析结构和相关专业知识，熟练掌握有限元软件，并具有丰富的有限元分析经验。

5.1.2　建立有限元分析模型

有限元分析模型的建立一般包括以下 4 个步骤（次序可变）：

（1）定义单元类型。

（2）创建材料。

（3）划分网格。

（4）施加载荷及约束条件。

模型网格图绘制的目的有两个：一是在有限元分析之前检查所有输入或生成的有关模型的几何数据是否正确；二是直接观察模型剖分结果。这两点对有限元计算结果的正确性和可靠性至关重要。

下面首先来介绍有限元网格划分的一般步骤，如图 5-1 所示。

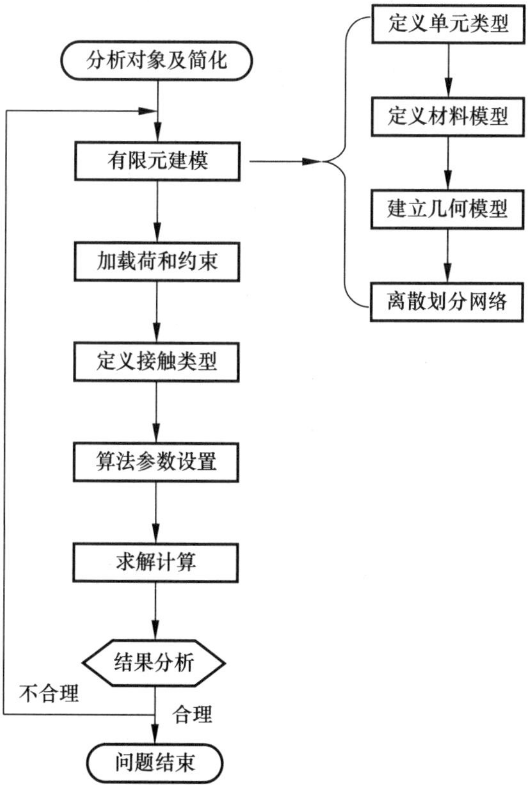

图 5-1　有限元分析一般步骤

1. 定义有限元模型单元属性

在划分网格前，首先需要对模型中将要用到的单元属性进行定义。单元属性一般包括单元类型、实常数、材料特性、横截面类型和单元坐标系。

（1）定义单元类型。为适应不同分析需要，单元类型主要包括普通线单元、面单元、块体单元和特殊接触单元、间隙单元、表面效应单元等。

二维或三维弹性连续体离散为有限个单元的集合体，要求单元具有简单而规则的几何形状以便于计算。在有限元分析中常用的单元类型见表 5-1。

表 5-1 单元类型

零维单元	一维单元	二维单元	三维单元
弹簧元	杆元	板元	体元
集中质量元	梁元	壳元	—

常用二维单元有三角形或矩形板、壳，三维单元有四面体（三角锥）、五面体或平行六面体。根据插值节点数目，单元又可分为线性单元（无中间节点）和二次单元（有中间节点）。对一般结构而言，线性单元可以花费很少，但却能达到一定精度；对于非线性结构或退化单元形状，二次单元会产生更好的效果。由此可见，同一形状单元可有不同单元节点数（如图 5-2 所示），如六面体单元有 8 节点和 20 节点之分、三角形单元有 3 节点和 6 节点之分、四边形单元有 4 节点和 8 节点之分等，所以有限元可使用的单元种类十分丰富。在使用有限单元模拟真实物理结构时，要根据对象具体物理形状选择某种单元，也可以将不同类型单元混合使用。图 5-2 中列举了一些在二维、三维问题中常用的单元形式，选择何种单元类型涉及所求解问题类型、计算精度要求、计算经济性等多方面因素。

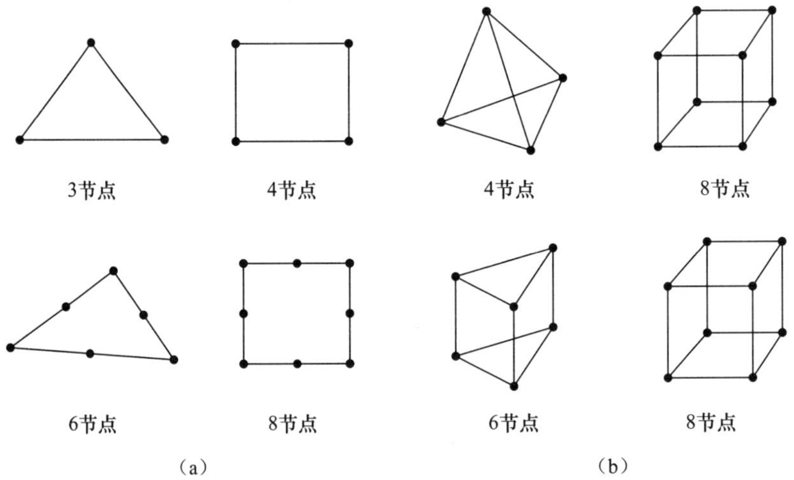

图 5-2 常用单元

(a) 二维单元；(b) 三维单元

现在来介绍一些有限元分析中常用的简单单元模型。

① 弹簧元（如图 5-3 所示）。弹簧元是常用的标量单元，它和集中质量单元一样被称作零维单元，它可以拉、压或旋转，承受力或力矩。其中，力引起轴向位移，力

矩产生旋转位移（转角）。需要输入的单元参数有标识号 ID、刚度 K 和阻尼系数 C_V 等。

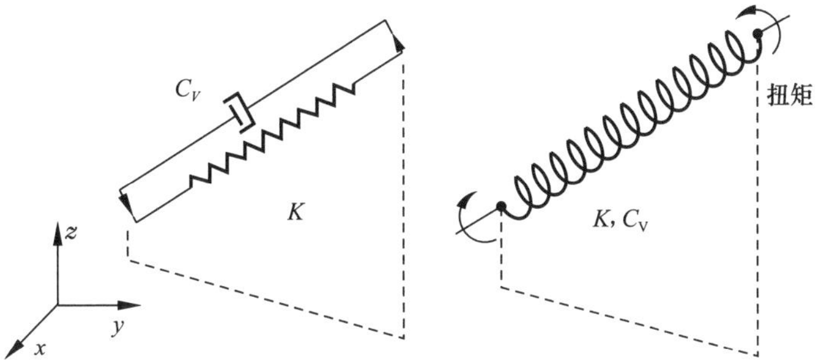

图 5-3　弹簧元

② 集中质量单元（如图 5-4 所示）。集中质量单元 mass 为点元素，具有 x、y、z 三个方向的平移和转动自由度。不同质量或转动惯量可分别定义对应的坐标系方向。输入参数主要包括元素坐标系，质量 m，对应坐标轴的 m_x、m_y、m_z、I_{xx}、I_{yy}、I_{zz} 和材料特性等。

③ 杆单元（如图 5-5 所示）。杆单元又叫一维单元，用于表示杆的性质。杆单元支持拉力、压力 P 和轴向扭矩 T，但不允许弯曲。输入数据包括材料 EX、密度 $DENS$、面积 $AREA$、转动惯量 IZZ、截面高度 H 等，自由度有 UX、UY 和 $ROTZ$。

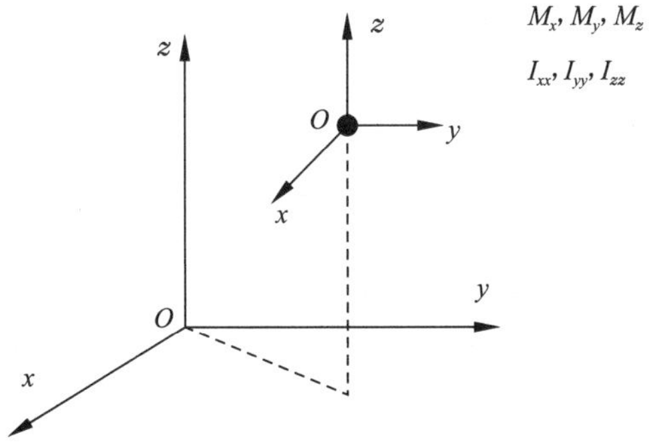

图 5-4　集中质量单元

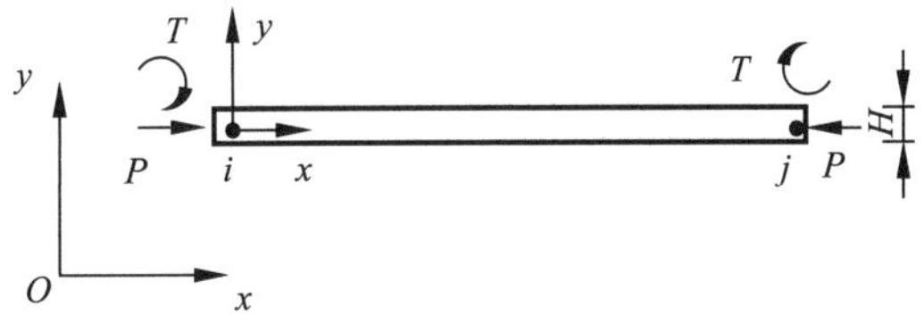

图 5-5　杆单元

④ 梁单元（如图 5-6 所示）。梁单元也是一维单元，梁单元可以承受拉伸、压缩、在两个互相垂直平面内的扭转和弯曲、在两个互相垂直平面内的剪切。梁单元连接两个节点 i、j，可提供 x、y、z 三个方向的平移和转动自由度。除了杆单元所要输入的参数外，梁单元还要定义截面形状。梁元素可为任何形状的截面，但必须先计算惯性力矩。弯曲应力的计算为中性轴至最外边的距离，为高度的一半，故对任何截面形状的梁而言，等效高度必须先决定。元素高度仅用于弯曲及热应力计算，梁元素必须位于 x、y 平面，长度及面积不可为 0。若不使用大变形时，惯性力矩可为 0。

⑤ 面单元（如图 5-7 所示）。面单元包括板单元和壳单元，它们可用来表示如图 5-7 所示的结构，其厚度远小于该结构的其他尺寸。面单元可以承受与平面同方向及法线方向的负载。面元素具有 x、y、z 三个方向的平移和转动自由度。输入参数包括材料、表面负载、单元性质（厚度）等。三角形面元可以看作是四边形 i、j、k、l 四个节点中 k、l 的重合，在大变形分析中，多采用三角形面单元。

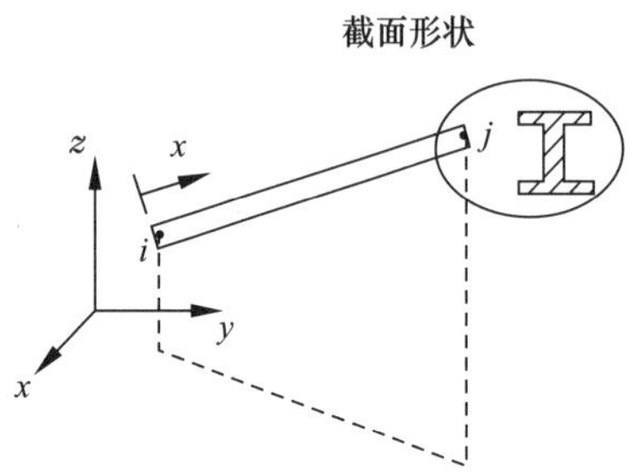

图 5-6　梁单元

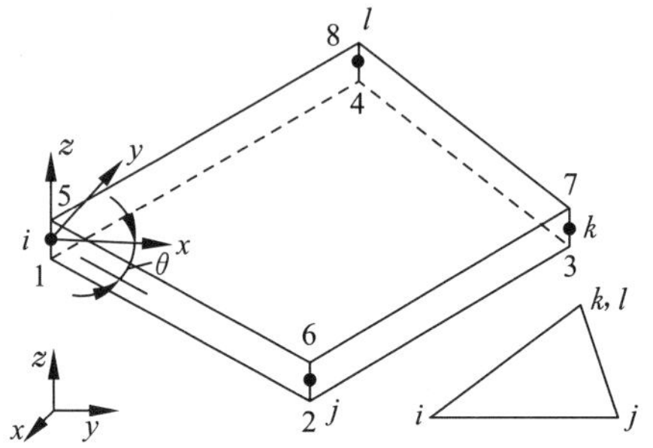

图 5-7　面单元

⑥ 体单元（如图 5-8 所示）。体单元用于仿真 3D 厚板和实体结构特性，主要有四面体、五面体和六面体单元，具有 x、y、z 三个方向的平移自由度，不包括转动自由度，一般由 8 个、20 个或更多的节点组成。体单元可以用于塑性、膨胀、应力强化、大变形和大应变分析。输入参数有材料 ET、泊松比和密度。

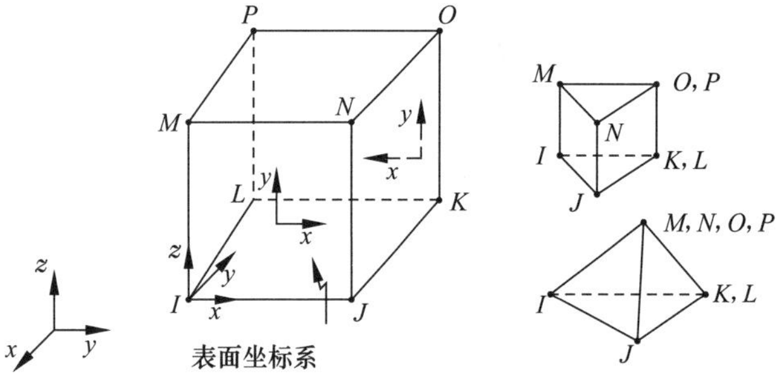

图 5-8　体单元

（2）定义实常数。因为在计算单元矩阵时，有一些数据可能无法从节点坐标或材料特性得到，这时就需要定义单元实常数。典型的实常数包括厚度、横截面积、高度等。不同类型单元所需要的实常数不同。

（3）定义材料特性。典型的材料特性包括弹性模量、密度、热膨胀系数等。每种材料特性都可以表示为温度的函数。无须迭代求解的材料称为线性材料，而需要迭代求解的材料称为非线性材料，线性材料和非线性材料需要使用不同方法来定义。

（4）定义截面类型。有些单元类型需要定义单元横截面。

2. 对几何模型进行网格划分

当选择好适用于所要分析问题的单元，并完成单元属性定义后，就要对实体模型进行网格划分。网格划分既可通过自编程序来完成，又可以方便地通过商用软件来完成。目前，常用的商用有限元网格划分软件包括 Hypermesh、Patran 等。

3. 边界条件处理

作为结构分析的有限元模型，其边界条件主要包括位移、力、初应力、体载荷、面载荷、惯性载荷以及耦合场载荷等。当然，应用有限元方法求解其他问题时还有更加复杂的边界条件，这主要由求解问题微分方程的复杂性所决定的，如弹性体几何边界形式和节点坐标的改变、材料弹性模量的随机性、流体力学中不同介质的边界等，相应问题一般被称为动边界问题。在对自动武器进行分析时，典型动边界问题是接触土壤的随机性以及自动机在机匣内的变速运动对整个自动武器动力学响应的影响。此外，弹炮（枪）耦合作用、人枪相互作用等都属于复杂有限元问题，其本质是由非线性和随机性造成的。

5.1.3　递交分析

将有限元分析模型导入有限元求解器后，需首先设置求解类型、输出变量等参数，然后再进行有限元计算。

5.1.4　评价分析结果

这一步骤主要是指显示并解释计算所获得的结果。有些有限元软件将解算模块与后处理模块集成到一起，可直接调用结果文件来显示；而有些有限元软件的解算模块与后处理模块相互独立，这就需要在后处理模块中读入解算模块输出的结果文件。用于后处理的计算结果存储在“数据集”中，位移存储在一个数据集中，应力存储在另一个数据集中。按照解算集中确定的输出选择，可存储另外的数据集，如单元力、反作用力、应变能等。通过后处理，可以将有限元计算结果以实时动画、等值线、x-y 曲线图、云纹图等形象、操作性极强的方式展示给人们。

有限元计算结果是海量数值数据，从这些数值数据中很难分析计算结果是否正确，是否合理，甚至看不出是否得到了预期的结果。例如结构强度分析问题，计算结果是节点位移值和应力值，位移值表示结构变形动态响应，应力值可用来分析结构安全性，但从海量数值数据中很难看出结构变形情况和应力分布情况，这就必须对数值数据进行再分析、再处理。

有限元后处理可分为数值处理和图形处理两类：数值处理是将有限元计算获得的数值数据转化为工程中常用的形式或设计师熟悉的形式；图形处理则是将有限元计算获得的数值数据用图形直观表达出来，使结果一目了然。

5.2 火炮动力学问题的有限元方法

前面简要介绍了有限元方法的基本知识和应用步骤，本节则着重介绍有限元方法在解决火炮动力学问题方面的应用。

火炮与自动武器动力学主要解决射击动态响应预测和有效减重两个问题，这两个工程问题采用经典设计理论是无法解决的。这就要求发展和完善火炮与自动武器动力学理论和技术，建立火炮与自动武器设计的新理论、新方法，建立描述系统发射过程的动力学模型，尽可能减少近似与假设，深入研究系统仿真技术。有限元方法被广泛应用于火炮与自动武器动力学、静力学、热-流-固耦合等方面，早期有限元方法应用模型简单，多用两维梁单元建立身管动力学模型，每个节点有 2～3 个自由度，节点间位移用 3 次插值函数逼近。受计算机软硬件条件限制，这一阶段研究工作主要集中在采用梁形式简化模型方面。

目前，火炮有限元动力学研究已由线性范围扩展到非线性范围。例如采用计算火炮发射前各部件的模态矩阵组合成全炮模态阵，然后将炮膛合力和反后坐装置后坐阻力作为外部激励施加在模型上求解全炮动力学响应。但是，这样的模型显然没有考虑火炮发射时的后坐运动、弹丸在膛内的运动、悬挂系统的非线性振动、负重轮的跳动和履带复杂的非线性运动等。发射时，炮身在炮膛合力和制退机、复进机阻力作用下，沿摇架大幅后坐，然后靠复进机复进到位。由此可见，火炮发射过程是一个时变过程，在此过程中模态矩阵随时间变化，因此用模态叠加法来解决这一问题显然不合适，必须建立考虑这些非线性因素的有限元模型。

由于火炮种类较多，所用有限元软件风格迥异，不可能面面俱到，这里仅以对某自行火炮动力学分析为例来进行介绍，其他分析可以此为鉴。本例要计算获得该自行火炮在 60°高低角发射工况下托架、炮塔和车体的动态应力，考察各大部件尤其是托架结构的动态刚强度。此外，还需计算获得车体和炮口的振动情况。相关分析可为自行火炮总体结构特性的匹配设计以及试验测试方案提供理论依据。

5.2.1 自行火炮复杂结构有限元建模策略

自行火炮作为一个复杂的结构动力学系统，其有限元建模分两个层：第一层是各大部件，如炮身、摇架、炮塔等结构实体的有限元建模；第二层是各大部件之间的连接关系建模——元力学模型建模，采用各种形式的多点约束方程、接触碰撞关系定义、弹簧及阻尼元件等模拟火炮实际工作时部件间的定位和相互作用特性。只有把这两层的建模结合起来才能形成自行火炮复杂结构的系统有限元模型，该模型既能模拟部件结构在系统中呈现出来的动态力学行为（如应力和变形等），又能模拟部件之间的相对运动和自行火炮整体运动。

自行火炮系统整体结构非常复杂，对该结构进行动态分析有限元建模必须控制模型规模，即控制模型总自由度数。由于系统中占体量很大的结构，如炮塔、车体等，为薄板焊接结构，为把有限元模型总自由度规模控制在一定范围内，以便在现有计算平台上进行动力学求解，提高计算效率，总体模型中有限元离散主要采用壳单元，其他非典型薄壁结构件，如托架、摇架等也主要采用壳单元。为进一步提高求解效率，利用壳单元对部件进行建模时需要对网格布局进行优化，应力变化平缓或非关键部位采用较粗网格，应力集中部位或关键部位采用优化加密网格。

在建立有限元模型过程中，首先要对各部分结构进行简化，然后按上述有限元离散策略建立面几何模型或面-三维实体混合几何模型。其次，按两层对各部件几何模型进行有限元网格划分和优化，并建立连接关系模型以装配部件网格，从而获得全炮有限元网格模型。再次，对全炮模型进行配重以获得正确的模型总质量和质心位置，再施加载荷和约束条件。最后，选择算法、设置分析步骤，完成全炮动力学有限元建模并进行计算分析。

5.2.2　模型简化

1. 模型构成与描述

该自行火炮的机械结构复杂，根据功能可分为火炮部分、炮塔部分、底盘部分。火炮部分包括炮身、摇架、复进机、制退机、高低机、平衡机等；炮塔部分包括炮塔本体、托架、弹药等；底盘部分包括车体、发动机、变速器、传动装置、悬挂系统、操纵系统、承重轮、履带等。

火炮发射时，冲击载荷作用在炮身上，经过反后坐装置缓冲，传递到摇架、托架、炮塔和车体上，再通过悬挂系统、负重轮和车履带传递到地面。因此，分析时将自行火炮机械结构简化为炮身、摇架、托架、炮塔、车体、负重轮和履带七类部件，它们相互之间具有特定连接关系。

2. 结构简化与材料特性

分析不考察炮身结构的应力和变形，只需要模拟后坐部分的后坐复进过程和炮口振动过程，因此将身管简化为梁和多段等截面的圆筒实体模型，炮尾炮闩简化为长方体。由于分析暂不详细考察摇架应力，因此筒型摇架简化为几何面模型。托架结构的动态应力响应是分析的重点内容之一。托架和炮塔为多面体钢板焊接结构，炮塔前方左右两侧甲板与托架结构焊成一体。由于托架左右两侧圆角位置为应力集中区，因此该局部采用实体建模，保持与原结构一致，其余区域采用面模型，如此托架结构简化为面-实体混合模型。炮塔本体全部采用面模型。用车体结构描述底盘部分。底盘部分包括车体、发动机、变速器、传动装置、悬挂系统、操纵系统等，结构十分复杂。但考虑到分析只考察车体与炮塔座圈连接部位顶甲板附近的应力情况和车体振动情况，车体结构可作较大简化，忽略所有细节，整体质量和质心位置在有限元模型中通过配重来设置。由此建立的全炮结构几何模型如图 5-9 所示，模型中炮身、摇架、托架、炮塔和车体的材料均为钢。

图 5-9 自行火炮全炮结构几何模型

3. **计算工况**

分析计算自行火炮在 0°方向射角、60°高低射角工况下全装药射击的动力学响应，所需施加外载荷为炮膛合力和重力。炮膛合力如图 5-10 所示。

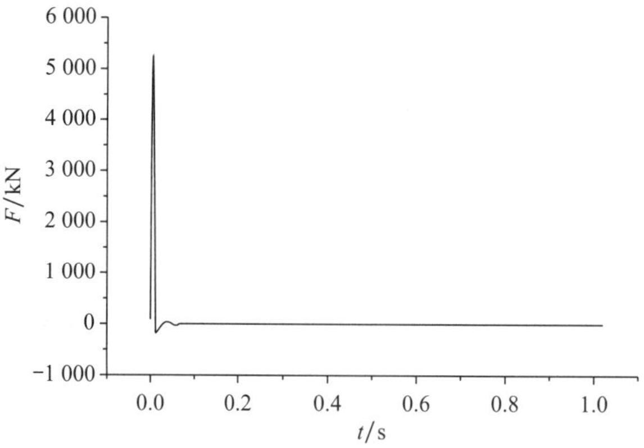

图 5-10 炮膛合力曲线

5.2.3 部件结构有限元建模

图 5-11 给出了该自行火炮主要部件的有限元建模情况。炮身有限元网格如图 5-11（a）所示，前部无接触部分采用梁单元模拟，有接触部分采用线性六面体实体单元模拟。摇架有限元网格如图 5-11（b）所示，全部采用壳单元模拟。托架有限元网格如图 5-11（c）所示，关键部位采用六面体实体单元模拟，其余采用壳单元模拟，对于实体单元和壳单元之间的连接，采用壳-实体耦合约束功能以消除位移不协调问题。炮塔有限元网格如图 5-11（d）所示，全部采用壳单元模拟。车体有限元网格如图 5-11（e）

所示，全部采用壳单元模拟。将上述各部件有限元网格进行组装形成如图 5-12 所示的全炮结构有限元网格，单元和节点数见表 5-2。

图 5-11　自行火炮部件有限元网格

（a）炮身有限元网格；（b）摇架有限元网格；（c）托架有限元网格；（d）炮塔有限元网格；
（e）车体有限元网格

图 5-12　全炮结构有限元网格

表 5-2　自行火炮有限元模型单元、节点数

部件名称	单元数	节点数
炮身	3 384	5 680
摇架	2 264	2 333
托架	5 678	6 192
炮塔	3 781	4 200
车体	5 108	5 055
总计	20 215	23 460

为确保动态分析正确性，需根据实际情况，采用以下两种方式对各部件进行配重：(a) 将各部件附加质量以集中质量点形式加在对应单元节点上；(b) 调整部分甲板密度。调整部件质量以达到以下目的：(a) 火炮后坐部分质量和质心位置与实际情况相一致；(b) 回转部分质量与实际情况相一致；(c) 悬挂部分质量、悬挂部分质心离车体前主动轮中心线距离与实际情况相一致。

5.2.4　部件连接关系建模

自行火炮结构中，炮身在摇架中滑动，炮身和摇架之间由反后坐装置连接；摇架耳轴和托架耳轴孔连接，摇架和托架之间由平衡机和高低机连接；炮塔和车体之间通过座圈连接；车体与地面之间通过履带和悬挂系统连接。这些连接关系包含各种复杂的作用机理。只有在组装而成的全炮有限元网格模型中对上述连接关系进行合理力学建模才能得到系统结构动力学模型，进而进行系统动态响应计算。

1. 炮身与摇架连接模型

1) 炮身与摇架的接触模拟

自行火炮发射时，身管沿摇架衬瓦做大位移相对滑动。发射前后，炮尾和摇架后端面之间存在接触。发射前，炮尾在复进机力作用下紧贴摇架后端面；炮身复进到位时，二者之间发生低速碰撞，起到炮身限位作用。因此，在炮身与摇架、炮尾与摇架之间都要定义接触。

身管和摇架衬瓦之间的大滑移接触是火炮结构特性中最重要的非线性因素。在摇架前后两端，衬瓦与炮身外表面之间定义两个接触对。接触对选择有限滑移接触计算公式来模拟该接触行为，因为有限滑移适用于接触单元之间有相对滑动的模型。

接触面间相互作用包含两部分：一部分是接触面之间的法向作用，另一部分是接触面之间的切向作用。在该模型中，接触面之间的法向行为选择指数形式软接触模式（如图 5-13 所示）。它假定在接触面接触前的某个间隙 c_0 时就开始有接触应力，允许在接触面间有侵彻行为，接触应力随侵彻距离呈指数增长。其中，可根据实际情况将 p_0 设置为所期望的接触应力。接触面之间的切向行为选择无摩擦的接触模式。这是由于摩擦阻力和制退机力作用方向和效果一致，为简化问题，将摩擦阻力整合在制退机力中。因

此，定义炮身与摇架之间接触为无摩擦阻力的接触模型。

在炮尾前端面与摇架后端面之间定义一个接触对以模拟其相互接触和碰撞。接触属性同样定义为指数形式的软接触，切向行为选择无摩擦的接触模型。

2）反后坐装置特性模拟

反后坐装置包括复进机与制退机两部分。制退机在火炮发射过程中起缓冲作用力并吸收后坐部分动能的作用；复进机在发射过程中起储存后坐动能并使后坐部分回位的作用。这里对复进机和制退机采用相同的模拟方法，都是直接在复进机与制退机、摇架和炮尾相应位置施加一对大小相等、方向相反并随时间和运动状态（相对位移和速度）变化的力——元力学模型来模拟其力学行为。该力元可归结为以下数学模型。

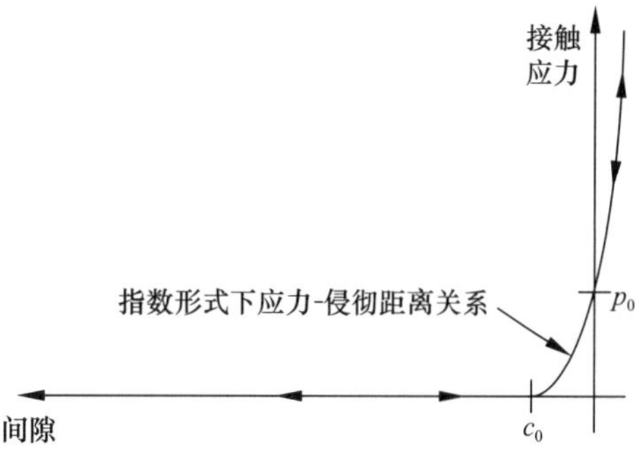

图 5-13 指数形式软接触应力-侵彻距离关系

（1）复进机元力学模型。

复进机力的作用方向和作用形式是固定的，只有力的大小随后坐、复进运动状态变化。

① 后坐过程复进机力为

$$P_f = A_f p_{f0}\left(\frac{l_0}{l_0 - x}\right)^n + F_f \tag{5-1}$$

式中 x——后坐行程；

$A_f p_{f0}\left(\frac{l_0}{l_0-x}\right)^n$——复进机气体可变力；

F_f——摩擦力。

② 复进过程复进机力为

$$P_f = A_f p_{f0}\left(\frac{l_0}{l_0 - x}\right)^n - F_f \tag{5-2}$$

复进过程复进机力与后坐过程复进机力方向相同。

（2）制退机元力学模型。

制退机力作用方向和作用形式也是固定的，力大小也随后坐、复进运动状态而变化。

① 后坐过程制退机力为

$$\phi_0 = \frac{K_1\rho}{2}\cdot\frac{(A_0 - A_p)^3}{a_x^2}v^2 + \frac{K_2\rho}{2}\cdot\frac{A_{fj}^3}{\Omega_{min}^2}v^2 + F_z \tag{5-3}$$

式中 $\frac{K_1\rho}{2}\cdot\frac{(A_0-A_p)^3}{a_x^2}v^2$——后坐过程主流液压阻力，$v$ 为后坐部分相对摇架的后坐速度；

$\frac{K_2\rho}{2}\cdot\frac{A_{fj}^3}{\Omega_{min}^2}v^2$——后坐过程支流液压阻力；

F_z——后坐过程摩擦力。

② 复进过程制退机力为

$$\phi_{0f}=\frac{K_{1f}\rho}{2}\left(\frac{A_{0f}^3}{a_x^2}\right)v^2+\frac{K_{2f}\rho}{2}A_{fj}\left(\frac{A_{fj}+a_f}{a_f}\right)^2v^2+F_{zf} \tag{5-4}$$

式中　$\frac{K_{1f}\rho}{2}\left(\frac{A_{0f}^3}{a_x^2}\right)v^2$——复进过程主流液压阻力；

$\frac{K_{2f}\rho}{2}A_{fj}\left(\frac{A_{fj}+a_f}{a_f}\right)^2v^2$——复进过程支流液压阻力；

F_{zf}——复进过程摩擦力。

复进过程制退机力与后坐过程制退机力方向相反。

在有限元建模过程中，上述元力学模型公式通过用户子程序接口以程序形式集成到系统模型中。

2. 摇架与托架连接模型

摇架耳轴与托架耳轴孔装配在一起，摇架可相对托架转动。利用高低机调整摇架角度，从而调节火炮高低射角；利用平衡机产生相对耳轴的力矩与起落部分重力矩平衡，以减少高低机手轮力。因此，摇架与托架之间的连接有耳轴、高低机和平衡机三处。耳轴处采用耦合约束模拟，允许摇架相对托架转动。

1）平衡机模拟

平衡机对起落部分提供一个作用力，该力与耳轴力矩以及起落部分重力对耳轴的力矩相平衡，以减少高低机手轮力。由于重力矩随射角变化，所以平衡机力矩也要发生相应变化。在结构动力学有限元模型中，平衡机相当于一根非线性弹簧，随着平衡机两支点之间长度变化，力随之变化，平衡力矩也发生相应变化。由于自行火炮发射时高低射角锁定，平衡机伸缩距离基本不变，平衡机所提供力变化不明显，所以将平衡机简化为一对大小相等、方向相反的力，分别施加在摇架支点与托架底部支点上。在火炮改变射角时，改变所加力大小，就可以模拟平衡机力学特性。

2）高低机模拟

高低机主要用来调节火炮高低射角，在火炮发射时，高低机受到冲击载荷作用。一般来说，火炮发射时高低机驱动手轮被锁死，但由于高低机传动系统存在弹性变形，这对火炮动态响应有影响，因此，实际情况中存在一个起落部分对耳轴的转动刚度。为模拟该起落部分的转动刚度，在进行系统建模时，在摇架扇形齿弧与小齿轮啮合点位置建立一个与托架固结的参考点，与扇形齿弧节点之间沿切线方向建立一个弹簧-阻尼连接器单元，该连接器单元就能模拟高低机传动系统产生的抗起落部分扭转的刚度和阻尼。弹簧刚度计算要综合考虑齿啮合刚度、轴系刚度等因素，通过有限元方法计算获得。

3. **炮塔与车体连接模型**

炮塔通过座圈与车体相连，通过方向机来控制炮塔转动。火炮发射时，炮塔与车体之间不能转动，故可直接用绑定约束来定义它们之间的装配关系，约束炮塔座圈上节点和车体上对应节点之间的 6 个自由度。

4. **车体与地面连接模型**

1）车体与负重轮连接

该自行火炮底盘采用两轴不同心布置的单扭杆式悬挂装置。本分析假设火炮发射时，自行火炮放置在水平硬地面上，扭力杆系统简化为车体与负重轮之间的非线性弹簧单元。因此，悬挂系统通过在车体 12 个扭力杆安装位置和负重轮之间建立非线性弹簧单元来模拟。扭力杆平衡肘与车体之间的拉压式减振器简化为垂直方向的线性阻尼器，分别与车头、车尾的各对弹簧单元集成。车体前端和后端各设置两个非线性弹簧阻尼单元。

2）负重轮和履带连接

负重轮与下履带之间建立相对位移约束，允许负重轮沿下履带平面前后移动来模拟负重轮在车履带上的滚动。同时，负重轮与车履带之间的摩擦力由只带有非线性阻尼（力与速度大小无关，只与速度方向有关）的连接器来模拟。

在上履带和下履带之间的相应位置加载随车体位移变化的函数力，从而模拟上、下履带连接特性——火炮发射前，履带节之间存在初始张紧力；火炮发射时，履带节之间存在随车体位移变化的张紧力。该函数力同样采用有限元软件用户子程序接口的二次开发来完成。

3）履带和地面连接

下履带与地面之间建立非线性弹簧阻尼单元来模拟履带和地面的连接。

5.2.5　力与约束条件的施加

根据本分析需要，对自行火炮有限元模型施加炮膛合力、复进机力、制退机力、平衡机力、上下履带之间的张紧力和重力。复进机力、制退机力和履带之间张紧力分别通过用户子程序接口施加成对函数力。炮膛合力施加在炮尾的炮膛中心线上；复进机力、制退机力、平衡机力分别是一对大小相等方向相反的力，作用在复进机、制退机和平衡机支点的连接点上（如图 5-14 所示）。上下履带之间张紧力施加位置如图 5-15 所示。

车体与负重轮、下履带与地面之间分别建立非线性弹簧阻尼单元来模拟车体与地面连接。通过约束负重轮和下履带之间的相对位移、下履带参考点上部分的自由度来限制自行火炮的刚性位移，只允许负重轮沿下履带前后移动、下履带前后倾斜，以及车体上下前后运动和前后倾斜。悬挂弹簧及位移约束条件如图 5-16 所示。

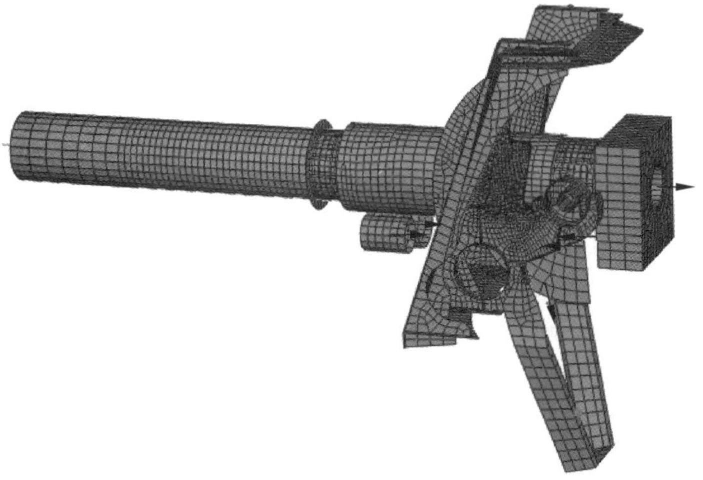

图 5-14 集中力施加位置

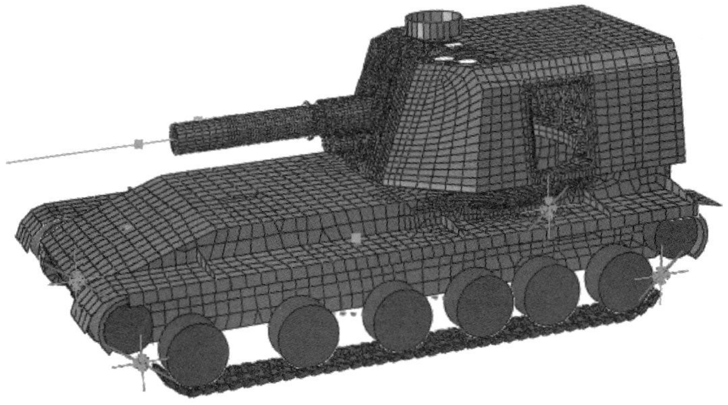

图 5-15 履带之间张紧力施加位置

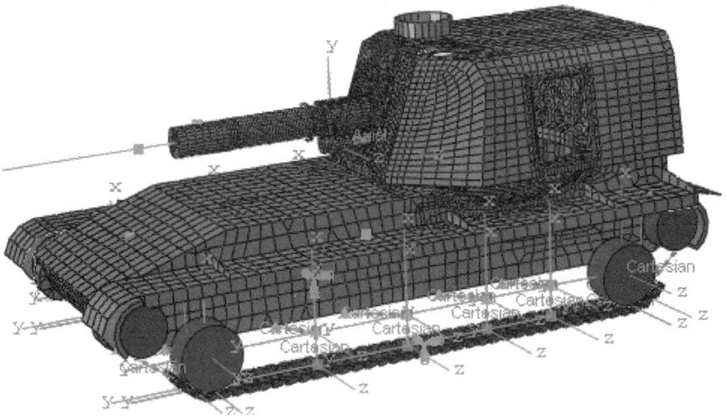

图 5-16 悬挂弹簧及位移约束条件

5.2.6　计算过程

选择隐式积分算法对自行火炮进行分析，一般有两个分析步骤：第一步为一般静态分析，在该步中平稳加载全炮重力以及建立接触关系；第二步为隐式动态分析，进行模型的结构动力学非线性有限元计算。本分析设置了三步：第一步为静态分析，施加重力、平衡机力和履带之间初始张紧力；第二步为隐式动态分析，采用自适应方法控制时间步长，时长 150 ms，最大增量步长 0.5 ms；第三步为隐式动态分析，最大增量步长 2.5 ms。动态分析步初始时间步长都为 10^{-2} ms，动态分析步中半步残差设置为最大载荷，可保证计算精度。

5.2.7　计算结果及分析

1. 位移动态响应结果

1）后坐复进运动、炮口横向振动

火炮发射过程中，炮身后坐复进运动曲线如图 5-17 所示，最大后坐长度满足设计要求。炮口振动响应如图 5-18 所示，该振动曲线反映了炮口在垂直于炮身轴线横截面上的绝对位移情况。炮口上下振动最大位移 193 mm，发生在 280 ms 时；炮口左右振动最大位移 11 mm，发生在 106 ms 时。

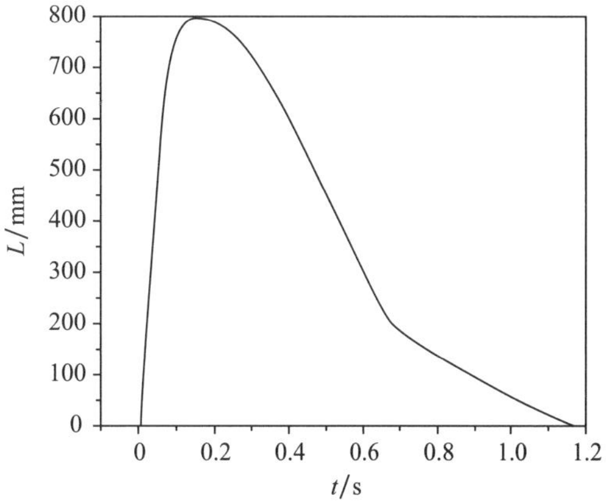

图 5-17　炮身后坐复进运动曲线

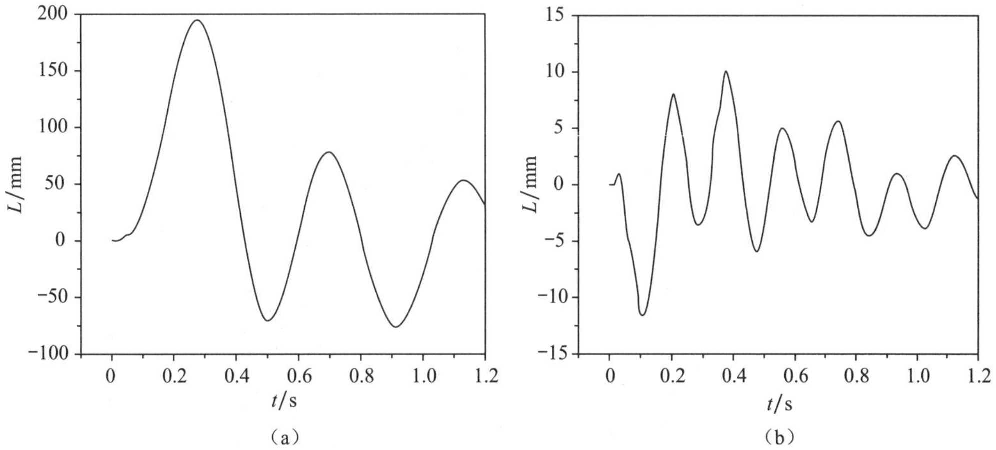

图 5-18　炮口振动曲线

（a）上下振动曲线；（b）左右振动曲线

2）车体水平垂直振动

火炮发射过程中，车体水平垂直振动位移如图 5-19 所示，它反映了车体尾部水平和垂直位移响应情况。车体水平方向最大位移 20 mm，发生在 168 ms 时；垂直方向最大下沉位移 125 mm，发生在 205 ms 时。

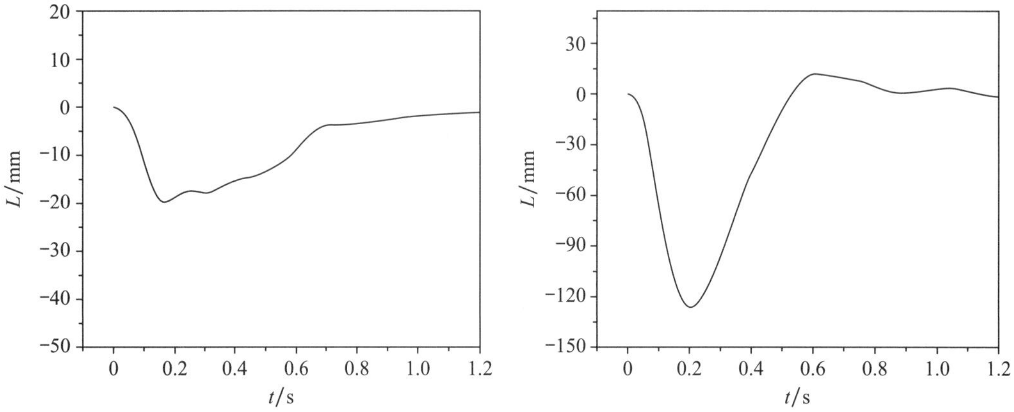

（a）　　　　（b）

图 5-19　车体振动位移曲线

（a）水平运动位移曲线；（b）垂直运动位移曲线

2. 应力动态响应结果

1）托架应力

托架最大应力时刻应力分布如图 5-20 所示。托架左侧最大应力为材料屈服强度的 63%，托架右侧最大应力为材料屈服强度的 55%，满足强度设计要求。将托架左侧最大应力点设为 A 点，右侧最大应力点设为 B 点，A 点和 B 点的动应力曲线如图 5-21 所示。

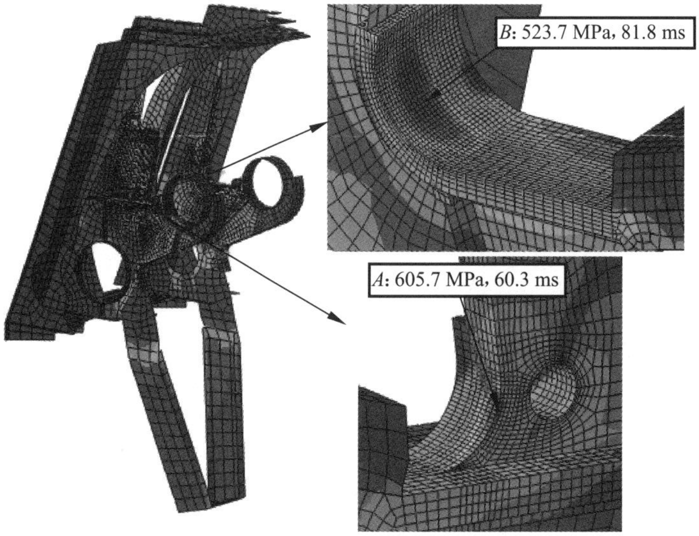

图 5-20　托架最大应力时刻应力云图

2）炮塔应力

炮塔最大应力时刻应力分布如图 5-22 所示。炮塔上最大应力为材料屈服强度的 25%，满足强度设计要求。将炮塔上的最大应力点设为 C 点，C 点动应力曲线如图 5-23 所示。

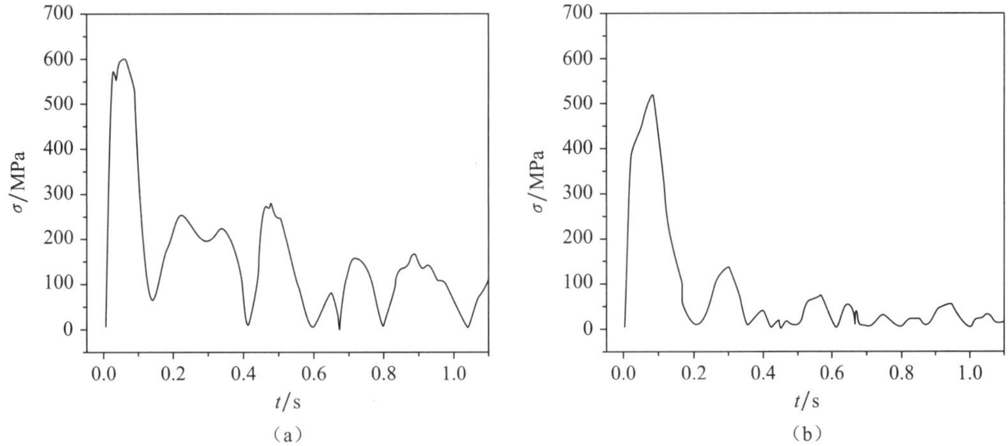

图 5-21　托架动应力曲线

（a）A 点动应力曲线；（b）B 点动应力曲线

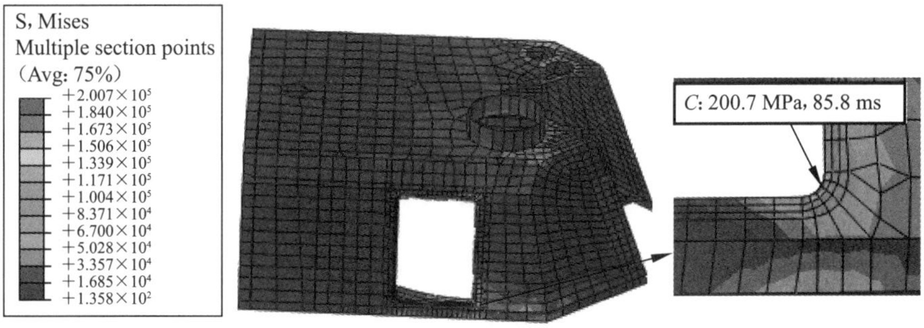

图 5-22　炮塔最大应力时刻应力云图

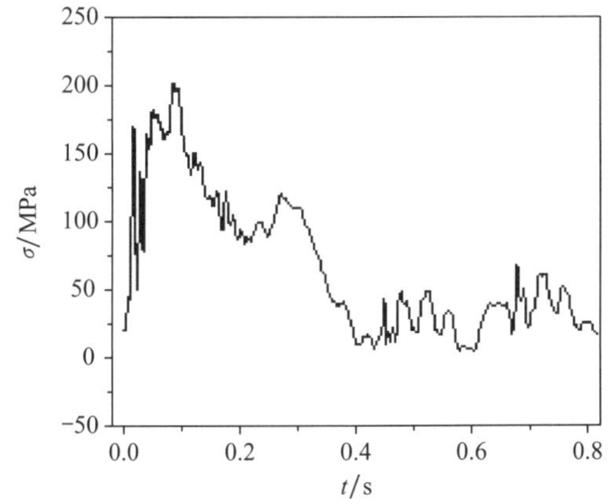

图 5-23　炮塔 C 点动应力曲线

3）车体应力

车体最大应力时刻应力分布如图 5-24 所示。车体最大应力为材料屈服强度的 52%，满足强度设计要求。将车体最大应力点设为 D 点，D 点动应力曲线如图 5-25 所示。

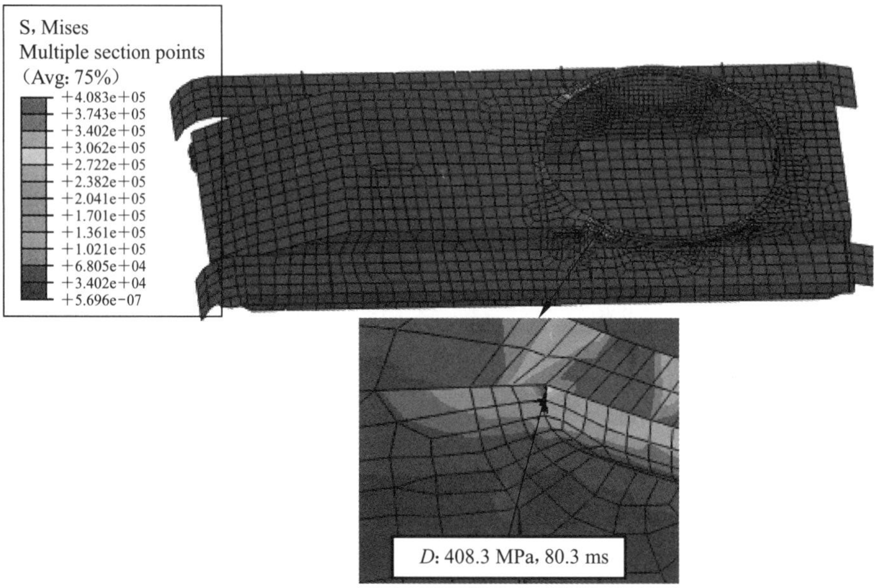

图 5-24　车体最大应力时刻应力云图

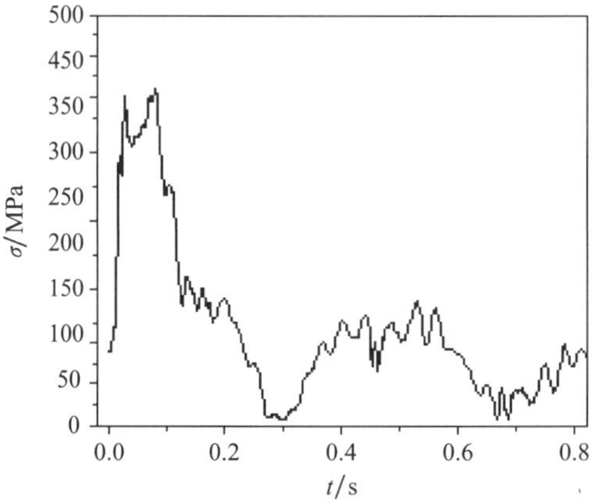

图 5-25　车体 D 点动应力曲线

5.3　自动武器动力学问题的有限元方法

上一节介绍了火炮动力学问题的有限元分析方法，本节则以某机枪为例来介绍自动武器动力学问题的有限元分析方法，其他自动武器动力学问题的有限元分析可以此为鉴。自动武器与火炮有很多相似之处，但由于体积、质量相对较小，发射时影响因素众多，更易受到外界因素干扰。

5.3.1　机枪有限元模型建立

机枪动力学主要研究机枪固有特性（固有频率和固有振型）和发射过程中的动力响应。固有频率和固有振型是线性动力系统的主要特征量，它们只取决于系统整体的质量分布、刚度分布和阻尼分布，而与载荷情况无关，因此称为“固有特性”。机枪的动力响应是机枪在发射载荷激励下所做出的动态反应，它不仅取决于所加载荷，还取决定系统固有特性。当外载荷一定时，它完全取决于系统本身的特性。前文已提过，系统特性取决于系统的质量、刚度和阻尼的分布情况，而不是它们的大小。因此，即使系统总质量、总刚度和总阻尼相等，如果分布不同，系统特性也可能不同。从另一个角度来说，即使系统总质量、总刚度或总阻尼不等，通过调整其分布也可能得到相同的系统特性。

为保证机枪射击威力，满足其战术要求，必须以较高火药气体压力将弹丸推出膛外，从而导致枪管内膛压力升高，使作用于枪身的后坐力变大。如果将大后坐力直接作用于人体，人体通常难以承受。因此，机枪一般都架设在地面上来完成射击动作，通过枪架的弹性变形来吸收能量进行缓冲。这样，机枪、地面就构成一个完整的发射系统（如图 5-26 所示），其输出为弹丸出膛口时的初始姿态（包括弹丸初速、初始扰动等）。在该发射系统中，机枪是决定性因素，支撑环境是影响因素，同一支机枪可以在不同支撑环境下进行射击，但作为一个整体，二者密不可分，因此整个分析由两部分构成。

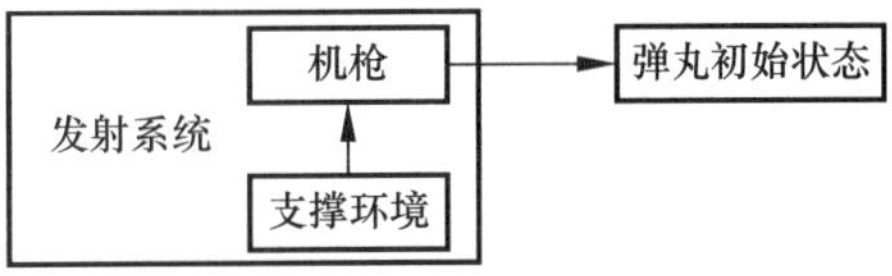

图 5-26　机枪发射系统概念

1. 机枪三维实体模型及其简化

机枪一般由枪身、枪架和瞄准装置三部分组成。由于瞄准装置对机枪动态特性影响可用集中质量形式简单替代，因此这里不对其进行实体建模，只建立枪身和枪架实体模型。枪身实体模型主要包括枪管和机匣两部分，枪架实体模型主要包括上架和下架两部分。上架由摇架、枪架身、支撑杆、立轴、枪身紧定手柄等部件组成，下架由立轴座、制动手柄、齿板、方向限制器、三条架腿等部件组成。三条架腿由薄钢板冲焊而成，横截面近似矩形，且为变截面，上粗下细。三条架腿一端和立轴座利用端面齿轮连接，另一端利用带有螺纹的左右紧定扳手连接。装配后的机枪三维实体模型如图 5-27 所示。

图 5-27　机枪三维实体模型

本节建立机枪有限元模型的目的是分析其固有特性，动力响应和射击时动应力、动应变在机枪上的大体分布，并不着重考虑某一具体零部件的应力和强度，因此，在建立有限元模型时，为减小计算规模，将零部件实体模型上一些小特征（如小孔、小槽、小倒角、小倒圆等）忽略掉，将不规则形状打磨成规则形状。虽然这样会导致零部件在特征位置的应力分布有些失真，但对机枪整体质量分布和刚度分布影响很小，对分析目标的精度也不会产生显著影响，最终却可以使建模工作量和求解规模大幅缩减，达到既经济又合理的效果。

这里为简化机枪三维实体模型，做如下假设：

（1）当机枪高低与方向手柄将枪身紧固、下架与旋回架座紧固、枪管与机匣紧固时，机枪为一个空间结构，各连接部位均为刚性连接，不考虑连接间隙影响。

（2）机枪结构及质量分布相对于枪膛轴线左右对称。

（3）自动机运动与枪身运动无关，其影响以集中质量、惯性载荷及碰撞冲击载荷的形式引入。

（4）忽略由作用力偏心引起的力矩，认为作用于机枪轴线方向力的作用线与枪膛轴线重合。

（5）忽略诸如弹丸与枪膛间相互作用等一些次要力，认为机枪只承受几种主要载荷，即膛内火药气体压力、导气室压力、后坐到位撞击力和复进到位撞击力。

基于以上假设，在建立机枪有限元模型时，应尽量使网格形状、密度左右对称，相应单元特性一致，以免由于结构离散误差造成刚度矩阵不对称。

2. 驻锄-土壤模型

对于机枪系统而言，驻锄与支承介质之间有相互作用，这对机枪系统动力学特性有很大影响，因此，在进行机枪系统动力学分析时必须加以考虑。精确考虑驻锄-土壤作用十分复杂和困难，主要原因是：机枪支承介质多种多样，包括土壤、岩石、水泥等；不同支承介质特性和力学机理十分复杂，如土壤有沙土、黏土、硬土、冻土等，而且地域性较强，要准确获得各种土壤本构关系十分困难。这里采用目前较为流行的集总参数模型来模拟驻锄-土壤作用，即将驻锄-土壤相互作用简化为底面刚性质量块与半无限大、均质、各向同性线弹性介质间的相互作用。刚性-弹性半空间模型如图 5-28 所示。

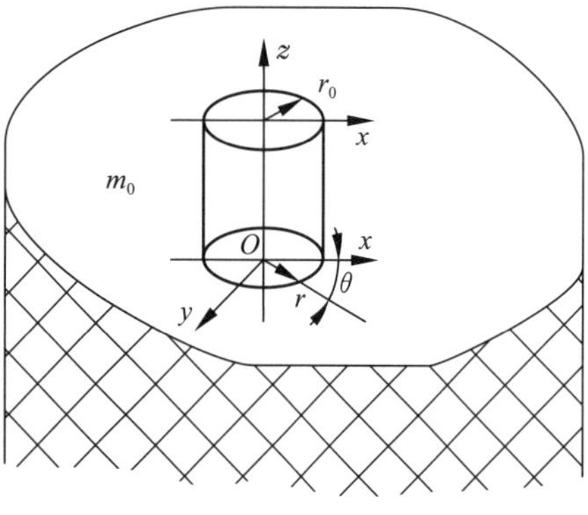

图 5-28　刚性-弹性半空间模型

根据刚性-弹性半空间模型，半无限弹性土壤运动方程为

$$\begin{cases}\rho\dfrac{\partial^2 u}{\partial t^2}=(\lambda+2G)\dfrac{\partial\Delta}{\partial r}-\dfrac{2G}{r}\dfrac{\partial w_z}{\partial\theta}+2G\dfrac{\partial w_\theta}{\partial z}\\ \rho\dfrac{\partial^2 \upsilon}{\partial t^2}=(\lambda+2G)\dfrac{1}{r}\dfrac{\partial\Delta}{\partial\theta}-2G\dfrac{\partial w_r}{\partial z}+2G\dfrac{\partial w}{\partial z}\\ \rho\dfrac{\partial^2 w}{\partial t^2}=(\lambda+2G)\dfrac{\partial\Delta}{\partial z}-\dfrac{2G}{r}\dfrac{\partial(rw_\theta)}{\partial r}+\dfrac{2G}{r}\dfrac{\partial w_r}{\partial\theta}\end{cases}\tag{5-5}$$

式中　$\Delta=\dfrac{1}{r}\dfrac{\partial(ru)}{\partial r}+\dfrac{1}{r}\dfrac{\partial\upsilon}{\partial\theta}+\dfrac{\partial w}{\partial z}$；

$w_\theta=\dfrac{1}{2}\left(\dfrac{\partial u}{\partial z}-\dfrac{\partial w}{\partial r}\right)$；

$w_r=\dfrac{1}{2}\left(\dfrac{1}{r}\dfrac{\partial w}{\partial\theta}-\dfrac{\partial\upsilon}{\partial z}\right)$；

$w_z=\dfrac{1}{2r}\left[\dfrac{\partial(r\upsilon)}{\partial r}-\dfrac{\partial u}{\partial\theta}\right]$；

u——径向（x 方向）位移；

w——z 方向位移；

ρ——土壤密度；

υ——土壤泊松比；

G——土壤剪切模量；

λ——试验常数。

依照 Timoshenko 理论，受到垂直简谐力 $p=p_{\mathrm{v}}\mathrm{e}^{\mathrm{i}\omega t}$ 作用的模型位移为

$$w=\frac{p_{\mathrm{v}}\mathrm{e}^{\mathrm{i}\omega t}}{Gr_0}[f_1(a_0,\tau)+\mathrm{i}f_2(a_0,\tau)]\tag{5-6}$$

受到水平简谐力 $p=p_{\mathrm{h}}\mathrm{e}^{\mathrm{i}\omega t}$ 作用的模型位移为

$$u=\frac{p_{\mathrm{h}}\mathrm{e}^{\mathrm{i}\omega t}}{Gr_0}[f_1(a_0,\tau)+\mathrm{i}f_2(a_0,\tau)]\tag{5-7}$$

式中　f_1，f_2——a_0、τ 的已知函数；

$a_0=\dfrac{r_0\omega}{C}$；

$C=\sqrt{\dfrac{G}{\rho}}$；

$\tau=\sqrt{\dfrac{1-2\upsilon}{2\ (1-\upsilon)}}$。

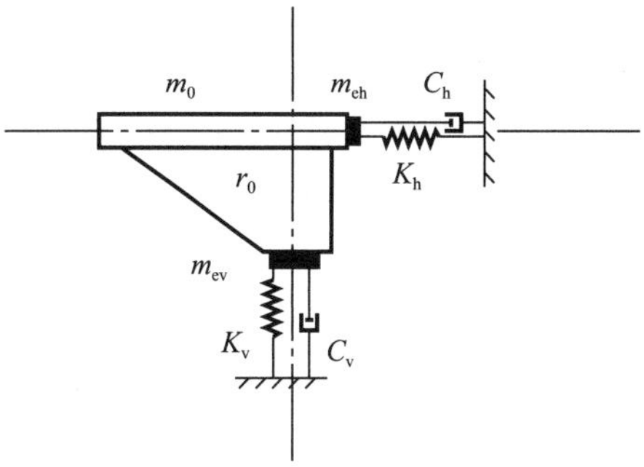

图 5-29　驻锄-土壤集总参数模型

在实际应用过程中，一般把驻锄-土壤半空间模型做进一步简化，简化成水平、垂直两个方向的质量（m_{eh}、m_{ev}）、弹簧（K_{h}、K_{v}）、阻尼（C_{h}、C_{v}）系统，从而建立如图 5-29 所

示的驻锄-土壤集总参数模型。

利用集总参数模型替代弹性半空间模型，并结合 N. M. Nemak 和 E. Rosenblueth 的研究理论，可以得到一组集总参数计算公式，见表 5-3。

表 5-3 集总参数计算公式

方向	等效质量 m_e	等效刚度 K	等效阻尼系数 C
水平	$m_{eh}=0.28\rho r_0^3$	$K_h=5.6Gr_0$	$C_h=1.08\sqrt{K_v\rho r_0^3}$
垂直	$m_{ev}=1.5\rho r_0^3$	$K_v=5.3Gr_0$	$C_v=1.79\sqrt{K_v\rho r_0^3}$
注：$r_0=\sqrt{s_0/\pi}$，s_0 为驻锄-土壤有效接触面积。			

在有限元前处理软件中，建立的驻锄-土壤有限元模型如图 5-30 所示。

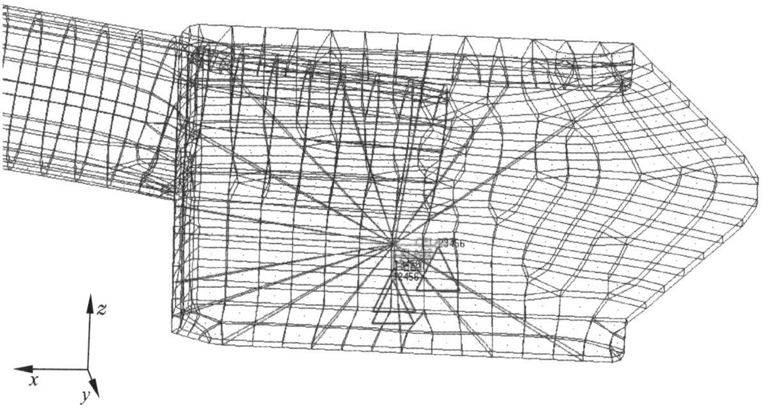

图 5-30 驻锄-土壤有限元模型

3. **机枪有限元模型**

由于枪管与机匣之间、下架与旋回架座之间、枪身与枪架之间均做刚性连接处理，因此这些部位的连接件均以刚体连接单元代替，其质量特性以集中质量形式均匀分布在被连接构件上。因为不考虑弹丸与枪膛之间的相互作用，所以可将枪管离散为梁单元。由于膛口装置、瞄准装置、供输弹机构等附属装置对机枪结构整体刚度矩阵影响不大，可将其作用以集中质量形式替代，而不必划分单元。将下架薄壁结构用线性薄壳单元划分网格；枪身主要是薄板组合结构，用薄壳单元划分网格；枪架旋回架座用六面体实体单元划分网格。由于枪架（尤其是下架）是影响全枪振动的关键部件，其网格要适当加密。在一定条件下，应尽可能减小网格尺度以提高计算精度。基于以上分析建立的机枪有限元模型如图 5-31 所示，其网格单元和节点数见表 5-4。

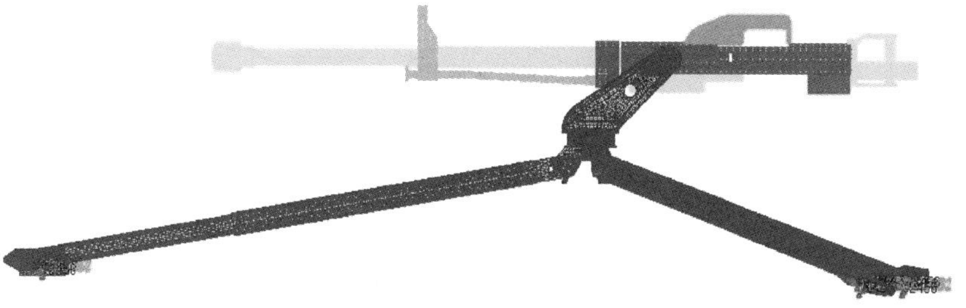

图 5-31　机枪有限元模型

表 5-4　主要零部件单元、节点数目

零部件	节点数	单元数
枪管	33 600	24 600
枪尾	8 081	4 219
枪架	41 529	23 643
发射机	3 496	2 754
自动机	9 579	8 013
机匣体	21 007	15 560
导气装置	9 115	5 902
上机盖	4 604	2 231
整枪模型	131 011	86 922

5.3.2　机枪模态分析

机枪模态决定了机枪的振动特性，它会影响机枪发射动态响应和射击精度，机枪模态分析可为提高机枪工作可靠性和射击精度提供参考依据。机枪固有特性是由机枪本身结构特性所决定的，通过研究其固有特性可为改进设计提供理论依据。利用有限元方法计算获得的上述机枪的前几阶模态数据见表 5-5。由于研究自由状态下机枪的固有特性，计算时不施加任何约束，故前 6 阶模态为刚体模态，其固有频率为 0，计算从第 7 阶模态开始。上述机枪自由状态下的固有频率和振型如图 5-32 所示。

表 5-5　机枪固有频率和最大位移

阶　数	固有频率/Hz	最大变形/mm
7	19	26
8	22	21
9	23	22
10	24	26
11	25	26
12	58	20

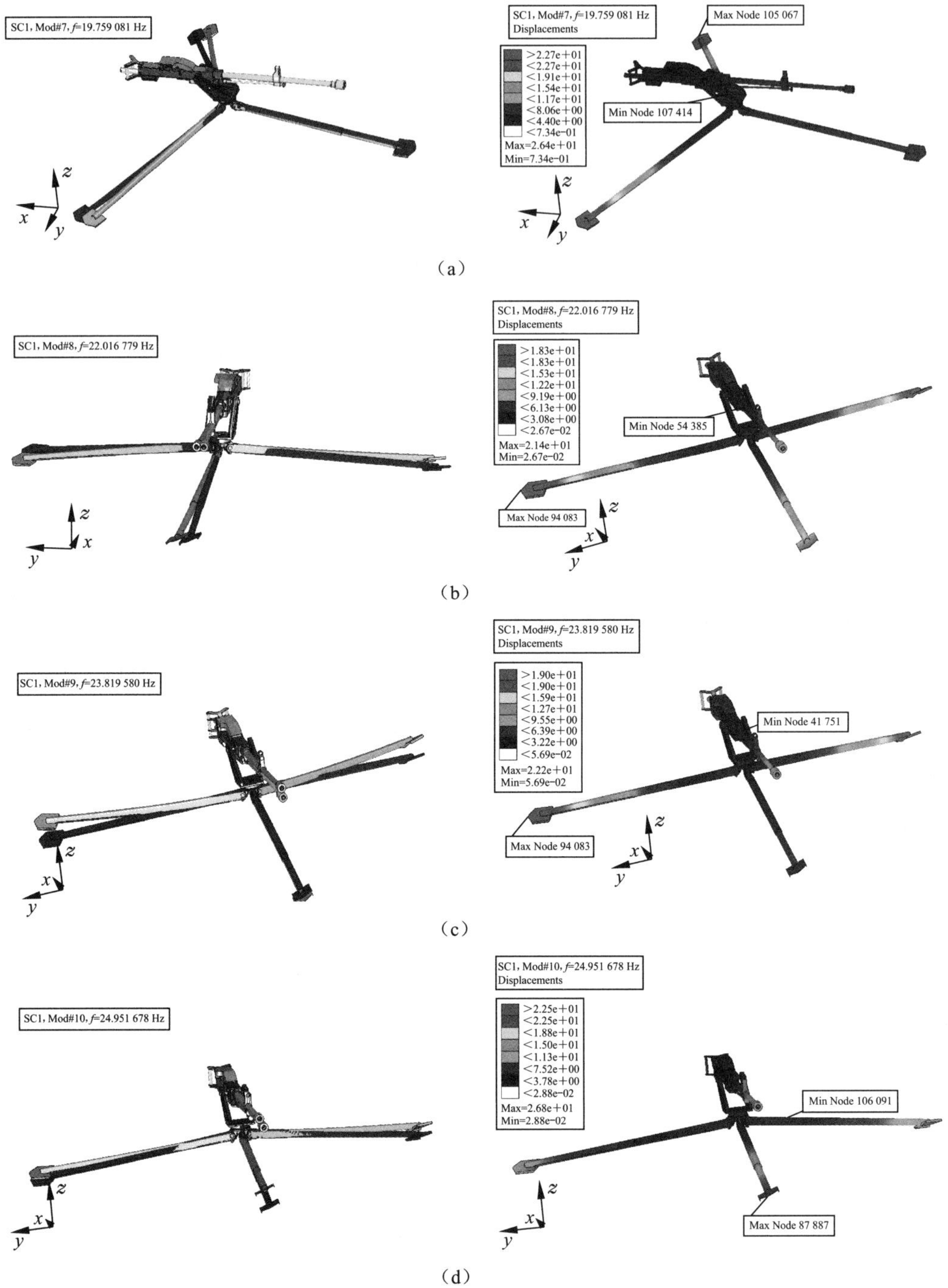

图 5-32　机枪自由模态

(a) 第 7 阶模态；(b) 第 8 阶模态；(c) 第 9 阶模态；(d) 第 10 阶模态

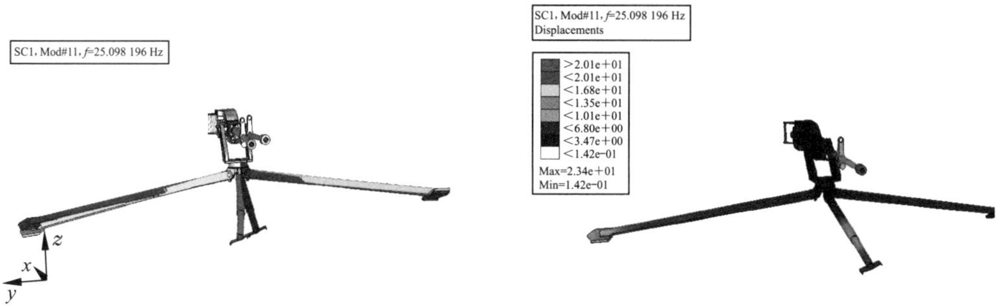

（e）

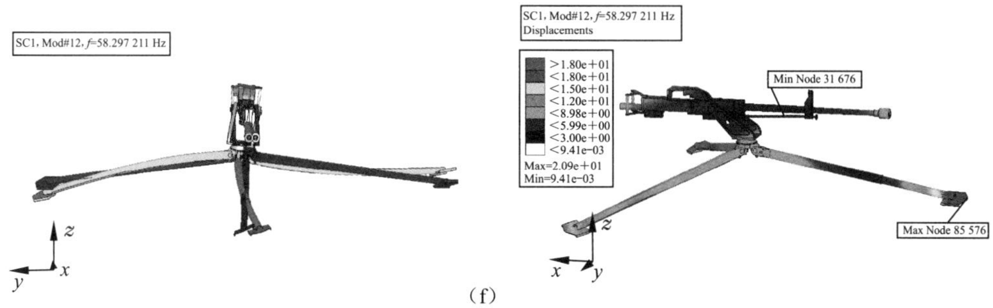

（f）

图 5-32　机枪自由模态（续）

（e）第 11 阶模态；（f）第 12 阶模态

实际工作时，机枪总要架设在一定介质之上，所以在研究机枪实际工作的模态特性时，必须充分考虑边界条件。机枪以驻锄-土壤模型为边界条件，经计算获得其实际工作时的固有特性见表 5-6。驻锄-土壤模型以集中质量、弹簧刚度和阻尼的形式施加。因为在建立驻锄-土壤模型过程中，前后驻锄通过 3 根弹簧和集中质量方式与地面连接，模型中 x、y、z 三个方向各限制 5 个自由度，仅在弹簧轴向能自由运动，所以该模型前 3 阶模态为刚体模态，数值接近 0。图 5-33 给出了上述机枪实际工作时的固有频率和振型。

表 5-6　机枪实际工作时的固有特性

阶　数	固有频率/Hz	最大变形/mm
4	16	25
5	19	20
6	22	18
7	39	27
8	44	19
9	52	14
10	64	21

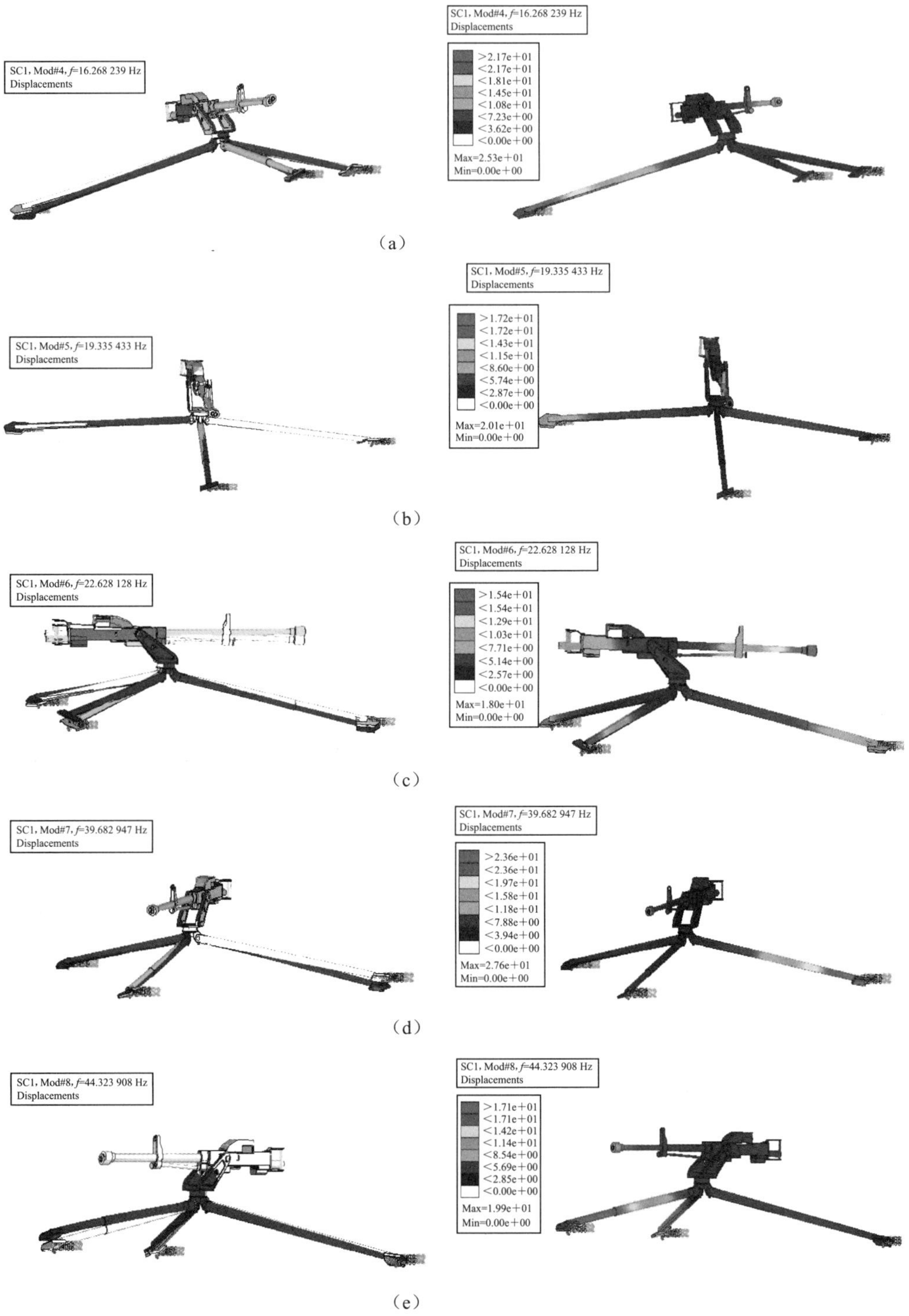

图 5-33　机枪实际工作时的模态

(a) 第 4 阶模态；(b) 第 5 阶模态；(c) 第 6 阶模态；(d) 第 7 阶模态；(e) 第 8 阶模态

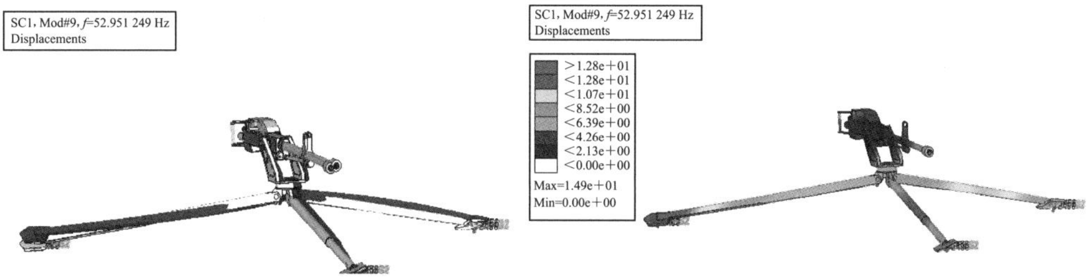

(f)

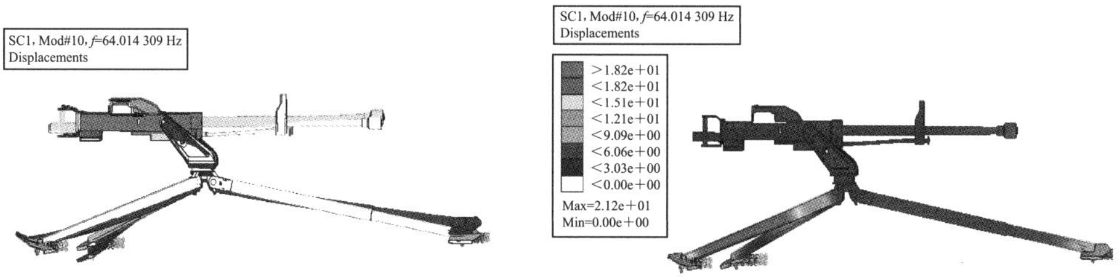

(g)

图 5-33　机枪实际工作时的模态（续）

(f) 第 9 阶模态；(g) 第 10 阶模态

通过对比表 5-5 和表 5-6 可以看出，机枪在实际工作中的最低固有频率比自由状态下的最低固有频率稍低，最大变形稍小，这是由于在实际工作模型中考虑了土壤-驻锄的作用。机枪振型是否协调一致是影响射击精度和使用寿命的一个重要因素。由模态分析理论可知，结构动态响应是各阶振型的加权线性组合。因此，只有各阶振型协调一致，整体结构变形才能协调一致；只有使结构变形协调一致；才能达到合理的动力匹配。通过对比上述机枪在自由状态下和实际工作中的振型可以发现，其各阶振型基本一致，没有较大差异，因此，该机枪设计合理可靠。

从图 5-32 和图 5-33 给出的振型计算结果可以看出，该机枪的最大振动变形都发生在枪架部分，所以枪架是其薄弱环节。除去枪架部分，机枪最大振动变形发生在枪管部分，而枪管变形大小直接影响射击精度。所以从结构固有特性角度考虑，可以通过提高枪架和枪管刚度来改进设计。

5.3.3　机枪枪口响应分析

机枪战术技术指标要求其具有较好的射击精度，以保证在有效射程内对有生目标进行准确打击。机枪动态特性对射击精度的影响最终体现在枪口响应上。实践证明，射弹散布与弹丸出膛口瞬时枪口射击点位置有一定对应关系，因此，分析机枪射击时枪口响应历来是机枪研制过程中的重要工作。

在发射过程中，机枪不仅受火药气体压力（枪膛压力和导气室前壁压力）等外力作用，还受系统内部各构件运动过程中相互间作用力的影响。这些作用力主要包括：开闭锁时枪机与枪机框之间的撞击力，闭锁片、枪机、机匣和枪机框之间的撞击力，拉壳钩的抽壳力，弹壳与抛壳挺之间的撞击力，自动机后坐到位时与枪尾的撞击力，自动机复进到位时与枪管的撞击力，供输弹机构与弹丸之间的作用力等。由此可见，机枪射击过程中受力状况非常复杂，要完全考虑所有作用力几乎不可能，这里只考虑对机枪动力响应影响较大的载荷。

机枪连发射击时，单个周期内引起枪口响应的主要激励（如图 5-34～图 5-36 所示）包括：（a）火药气体对枪膛底部的冲击力；（b）火药气体进入导气室时对导气室前壁的作用力；（c）自动机后坐到位时与枪尾的撞击力；（d）自动机复进到位时与枪管后端面的撞击力。在求解枪口响应时，将上述数据作为有限元计算的载荷输入。

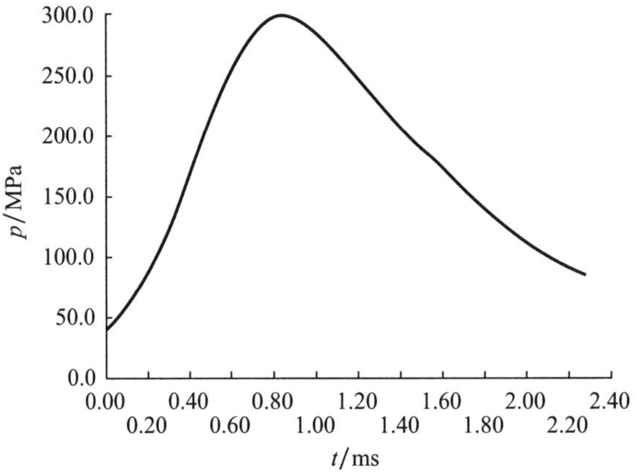

图 5-34 枪膛压力-时间曲线

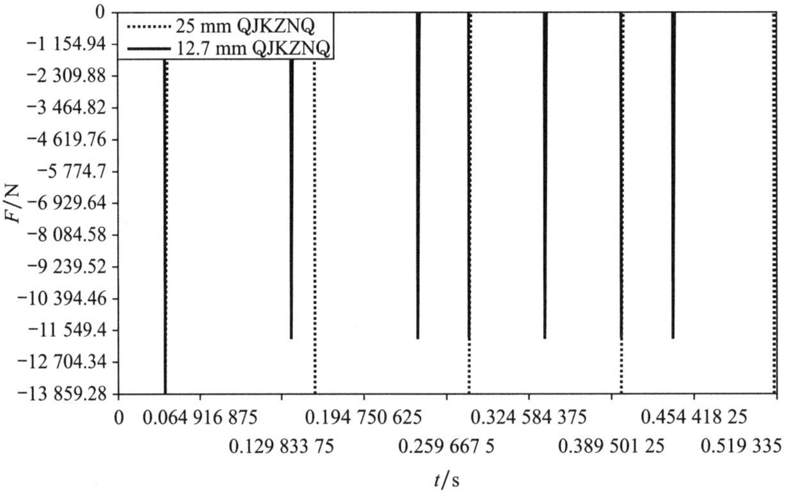

图 5-35 自动机后坐到位碰撞力曲线

在所有载荷确定后，机枪发射瞬态有限元分析模型如图 5-37 所示。

利用上述机枪瞬态有限元分析模型计算获得的 5 连发射击时枪口射击点位移如图

5-38 所示。这里将枪管轴向定义为 x 方向，枪管横向摆动方向定义为 y 方向，z 方向垂直于 xOy 平面。

在实际射击过程中，当机枪发生振动时，产生弹性变形的可能是枪架，也可能是摇架或枪管；振动可能是局部的，也可能是全枪的。但归根结底，机枪振动影响了弹丸出枪口瞬时枪口射击点的位置，机枪振动速度使枪口射击点产生牵连和扰动速度，所有这些都会引起射击方向改变，从而影响射击精度。因此，从枪口响应结果出发，找出影响枪口响应的诸多因素对改进机枪设计具有非常重要的意义。

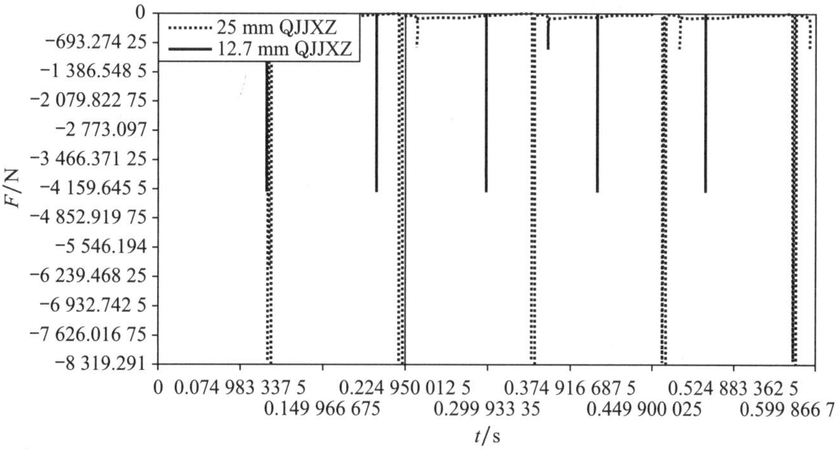

图 5-36　自动机复进到位碰撞力

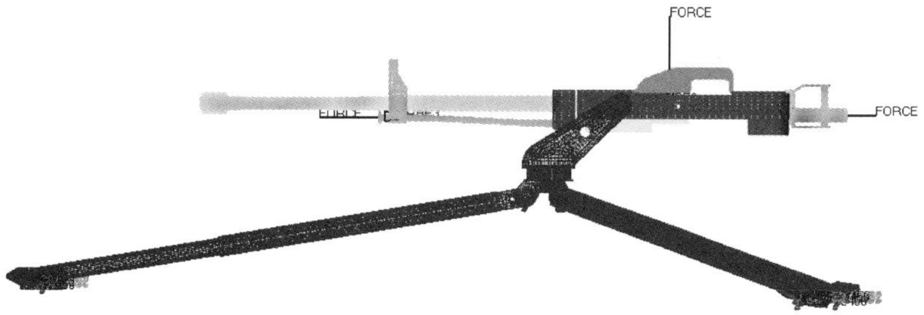

图 5-37　机枪瞬态有限元分析模型

从上述枪口响应计算结果可以看出，枪口射击点 z 方向位移最大，可达 20 mm，即枪口射击点上下跳动幅度最大；枪口射击点左右方向摆动量比上下方向振动量小很多，这是因为在设计时机枪左右两侧相对枪管轴线近似对称。沿枪管轴线方向也有一定位移，但该位移对机枪射击精度不产生影响。综上可见，机枪射击弹着点纵向散布比横向散布大，所以枪口射击点在竖直方向上的跳动对射击精度起决定作用，在机枪设计过程中应加强枪管在竖直方向的刚度，这与上文模态分析结果一致。

从图 5-38 中还可以看出，枪口射击点位移是随时间变化的，如果弹丸飞出膛口瞬间枪口射击点位移最小，则枪口射击点位移对射击精度影响就最小。所以，在机枪设计过程中，应根据设计参数调整弹丸出膛口时间，尽可能提高射击精度。对比表 5-7 和表 5-8 可以发现，虽然上述机枪枪口射击点最大位移响应量都较大，但最大值都没有出现在弹丸出膛口瞬间，故对射击精度影响不大。

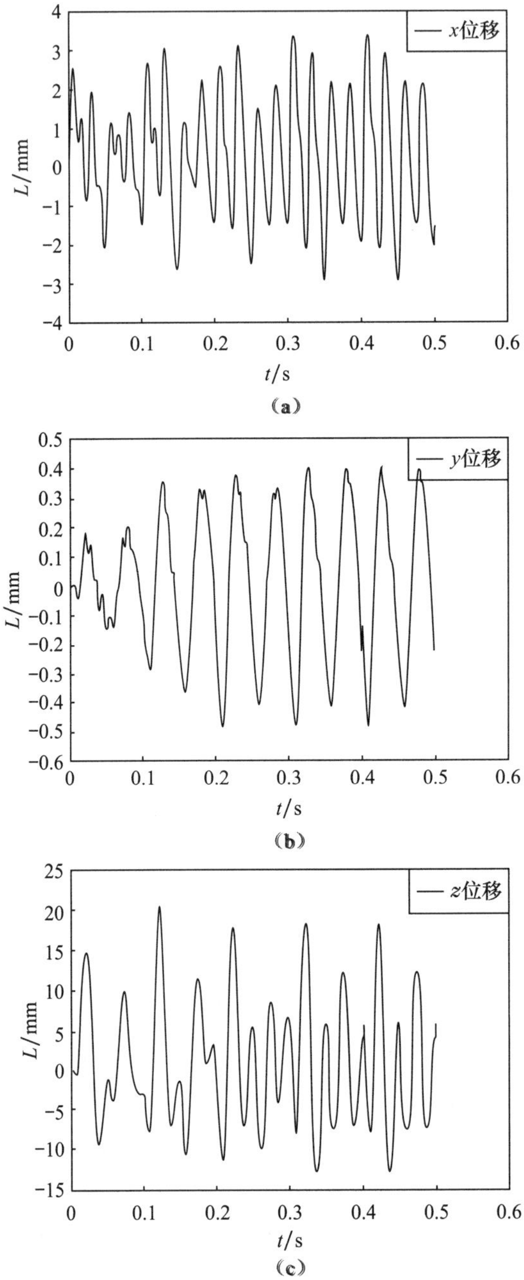

图 5-38 枪口射击点位移

(a) x 方向位移；(b) y 方向位移；(c) z 方向位移

表 5-7　机枪枪口射击点最大位移响应量　mm

发数	连发枪口最大上跳量（上为正）	连发枪口最大摆动量（右为正）	连发枪口最大窜动量（前为正）
1	14.7	0.20	2.5
2	20.6	−0.36	3.0
3	17.8	−0.48	3.1
4	18.6	−0.48	3.4
5	19.2	0.41	3.4

表 5-8　弹丸出膛瞬时枪口射击点响应量　mm

发数	连发枪口瞬时上跳量（上为正）	连发枪口瞬时摆动量（右为正）	连发枪口瞬时窜动量（前为正）
1	3.2	−0.12	−1.1
2	1.8	−0.11	−1.4
3	5.8	−0.11	−1.4
4	5.7	−0.12	−1.3
5	5.9	−0.11	−1.3

在设计机枪时，控制枪口射击点最大位移响应量不仅困难，而且意义不大。只要能设法保证弹丸出膛口瞬间枪口射击点位移响应量不大，并且连发响应具有较好的一致性，同样可以得到理想的射击精度。这也符合现代自动武器设计思想：武器射击时，不论武器结构是否跳动、移动、振动，只要能够保证弹丸出膛口瞬时的射向误差在允许范围内，就能保证武器射击精度。

通过分析表 5-7 和表 5-8 可以发现，机枪第 1 发、第 2 发弹枪口射击点位置不一致，这是因为在射击过程中，第 1 发弹对第 2 发弹射击点位置产生了影响。在实际射击过程中，第 1 发弹射击完成后，枪管、枪架和机匣等部件在火药气体力、弹簧力等作用下，并没有回复到射击前的位置，也就是说，在第 2 发弹射击瞬间，枪管、枪架、机匣等部件并没有复位，第 2 发弹射击初始位置和第 1 发弹不同，在弹丸内外弹道相同情况下必定会对射击点位置产生影响。通过分析表 5-8 可以看出，第 3 发、第 4 发、第 5 发弹枪口射击点跳动量比较一致，这说明在射击过程中，枪口射击点跳动量并没有累积，机枪连发精度能够得到保证。

从图 5-38 中可以看出，上述机枪枪口射击点位移随时间呈近似周期变化，这说明该机枪在连发射击过程中具有较好的一致性，满足弹道一致性原理，其设计基本合理。

5.4　基于有限元的自动武器稳健优化设计

5.4.1　自动武器稳健优化设计原理

自动武器稳健优化设计是使所设计自动武器无论在制造还是在使用过程中，当结构参数变差或在规定寿命内结构发生老化和变质（在一定范围内）时，都能保持其动态性能稳定的一种工程设计方法。或者换一种说法，若设计的方案即使在经受各种因素的干扰下，自动武器动态性能波动也很小，则认为该自动武器设计是稳健的。

这里以机枪为例，以射弹散布最小为优化目标来说明自动武器稳健优化设计原理。首先要进行机枪结构、功能和动力特性分析。机枪动力特性设计模型（如图 5-39 所示）基本要素包括输入因素 u_0、设计变量 x、随机因素 z 和输出因素 y。

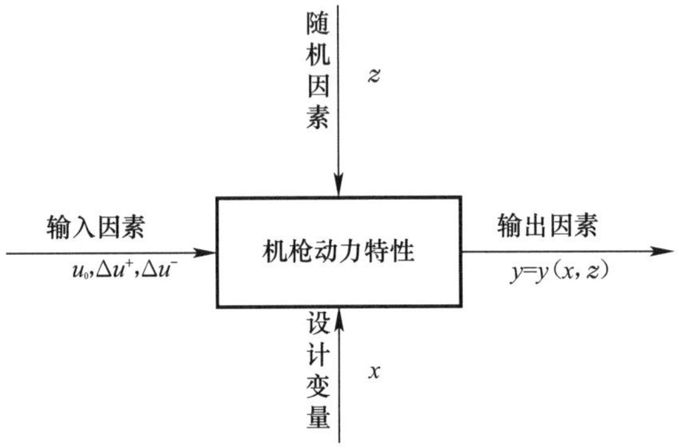

图 5-39　机枪动力特性设计图解模型

输入因素 u_0 是指机枪动力特性要达到目标值所输入的激励。例如机枪膛压、射频、后坐力等。输入因素往往与机枪动力特性呈线性或非线性关系。设计变量 x 是机枪设计中可控因素的集合，如结构参数等。随机因素（也称噪声因素）z 则是不可控因素的集合，它一般是概率空间内服从某种概率分布的一些随机变量，如人体、土壤参数等。动力特性（输出因素）y 是设计结果的输出，因为它受设计变量 x 和随机因素 z 影响，所以 y 是 x 和 z 的线性或非线性、显式或隐式函数。

机枪动力特性好坏用动力特性值接近目标值程度来评定，可以认为动力特性值越接近目标值，动力特性就越好，偏离目标值越远，动力特性就越差。基于此，要想提高机枪动力特性，就既要使波动 σ_y^2 小，又要使偏差 δ_y^2 小。

射击精度是机枪动力特性的主要标志，射击精度包括射击准确度（指平均弹着点与目标点之间的偏差）和射击密集度（指射弹散布程度）两个方面。影响射击精度的因素众多，但最终都集中反映在弹丸出枪口瞬间枪口的运动状态上，包括枪口点 6 个初始扰动位移（x、y、z、θ_x、θ_y、θ_z）和 6 个初始扰动速度（$\dot{x}$、$\dot{y}$、$\dot{z}$、$\dot{\theta}_x$、$\dot{\theta}_y$、$\dot{\theta}_z$），其中 x 为枪管轴线方向，y 为机枪上下方向，z 为机枪左右方向。影响射弹高低散布的主要因素包括枪口点绕 z 轴转角 θ_z、枪口点 y 方向位移 y 及枪口点 y 方向速度 $\dot{y}$ 与弹丸出枪口速度 v_0 的夹角 $\arctan(\dot{y}/v_0)$；影响射弹方向散布的主要因素包括枪口点绕 y 轴转角 θ_y、枪口点 z 方向位移 z 及枪口点 z 方向速度 $\dot{z}$ 与弹丸出枪口速度 v_0 的夹角 $\arctan(\dot{z}/v_0)$。由此建立零射角条件下机枪射弹散布的模型如下。

高低散布

$$\Delta y \approx y + \left(\theta_z + \arctan \frac{\dot{y}}{v_0}\right) X \tag{5-8}$$

方向散布

$$\Delta z \approx z + \left(-\theta_y + \arctan \frac{\dot{z}}{v_0}\right) X \tag{5-9}$$

式中　X——射击距离。

弹丸总散布

$$d = \sqrt{(\Delta y)^2 + (\Delta z)^2} \tag{5-10}$$

机枪射弹散布为望小特性，既希望 d 均值 μ_d 越小越好，又希望 d 波动 σ_d^2 越小越好。为保证量纲一致，可要求（$\mu_d^2+\sigma_d^2$）越小越好，即取信噪比为

$$S/N = \frac{1}{\mu_d^2 + \sigma_d^2} \tag{5-11}$$

S/N 越大，表示机枪动力特性越好。

对 S/N 取常用对数，化为分贝值，得

$$\eta = 10\lg\left(\frac{1}{\mu_d^2 + \sigma_d^2}\right) = -10\lg(\mu_d^2 + \sigma_d^2) \tag{5-12}$$

式中　$\mu_d^2+\sigma_d^2$——d^2 期望值。

所以可由 $E\{d^2\}$ 的无偏估计代替，即

$$\mu_d^2 + \sigma_d^2 = E\{d^2\} = \frac{1}{N}\sum_{i=1}^{N} d_i^2 \tag{5-13}$$

式中　N——数值试验次数。

这样，机枪射弹散布望小特性的信噪比就可以表示为

$$\eta = -10\lg\left(\frac{1}{N}\sum_{i=1}^{N} d_i^2\right) \tag{5-14}$$

在诸多数值仿真试验方案中，通过寻求 η 值最大的方案来实现机枪的稳健优化设计，即将 $\max\{\eta\}$ 作为机枪动力特性稳健优化设计的目标函数。

除此之外，所选机枪方案还必须满足战术技术指标中规定的质量要求和材料强度限制，即机枪的稳健优化设计问题是一个有约束的设计问题，其优化模型为

$$\max\{\eta\}$$

$$\text{s.t.}\quad \sum m < M_0$$

$$\max\{\sigma\} < \sigma_0$$

式中　$\sum m$——机枪总质量；

M_0——机枪战术技术指标中规定的最大质量；

σ——机枪某零件或部件上的最大应力；

σ_0——机枪材料疲劳强度极限。

进行机枪稳健优化设计，需采用参数化有限元模型，下面来重点介绍机枪参数化有限元模型的构建方法。机枪分为枪身和枪架两部分，枪身由枪管和机匣（包括自动机和其他附属部件）组成，枪架由摇架、立轴和 3 条下架杆组成。这样就可将机枪分为枪管、机匣、摇架、立轴、后架杆和前架杆等 6 个部分（如图 5-40 所示）来分别建立参数化有限元模型。

1. 枪管

如图 5-40 所示，枪管长度取为 L_1，对导气式机枪而言，枪管尾端到导气孔长度取为 L_2，这样枪管就分为两段。枪管用圆环截面梁单元［如图 5-41（a）所示，i 取不同值表示不同部件圆环截面参数］来划分网格，取 $i=1$，则枪管截面圆环内、外半径分别为 r_1、r_2，每段划分单元数为 n_1、n_2。在枪口位置施加一集中质量 m_1 来代替膛口装置、准星座等部件的作用；在导气孔位置施加一集中质量 m_2 来代替导气箍、气体调节器等部件的作用。

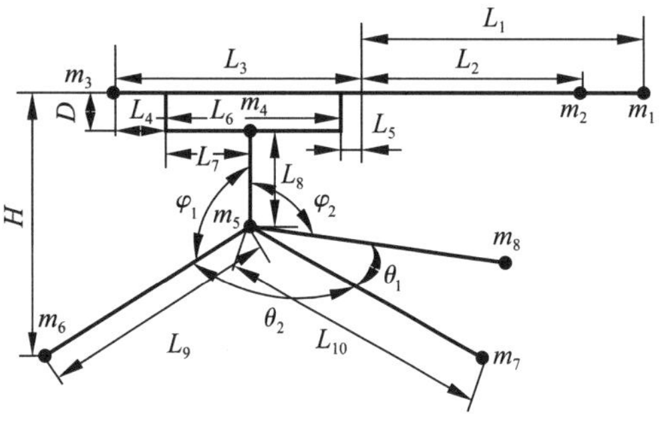

图 5-40 机枪参数化模型

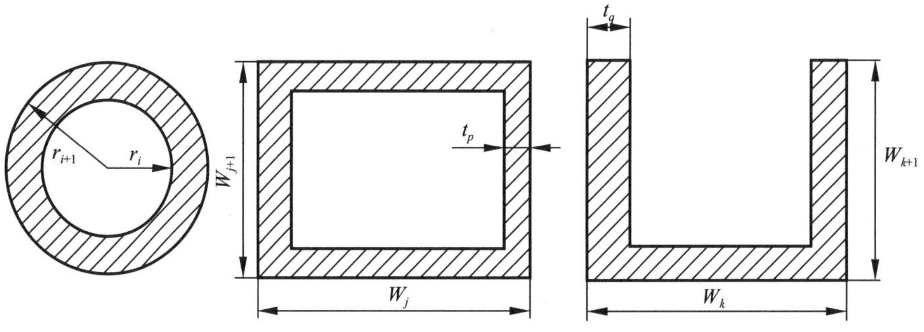

（a） （b） （c）

图 5-41 梁截面

2. 机匣

如图 5-40 所示，机匣长度取为 L_3，机匣尾端到摇架后端距离取为 L_4，机匣前端到摇架前端距离取为 L_5，这样机匣就分为三段。机匣用等截面框形梁单元［如图 5-41（b）所示，j、p 取不同值表示不同部件框形梁单元截面参数］来划分单元，取 $j=1$、$p=1$，则机匣梁截面长、宽、壁厚分别为 W_1、W_2、t_1，每段划分单元数为 n_3、n_4、n_5。在机匣尾端位置施加一集中质量 m_3 来代替枪托及其附属部件的作用。

3. 摇架

如图 5-40 所示，摇架长度 $L_6=L_3-L_4-L_5$，摇架后端到摇架与立轴连接处长度取为 L_7，这样摇架就分为两段。摇架用槽形截面梁单元［如图 5-41（c）所示，图中 k、q 取不同值表示不同部件槽形截面梁单元参数］来划分网格，取 $k=3$、$q=2$，则摇架梁截面长、宽、壁厚分别为 W_3、W_4、t_2，每段单元数为 n_6、n_7。在摇架与立轴连接处施加一集中质量 m_4 来代替两构件连接装置的作用。

4. 立轴

如图 5-40 所示，立轴长度取为 L_8。立轴用圆环截面梁单元［如图 5-41（a）所示］来划分网格，取 $i=3$，则立轴梁截面圆环内、外半径分别为 r_3、r_4，单元数为 n_8。在立轴与 3 条下架杆连接处施加一集中质量 m_5 来代替旋回架座及紧定手柄等装置的作用。

5. 后架杆

如图 5-40 所示，后架杆长度取为 L_9。后架杆用变截面框形梁单元［如图 5-41（b）所示］来划分网格，单元数为 1。对于后架杆上、下两端截面，分别取 $j=5$、$p=3$ 和 $j=7$、$p=4$，则后架杆梁上、下两端截面长、宽、壁厚分别为 W_5、W_6、t_3 和 W_7、W_8、t_4。在后架杆下端施加一集中质量 m_6 来代替后驻锄的作用。

6. 前架杆

如图 5-40 所示，两条前架杆参数相同，长度取为 L_{10}。前架杆用变截面框形梁单元［如图 5-41（b）所示］来划分网格，单元数为 1。对于前架杆上、下两截面，分别取 $j=9$、$p=5$ 和 $j=11$、$p=6$，则前架杆梁上、下两端截面长、宽、壁厚分别为 W_9、W_{10}、t_5 和 W_{11}、W_{12}、t_6。在两条前架杆下端分别施加一集中质量 m_7 和 m_8 来代替两个前驻锄的作用。

7. 其他结构参数

如图 5-40 所示，前架杆之间夹角取为 θ_1，则前架杆与后架杆之间夹角 $\theta_2=180°-\theta_1/2$；后架杆（由上到下为正）与枪身（由后向前为正）之间的水平夹角 $\theta_3=180°$。当 $\theta_3=0°$ 时，后架杆与前架杆位置对调，枪架由两脚向前结构变为两脚向后结构。立轴与后架杆竖直方向之间夹角取为 φ_1，立轴与前架杆竖直方向之间夹角取为 φ_2。为保证 3 个驻锄点位于同一平面，φ_1 与 φ_2 之间必须满足关系 $L_9\sin(\varphi_1-90°)=L_{10}\sin(\varphi_2-90°)$。设火线高为 H，摇架与枪身之间竖直方向距离取为 D，则有 $H=D+L_8+L_9\sin(\varphi_1-90°)$。机枪及枪架材料相同，密度为 ρ，弹性模量为 E，泊松比为 μ。

根据上述参数定义，只要选定某一点为参考点，就可以建立机枪系统参数化有限元模型，该模型共包括 39 个结构参数、26 个物理参数、8 个网格参数和 8 个集中质量参数。在机枪系统有限元模型中，人体抵肩模型采用集总参数模型；土壤采用沙箱式模型，并取沙箱长、宽、高和土壤弹性模量 E_s、泊松比 μ_s、密度 ρ_s，以及 Drucker-Prager 本构模型中的黏聚力 c_1 和内摩擦角 c_2 为模型参数。

在对机枪进行动态稳健优化设计之前，需首先确定系统可控因素和随机因素。对于机枪而言，对系统性能的干扰主要来源于边界条件的变动和激励的波动。原则上，应选择所有边界条件和激励参数作为随机因素，为简化起见，选择下列参数作为随机因素：人体抵肩集总参数模型中 3 个方向的平动参量 m_x、k_x、c_x、m_y、k_y、c_y、m_z、k_z、c_z；沙箱式模型中的土壤弹性模量 E_s、泊松比 μ_s 和黏聚力 c_1。对于激励，用一个系数 α 来模拟其波动，α 与名义激励 $F(t)$（由弹药名义参数值计算获得的激励）的乘积就表示由弹药参数波动所产生的不同激励曲线（幅值不同，形状相同），所以 α 为激励的随机因素。由此可见，机枪系统随机因素共有 13 个。

在机枪设计之前，根据战术技术指标要求和设计条件，一些参数是可以预先确定下来的，如机枪所用材料要根据实际情况提前确定，机枪枪管截面尺寸和长度要根据内弹道条件提前确定，机匣长度可根据类比方法大体确定，机匣截面尺寸可根据战术技术指标要求和相关经验基本确定，枪身与摇架之间距离 D 可根据机匣尺寸基本确定。此外，有些参数之间还存在约束关系，如 θ_1 与 θ_2 之间，φ_1 与 φ_2 之间，H 与 D、L_8、L_9 之间等。综上所述，选择下列参数作为可控因素：枪管尾端到导气孔的长度 L_2，机匣尾端到摇架后端的水平距离 L_4，机匣前端到摇架前端的距离 L_5，摇架后端到摇架与立轴连接处的距离 L_7，立轴长度 L_8，下架杆长度 L_9、L_{10}，摇架槽形截面尺寸 W_3、W_4、t_2，立轴圆环截面内外半径 r_3、r_4，后架杆上、下端截面参数 W_5、W_6、t_3、W_7、W_8、t_4，前架杆上、下端截面参数 W_9、W_{10}、t_5、W_{11}、W_{12}、t_6，集中质量参数 m_1、m_2、m_3、m_4、m_5、m_6、m_7、m_8，两前架杆间夹角 θ_1。由此可见，机枪系统可控因素共有 33 个。

机枪系统动态稳健优化设计是指利用线性或非线性性质，采用正交试验设计方法确定，能使机枪动力特性值及其波动最小的可控因素水平值最佳组合的一种设计方法，其主要步骤如下。

（1）对于待做数值仿真试验的问题，画出它的因素-特性关系图（如图 5-42 所示），选择可控因素、随机因素，确定输出特性及其信噪比。

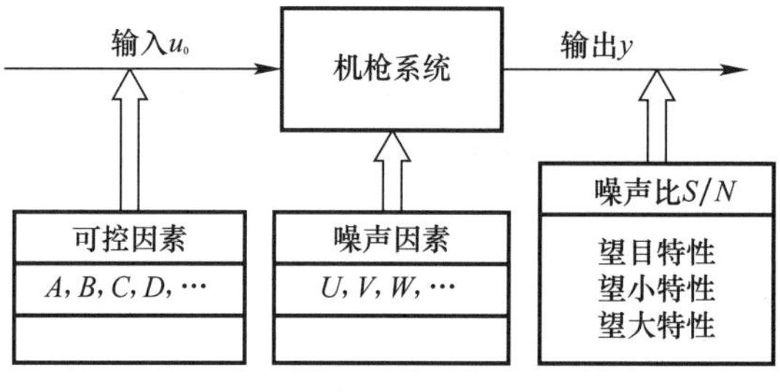

图 5-42 机枪系统动态优化设计模型

（2）选择适合的内表（用于安排可控因素正交表）和外表（用于安排噪声因素正交表），作出表头设计。

（3）进行数值仿真试验，获得目标函数和约束函数的试验数据，计算出每一行的信噪比。

（4）作出目标和约束的方差分析表，确定各设计变量对各设计函数（目标函数和约束函数）的影响。

（5）判别可行设计空间，找出对信噪比有重要影响的可控因素，确定重要可控因素水平值的最佳组合；对于重要性相对较弱的可控因素，可根据其他条件（如经济性、可操作性等）来确定最佳水平值。

（6）如果上次设计最佳值不满足预期目标，则返回（1），根据上次数值仿真试验结果减少可控因素和噪声因素（若为不显著因素，则根据其他条件确定一组值），即减小设计空间，并修改因素水平值重新进行数值仿真试验。

5.4.2　自动武器稳健优化设计实例

下面以某机枪为例来说明自动武器稳健优化设计基本过程。为简单起见，仅选择机枪后架杆截面参数 W_5、W_6、W_7、W_8 为可控因素，其他几何和物理参数保持原设计数值不变；选择土壤弹性模量 E_s 为噪声因素，用来表示射击支撑环境对机枪动态性能的干扰。取后架杆截面尺寸变化范围为原设计名义尺寸±3 mm；土壤弹性模量的取值要能反映软、中、硬三类土壤的特性。选择的可控因素和噪声因素的水平值见表 5-9。

表 5-9　因素水平

水平 \ 因素	W_5/mm	W_6/mm	W_7/mm	W_8/mm	E_s/MPa
1	30	47	18	27	10
2	33	50	21	30	50
3	36	53	24	33	100

假设各设计参数之间没有交互作用，内表用正交表 $L_9(3^4)$ 制定，外表用正交表 $L_3(3^1)$ 制定，由此作出的正交设计试验表见表 5-10，每次数值仿真试验时可控参数的取值见表 5-11。计算每一数值仿真试验方案的目标函数值、约束函数值及其信噪比，并将计算结果填入表 5-10 中（另附表 5-12）。在本例中，目标函数（弹丸散布）为望小特性。机枪质量用后架杆体积来描述，在机枪设计中也希望其值越小越好，同样为望小特性；最大应力越小，机枪结构可靠性越好，故同样希望最大应力值越小越好，也为望小特性。这样，目标函数和约束函数的信噪比均可根据上文中的计算公式获得。

表 5-10 正交设计试验表

正交表类型	内表 L_9 (3^4)				外表 L_3 (3^1)				信噪比 S/N
试验因素	可控因素安排和行数				噪声因素安排和行数				
					试验次序			噪声因素安排	
列号	1	2	3	4	1	2	3	E	
试验次序	W_5	W_6	W_7	W_8					
1	1	1	1	1	Y_{11}		Y_{13}		$(S/N)_1$
2	1	2	2	2					
3	1	3	3	3					
4	2	1	2	3					
5	2	2	3	1	⋮	⋮	⋮	⋮	⋮
6	2	3	1	2					
7	3	1	3	2					
8	3	2	1	3					
9	3	3	2	1	Y_{91}		Y_{93}		$(S/N)_9$

表 5-11 可控因素水平/数据表

试验次序	可控因素水平值				可控因素试验值			
	W_5	W_6	W_7	W_8	W_5	W_6	W_7	W_8
1	1	1	1	1	30	47	18	27
2	1	2	2	2	30	50	21	30
3	1	3	3	3	30	53	24	33
4	2	1	3	3	33	47	24	33
5	2	2	2	1	33	50	21	27
6	2	3	1	2	33	53	18	30
7	3	1	3	2	36	47	24	30
8	3	2	1	3	36	50	18	33
9	3	3	2	1	36	53	21	27

表 5-12 数值仿真试验结果表

试验次序	Displace (位移)/mm			Volume (体积)/mm^3			Stress (应力)/MPa			信噪比 S/N		
	$E=1$	$E=2$	$E=3$	$E=1$	$E=2$	$E=3$	$E=1$	$E=2$	$E=3$	dis	vol	str
1	326.9	181.0	205.3	71 744	71 744	71 744	614	410	812	−47.8	−97.1	−56.0
2	283.6	104.9	134.0	77 216	77 216	77 216	634	420	811	−45.6	−97.7	−56.1
3	224.8	45.0	71.0	82 688	82 688	82 688	641	437	805	−42.8	−98.3	−56.2
4	267.0	85.8	115.8	80 864	80 864	80 864	637	425	812	−44.9	−98.2	−56.2
5	292.0	115.0	144.0	77 216	77 216	77 216	631	418	813	−46.0	−97.7	−56.1
6	252.0	71.8	101.0	79 040	79 040	79 040	639	430	807	−44.2	−98	−56.2
7	278.8	98.0	128.0	80 864	80 864	80 864	635	421	816	−45.4	−98.2	−56.2
8	247.0	66.0	95.0	80 864	80 864	80 864	639	431	809	−43.9	−98.2	−56.2
9	252.0	70.6	100.0	80 864	80 864	80 864	639	430	811	−44.2	−98.2	−56.2

作出目标和约束的方差分析表（见表 5-13～表 5-15），对数值仿真试验结果进行方差分析。从表 5-12、表 5-13 中可以看出，后架杆截面尺寸对机枪最大应力波动影响较小，造成机枪最大应力波动的主要原因是支撑机枪射击的土壤硬度（即弹性模量）。机枪在硬质或软质土壤支撑条件下射击时所承受的最大应力都比在中等硬度土壤支撑条件下射击时所承受的最大应力大，尤其是当机枪在岩石类硬质地面上射击时，枪架所承受的最大应力显著升高。在本例中，由于最大应力都没有超过材料的强度极限，故设计参数均满足应力约束条件。

表 5-13　最大应力方差分析表

方差来源	平均影响 T			波动平方和 S	自由度 f	均方差 V	统计量 F	纯波动平方和 S'	贡献率 $\rho/\%$
	水平 1 T_1	水平 2 T_2	水平 3 T_3						
W_5	−168.3	−168.5	−168.6	0.020	2	0.010 0	—	0.020	28.6
W_6	−168.4	−168.4	−168.6	0.015	2	0.007 5	—	0.015	21.4
W_7	−168.4	−168.4	−168.6	0.015	2	0.007 5	—	0.015	21.4
W_8	−168.3	−168.5	−168.6	0.020	2	0.010 0	—	0.020	28.6
误差 e	—	—	—	—	—	—	—	—	—
总和	—	—	—	0.070	8	—	—	—	100

表 5-14　机枪质量方差分析表

方差来源	平均影响 T			波动平方和 S	自由度 f	均方差 V	统计量 F	纯波动平方和 S'	贡献率 $\rho/\%$
	水平 1 T_1	水平 2 T_2	水平 3 T_3						
W_5	−293.1	−293.9	−294.6	0.37	2	0.185	—	0.37	25.1
W_6	−293.4	−293.6	−294.6	0.27	2	0.135	—	0.27	18.2
W_7	−293.3	−293.6	−294.7	0.36	2	0.180	—	0.36	24.3
W_8	−293.0	−293.9	−294.7	0.48	2	0.240	—	0.48	32.4
误差 e	—	—	—	—	—	—	—	—	—
总和	—	—	—	1.48	8	—	—	—	100

表 5-15　弹丸散布方差分析表

方差来源	平均影响 T			波动平方和 S	自由度 f	均方差 V	统计量 F	纯波动平方和 S'	贡献率 $\rho/\%$
	水平 1 T_1	水平 2 T_2	水平 3 T_3						
W_5	−136.2	−135.1	−133.5	1.23	2	0.615	—	1.23	6.9
W_6	−138.1	−135.5	−131.2	8.10	2	4.050	—	8.10	45.3
W_7	−135.9	−135.8	−133.1	1.69	2	0.845	—	1.69	9.4
W_8	−138.0	−135.2	−131.6	6.87	2	3.435	—	6.87	38.4
误差 e	—	—	—	—	—	—	—	—	—
总和	—	—	—	17.89	8	—	—	—	100

从表 5-12 和表 5-14 中可以看出，后架杆截面尺寸变化和机枪质量波动的影响程度很接近，且影响都不大。在本例中，由于机枪质量波动不太大，故不再对设计参数进行调整以满足质量约束条件。

从表 5-12 和表 5-15 可以看出，增加后架杆截面尺寸不但可以减小机枪射弹散布，还可以减小由土壤硬度差异所引起的波动，且增加后架杆高度尺寸比增加宽度尺寸所带来的影响显著，因此主要针对后架杆高度尺寸进行调整。由于信噪比越大越好，故 W_6 和 W_8 均取第三水平值，即 $W_6=53$ mm、$W_8=33$ mm；由于 W_7 比 W_5 影响大，为不使质量增加太多，故 W_7 取第三水平值，W_5 取第一水平值，即 $W_7=24$ mm、$W_5=30$ mm。选取这一组参数进行计算的结果可参见试验 3，其信噪比为－42.8。而原设计（W_5、W_6、W_7、W_8 均取第二水平值，即 $W_5=33$ mm、$W_6=50$ mm、$W_7=21$ mm、$W_8=30$ mm）在 3 种土壤条件下的射弹散布分别为 273 mm、96 mm、120 mm，其信噪比为－45.2。可见，无论是从射弹散布均值还是其波动角度来看，优化后的结构参数都比原设计的结构参数理想。因此，$W_5=30$ mm、$W_6=53$ mm、$W_7=24$ mm、$W_8=33$ mm 就是所寻求的使机枪射弹散布对土壤特性变化具有稳健性的最优组合。

第 6 章　射击稳定性和射击密集度

在本书前面章节算例中，已部分涉及射击稳定性和射击密集度的概念，实际上，火炮与自动武器动力学是分析武器射击稳定性和射击密集度的理论基础，如何应用火炮与自动武器动力学理论解决武器射击稳定性和射击密集度问题，是广大设计人员最关心的问题之一。本章专门集中介绍基于动力学进行武器射击稳定性和射击密集度分析的基本思路和流程，为设计人员进行射击稳定性和射击密集度预测和改进提供基本分析方法。

6.1　射击稳定性分析

6.1.1　火炮射击稳定性的概念

1. 火炮射击时的稳定性

在火炮总体尺寸和火炮全重初步确定后，需要校核火炮射击稳定性，以便进一步调整火炮尺寸、质量和后坐阻力。

所谓火炮射击稳定性，就是保证火炮射击时不跳动。

对于地面牵引炮，如图 6-1 所示，其稳定条件为

$$Q_b D_{0\varphi} - D_0 X\cos\varphi \geqslant P_{KH} e + Rh \tag{6-1}$$

式中　Q_b——火炮战斗全重力；

D_0——全炮重心到架尾支点的距离；

$D_{0\varphi}$——后坐前在射角 φ 时的 D_0 值；

X——后坐行程；

e——后坐部分重心至炮膛轴线的距离（一般规定：当后坐部分重心在炮膛轴线下方时，e 的符号取“+”号，上方时取“−”号）；

P_{KH}——膛底合力；

R——后坐阻力，一般 $R_{max}=\left(\frac{1}{30}\sim\frac{1}{15}\right)P_{KHmax}$（见表 6-1）。

增大稳定力矩 $Q_b D_{0\varphi}$，对提高火炮稳定性有利。Q_b 是保证火炮稳定性的基本因素，增大 Q_b 有利于提高稳定性。但对现代火炮而言，火炮机动性要求较高，故 Q_b 不能增大，反而应尽量减小。于是提高火炮稳定性就成为火炮设计中的一个重要问题。

增大 $D_{0\varphi}$，也是提高稳定性的有效方法。而且增大 $D_{0\varphi}$ 会减小大架的抬架力。但在 L 一定的条件下，$D_{0\varphi}$ 不能任意增大，当 D_0 接近 L 时，还会使运动稳定性恶化。用加长大架长度来增加 $D_{0\varphi}$ 又与火炮运动的灵活性和通行性相矛盾。设计时要仔细考虑。

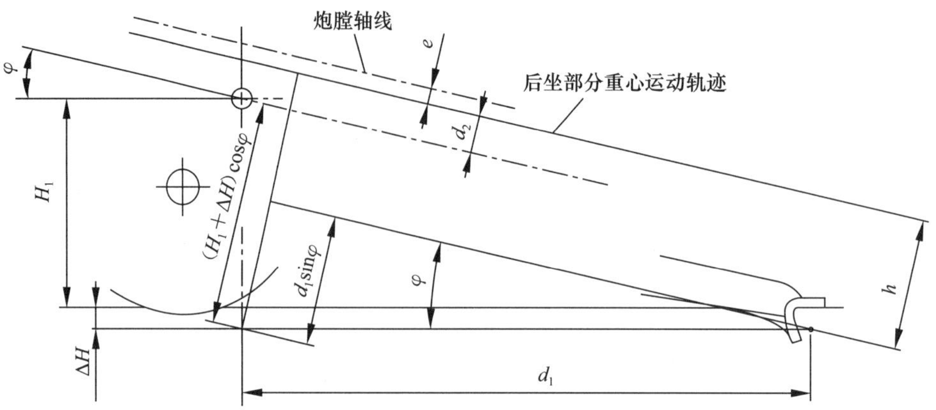

图 6-1 结构示意图

H_1—耳轴中心离地面的高度；d_1—耳轴中心至驻锄中心的水平距离；ΔH—驻锄中心与地面的距离；d_2—耳轴中心与后坐部分重心运动轨迹的垂直距离

表 6-1 火炮的 R_{max} 与 P_{KHmax}

炮 种	P_{KHmax}/kg	R_{max}/kg	R_{max}/P_{KHmax}①
57 mm 反坦克炮	79 000	3 360	1/23.5
76 mm 加农炮	109 000	5 700	1/19.1
85 mm 加农炮	145 000	7 470	1/19.4
100 mm 加农炮	245 000	9 450	1/25.9
130 mm 加农炮	440 000	35 720	1/12.3，1/19
122 mm 榴弹炮	274 000	12 750	1/21.5
152 mm 榴弹炮	441 000	18 040	1/24.4
57 mm 高射炮	82 500	5 100	1/16.2
100 mm 高射炮	251 000	13 765	1/18.2

注：① 长后坐时的比值。

$P_{KH}e$ 是翻倒力矩的一部分，减小 $P_{KH}e$ 对火炮稳定性有利。减小 P_{KH} 是有限的，相反，随着火炮威力的提高，P_{KH} 还要增大。要减小 $P_{KH}e$，只有在结构上尽量减小 e，甚至使 $e\approx0$。

Rh 是翻倒力矩的主要部分，减小 Rh 对改善火炮稳定性非常有利。其中，h 的大小对稳定性影响很大，而 h 是射角 φ 和火线高 H 的函数（如图 6-1 所示）。

$$h=(H_1+\Delta H)\cos\varphi+d_2-d_1\sin\varphi \tag{6-2}$$

式中 $H_1=H-d_2-e$。

从式（6-2）和图 6-1 得知：当 φ 减小时，h 增大，稳定性变差。从稳定条件式（6-1）中，还可以看出，随着射角的减小，$Q_0X\cos\varphi$ 值的增大，对稳定性也是不利的。总之，射角越小，火炮稳定性越差，而当射角减小到稳定极限角 φ_{nP} 或小于 φ_{nP} 时，火炮就不能保持稳定了。可见，火炮的稳定性问题，应从影响稳定性的诸因素中逐一分析，全面考虑，合理调配解决。

对于牵引高射炮，其方向射界为 360°，$D_{0\varphi}$值随着炮身进行射击的方向不同而不同。当 $D_{0\varphi}$越小时，稳定性越不易保证，因此，必须求出 $D_{0\varphi}$的最小值 $D_{0\varphi\min}$，进行火炮稳定性计算。

由于高射炮架通常对称于 DB 轴（如图 6-2 所示），所以，为求得 $D_{0\varphi\min}$值及与其对应的方向，在图中通过火炮重心 O 点向 AB（或 CD）、AD（或 BC）线段上分别作垂线，得出垂直距离 mO、nO，其最小者即为所求的 $D_{0\varphi\min}$值和对应的射击方向。

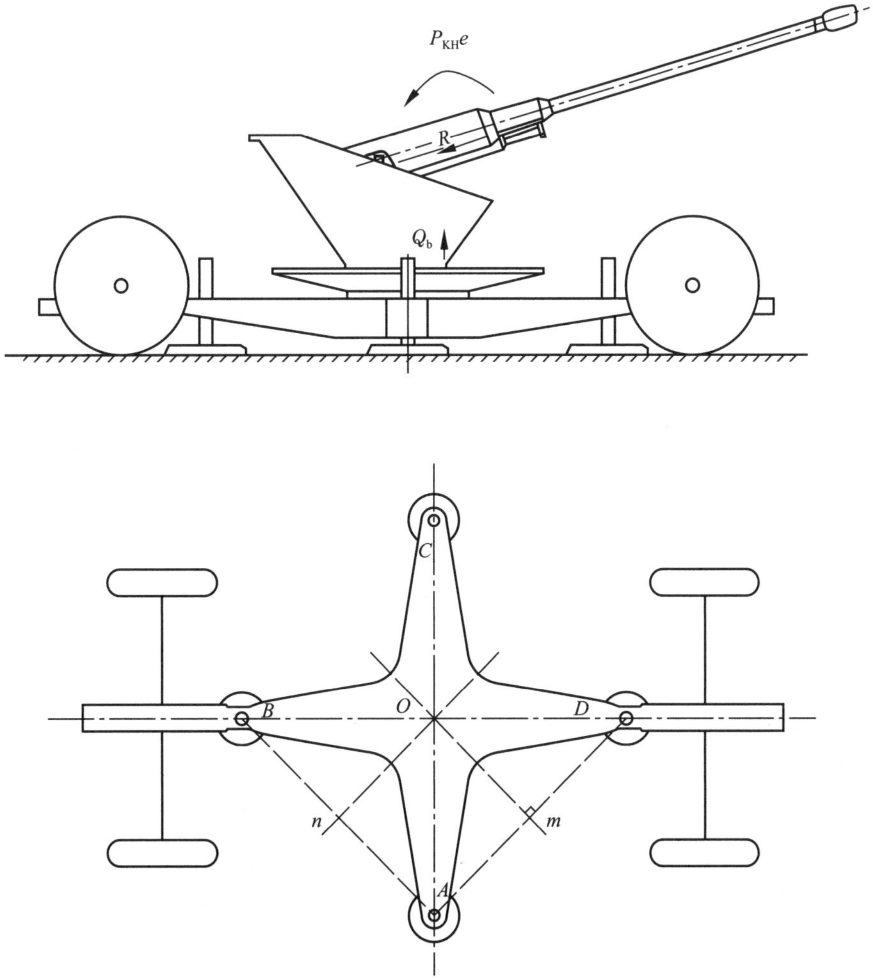

图 6-2　受力示意

通常高射炮的重量比同口径的地面野战炮要重得多，所以，它的稳定条件也比地面野战炮易得到保证。

2. 稳定界和稳定极限角

当火炮在某一射角（以 φ_{nP}表示）射击时，所取的后坐阻力 R 存在某一界限，超过这一界限火炮就不稳定了。这一界限（以 R_{nP}表示）叫作稳定界。与此稳定界对应的射角 φ_{nP}叫稳定极限角。R_{nP}与 φ_{nP}的关系用下式表示：

$$R_{nP}=\frac{Q_h D_{0\varphi}-Q_0 X\cos\varphi_{nP}-P_{KH}e}{h_{nP}} \tag{6-3}$$

式中　$h_{nP}=(H_1+\Delta H)\cos\varphi_{nP}+d_2-d_1\sin\varphi_{nP}$。

现将稳定界和稳定极限角的含义说明如下：

（1）当火炮在 φ_{nP}射击时，若产生的后坐阻力 $R<R_{nP}$，则稳定；若 $R>R_{nP}$，则不稳定。

（2）当 $R=R_{nP}$时，若在 $\varphi>\varphi_{nP}$情况下射击，则稳定；若在 $\varphi<\varphi_{nP}$情况下射击，则不稳定。

对应于取定的 φ_{nP}，总有一个 R_{nP}存在。改变 φ_{nP}时，R_{nP}也将改变。应当指出，保证火炮的稳定性和提高其他性能之间常存在矛盾，为使火炮各方面性能都较优良，常根据火炮类型选取合适的 φ_{nP}。现将几种火炮的 φ_{nP}值范围列于表 6-2 中，供选取时参考。

表 6-2　火炮稳定极限角　（°）

炮种	反坦克炮	一般口径加农炮	榴弹炮及大口径炮
φ_{nP}	0 左右	0～5	5～12

稳定界常以曲线表示（如图 6-3 所示）。一般以后坐行程 x 为横坐标，以稳定界 R_{nP}为纵坐标。

由式（6-3）可知，$P_{KH}e$ 对稳定界有影响。当 e 为正值时，$P_{KH}e$ 使 R_{nP}减小；当 e 为负值时，$P_{KH}e$ 使 R_{nP}增大；当 $e=0$ 时，R_{nP}为一直线。

6.1.2　基于动力学仿真的射击稳定性分析方法

由于武器和地面并不是绝对刚体，如车轮是弹性体，炮架有弹性变形，土地也有弹性和塑性变形，因此，即使理论上保证了火炮的射击稳定性，实际发射时火炮仍会有跳动和移动，对火炮原先的瞄准位置有一定的破坏。为了检验所设计的武器在发射时的跳动量和位移量是否符合设计要求，可利用武器系统动力学模型进行发射过程仿真，确定出在各种发射条件下武器的动态跳动量，评估武器射击稳定性，分析基本流程见图 6-4。

其中，“武器动力学仿真”既可以采用第 4 章所述的基于多体动力学的仿真模型，也可以采用第 5 章所述的基于有限元的动力学仿真模型，而基于多体动力学的仿真模型简单，计算量小，适合于武器大位移运动仿真，更适合于进行射击稳定性分析。采用基于动力学仿真的射击稳定性分析方法可在设计图纸的阶段全面评价射击稳定性，优化总体结构，是现代武器研制过程中值得采用的方法。

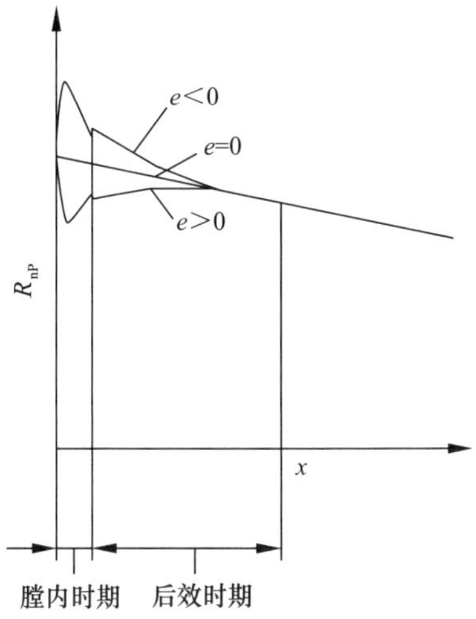

图 6-3　稳定界曲线

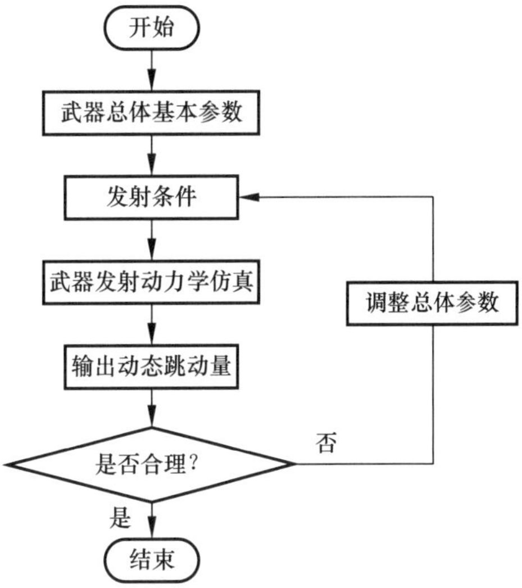

图 6-4　武器射击稳定性分析基本流程

某自行火炮发射动力学模型如图 6-5 所示，车体发射过程中的跳动响应是一个相当复杂的多自由度系统问题，为了便于分析，需要简化模型，只考虑车体的上下振动、前后振动与俯仰振动，已知底盘的载质量为 m_1（底盘除悬挂和车轮），绕车体质心转动惯量为 l_1，火炮质量为 m_2（包括炮身、摇架、炮塔），绕车体质心转动惯量为 l_2。

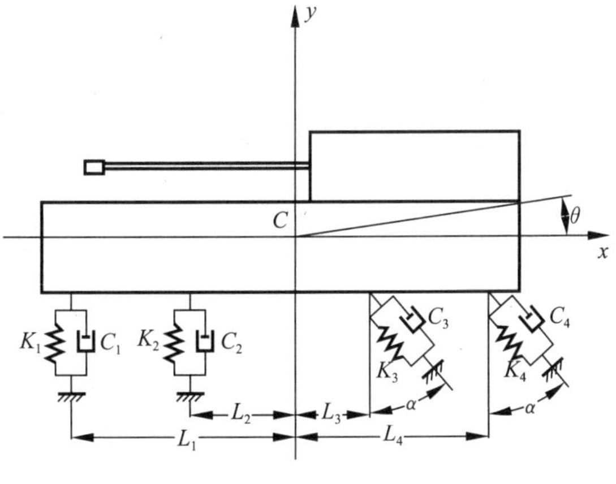

图 6-5　某自行火炮发射动力学模型

取车体初始质心位置 C 为坐标原点，横向坐标 x 轴，纵向坐标 y 轴和绕横向水平质心轴的转角 θ 为广义坐标。设在某瞬时 t，质心 C 相对于静平衡位置向下位移为 y，向后位移为 x，车体有仰角 θ，如图 6-5 所示，由拉格朗日方程，得到系统运动微分方程为

$$
\begin{cases}
(M_1+M_2)\ddot{y}=F_{Ry}-2\sum_{i=1}^{2}[K_i(y+L_i\theta)+C_i(\dot{y}+L_i\dot{\theta})]- \\
\qquad 2\cos\alpha\sum_{i=3}^{4}[K_i(y-L_i\theta)+C_i(\dot{y}-L_i\dot{\theta})] \\
(l_1+l_2)\ddot{\theta}=M_R-2\sum_{i=1}^{2}[K_i(y+L_i\theta)L_i+C_i(\dot{y}+L_i\dot{\theta})L_i]+ \\
\qquad 2\cos\alpha\sum_{i=3}^{4}[K_i(y-L_i\theta)L_i+C_i(\dot{y}-L_i\dot{\theta})L_i] \\
(M_1+M_2)\ddot{x}=F_{Rx}-2\cos\alpha\sum_{i=3}^{4}(K_ix+C_i\ddot{x})
\end{cases}
\tag{6-4}
$$

上式 F_{Ry}——后坐力在垂直方向的分力；

F_{Rx}——后坐力在水平方向的分力；

M_R——后坐力作用于车体质心的力矩。

对式（6-4）数值求解，获得的该自行火炮水平发射时前轮的跳动结果如图 6-6 所示，水平最大位移 30 mm，垂直最大位移 43 mm，满足动态发射稳定性要求。

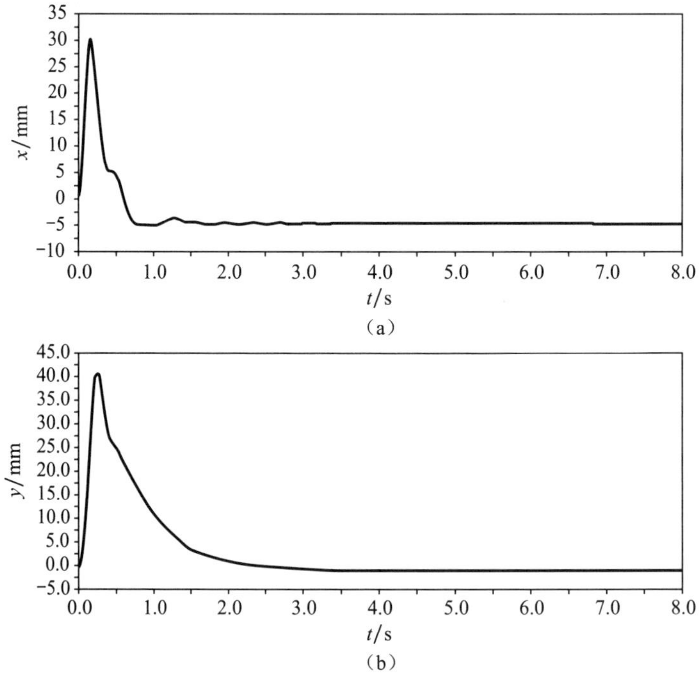

图 6-6 发射动力学仿真模型计算获得的前轮运动位移

(a) x 方向的位移；(b) y 方向的位移

x—水平方向；y—垂直方向

6.2　武器射击密集度分析方法

武器的射击精度是指射弹命中目标的精确程度，它包括射击密集度和射击准确度两个概念。射击密集度是指弹着点密集的程度。射击准确度是指平均弹着点与瞄准点（或预期命中点）的偏差程度，它由武器系统本身特性决定，可以通过多次射击修正。本节将重点讨论影响射击密集度的误差源和分析方法。

1. 影响射击密集度的因素

以火炮为例，影响射击密集度的因素主要有以下诸方面：

1）膛压和初速散布

理论计算和实验表明，膛压和初速散布是影响武器系统密集度的主要因素之一。武器装药结构通过内弹道过程影响膛压和初速散布：火药孤厚散布、火药力散布、装药量散布、装药温度散布、弹重散布、燃速散布、挤进阻力散布、弹丸的定位散布、形状函数散布、运动阻力散布和点传火条件散布等，它们的综合影响引起膛压和初速概率误差。

2）武器身管振动

在发射时，弹丸离膛口瞬间，身管的振动引起了弹丸飞行方向和速度偏差，从而影响射击密集度。

3）弹丸章动散布

弹丸在弹道上的章动是由三部分扰动因素组成的，即初始扰动、重力引起的动力不平衡角、质心偏心和外形不对称因素引起的章动运动。章动既产生阻力，又产生升力，使弹丸的速度大小和方向产生随机变化，引起弹道落点的距离和方向散布。

4）弹丸阻力系数散布

弹丸结构参数散布和性能参数散布等会引起阻力系数散布，从而引起射击密集度变化。

5）气象条件散布

气象诸元的地面值及其随高度的分布都有较大的随机性。在武器射击过程中，气象诸元随时间和地点的不同而不同，因此，一发弹丸的弹道也因射击的时间和地点的不同而随机变化。在一组弹的射击过程中，气象诸元的散布影响武器的密集度。

2. 射击密集度仿真基本流程与方法

射击密集度是衡量武器性能的核心指标之一，射击密集度仿真是根据射击条件，在计算机上利用仿真模型进行数值计算，模拟实际射击状况，可以部分替代实弹射击或打靶实验。射击密集度仿真的基本思路是：以“武器系统动力学→弹丸起始扰动→外弹道模型→射击密集度”为主线，以武器系统动力学为核心，进行射击密集度预测，计算的基本流程如图 6-7 所示。

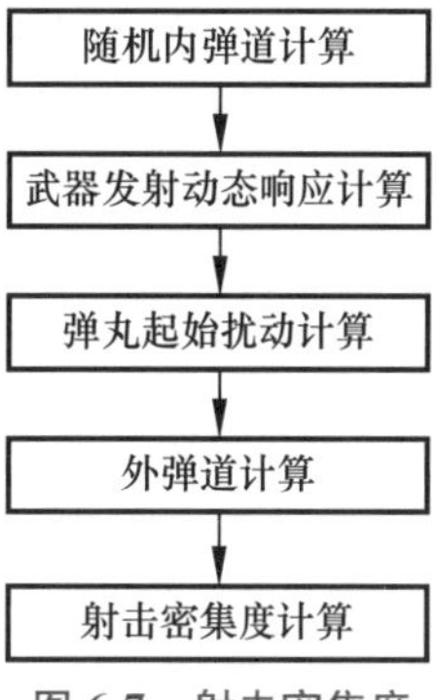

图 6-7　射击密集度仿真基本流程

现对图 6-7 所示基本仿真流程的各组成部分计算原理说明如下：

1）随机内弹道仿真

根据弹药参数的平均值和均方根值，利用蒙特-卡洛（Monte-Carlo）随机模拟原理，确定一系列随机装药结构参数和内弹道初始参数，代入内弹道方程组，算出每发弹的膛压和速度随时间的变化曲线，作为武器动力学模型的随机膛压载荷及外弹道模型的初速散布输入条件。

2）武器系统动态响应计算

利用本书第 4 章介绍的武器系统多体动力学模型或第 5 章介绍的武器系统有限元计算模型，计算获得膛口振动响应量，作为确定弹丸起始扰动和外弹道计算输入条件之一。

3）弹丸起始扰动计算

采用弹丸/身管耦合计算模型计算起始扰动，获得弹丸起始章动角位移和章动角速度，作为外弹道计算的输入条件。

根据文献［34］，等齐膛线身管时弹丸起始扰动可由下列模型计算：

$$\ddot{q}^k(t)+(\alpha+\beta\omega_k^2)\dot{q}^k(t)+\omega_k^2 q^k(t)=p^k(t) \tag{6-5}$$

$$\begin{cases} a_p=\dfrac{P_b S_b}{m\varphi_3}-\dfrac{\partial^2 x'}{\partial t^2} \\ \ddot{y}'_{oc}=-g\cos\theta_1-\dfrac{K}{m}(y'_{oo}-\mu z'_{oo}\sin\alpha)+\dfrac{F_y^{sf}}{m}-\ddot{y}'_o \\ \ddot{z}'_{oc}=-\dfrac{K}{m}(z'_{oo}+\mu y'_{oo}\sin\alpha)+\dfrac{F_z^{sf}}{m}-\ddot{z}'_o \\ \ddot{\delta}_1^I=-\dfrac{C}{A}\dot{\gamma}(\dot{\psi}_2^I+\dot{\delta}_2^I)+\left(1-\dfrac{C}{A}\right)(\dot{\gamma}^2\beta_{D_\eta}+\ddot{\gamma}\beta_{D_\zeta})-\dfrac{C\ddot{\gamma}}{A}\delta_2^I+\dfrac{P_b S_b}{A\varphi_3}y'_{oc}- \\ \qquad \dfrac{Kh^2}{12A}(\delta_1^I-\delta_2^I\mu\sin\alpha)+\dfrac{K(l_R+r_b\mu)}{A}y'_{oo}-\dfrac{Kl_R\mu\sin\alpha}{A}z'_{oo}+\dfrac{l_1}{A}F_y^{sf}-\psi_1^I \\ \ddot{\delta}_2^I=\dfrac{C}{A}\dot{\gamma}(\dot{\psi}_1^I+\dot{\delta}_1^I)+\left(1-\dfrac{C}{A}\right)(\dot{\gamma}^2\beta_{D_\zeta}+\ddot{\gamma}\beta_{D_\eta})+\dfrac{C\ddot{\gamma}}{A}\delta_1^I+\dfrac{P_b S_b}{A\varphi_3}z'_{oc}- \\ \qquad \dfrac{Kh^2}{12A}(\delta_2^I+\delta_1^I\mu\sin\alpha)+\dfrac{K(l_R+r_b\mu)}{A}z'_{oo}+\dfrac{Kl_R\mu\sin\alpha}{A}y'_{oo}+\dfrac{l_1}{A}F_z^{sf}-\ddot{\psi}_2^I \\ \gamma=\begin{cases} \dfrac{2\tan\alpha_0}{d_0}x_p+\dfrac{k_\alpha}{d_0}x_p^2, x_p<l_a \\ \dfrac{2\tan\alpha_g}{d_0}x_p-\dfrac{k_\alpha}{d_0}l_\alpha^2, x_p\geqslant l_a \end{cases} \end{cases} \tag{6-6}$$

$$\begin{cases}\dfrac{\mathrm{d}l}{\mathrm{d}t}=v\\ \dfrac{\mathrm{d}v}{\mathrm{d}t}=\dfrac{S_{\mathrm{d}}P_{\mathrm{d}}}{\varphi_1 m}\\ \dfrac{\mathrm{d}Z}{\mathrm{d}t}=\dfrac{u_1}{e_1}p^{\nu}\\ Sp(l_{\psi}+l)=f\omega\psi-\dfrac{\theta}{2}\varphi_1 mv^2\\ l_{\psi}=l_0\left[1-\dfrac{\Delta}{\delta}(1-\psi)-\alpha\Delta\psi\right]\\ \psi=\chi Z(1+\lambda Z+\mu Z^2)\end{cases} \tag{6-7}$$

式中　$p^k(t)$——$p^k(t)=\dfrac{\sum\limits_j\langle \boldsymbol{f}_j,\boldsymbol{V}_j^k\rangle}{d^k}$，$\boldsymbol{f}$、$\mathbf{V}$、$j$ 分别为系统的外力列阵、增广特征矢量、体元件的序号；

$$\begin{cases}\beta_{D_\eta}=\beta_{D_1}\cos\gamma-\beta_{D_2}\sin\gamma\\ \beta_{D_\zeta}=\beta_{D_1}\sin\gamma+\beta_{D_2}\cos\gamma\\ L_{m_\eta}=L_{m_1}\cos\gamma-L_{m_2}\sin\gamma\\ L_{m_\zeta}=L_{m_1}\sin\gamma+L_{m_2}\cos\gamma\\ \beta_D=\beta_{D_1}+\mathrm{i}\beta_{D_2}\\ L_m=L_{m_1}+\mathrm{i}L_{m_2}\\ \psi_1^I=\partial y_o'/\partial x\\ \psi_2^I=\partial z_o'/\partial x\end{cases} \tag{6-8}$$

β_{D_η}，β_{D_ζ}，β_D——动不平衡在弹轴系 η 轴上的投影、动不平衡在弹轴系 ζ 轴上的投影、弹丸的动不平衡；

L_{m_η}，L_{m_ζ}，L_m——质量偏心在弹轴系 η 轴上的投影、质量偏心在弹轴系 ζ 轴上的投影、弹丸的质量偏心；

y_o'，z_o'——弹丸质心处的身管相对瞄准线的铅锤和侧向位移；

ψ_1^I，ψ_2^I——身管轴线切线与瞄准线夹角在铅锤面和侧平面上的分量；

y_{oc}'，z_{oc}'——弹丸质心相对于火炮系 $O_3x_0'y_0'z_0'$ 的铅垂和侧向位移；

a_p——弹丸质心相对于身管的加速度；

δ_1^I，δ_2^I——弹丸轴线与身管轴线切线夹角在铅垂面和侧平面上的分量；

γ——弹丸在膛压内的自转角；

P_{d}，S_{d}，m，φ_1，$\dfrac{\partial^2 x'}{\partial t^2}$——弹底压力、弹底面积、弹丸质量、次要功系数、身管后坐加速度，在自转角方程中 x 为弹带距膛线起点的

距离；

θ_1，g——火炮装填射角、重力加速度；

K——$K=\pi r_b kh$ 弹丸与膛壁接触时的等价刚度系数，h、r_b 分别为弹带宽度、弹丸定心部半径；

μ，α——弹壁与膛壁的摩擦系数、膛线缠角；

A，C，l_R，l_1——弹丸赤道转动惯量、极转动惯量、质心到弹带中心的距离、弹丸质心到定心部前端的距离；

l，v——弹丸行程、弹丸速度；

Z，e_1，u_1，ν，p——火药相对燃烧厚度、1/2 火药弧厚、火药燃速系数、燃速指数、膛内平均压力；

ψ，l_ψ，ω——火药相对燃烧质量、药室缩径长、装药质量；

l_0，α，Δ，δ——药室长度、火药气体余容、装填密度、固体密度；

χ，λ，μ——火药形状特征量。

$$C_j = \alpha M_j + \beta K_j \tag{6-9}$$

式中 C，M，K——阻尼增广算子、增广算子；

$q(t)$——广义坐标；

k——模态阶数；

ω_k——k 阶固有频率。

4）外弹道计算

根据初速散布、弹丸起始扰动散布、阻力系数散布和气象条件散布，采用蒙特-卡洛方法和外弹道模型，进行一系列弹道和落点计算。

文献［33］给出了弹丸外弹道一般方程组，可作为外弹道计算的基本模型。

$$\begin{cases}\dfrac{\mathrm{d}v}{\mathrm{d}t}=\dfrac{1}{m}F_{x_2},\dfrac{\mathrm{d}\theta_a}{\mathrm{d}t}=\dfrac{1}{mv\cos\psi_2}F_{y_2},\dfrac{\mathrm{d}\psi_2}{\mathrm{d}t}=\dfrac{F_{z_2}}{mv}\\ \dfrac{\mathrm{d}\omega_\xi}{\mathrm{d}t}=\dfrac{M_\xi}{C}\\ \dfrac{\mathrm{d}\omega_\eta}{\mathrm{d}t}=\dfrac{M_\eta}{A}-\dfrac{C}{A}\omega_\xi\omega_\zeta+\omega_\eta^2\tan\varphi_2+\dfrac{A-C}{A}(\beta_{D\eta}\ddot{\gamma}-\beta_{D\zeta}\dot{\gamma}^2)\\ \dfrac{\mathrm{d}\omega_\zeta}{\mathrm{d}t}=\dfrac{M_\zeta}{A}-\dfrac{C}{A}\omega_\xi\omega_\eta+\omega_\eta\omega_\zeta\tan\varphi_2+\dfrac{A-C}{A}(\beta_{D\zeta}\ddot{\gamma}+\beta_{D\eta}\dot{\gamma}^2)\\ \dfrac{\mathrm{d}\varphi_a}{\mathrm{d}t}=\dfrac{\omega_\zeta}{\cos\varphi_2},\dfrac{\mathrm{d}\varphi_2}{\mathrm{d}t}=-\omega_\eta,\dfrac{\mathrm{d}\gamma}{\mathrm{d}t}=\omega_\xi-\omega_\zeta\tan\varphi_2\\ \dfrac{\mathrm{d}x}{\mathrm{d}t}=v\cos\psi_2\cos\theta_a,\dfrac{\mathrm{d}y}{\mathrm{d}t}=v\cos\psi_2\sin\theta_a,\dfrac{\mathrm{d}z}{\mathrm{d}t}=v\sin\psi_2\end{cases} \tag{6-10}$$

$$\sin\delta_2=\cos\psi_2\sin\varphi_2-\sin\psi_2\cos\varphi_2\cos(\varphi_a-\theta_a) \tag{6-11}$$

$$\sin\delta_1 = \cos\varphi_2 \sin(\varphi_a - \theta_a)/\cos\delta_2 \tag{6-12}$$

$$\sin\beta = \cos\psi_2 \sin(\varphi_a - \theta_a)/\cos\delta_2 \tag{6-13}$$

式中　θ_a，ψ_2——速度高低角、速度方向角；

φ_a，φ_2——弹轴高低角、弹轴方位角；

γ——弹轴坐标系与弹体坐标系的转角之差；

δ_1，δ_2——高低攻角、方向攻角；

v——弹箭的质心速度；

F，M——外力、外力矩；

C，A——弹箭的极转动惯量、弹箭的赤道转动惯量。

5）射击密集度计算

假设计算获得的 n 发弹的弹着点坐标为：(x_i，z_i)，(i=1，2，…，n)，则平均弹着点坐标为

$$x = \frac{1}{n}\sum_{i=1}^{n} x_i$$

$$z = \frac{1}{n}\sum_{i=1}^{n} z_i \tag{6-14}$$

地面密集度指标值为

$$E_x = 0.674\,5\sqrt{\frac{1}{n-1}\sum_{i=1}^{n}(x_i - \bar{x})^2}$$

$$E_z = 0.674\,5\sqrt{\frac{1}{n-1}\sum_{i=1}^{n}(z_i - \bar{z})^2} \tag{6-15}$$

式中　E_x，E_z——密集度指标的距离和方向中间误差；

$\bar{x}$，$\bar{z}$——平均弹着点的射程和方向坐标。

某自行火炮，利用图 6-5 所示射击密集度仿真计算基本流程，在计算机中进行仿真求解，求出射击密集度如表 6-3 所示，计算结果与试验结果基本一致，说明了图 6-5 所示火炮射击密集度仿真计算基本流程和方法的合理性与正确性。

表 6-3　最大射程时仿真计算密集度和试验的比较

项目	距离上密集度	方向上密集度
仿真计算值	1/310	1/890
试验值	1/290	1/920

参考文献

[1] 王靖群. 火炮概论［M］. 北京：兵器工业出版社，1992.

[2]《步兵自动武器及弹药设计手册》编写小组. 步兵自动武器及弹药设计手册［M］. 北京：国防工业出版社，1977.

[3] 边宇虹. 分析力学与多刚体动力学基础［M］. 北京：机械工业出版社，1998.

[4] 刘延柱. 高等动力学［M］. 北京：高等教育出版社，2001.

[5]［美］Marion J B. 质点与系统的经典动力学［M］. 里笙，译. 北京：高等教育出版社，1986.

[6] 洪嘉振. 计算多体动力学［M］. 北京：高等教育出版社，1998.

[7] 贾书惠. 刚体动力学［M］. 北京：高等教育出版社，1987.

[8] 陈乐生，王以伦. 多刚体动力学基础［M］. 哈尔滨：哈尔滨工程大学出版社，1995.

[9]［德］J 维滕伯格. 多刚体系统动力学［M］. 谢传锋，译. 北京：北京航空学院出版社，1989.

[10] 黄文虎，邵成勋. 多柔体系统动力学［M］. 北京：科学出版社，1996.

[11] 杨国来. 多柔体系统参数化模型及其在火炮中的应用研究［D］. 南京：南京理工大学，1999.

[12] 曾伟胜. 自动武器动力学分析理论及其应用研究［D］. 南京：南京理工大学，1996.

[13] 甘高才. 自动武器动力学［M］. 北京：兵器工业出版社，1990.

[14] 郑建荣. ADAMS—虚拟样机技术入门与提高［M］. 北京：机械工业出版社，2002.

[15] 康新中，吴三灵，马春茂，等. 火炮系统动力学［M］. 北京：国防工业出版社，1999.

[16] 王昌明. 实用弹道学［M］. 北京：兵器工业出版社，1994.

[17] 王红卫. 建模与仿真［M］. 北京：科学出版社，2002.

[18] 王亚平. 自动武器数值仿真技术及其应用［D］. 南京：南京理工大学，2003.

[19] 闵建平. 自行火炮行进间发射动力学研究［D］. 南京：南京理工大学，2001.

[20] 姚养无. 火炮与自动武器动力学［M］. 北京：兵器工业出版社，2000.

[21] 博嘉科技. 有限元分析软件——ANSYS 融会与贯通［M］. 北京：中国水利电力出版社，2002.

[22] 陈精一，蔡国忠. 电脑辅助工程分析 ANSYS 使用指南［M］. 北京：中国铁道出版社，2001.

[23] 姚建军. 机枪系动力学仿真及动力稳健优化设计方法研究［D］. 南京：南京理工大学，2002.

[24] 王长武. 自行火炮非线性有限元模型及仿真可视化技术研究［D］. 南京：南京理工大学，2002.

[25] 龙驭球. 有限元概论［M］. 北京：人民教育出版社，1978.

[26] 王昌力，邵敏. 有限单元法基本原理和数值方法［M］. 北京：清华大学出版社，1996.

[27] 杨伯忠. 射击精度模型及其在火炮仿真中的应用研究［D］. 南京：南京理工大学，2001.

[28] 王维平，朱一凡，华雪清，等. 仿真模型有效性确认与验证［M］. 长沙：国防科技大学出版社，1998.

[29] 吴三灵，温波，于永强. 火炮动力学试验［M］. 北京：国防工业出版社，2004.

[30] 孔德仁. 兵器动态参量测试技术［M］. 北京：北京理工大学出版社，2013.

[31] 卢其辉. 复杂结构的动态响应有限元分析技术和应用［D］. 南京：南京理工大学，2011.

［32］ 顾新华．模块化班组支援武器建模与仿真［D］．南京：南京理工大学，2009.
［33］ 韩子鹏．弹箭外弹道［M］．北京：北京理工大学出版社，2008.
［34］ 芮筱亭，刘怡昕，于海龙．坦克自行火炮发射动力学［M］．北京：科学出版社，2011.
［35］ 陈立平，张云清，任卫群，等．机械系统动力学分析及 ADAMS 应用教程［M］．北京：清华大学出版社，2005.
［36］ 张越今，宋健．多体动力学仿真软件 ADAMS 理论及应用研讨［J］．机械科学与技术，1997，16（5）：753-758（776）.
［37］ 郭乙木，陶伟明，庄茁．线性与非线性有限元及其应用［M］．北京：机械工业出版社，2004.
［38］ 柳光辽．自动武器测试技术［D］．南京：华东工学院，1985.
［39］ 张相炎．火炮设计理论［M］．北京：北京理工大学出版社，2005.

索　引

J

R

S